U0252664

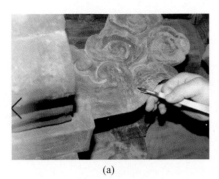
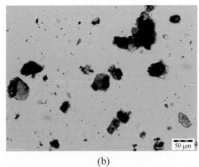

(a)   (b)

图 3.5 故宫南薰殿内檐彩画(后檐西梢间外跳三福云)中的石青颜料

(a)取样位置;(b)偏光显微照片,单偏光下,200×

图片来源:图(a)由故宫博物院古建部提供;

图(b)是本书作者工作,在故宫博物院科技部实验室完成。

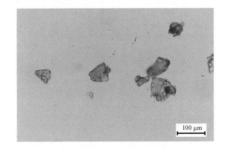

图 3.12 清泰陵隆恩殿外檐彩画中的 smalt 颜料,单偏光下,500×

图片来源:本书作者工作,在清华大学建筑学院 MSRICA 文保实验室完成。

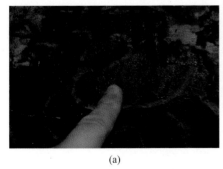
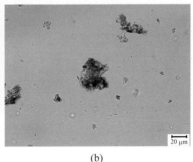

(a)   (b)

图 3.13 故宫咸福宫内檐彩画(后殿明间脊檩东端云纹)中的靛蓝颜料

(a)取样位置;(b)偏光显微照片,单偏光下,630×

图片来源:图(a)由故宫博物院古建部提供;图(b)是本书作者工作,在故宫博物院科技部实验室完成。

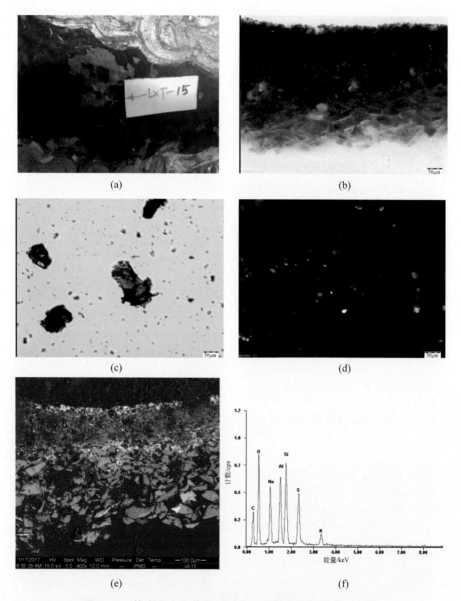

(a)

(b)

(c)

(d)

(e)

(f)

图 3.18　故宫慈宁宫花园临溪亭天花彩画中的青金石颜料

（a）取样位置；（b）剖面显微照片，可见光下，100×；（c）偏光显微照片，单偏光下，200×；

（d）正交偏光下，200×；（e）SEM-EDS 背散射电子像，400×；（f）SEM-EDS 谱图

图片来源：本书作者工作，（b）～（d）在故宫博物院古建部 CRAFT 实验室完成，（e）～（f）在清华大学精仪系摩擦学国家重点实验室完成。

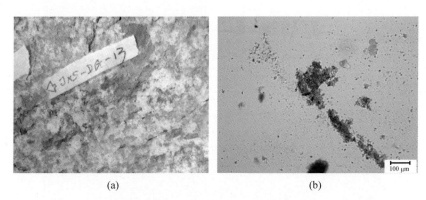

(a)   (b)

图 3.21   山西陵川南吉祥寺中央殿外檐斗拱彩画残迹中的人造群青颜料

（a）取样位置；（b）偏光显微照片，单偏光下，200×

图片来源：本书作者工作，在故宫博物院科技部实验室完成。

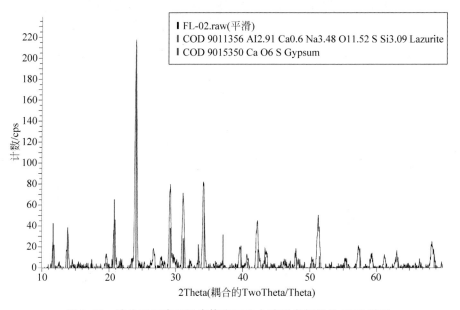

图 3.22   清代孚王府正殿内檐彩画中人造群青颜料的 XRD 谱图

图片来源：本书作者工作，在河南省文物科技保护中心实验室完成。

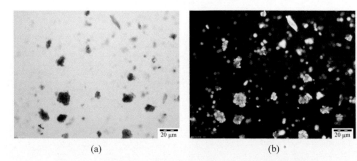

(a)   (b)

图 3.30   故宫钟粹宫内檐彩画中的碱式氯化铜颜料

（a）单偏光下，200×；（b）正交偏光下，200×

图片来源：本书作者工作，在故宫博物院科技部实验室完成。

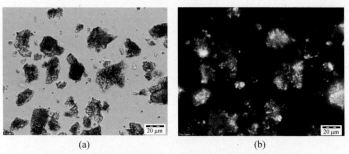

(a)   (b)

图 3.33   故宫南薰殿内檐彩画中的碱式氯化铜颜料

（a）单偏光下，500×；（b）正交偏光下，500×

图片来源：本书作者工作，在故宫博物院科技部实验室完成。

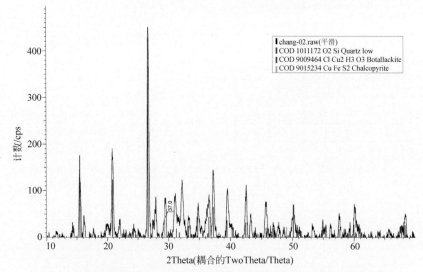

图 3.36   昌陵隆恩殿内檐彩画中羟氯铜矿颜料的 XRD 谱图（混有石英）

图片来源：本书作者工作，在河南省文物科技保护中心实验室完成。

(a)   (b)

图 3.37　清泰陵隆恩殿内檐彩画（西山明间额枋）中的巴黎绿颜料

（a）单偏光下，630×；（b）正交偏光下，630×

图片来源：本书作者工作，在清华大学建筑学院 MSRICA 文保实验室完成。

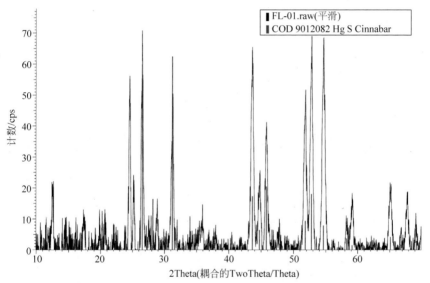

图 3.41　北京孚王府内檐彩画中朱砂颜料的 XRD 谱图

图片来源：本书作者工作，在河南省文物科技保护中心完成。

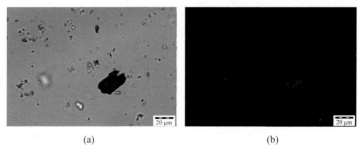

(a)   (b)

图 3.43　山西新绛福胜寺观音彩塑中的天然朱砂颜料

（a）单偏光下，630×；（b）正交偏光下，630×

图片来源：本书作者工作，在故宫博物院科技部实验室完成。

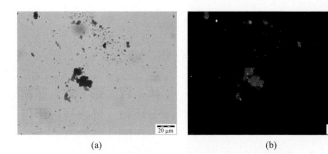

(a)　　　　　　　　　　　　(b)

图 3.47　故宫同道堂内檐彩画中的铅丹颜料

（a）单偏光下,630×；（b）正交偏光下,630×

图片来源：本书作者工作,在故宫博物院科技部实验室完成。

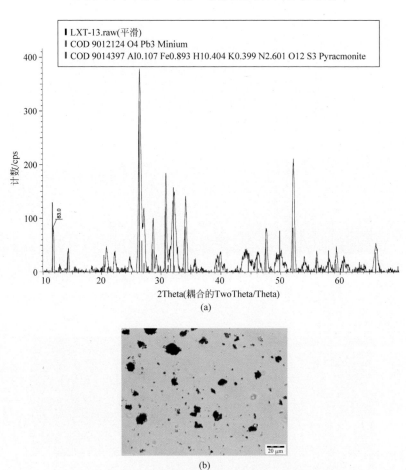

(b)

图 3.48　故宫慈宁宫花园临溪亭天花彩画中的铅丹颜料

（a）XRD 谱图；（b）单偏光下,630×

图片来源：本书作者工作,在故宫博物院古建部 CRAFT 实验室完成。

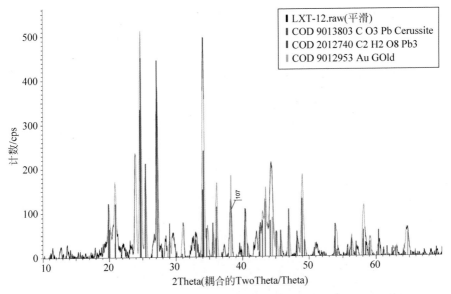

图 3.61　故宫慈宁宫花园临溪亭天花彩画中白铅矿颗粒的 XRD 谱图

图片来源：本书作者工作，在河南省文物科技保护中心实验室完成。

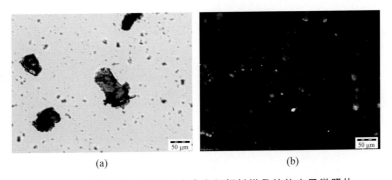

| (a) | (b) |

图 4.4　临溪亭软天花彩画中青金石颜料样品的偏光显微照片

（a）单偏光下，200×　；（b）正交偏光下，200×

图片来源：本书作者工作，在故宫博物院古建部 CRAFT 文保实验室完成。

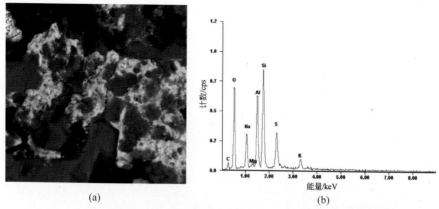

(a)

(b)

图 4.5 临溪亭软天花彩画中青金石颜料样品的 SEM-EDS 分析结果

(a) 点扫,背散射像,箭头示检测点位置;(b) 能谱分析结果

图片来源:本书作者工作,在清华大学精仪系摩擦学国家重点实验室完成。

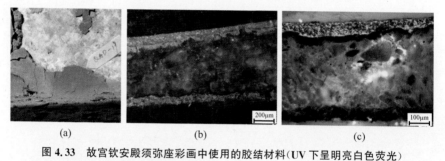

(a)

(b)

(c)

图 4.33 故宫钦安殿须弥座彩画中使用的胶结材料(UV 下呈明亮白色荧光)

(a) 取样位置;(b) 剖面显微照片,可见光下,100×;(c) 剖面显微照片,UV 光下,100×

图片来源:本书作者工作,在故宫博物院古建部 CRAFT 文保实验室完成。

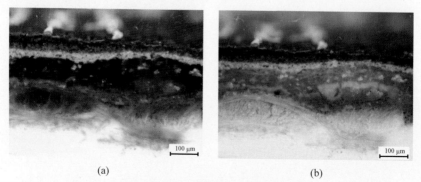

(a)

(b)

图 4.38 故宫慈宁宫花园临溪亭天花彩画样品的剖面显微照片(示打底层做法)

(a) 可见光下,100×;(b) UV 光下,100×

图片来源:本书作者工作,在故宫博物院古建部 CRAFT 文保实验室完成。

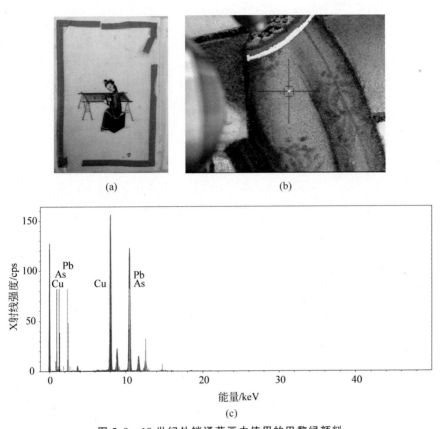

图 5.9　19 世纪外销通草画中使用的巴黎绿颜料

（a）所检测画页；（b）XRF 检测位置；（c）XRF 谱图

图片来源：本书作者工作，实验在 Winterthur 博物馆 SRAL 实验室完成。

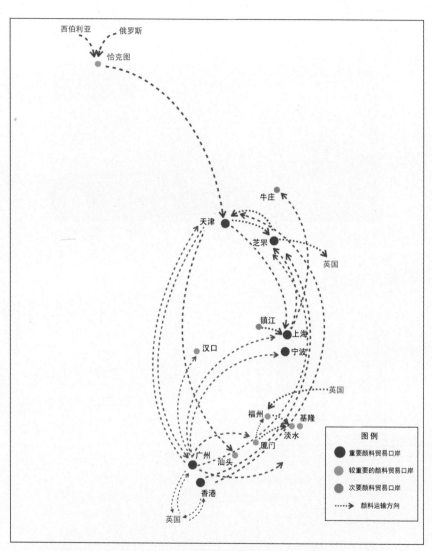

图 5.13　近代中国进出口颜料贸易重要港口与贸易路线示意图

资料来源：根据近代海关 1859—1871 年间贸易统计数据绘制。

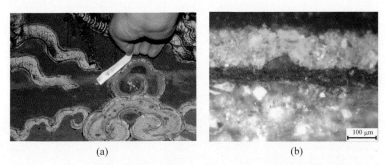

(a)   (b)

图 7.1　故宫太和殿东四次间额枋彩画绿色地色样品的剖面显微照片

（a）取样位置；（b）剖面显微照片，可见光下，200×

图片来源：本书作者工作，实验在故宫博物院科技部实验室完成。

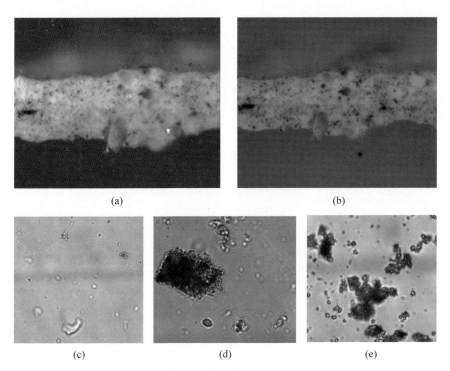

图 7.11　故宫长春宫东北角游廊晚清苏式彩画中的铅白、群青与铁红调色做法

（a）剖面显微照片，可见光下，100×；（b）剖面显微照片，UV 光下，100×；（c）铅白颜料颗粒，单偏光下，400×；（d）人造群青颜料颗粒，单偏光下，630×；（e）铁红颜料颗粒，单偏光下，630×

图片来源：本书作者工作，实验在故宫博物院科技部实验室完成。

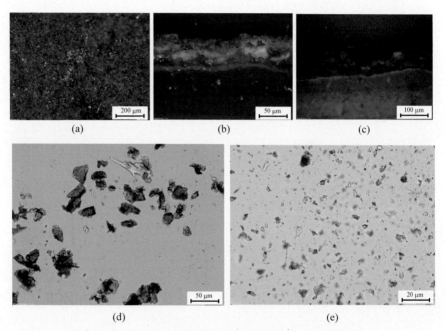

(a)　　　　　　　　　　(b)　　　　　　　　　　(c)

(d)　　　　　　　　　　　　　　　(e)

图 7.25　故宫宁寿宫花园养和精舍壁纸中的三青衬大青做法

(a) 壁纸表面,50×;(b) 可见光下剖面,100×;(c) UV 光下剖面,100×;(d) 大青颜料颗粒,200×;(e) 三青颜料颗粒,500×

图片来源:本书作者工作,在故宫博物院古建部 CRAFT 文保实验室完成。

清华大学优秀博士学位论文丛书

工匠的调色盘

清代官修匠作则例所见彩画作颜料研究

刘梦雨 著

清华大学出版社
北京

内 容 简 介

彩画，是古代建筑木结构表面的彩绘装饰层。在清代匠作知识体系中，彩画应当使用哪些颜料？营造工程中实际使用了哪些颜料？为什么选择使用这些颜料？它们对建筑彩画的最终面貌有何影响？这些是本书试图回答的问题。

本书以清代匠作则例及档案史料为核心文献材料，对照清代官式彩画实物的科学检测数据，考释颜料名实，在科学意义上探究清代官式建筑彩画的材料构成，并梳理了若干种主要颜料的贸易来源与应用状况，及其在营造活动中的流通过程。颜料的选择，是技术、经济、文化各方面因素博弈的结果，而这一选择又会影响建筑彩画的最终样貌。因此，建筑彩画的用色并非仅由审美决定，颜料的物质属性与其背后的经济与技术因素，同样左右着建筑最终的色彩呈现。

本书适合建筑历史、科学技术史、文物保护等专业的研究人员，以及对古代颜料史感兴趣的读者阅读参考。

图书在版编目（CIP）数据

工匠的调色盘：清代官修匠作则例所见彩画作颜料研究 / 刘梦雨著. -- 北京：清华大学出版社，2024. 12.
（清华大学优秀博士学位论文丛书）. -- ISBN 978-7-302-67795-6

Ⅰ. TU-851

中国国家版本馆 CIP 数据核字第 2025DH2919 号

责任编辑：王　倩
封面设计：刘梦雨
责任校对：欧　洋
责任印制：宋　林

出版发行：清华大学出版社
　　　　　网　　址：https://www.tup.com.cn，https://www.wqxuetang.com
　　　　　地　　址：北京清华大学学研大厦 A 座　　　　邮　　编：100084
　　　　　社 总 机：010-83470000　　　　　　　　　　邮　　购：010-62786544
　　　　　投稿与读者服务：010-62776969，c-service@tup.tsinghua.edu.cn
　　　　　质量反馈：010-62772015，zhiliang@tup.tsinghua.edu.cn
印 装 者：三河市东方印刷有限公司
经　　销：全国新华书店
开　　本：155mm×235mm　　印　张：30.5　　插　页：6　　字　数：525 千字
版　　次：2024 年 12 月第 1 版　　　　　　　　印　次：2024 年 12 月第 1 次印刷
定　　价：198.00 元

产品编号：088477-01

一流博士生教育
体现一流大学人才培养的高度（代丛书序）^①

人才培养是大学的根本任务。只有培养出一流人才的高校，才能够成为世界一流大学。本科教育是培养一流人才最重要的基础，是一流大学的底色，体现了学校的传统和特色。博士生教育是学历教育的最高层次，体现出一所大学人才培养的高度，代表着一个国家的人才培养水平。清华大学正在全面推进综合改革，深化教育教学改革，探索建立完善的博士生选拔培养机制，不断提升博士生培养质量。

学术精神的培养是博士生教育的根本

学术精神是大学精神的重要组成部分，是学者与学术群体在学术活动中坚守的价值准则。大学对学术精神的追求，反映了一所大学对学术的重视、对真理的热爱和对功利性目标的摒弃。博士生教育要培养有志于追求学术的人，其根本在于学术精神的培养。

无论古今中外，博士这一称号都和学问、学术紧密联系在一起，和知识探索密切相关。我国的博士一词起源于 2000 多年前的战国时期，是一种学官名。博士任职者负责保管文献档案、编撰著述，须知识渊博并负有传授学问的职责。东汉学者应劭在《汉官仪》中写道："博者，通博古今；士者，辩于然否。"后来，人们逐渐把精通某种职业的专门人才称为博士。博士作为一种学位，最早产生于 12 世纪，最初它是加入教师行会的一种资格证书。19 世纪初，德国柏林大学成立，其哲学院取代了以往神学院在大学中的地位，在大学发展的历史上首次产生了由哲学院授予的哲学博士学位，并赋予了哲学博士深层次的教育内涵，即推崇学术自由、创造新知识。哲学博士的设立标志着现代博士生教育的开端，博士则被定义为独立从事学术研究、具备创造新知识能力的人，是学术精神的传承者和光大者。

---

① 本文首发于《光明日报》，2017 年 12 月 5 日。

　　博士生学习期间是培养学术精神最重要的阶段。博士生需要接受严谨的学术训练，开展深入的学术研究，并通过发表学术论文、参与学术活动及博士论文答辩等环节，证明自身的学术能力。更重要的是，博士生要培养学术志趣，把对学术的热爱融入生命之中，把捍卫真理作为毕生的追求。博士生更要学会如何面对干扰和诱惑，远离功利，保持安静、从容的心态。学术精神，特别是其中所蕴含的科学理性精神、学术奉献精神，不仅对博士生未来的学术事业至关重要，对博士生一生的发展都大有裨益。

独创性和批判性思维是博士生最重要的素质

　　博士生需要具备很多素质，包括逻辑推理、言语表达、沟通协作等，但是最重要的素质是独创性和批判性思维。

　　学术重视传承，但更看重突破和创新。博士生作为学术事业的后备力量，要立志于追求独创性。独创意味着独立和创造，没有独立精神，往往很难产生创造性的成果。1929 年 6 月 3 日，在清华大学国学院导师王国维逝世二周年之际，国学院师生为纪念这位杰出的学者，募款修造"海宁王静安先生纪念碑"，同为国学院导师的陈寅恪先生撰写了碑铭，其中写道："先生之著述，或有时而不章；先生之学说，或有时而可商；惟此独立之精神，自由之思想，历千万祀，与天壤而同久，共三光而永光。"这是对于一位学者的极高评价。中国著名的史学家、文学家司马迁所讲的"究天人之际，通古今之变，成一家之言"也是强调要在古今贯通中形成自己独立的见解，并努力达到新的高度。博士生应该以"独立之精神、自由之思想"来要求自己，不断创造新的学术成果。

　　诺贝尔物理学奖获得者杨振宁先生曾在 20 世纪 80 年代初对到访纽约州立大学石溪分校的 90 多名中国学生、学者提出："独创性是科学工作者最重要的素质。"杨先生主张做研究的人一定要有独创的精神、独到的见解和独立研究的能力。在科技如此发达的今天，学术上的独创性变得越来越难，也愈加珍贵和重要。博士生要树立敢为天下先的志向，在独创性上下功夫，勇于挑战最前沿的科学问题。

　　批判性思维是一种遵循逻辑规则、不断质疑和反省的思维方式，具有批判性思维的人勇于挑战自己，敢于挑战权威。批判性思维的缺乏往往被认为是中国学生特有的弱项，也是我们在博士生培养方面存在的一个普遍问题。2001 年，美国卡内基基金会开展了一项"卡内基博士生教育创新计划"，针对博士生教育进行调研，并发布了研究报告。该报告指出：在美国和欧洲,培养学生保持批判而质疑的眼光看待自己、同行和导师的观点同样非常不容易,批判性思维的培养必须成为博士生培养项目的组成部分。

对于博士生而言,批判性思维的养成要从如何面对权威开始。为了鼓励学生质疑学术权威、挑战现有学术范式,培养学生的挑战精神和创新能力,清华大学在 2013 年发起"巅峰对话",由学生自主邀请各学科领域具有国际影响力的学术大师与清华学生同台对话。该活动迄今已经举办了 21 期,先后邀请 17 位诺贝尔奖、3 位图灵奖、1 位菲尔兹奖获得者参与对话。诺贝尔化学奖得主巴里·夏普莱斯(Barry Sharpless)在 2013 年 11 月来清华参加"巅峰对话"时,对于清华学生的质疑精神印象深刻。他在接受媒体采访时谈道:"清华的学生无所畏惧,请原谅我的措辞,但他们真的很有胆量。"这是我听到的对清华学生的最高评价,博士生就应该具备这样的勇气和能力。培养批判性思维更难的一层是要有勇气不断否定自己,有一种不断超越自己的精神。爱因斯坦说:"在真理的认识方面,任何以权威自居的人,必将在上帝的嬉笑中垮台。"这句名言应该成为每一位从事学术研究的博士生的箴言。

提高博士生培养质量有赖于构建全方位的博士生教育体系

一流的博士生教育要有一流的教育理念,需要构建全方位的教育体系,把教育理念落实到博士生培养的各个环节中。

在博士生选拔方面,不能简单按考分录取,而是要侧重评价学术志趣和创新潜力。知识结构固然重要,但学术志趣和创新潜力更关键,考分不能完全反映学生的学术潜质。清华大学在经过多年试点探索的基础上,于 2016 年开始全面实行博士生招生"申请-审核"制,从原来的按照考试分数招收博士生,转变为按科研创新能力、专业学术潜质招收,并给予院系、学科、导师更大的自主权。《清华大学"申请-审核"制实施办法》明晰了导师和院系在考核、遴选和推荐上的权力和职责,同时确定了规范的流程及监管要求。

在博士生指导教师资格确认方面,不能论资排辈,要更看重教师的学术活力及研究工作的前沿性。博士生教育质量的提升关键在于教师,要让更多、更优秀的教师参与到博士生教育中来。清华大学从 2009 年开始探索将博士生导师评定权下放到各学位评定分委员会,允许评聘一部分优秀副教授担任博士生导师。近年来,学校在推进教师人事制度改革过程中,明确教研系列助理教授可以独立指导博士,让富有创造活力的青年教师指导优秀的青年学生,师生相互促进、共同成长。

在促进博士生交流方面，要努力突破学科领域的界限，注重搭建跨学科的平台。跨学科交流是激发博士生学术创造力的重要途径，博士生要努力提升在交叉学科领域开展科研工作的能力。清华大学于 2014 年创办了"微沙龙"平台，同学们可以通过微信平台随时发布学术话题，寻觅学术伙伴。3 年来，博士生参与和发起"微沙龙"12 000 多场，参与博士生达 38 000 多人次。"微沙龙"促进了不同学科学生之间的思想碰撞，激发了同学们的学术志趣。清华于 2002 年创办了博士生论坛，论坛由同学自己组织，师生共同参与。博士生论坛持续举办了 500 期，开展了 18 000 多场学术报告，切实起到了师生互动、教学相长、学科交融、促进交流的作用。学校积极资助博士生到世界一流大学开展交流与合作研究，超过 60% 的博士生有海外访学经历。清华于 2011 年设立了发展中国家博士生项目，鼓励学生到发展中国家亲身体验和调研，在全球化背景下研究发展中国家的各类问题。

在博士学位评定方面，权力要进一步下放，学术判断应该由各领域的学者来负责。院系二级学术单位应该在评定博士论文水平上拥有更多的权力，也应担负更多的责任。清华大学从 2015 年开始把学位论文的评审职责授权给各学位评定分委员会，学位论文质量和学位评审过程主要由各学位分委员会进行把关，校学位委员会负责学位管理整体工作，负责制度建设和争议事项处理。

全面提高人才培养能力是建设世界一流大学的核心。博士生培养质量的提升是大学办学质量提升的重要标志。我们要高度重视、充分发挥博士生教育的战略性、引领性作用，面向世界、勇于进取，树立自信、保持特色，不断推动一流大学的人才培养迈向新的高度。

清华大学校长
2017 年 12 月

丛书序二

以学术型人才培养为主的博士生教育，肩负着培养具有国际竞争力的高层次学术创新人才的重任，是国家发展战略的重要组成部分，是清华大学人才培养的重中之重。

作为首批设立研究生院的高校，清华大学自 20 世纪 80 年代初开始，立足国家和社会需要，结合校内实际情况，不断推动博士生教育改革。为了提供适宜博士生成长的学术环境，我校一方面不断地营造浓厚的学术氛围，一方面大力推动培养模式创新探索。我校从多年前就已开始运行一系列博士生培养专项基金和特色项目，激励博士生潜心学术、锐意创新，拓宽博士生的国际视野，倡导跨学科研究与交流，不断提升博士生培养质量。

博士生是最具创造力的学术研究新生力量，思维活跃，求真求实。他们在导师的指导下进入本领域研究前沿，吸取本领域最新的研究成果，拓宽人类的认知边界，不断取得创新性成果。这套优秀博士学位论文丛书，不仅是我校博士生研究工作前沿成果的体现，也是我校博士生学术精神传承和光大的体现。

这套丛书的每一篇论文均来自学校新近每年评选的校级优秀博士学位论文。为了鼓励创新，激励优秀的博士生脱颖而出，同时激励导师悉心指导，我校评选校级优秀博士学位论文已有 20 多年。评选出的优秀博士学位论文代表了我校各学科最优秀的博士学位论文的水平。为了传播优秀的博士学位论文成果，更好地推动学术交流与学科建设，促进博士生未来发展和成长，清华大学研究生院与清华大学出版社合作出版这些优秀的博士学位论文。

感谢清华大学出版社，悉心地为每位作者提供专业、细致的写作和出版指导，使这些博士论文以专著方式呈现在读者面前，促进了这些最新的优秀研究成果的快速广泛传播。相信本套丛书的出版可以为国内外各相关领域或交叉领域的在读研究生和科研人员提供有益的参考，为相关学科领域的发展和优秀科研成果的转化起到积极的推动作用。

感谢丛书作者的导师们。这些优秀的博士学位论文，从选题、研究到成文，离不开导师的精心指导。我校优秀的师生导学传统，成就了一项项优秀的研究成果，成就了一大批青年学者，也成就了清华的学术研究。感谢导师们为每篇论文精心撰写序言，帮助读者更好地理解论文。

感谢丛书的作者们。他们优秀的学术成果，连同鲜活的思想、创新的精神、严谨的学风，都为致力于学术研究的后来者树立了榜样。他们本着精益求精的精神，对论文进行了细致的修改完善，使之在具备科学性、前沿性的同时，更具系统性和可读性。

这套丛书涵盖清华众多学科，从论文的选题能够感受到作者们积极参与国家重大战略、社会发展问题、新兴产业创新等的研究热情，能够感受到作者们的国际视野和人文情怀。相信这些年轻作者们勇于承担学术创新重任的社会责任感能够感染和带动越来越多的博士生，将论文书写在祖国的大地上。

祝愿丛书的作者们、读者们和所有从事学术研究的同行们在未来的道路上坚持梦想，百折不挠！在服务国家、奉献社会和造福人类的事业中不断创新，做新时代的引领者。

相信每一位读者在阅读这一本本学术著作的时候，在吸取学术创新成果、享受学术之美的同时，能够将其中所蕴含的科学理性精神和学术奉献精神传播和发扬出去。

清华大学研究生院院长

2018 年 1 月 5 日

序

　　一个孩童眺望历史,必须攀爬巨人的肩膀。巨人们静静地站在那里,孩童需要看清巨人们的关系,找到攀爬的路径。但是最主要的,还是童心中的疑问。问题一个一个地被刷新,孩童一天一天地在长大。只要不停止思考,我就能与昨天的我不同,哪怕只有一点点。作者九年的清华生活,百味的浸泡与感受凝结成为一本书——不是菁华的全部,已是可资分享的菁华。

　　刘梦雨的这篇博士论文,就物质对象而言是对近百年以降万希章、于非闇、王进玉、周国信、陈青、夏寅、雷勇等追踪中国古代颜料使用线索的重要延续;就学科领域而言是对同样历经百年的朱启钤、梁思成、孙大章、王仲杰、陈薇、吴聪、李路珂等人考察建筑彩画的深化;就文献基础而言则拓展了一个世纪之中梁思成、王璞子、王世襄、郭黛姮、王其亨、宋建昃等人的解读范畴。这样的工作所必须依赖的是一个更为广阔的国际学术视野,既是对于西方自 20 世纪初期哈佛大学艺术馆的 Edward W. Forbes 和艺术保护领域 Rutherford J. Gettens、George L. Stout 利用科技手段判定艺术品材料的全面借鉴和发挥,也是对于建立在海量中西交通史料之上的贸易史研究的潜心搜索——其中仅仅当代炬火一般的参考,便可以数出 Craig Clunas、Carl L. Crossman、Paul Van Dyke、Edward H. Schafer 等名字。

　　这一篇对于颜料史的疑问,原本起于对于光学显微分析技术的学习。这一便捷的手段,在借助其他复杂的分析检测设备之前,可以延展我们生物感官的智识。显微镜下的装饰艺术世界,显示了色彩叠压的层次,也显示了构成色彩的颗粒。感谢科学的先行者们,我们已经具有了辨认镜头下很多物质的值得信赖的数据库。我们已经可以开始回答——"它们是什么?"这个问题。

　　对于建筑学领域,下一个问题无疑是颜料与建筑彩画之间的关系。好一个趣味盎然而又清冷的题目,其意义又是多么深远。直到北京奥运会前,连故宫博物院都不会以为 1959 年绘制的太和殿外檐彩画有什么价值,索性砍去新做,"再现盛世辉煌"——同时那个依然能够反映清末民国工艺材料大动荡的 1959 年的活证人便踪迹难寻了。所幸工匠的鼎新往往不是彻底的革命，建筑的边边角角，甚至表层之下，经常掩盖着前人的涂层。下一个问题跃然纸上——它们分别是什么？

无怪乎建筑史学的重大成果都基于史料的解读——梁思成先生的《清式营造则例》和《营造法式注释》是其中的标杆；也更要感谢那些没有意识到能为后代留下生计的多笔的古人，以及那些喜好研读故纸的"闲人"，浩如烟海的清代档案文献成为延续设问的基石，也在考验读书人的基本功。刚才能够用化学的语言判断的它们，引出的问题带有十足的"茴香豆"味道：它们都叫什么？——姓名、别名和曾用名。

如果说研判称谓带有训诂的味道，那么追踪不同颜料得以使用历史就更像侦探破案。缓慢踱着步子的清朝，一下子被涌来的洋人推搡得踉踉跄跄，终于摔倒。蹭在身上的、塞到手里的，还有自己挤破头去购买的"颜料"，便成为了这个案件的线索。是时候询问了——为什么是它们？

话题终于可以回到现在。关于"传统颜料"——广义的传统也是一样，那些大而化之的说法是可以细化解读的；关于古建彩画作品的材料工艺属性——更广泛地讲各种历史工艺和艺术品也是一样，是可以建立物质标尺的；关于匠人——古代经济生活中的其他人也是一样，他们日常轨迹的建立和改变不都被某些物质——不只是颜料——涂上了鲜活的色彩吗？于是，未来孩子们的历史课或许真的可以对着文物讲；未来孩子们的文物课或许一件便可以讲一年，贯通语文、地理、化学和外语。

没有旁的要说，权且将2019年春天读到这篇论文初稿时写下的几句诗当作这段《前言》的结束。

己亥春，小徒论文甫成。读之不觉夜重。老目困倦之间，恍然一梦，耳边似昆曲悠然。乍醒不觉失笑，叹曰与小徒笃好有所应也。遂得句，并期其赴故宫博物院工作之愿顺利。

夜读旋梦忽昆调，早春薄雨潮荒湖。
凭窗影疏学府寂，闭目青金微像殊。
相倚层书秃金笔，对说故纸短白烛。
十年曲友兼画友，明朝官途成真途。

刘　畅
于清华园西楼宿舍
2020 年 4 月 19 日

目　录

第 1 章　绪　　论

通过颜色,画家创造了一种与灵魂对话的语言,
使情感和生活实现了沟通。

——Jehan Georges Vibert,1891

1.1　引言:为什么研究颜料史

临溪亭是故宫慈宁宫花园里的一座小亭子。方形平面,四角攒尖,形制上并不出奇。令这座始建于明万历年间的小亭子显得特别的,是它精美的天花彩画。彩画用海墁做法,除了仿井口天花的纹饰之外,还在顶棚正中央绘制了繁复的龙凤藻井图案,正中的明镜部位以沉稳的深青地色托出一条金龙,仰望时气势非凡。

2015 年,在慈宁宫花园的一次修缮工程中,临溪亭的天花彩画被完全揭取下来,在保护工作室里完成揭裱与修复工作。我由此获得一个珍贵的机会,从这幅精美的天花彩画上采集少许样品做分析检测,希望藉此探知其中有关材料与工艺的信息。

显微镜下的分析结果令人讶异——那些蓝色颜料的分散样本,颗粒大而不规则,在镜下呈现深沉华贵的色泽,近乎蓝紫色,微微透明,而在正交偏光下完全消失。这是青金石的特征。

多种分析手段复核的结果证实,这种颜料的确是青金石。青金石(Lapis lazuli)是一种稀有的宝石,产于阿富汗。当地人开采这种矿石的历史已经长达六千年。早在张骞通西域之前两千余载,一条贸易通衢就已经从巴达赫尚(Badakhshan)地区横贯欧亚大陆,通往古埃及、两河流域和中国内陆,将奇珍异宝源源不断地输往异邦。这条道路上运送的最重要的商品就是青金石,因此,这条贸易通道也被称为"青金石之路"。

青金石被用作颜料的历史在东西方同样悠久。值得一提的是,并不是所有色泽美丽的宝石都能用作颜料——制造颜料需要把原矿石研磨成细粉,大部分矿石的光学性质会在这一物理过程中发生改变,失去原本艳丽的色泽，而变成一堆平淡无奇的灰白色粉末。能够保持原初色彩的矿物（称为颜料矿物）并不多，而青金石恰好是其中一种。用如此稀有的宝石磨制颜料未免奢侈，然而唯其昂贵，这种矿物颜料明艳的色彩才格外令人珍视。在西方，青金石被用来绘制最神圣的宗教画；而在古代中国，这种蓝色则在克孜尔千佛洞与敦煌石窟的壁画中屡屡现身[①]。

在欧洲，作为颜料的青金石逐渐消失于18世纪，因为科学家发明了成本低廉的合成颜料；而在中国，它的踪迹消失得更早。在分析临溪亭彩画样品之前，研究者所知道的最晚一则关于青金石颜料的使用案例出现在14世纪的敦煌石窟，之后的数百年，从元代到清代，是一段漫长的空白期——直到它以一种令人讶异的方式，在紫禁城的彩画里重新出现。

之所以令人讶异，一则因为比起架上绘画，建筑彩画面积大，颜材料大量消耗，在明明存在更经济的代用品的情况下，选用如此昂贵的颜料显得格外不可思议。何况在传统中国人的观念中，建筑彩画算不上是什么艺术创作，当然也不值得搬出西方艺术家面对湿壁画的严肃态度和高昂投资。另一个原因则是，在我们自以为已经相当完善的有关中国古代建筑彩画的知识体系里，并不存在这样一种材料——无论从历代建筑典籍文献，还是匠人代代相传的口头知识里，都找不到青金石的名字。

于是一连串的问题浮现出来：青金石作为颜料的应用历史，是否一直延续到明清时期？它被用在哪里？又从何而来？彩画匠人为什么选用这种颜料？以及他们如何称呼这种颜料？

有趣的是，显微镜下的分析结果同时还揭示了另外两种蓝色颜料的存在，表明这幅天花彩画经历过不止一次的修缮，虽然大面积的蓝色始终保持不变，可是，颜料的种类却被偷偷替换了。这种替换的原因是什么？是后来的匠人没能辨别出这种颜料？还是出于其他的原因——例如审美的变化，或是更现实的经济因素？

现代科技分析手段在帮助研究者获取更多信息的同时，也引发了更多疑问。而这些问题，又需要回到古代文献和其他学科的研究成果中去寻找答案。这些答案终将回到建筑史的领域里，还原更多与建筑相关的故事。

如今临溪亭的天花彩画已经回贴。关于这座小亭子的营缮历史以及这些活动的时代背景，藏在历史尘封的幕布之下，被这显微镜下的小小蓝色颗

---

① 有关中国古代使用青金石颜料的情况，可参见纪娟，张家峰（2011）；王进玉（1996）；王进玉，郭宏，李军（1995）等。

粒揭开了一角。循着这条线索，便不难渐渐发现，每一种颜料背后都有丰富的信息可供挖掘。我因此试图从一种又一种具体的颜料开始，探寻它们的生产、交换与使用，尝试勾画出那幅隐约可见却始终模糊不清的图景。

讨论颜料问题，其意义并不局限于对颜料（及颜料制造业）本身的认识。正如学者谢弗（Edward Shafer）在他的名作《撒马尔罕的金桃：唐代的外来文明》一书中所言，虽然这本书关注的对象是唐朝五花八门的舶来品，但"我们的目的是撰写一部研究人的著作"[①]。谢弗不厌其烦地考证那些笔记、诗赋、传说中若隐若现的奇珍异兽，其目的在于研究这些外来物品及其所代表的异域文化，是如何点滴渗透进唐朝民众的日常生活，影响他们的兴趣与审美，并在不知不觉中重塑了唐朝的社会和文化。

现代西方学者提出的"物质文化"（material culture）概念，早期内涵仅限于装饰艺术领域，着重关注文艺复兴以来家具等工艺美术品的制造与消费；但 20 世纪 70 年代以来，随着物质文化研究热潮的兴起，越来越多的社会学家、历史学家与人类学家把目光转向这一领域，物质文化研究也就逐渐与日常生活史和社会经济文化史研究结合起来。

物质文化研究的代表人物，法国历史学者罗什（Daniel Roche）在出版于1998 年的著作《平常事情的历史：传统社会中消费主义的诞生（17—19 世纪）》（Histoire des Choses Banales：Naissance de la Société de Consommation，XVIIIe-XIXe siècle）中提出，物质文化史研究和日常生活史的研究是一种重新发现问题的方法，是把物质生产放到文化和精神的历史中去考察，借此重新认识传统的经济史和社会史[②]。这一方法正受到研究者越来越多的重视。如另一位美国学者钱德拉·慕克吉（Chandra Mukerji）在其著作中所说，"正是这种物质的和象征的双重限制，赋予物质文化以一种影响人类行动的特殊力量"[③]。这无疑提出了一个观察与解释人类行动的新视角。

传统意义上的建筑史研究更多地把建筑视为精神的载体而不是视为物，这一倾向的历史根源是西方自文艺复兴以来建立的建筑学体系，其研究对象——无论是古典文明时期的建筑还是 16 世纪之后的大师作品——都被认为是基于特定审美意识的造物，研究建筑的意义在于发掘其背后创造

---

① 谢弗（1995）：第 3 页。
② 达尼埃尔·罗什（2005）：第 2 页。
③ Mukerji（1983）：第 15 页。

者的思想。这一思路在建筑学的研究范围逐步扩展的过程中已经逐步得到修正，在更广阔的地域和时空范围里，许多房屋遵循的是完全不同的建造逻辑，其最终呈现的结构、形态与样貌，是一切社会经济条件博弈的结果，而非遵从某个先导性的目标。于是建筑作为物质或者材料（materiality）本身的意义渐渐得以彰显，并为今天的研究者提出了自下而上的观看和思考角度。理解材料，理解人与材料的关系，是这种观看方式需要完成的第一个任务。

因此，一块从建筑彩画上揭取的小小残片，有可能对理解这座建筑产生全息影像般的意义——不是全部意义，但却不可或缺。承认了这一点，也就不会怀疑，这种对颜料（乃至其他建造材料）的探究对于建筑史研究而言并非过于细枝末节。

当然，不可忽略的是，这一研究视角并非自外于传统建筑史学研究框架，其思考与理解方式也仍然有赖于宏观建筑史学提供的材料和背景。自下而上与自上而下的两种解读方式并不对立，甚至并不独立，而是彼此修正、互为启发的。二者从不同的方向最终交织，共同致力于重构历史上有关建造的人类活动图景。

颜料史研究的意义当然不止于建筑；但当代建筑史研究倘若想在微观史学叙事上向前一步，致力于年鉴学派所谓"全部的历史"之建构，将解读历史的触须延伸向幽微要眇之处——那么颜料史这一视角，毫无疑问是值得纳入其中的。

1.2　对几个关键词的简要回顾

在界定本书的研究对象之前，有必要先对题目中的几个关键词作出简要解释，以就其定义与读者达成共识。

1. 匠作则例

匠作则例是有关营建和工艺的各作则例，在清代文献中一般归入政书类的考工门。"匠作则例"这一用语系由王世襄先生于 1963 年首次提出，定义为"有关营建制造的各作工匠的成规定例"。而这一集合概念在学术意义上的实际肇始，可上溯至 20 世纪 30 年代营造学社的研究。

根据王世襄先生的观点，匠作则例可以根据产生机制分为官修和私辑两大类。本书将匠作则例的考察范围限定在清代官修则例之内——即由清政府颁修的则例。官修则例主要负责规范官方营造工程的做法和工料价格。这些营造工程包括皇家陵寝、宫殿、祠庙、园林,以及官员衙署、官兵营房、都城市政工程等。其中有一部分建筑及其彩画保存至今,为彩画和彩画颜料研究提供了宝贵的实物资料。

2. 彩画作

清代匠作体系将营造业分为瓦作、木作、石作、扎彩(材)作、土作、油作、彩画作、裱糊作等十个行当。其中的彩画作是在建筑木构件表面绘制彩色装饰图案的专门行当,也简称为画作。

需要注意的是,彩画作这一概念在宋代和清代定义有别。宋代《营造法式》并未将油饰和彩画作明确区分,书中彩画作一节也包括油漆刷饰做法等内容;而在清代匠作体系中,营造业分工进一步细化,油饰工艺发展得更加复杂,因此油作与彩画作成为两个独立的匠作门类。

虽然油饰与彩画的功用相似,但这两个行当所使用的材料和施工工艺却截然不同。油作的涂层,是以干性油、大漆作为成膜物质,其中可以掺入色料,也可以不掺入。即使掺入色料,其涂层性质仍与彩画的颜料层有本质区别——后者是颜料微粒分散在蛋白质类水溶性胶结剂中而形成的。本书讨论的对象是清代彩画作所用颜料,不包括油作,因此,油作、漆作等匠作则例原则上也不属于本书的关注范围。

3. 颜料

"颜料"一词,在日常语境和学术语境下都是一个定义模糊的词汇。英文中经常用来表示颜料的是"pigment"和"paint"两个词汇,其中,"pigment"一词指着色物质或显色物质,更强调其能够呈现色彩的物理属性;而 paint 一词则指已经调制好的,可以用画笔直接蘸取的流体/半流体物质,更强调其能够运用于绘画的实用属性。因此有人将前者翻译成"色料",后者翻译成"颜料",以凸显其定义上的区别[①]。另外,"coating"一词则指更广泛意义上的涂料,在具体语境中指称颜料时,更强调其作为具体颜料层的属性。

中文里的"颜料"一词用途很广泛,可以泛指绘画、工艺美术、建筑装饰、染织、印刷等各行业使用的着色物质。现代中文语境中,习惯按照用途划

---

① 例如,何本国在翻译 Philip Ball 的 *Bright Earth* 一书时,就采取了这样的翻译策略。参见菲利普·鲍尔(2018)。

分，将用于染织业的着色物质称为染料，用于彩绘者称为颜料。但需要注意的是，古代和近代中文文献中很少使用"染料"一词，大多数情况下，用于染织业的着色物质也称"颜料"。

由于定义不明晰，染料、涂料、颜料等概念相互替代混用的现象时有发生。对于研究者而言，将这几个概念作为术语分别给出科学的定义是必要的。本书将分别基于如下定义使用上述词汇：

颜料（pigment）：用于绘画与彩绘装饰的媒材，多为微细的固体粉状粒子，不溶于水、酒精等展色剂，通常以胶、水、油、大漆、蛋黄等胶结材料（binding-media）调和使用，并以微粒（分子聚集体）方式沉积于被着色表面。在古代文物中的应用范围包括绘画、建筑彩画、壁画、彩塑、内檐装修、家具及其他器物的彩绘表面。

染料（dyestuff）：能使纤维或其他物质着色的有色物质，绝大多数能溶于水、酒精或其他展色剂，并对染着物具有良好的亲和力和坚牢度[1]。在古代文物中的应用范围主要限于纺织品和纸张。

涂料（coating）：泛指一切出于装饰或保护目的涂刷在物体表面上的有色或无色物质，包括成膜和不成膜的涂层。在古代文物中的应用范围包括建筑和工艺品表面的彩绘涂层、大漆、清漆（varnish）、桐油、虫漆（shellac）等。本书对此概念不作过多涉及。

一般地，本书的研究对象集中于颜料。但应当注意的是，即使基于如上定义，颜料和染料两个概念也并非泾渭分明。在中国古代彩画和壁画中，存在用有机染料作为绘画媒材的现象，科技分析和文献记载都证实了彩画和壁画中靛蓝、红花等有机染料的存在。这部分作为颜料之用的特殊染料，由于兼具颜料属性，也在本书关注范围之内。另外，古人也有以天然矿物颜料为织物染色的做法，称为"石染"，商周时期已有运用，所使用的矿物颜料有赤铁矿、朱砂、赭石、空青等[2]。这些用于石染的"染料"，并不符合前述染料定义，其所谓染色，实际上仍然是作为颜料在织物表面着色的过程。因此，也不宜以应用范围作为颜料和染料的主要区分依据。

此外，还有一个需要厘清的概念，即陶瓷颜料。在陶瓷制造业中，为获得不同釉色，需要在釉料中加入着色剂，经窑烧后，发色物质分散于硅酸盐固溶体之中，呈现不同的釉色。这些着色剂的成分一般是有色金属氧化物

---

① 此定义参考了纺织院校教材编审委 1960 年版《染料化学》，以及曹振宇（2009）的综述。

② 赵匡华，周嘉华（1995）：第 620-623 页。

或天然矿物,通常被称为"陶瓷颜料"。陶瓷颜料的呈色往往与烧成条件直接相关,每种陶瓷颜料都需要特定的烧成温度,如果烧成条件掌握不当,则烧出的釉色很可能与预料中相异,即所谓"窑变"[①]。而烧结之后的呈色,也未必和陶瓷颜料本来的色调一致。例如无名异,是一种氧化锰矿土,在常温下本来呈现黑褐色,但加入釉中,烧成后则呈现鲜艳的蓝色[②]。由此可知,陶瓷颜料是一类较为特殊的色料,虽然名称中也有颜料二字,却与普通颜料性质有别。多数陶瓷颜料并不能当作普通颜料使用;个别陶瓷颜料虽然也可用作普通颜料,但呈色可能存在差异。因此,一般而言,陶瓷颜料也不在本书的讨论范围之内[③]。

厘清上述概念之后,即可对本书的研究对象作出较为清晰的界定:

本书的研究对象是清代官式彩画所使用的颜料,以见载于清代官修匠作则例中的颜料为核心。由于彩画颜料与壁画颜料、彩塑及其他器物表面彩绘用颜料在种类上几乎重合,因此有关诸种彩绘颜料的史料,均属本研究的材料来源范围。时间范围上,以有清一代为限,即公元 1644—1911 年,涵盖传统史学意义上的清代早、中、晚三个分期;地域范围上,以紫禁城和北京为中心,向北方地区辐射,以故宫明清官式彩画遗存为主要实证案例,兼及北京及邻近地域使用北方官式彩画的案例。

1.3　相关研究现状

1.3.1　清代匠作则例相关研究

宋建昃(2005)在《试析匠作则例的源流、概况和研究》一文中,已将 20 世纪 30 年代至 2001 年间清代匠作则例的研究发展状况作了简要而全面的回顾;常清华(2012)在《清代官式建筑研究史初探》中,也对建筑史学界的相关工作做了深入的系统梳理。此节仅作简要综述,并补充近年的研究新

---

①　关于窑变,最著名的一则早期文献记载见于宋代笔记《清波杂志》:"饶州景德镇,陶器所自出,于大观间窑变,色红如朱砂,谓荧惑躔度临照而然。物反常为妖,窑户亟碎之。"以现代科学观念看来,窑工使用的釉料中可能含有铜元素,在合适的还原气氛中烧出铜红。见《续古逸丛书》本《清波杂志》第五卷。

②　有关釉色和窑变,较早的文献记载来自《天工开物》:"回青乃西域大青,美者亦名佛头青,上料无名异出火似之,非大青能入烘炉存本色也。"可见一些陶瓷颜料能"入烘炉存本色",一些则会发生显著的色彩变化,例如无名异。

③　作为特例,本书涉及了一种特殊的颜料,即 smalt,它是一种绘画颜料,也可以用作陶瓷颜料。

进展。

对清代匠作则例的研究，肇自 20 世纪 30 年代，以朱启钤先生为代表的营造学社前辈敏锐地注意到匠作则例的资料价值，在搜求则例抄本的同时开展整理和研究工作。梁思成先生整理了学社搜集的十几种工匠抄本，1931 年开始，在《营造学社汇刊》连载，并于 1932 年出版单行本《营造算例》。刘敦桢先生整理点校的《牌楼算例》，后来也并入此书。而研究成果则集中体现为梁思成先生依据匠作则例与实地调查、匠师访谈而著成的《清代营造则例》。

20 世纪 60 年代，王世襄先生继续营造学社的工作，多方收集则例抄本，得 70 余种，并着手进行分类分作的汇编辑录工作。这项工作的初步成果，出版印行为《清代匠作则例汇编》两卷，内容包括佛作、门神作、装修作、漆作、泥金作、油作。此外，王世襄先生还将《照金塔式样成造珐琅塔一座销算底册》与故宫现存梵华楼珐琅塔实物对照，写成《梵华楼珐琅塔和珐琅塔则例》一文，首次将则例与实物进行对照研究，在研究思路上极具启发性。

王璧文先生在营造学社期间即通过实证和则例结合的研究方法，写出了《清官式石桥做法》；1980 年，又完成了《工程做法》的整理、注释和补图工作，是目前对于这部重要文献最具代表性的研究成果。

1997 年，中国文物研究所（今中国文化遗产研究院）与清华大学科技史暨古文献研究所组成清代匠作则例汇编、汇释编纂委员会，主持进行影印抄本则例和则例分作汇编、汇释工作，已经影印出版了相当数量的各类则例（书目详见参考文献部分），为本研究搜求基础资料提供了很大便利。

由于最基本的资料整理和出版工作尚在进行当中，利用这些材料进行研究的成果还难称丰富，但也已经有一些颇具价值的探索性工作出现。2003 年在德国图宾根召开的《中国匠作则例：理论与应用》专题研讨会，汇集了国际汉学界与中国众多专家学者的学术成果，其中有相当一部分是与匠作则例或建筑营造则例直接相关的。宋建昃的《试析匠作则例的源流、概况和研究》以及苏荣誉的《清代则例的编纂、内容和功能》，侧重于则例文献的基础性研究。Welf H. Schnell（2005）和郭黛姮（2005）分别评述了《圆明园内工则例》作为营造文献的体例、结构以及对建筑史研究的意义。戴吾三（2005）则回顾总结了梁思成对《工程做法》则例研究的开创性贡献。此外，还有一些学者更进一步，尝试通过解读匠作则例内容来开展营造与手工业技术史相关研究，例如 Carolin Bodolec（2005）通过《工程做法》中记载与中国西北地区窑洞建筑方法的联系，探讨了建筑技术藉由则例的颁行而向民间传播的可能途径；莫克莉(2005)综合若干种清代官修则例揭示了北京都城隍庙与城垣的日常整修制度；刘蔷(2005)通过多种则例类文献还原了清代武英殿刻书的完整组织运作过程。

近年来，国内建筑史学界也逐渐开始注意匠作则例的利用，王欢《清代宫苑则例中的装修作制度研究》(2016)是一项利用匠作则例作为主要材料的研究，通过对清代匠作则例中的装修作相关内容的整理、解读和分析，结合实例遗存，对清代皇家园林建筑装修的设计方法作了深入探究。

朱铃(2012)在《清代早中期北方皇家园林建筑彩画研究》中，选取了4部较重要的官修则例(《工程做法》《圆明园大木作定例》《内庭圆明园内工诸作现行则例》与《圆明园、万寿山、内庭三处汇同则例》)，以这几种则例的彩画作部分作为研究材料，将其中出现的彩画相关术语作了注释，并梳理统计了《工程做法》和《内庭圆明园内工诸作现行则例》中涉及彩画的条目，按照梁枋大木彩画、椽子彩画、天花彩画、斗栱彩画、杂项彩画的分类编为汇总表。这是近年来仅见的一项针对清代匠作则例彩画作部分的研究。王欢(2016)的《清代宫苑则例中的装修作制度研究》则针对匠作则例中的装修作内容展开梳理与研究，以则例为核心，以《工程做法》相关记载为佐证，兼与史料及遗存中的典型装修案例相互印证，对清代宫苑建筑装修的构造、设计、制作、用料、销算等方面作出了全面分析解读。

在建筑史学界之外，程婧(2004)首次针对《物料价值则例》中的物价数据开展研究，使用统计学工具，分析了直隶省物价的，为发掘该则例的史料价值估出了探索性贡献。

1.3.2　清代官式彩画相关研究

对于清代官式彩画的研究，大都将清代内廷彩画作为最重要的研究材料之一。孙大章的《中国古代建筑彩画》的清代部分和蒋广全的《中国清代建筑官式彩画技术》是早期研究的代表性成果，较为系统地总结了清代官式彩画样式和施工工艺。同时，以王仲杰为代表的研究者对于紫禁城彩画开展了有针对性的个案研究，试图更加具体地探讨清代各个时期内廷彩画在样式上的源流演变，以及背后反映出的设计思想，其代表性研究包括《北京城皇城紫禁城城楼彩画配置分析》等。杨红《浅析午门彩画的变迁及复原》《慈宁宫建筑彩画年代略考》等一系列文章，则选取故宫内的建筑单体或院落进行个案分析，细致深入地探讨现存彩画的断代和历史变迁。在大量个案研究的基础上，也逐渐出现了基于纹饰设计的类型学和年代学研究，例如曹振伟的《明清皇家旋子彩画形制分期研究》《和玺彩画形制分期研究》，杨红、纪立芳的《紫禁城现存明代官式彩画分期探讨——从大木梁檩枋彩画纹饰切入的研究》等。

2006年起，故宫博物院文保科技部开始结合故宫建筑维修工程，对故宫建筑彩画进行样本采集和科技分析的工作，以了解古代彩画的确切成分，作为对文物本体的前期勘察研究，以及文物修缮和保护的依据。科技分析成果为内廷彩画的研究带来了新的视角。雷勇等的《钴蓝颜料（smalt）在故宫建福宫彩画中的发现》是这一类研究成果的代表。2014—2015年，故宫博物院古建部杨红主持的《明代紫禁城彩画研究》课题，选取紫禁城内多处明代彩画遗迹进行实物考察与研究，也包括了对彩画颜料的分析，为这一时期的彩画颜料使用状况提供了一批可供参考的基础数据。2017年，宋路易的硕士学位论文《故宫景福宫建筑彩画及颜料构成研究》，是针对景福宫彩画的一项较为深入的个案研究，对景福宫的彩画纹饰、年代类型、颜料成分及地仗灰层做法等开展了较全面的分析工作。

总体而言，建筑史学界对清代官式彩画的既有研究以彩画样式为集中关注点，而对材料和工艺的研究相对较为薄弱。当前学界对彩画颜材料的认识，仅仅是基于匠师经验传承的清晚期工艺材料知识，实际上只反映出20世纪前半叶古建筑修缮实践中的彩画材料使用状况。清代早中期的彩画材料和做法与之是否一致？有何变化？对于同种材料，清代匠师的称谓与今天的匠师是否一致？这些都是尚待回答的问题。

1.3.3　中国古代颜料史相关研究

关于中国古代颜料的研究散见于美术史、科技史、文物保护等多个领域，尚未形成完整系统的专题性研究成果。

美术界的研究，以于非闇《中国画颜色的研究》为代表，研究者大多是画家，主要关注颜料的性状与研漂方法，与绘画实践结合密切，注重从研究者的亲身实践中总结经验，并以指导实践为最终目的，因此也较少利用文献史料，其成果对于当代实践的意义大于历史研究。

科技史和文物保护学界，以敦煌研究院为中心的早期颜料史（壁画颜料）研究相对较深入，已经涉及产地、运输渠道等问题，且能结合文献和实物。这方面的代表性研究成果是王进玉、李最雄有关古代颜料史的一系列论文。敦煌之外，多见零星案例分析，许多研究机构已有较成熟的颜料分析鉴定技术手段，有大量原始分析数据，但缺乏研究性质的解读。此外，一些古代人工合成颜料与炼丹术及古代化学密切相关,在赵匡华等人的科学史研究中多有述及。

建筑史学界尚无针对古代建筑彩画颜料的专题研究,现有研究主要体现为彩画专题研究中的材料部分。较有代表性的是李路珂《营造法式彩画研究》中对宋代彩画颜料的研究和蒋广全《中国清代官式建筑彩画技术》中对晚期颜料的记述。前者基于《营造法式》文本,对其中涉及的颜料语词作了统计整理,并结合其他文献史料,对这些语词作了初步汇释义,也谈及性状和制备方法。后者则基于作者的工程实践经验,所记录的实际是 20 世纪中期古建筑修缮工程实践中的彩画颜料使用状况。除此以外,相关研究主要限于个案讨论,例如前文提到的《故宫景福宫建筑彩画及颜料构成研究》等,大都源自结合彩画修缮工程开展的颜料分析检测工作,作为个案积累了有益的经验和数据。已经发表的案例总体而言尚难称丰富,但近年来在数量上呈现出明显的增长趋势,反映出该领域值得期待的发展前景。

1.3.4　西方古代颜料史相关研究

西方学者对古代颜料史的研究起步较早,基于实证方法的研究体系已经发展成熟,并产生了丰富的学术成果。无论在方法论层面,还是在内容层面,这些成果都对中国古代颜料研究具有重要参考意义。

东西方古代颜料史具有可观的交集。近代化工颜料出现之前,东西方使用的传统颜料在种类上颇多重合,一方面是因为可供制作颜料的天然矿物与动植物数量有限,另一方面则缘于东西方之间历史悠久的国际贸易活动,颜料在生产交换链条中也扮演了活跃的角色,在中国的进口与出口贸易货品中始终占有一席之地。此外,对于一些中国古代特有的本土颜料,国外研究者也多有关注,例如兵马俑彩绘颜料、汉蓝、汉紫等均有海外研究成果。因此,国外学界的颜料史研究成果是本研究的重要基础。

出版于 1966 年的 *Painting Materials*：*A Short Encyclopedia*（Gettens et al. ,1966）是专门论述绘画材料的一部早期著作。此书的关注范围并不限于颜料,而是更广泛意义上的画材,其中有关颜料的章节对各种绘画颜料的特征、来源和应用历史都作了扼要梳理,并总结了各种颜料的基本物理和化学特性。此后,随着颜料史和彩绘文物保护研究的不断推进,书中内容也经过反复修订,至今仍然是一部基础实用的参考书籍。

美国国家美术馆编著的五卷本 *Artists' Pigments*：*A Handbook of their History and Characteristics* 是一部较为全面翔实的大型颜料史专

著,其研究范围以欧洲绘画颜料为中心,时间范围从古典时期一直延续到20世纪。此书涉及的颜料种类不多,但也已经涵盖了西方艺术史上最重要的数十种颜料,对每种颜料的定名、历史、应用、物质成分、来源、制备等各方面信息都作了深入的综述,并附有各种常见科学检测方法的鉴别特征及实例数据,因此对于颜料的实验室分析工作也有指导意义。

Pigment Compendium—Optical Microscopy of Historical Pigments (Eastaugh et al.,2008)是一部颜料百科全书和显微分析图集,除了文字形式的词条释义,还收录了大量颜料颗粒偏光显微照片,是对此前大量颜料分析案例和研究成果的一次总结,问世以来已经成为偏光显微分析鉴定颜料的必备参考资料。但是,来自不同地域的矿产和人工合成颜料在形态上均存在可辨识的微小差异,而本书中所收录的颜料样品照片几乎都来自西方文物和绘画,在比对中国古代颜料样本时,仍存在一定局限性。

此外,针对不同时期和地域的颜料使用状况,也有许多专门研究。例如Helen Howard 所著 *Pigments of English Medieval Wall Paintings*,专门研究英国中世纪壁画所使用的颜料;Leslie Carlyle 所著 *Artists' Assistant：Oil Painting Instruction Manuals and Handbooks in Britain 1800—1900* 则深入阐述了19世纪英国的油画材料和技法(包括颜料、胶料和其他媒材)。

对颜料种类的鉴定分析,在西方文物保护界已经成为文物修复的基础研究工作之一。对于带有彩绘层的文物,在修复报告和研究中往往都包含针对颜料种类的分析结果。这其中也涉及大量收藏在海外的东亚文物案例。这些案例以18—19世纪出口到欧洲和美国的可移动文物为主,载体包括纸本绘画、彩绘器物、漆器、外销水彩画、彩绘木雕、彩绘丝织品等(陶瓷颜料与釉料不属颜料范畴),其研究成果散见于各种期刊和会议论文集。但是,这些案例研究通常局限于西方认识论和术语体系下的颜料种类定性分析,限于文化背景和史料利用的障碍,无法对颜料的历史信息作出深入探讨。

总体上说,西方学者和文物保护工作者虽然在一些个案上做过较深入的研究(例如秦始皇兵马俑博物馆与德国巴伐利亚州文物局合作进行的兵马俑彩绘颜料研究),但由于数据有限,难以展开横向比较,加上文化和语言隔阂,难以真正开展针对中国颜料史的研究,因此对于中国颜料的认识也相当局限,远未达到对于西方颜料史的研究深度。

1.3.5　颜料史研究的当下困境与未来展望

对彩画遗迹的材料及工艺做法的研究,在引入科技手段之前是无法开展的,而科技手段引入彩画研究以来,由于研究者的学科背景差异,科技检测所得数据尚未与基于匠师经验的知识体系之间实现有效沟通,导致科技分析数据未能得到充分解释和利用。因此,这一领域仍有大量探索性工作需要完成。

明清文献中有关颜料的记载虽然丰富,但实物与文献缺乏对应和关联,许多颜料的名实对应问题始终未能解决。甚至对于清代匠作则例中出现频率最高,也即最常用的一些颜料名目,对其理解都仍未达成共识。如前文所述,当前大部分有关彩画颜材料的研究或倚赖匠师经验,尚未实现匠师经验、文献史料、考古实物材料三者的对接。对清代颜料的定名及应用状况,存在许多似是而非的认知,仍有待于更深入的研究工作予以纠正。

颜料的名实对应问题,其实质是要将清代匠作知识体系中的颜料知识与今日研究者基于西方科学体系而形成的认识彼此对接,这是一个相当复杂的问题,不仅需要考释则例和其他文献史料记载,并与实物检测数据比对,而且需要尽可能地避免既有认知的干扰。在考释名实之外,还应当更进一步,试图理解清代工匠知识体系中对颜料的认知和分类方法,从而实现专门史意义上的古代颜料研究,进而构建出时间和空间两个维度上颜料的使用图景与发展脉络。本书仅就此作出初步探索,而完整的颜料史写作任务仍然有待这一领域的研究者在未来逐步完成。

1.4　本书的研究方法与内容框架

王国维在 1925 年提出历史研究的二重证据法,即结合历史学和考古学,使用传世文献和出土文物互证。本书的基本研究方法也立足于这一学术思想。正如王国维所说,"此二重证据法,惟在今日始得为之",因为"吾辈生于今日,幸于纸上之材料外,更得地下之材料"[①];同样,二重证据法在颜料史研究领域的应用,在很大程度上依托于近年来科技考古工作的进展,也得益于近年来清代匠作则例文献整理出版工作的推进。实验数据的积累和逐步面世的大量则例文献,同为此项研究奠定了必需的材料基础。

---

① 　王国维(1994):第 2 页。

近年来，由于文物保护事业的发展，针对文物彩绘颜料的分析研究日益引起科研单位的关注，也有越来越多的案例分析见诸报道。但是，许多出自科技考古或材料分析专业人员之手的研究，往往偏重科学检测，而欠缺文物和历史研究视角下对检测结论的读解；另外，一些建筑史和美术史学者虽然愿意对颜料史开展深入讨论，却由于学科背景的限制，难以直接处理古代颜料的科学检测数据，也缺乏机会主动利用科学检测手段。对于文献和实物材料均极丰富的清代彩绘文物而言，这不能不说是一大缺憾。

本书尝试将上述状况向前推进一步，试图打通文物建筑研究和科技考古两个领域，综合利用文献史料和科学检测数据，站在历史研究者的角度，将科学检测作为一种获取实证材料的方法纳入视野，以期推进对颜料及建筑彩画的认知深度，从而建立一种相对更加完整、深入的文物材料研究范式。

本书希望建立的颜料史研究框架，是将颜料视为历史研究客体，结合文献和实物两方面的证据，对其名称、成分、特性、来源、用途、制备方法、应用实例、时代与地域范围等方方面面的状况作出综合性叙述，目标在于全面构建一种颜料自身的历史，以还原它在物质文明史上的坐标与踪迹，并揭示其对人类社会、经济、文化活动产生的影响。

如 1.3.4 节所述，美国国家美术馆（National Gallery of Art）集众多学者之力编纂的 *Artists' Pigments* 一书，其体例大致可以视为西方学者建立的颜料史研究范式。这一范式的深度和广度，都值得中国颜料史研究借鉴。与之不同的是，中国古代有关颜料的文献史料比西方更加丰富，也更加复杂，为研究者提出了更大的挑战。限于篇幅，也限于作者的学术水平，本书并无雄心壮志完成一部完整的清代颜料史写作，只是试图综合利用目前有限的文献与实物材料，对一部分清代颜料的名实、应用与源流作出梳理，以冀建立起多学科视角下颜料史的一般性研究方法。

本书主要利用的文献材料包括匠作则例、清代档案史料、古代画论、古代科技与手工业论著、本草类文献、炼丹术文献及贸易史相关文献史料等。

作为清代彩画作及其工料的直接记录，匠作则例构成本研究文献材料的核心部分。彩画作相关则例多数属工料和价值则例，从中大致可以探得彩画的类型、样式、设色及相应工料做法。

古代典籍中没有论述颜料的专书，但一些画论中有专论颜料的章节，《天工开物》等科技文献及《物类品骘》等博物学著作中亦涉及颜料。许多颜料兼具药用，因此本草医书中也有颇多相关记载，为颜料的名实考证提供了不少材料①。此外,正如炼金术促进了欧洲古代颜料的发展,炼丹术在客观上也对中国古代颜料的合成技术起到重要的助推作用,许多人工合成颜料的制备方法都是由炼丹家发明并提倡的,因此丹经中的相关记载也对了解古代颜料的成分和制备工艺有重要帮助,其中较重要者包括《抱朴子》《金石灵砂论》《黄帝九鼎神丹经诀》等。

另外,贸易史文献也构成本研究的重要基石。有清一代贸易史料丰富,各种税则、海关志及《中国近代海关》(*China Maritime Customs*)出版物等,提供了许多和颜料贸易相关的信息,从而为了解当时的颜料名目、流通渠道和价格提供了可靠的一手材料。

本书主要利用的实物材料,是基于现代科技检测手段,对古代建筑彩画和彩绘文物颜料遗存样本进行分析所得的数据。如前文所述,这些实例以紫禁城建筑彩画为中心,兼及同时期其他北方官式彩画实例。同时,由于彩绘颜料种类的高度重合,取自清代壁画、彩塑、彩绘器物的样品分析数据,也纳入本研究的实物材料范围。

比之于文献材料,实物材料涉及的时间范围有一定的局限性。彩画作为建筑的表面装饰和保护层,比之土、木、瓦、石,最不耐久,修缮也最频繁,建筑外檐彩画常年受日晒雨淋,寿命不过几十年,内檐彩画保存条件较优,但也不易见到二百年以上的实物。因此,对实物材料的搜集很难做到全面涵盖各个历史时期的各类型案例。但既有样品已基本覆盖了清代早、中、晚三个阶段。此外,明清官式彩画在材料和做法上一脉相承,因此也将一部分采自明代彩画颜料的样本作为研究的参照对象。

对颜料样本的分析,采用多种科技检测手段,以探知其不同层面的信息。一般而言,主要采用剖面光学显微法(cross-section microscopy analysis)来分析其剖面层次构成,借以揭示彩画结构组成和工艺做法;采用偏光显微法(polarized light microscopy)来分析其颜料晶体光学特征,借以鉴定颜料的种类和质地;此外,在必要时,采用拉曼光谱法(Raman spectra)和 X 射线衍射分析法(X-ray diffraction)获知样品的分子结构信息,以对偏光显微鉴定结果进行复核。对于结构组成复杂的样品,采用扫描电子显微镜-X 射线能谱分析(scanning electron microscopy with energy dispersive X-ray)来获

---

①　值得注意的是,药物名实考辨本来也是一个复杂的课题,加上一些物料作药用和作颜料时的名称未必一致,而名称相同者所指实物又未必相同,因此,引用本草文献中的叙述时,必须谨慎加以分辨。

知剖面各层不同区域的元素信息，借以准确判断各层成分。各种分析方法的具体原理和应用，将在 3.1 节详细叙述。

本书共分 8 章，内容逻辑结构如图 1.1 所示。

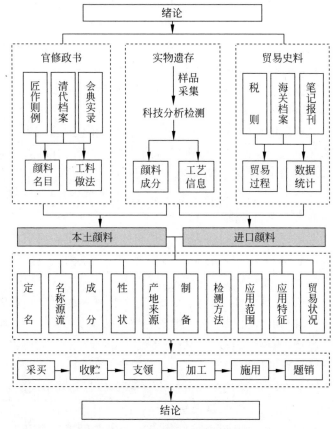

图 1.1　本书的内容逻辑框架

第 1 章为绪论，界定研究对象、研究意义及研究方法，总结相关领域研究现状。

第 2 章是文献学范畴的工作。在厘清"匠作则例"概念之后，整理了 51 种彩画作相关则例的目录提要，并对数种重要则例的版本源流作了考证辨析。以此为基础，从这些则例及清代档案史料中提取出表示颜料的语词，得到一份清代各时期使用的彩画颜料名目清单。

第 3 章是科技考古范畴的工作。在方法论层面，讨论了古代颜料的科学检测方法、意义与局限性，以及东西方颜料命名体系的对接问题；而后，整理汇总了作者自己工作中积累的清代彩绘颜料检测分析数据,以及文献所见公开发表的案例数据,得到一份基于科学检测的清代彩绘文物所见颜料种类统计。

第 4～6 章,在前两章整理汇总的文献与实物材料基础上,开展以下研究:

第 4 章是针对 42 种清代彩画颜料(涉及 99 个不同名目)的专题研究,逐一考辨其定名、成分、性状、产地、制备、应用等历史信息,重点解决名实对应问题,也包括对过往学术认知的补充和更新。

第 5 章和第 6 章集中关注颜料的进出口贸易,从海关档案等大量贸易史料中爬梳与颜料相关的信息,勾勒出 17—20 世纪中国与其他国家之间的颜料贸易图景及发展趋势。在此背景下,对几种主要进口颜料的定名、来源、贸易与应用历史作了详细考证。

第 7 章基于清代档案史料,还原了彩画颜料在营建活动中的整个流通过程,阐释了颜料采办—贮存—支取—加工—施用—题销的各制度环节,并结合实物分析数据,对彩画颜料的施用工艺作出探索性总结。

第 8 章是结论部分,对清代彩画颜料的使用状况作出综述,并思考了颜料对建筑彩画及营造活动的影响,以及匠作则例之于营造活动的实际意义。

第2章　彩画作相关匠作则例的文献学研究

> 盖考工之书,人患难读者,其字句无意义可寻
> 也……此非就其原料,重加排比不可也。试以表格之
> 式编之,则向之臭腐悉化为神奇矣。岂唯有助于所谓
> 名词之训释而已,凡工费之繁省,物价之盈缩,质料之
> 种类、来源,构造之形式、方法,胥于此见之。由此而
> 社会经济之状况,文化升降之比较,随仁者、智者所见
> 之不同,尽有可研索者在也。
>
> ——朱启钤,1930

2.1　彩画作相关匠作则例文献述要

2.1.1　对"匠作则例"与"营造则例"概念的再反思

"则例"一词古已有之,但"匠作则例"以及由此衍生出的"营造则例"这两个用语,都是 20 世纪才出现的,并非传统史学或文献学中的固有概念。作为新出现的学术术语,其定义本来是需要探讨和梳理的,但今天的建筑史学界对这两个术语耳熟能详,似乎成了不言自明的概念,反而缺失了对其内涵与外延的基础讨论。然而,随着则例研究的逐步深入,将这一定义清晰化的必要性日益凸显出来。正如宋建昃(2005)所指出的,匠作则例仍然缺乏严格和公认的定义,是则例研究中一个有待解决的问题。本节即对这一问题试作探讨。

要考察"匠作则例"和"营造则例"两个概念,就必须先厘清其中的几个关键性词汇:"匠作""则例"和"营造"。

"营造"一词的意义相对清晰,即经营建造,其对象主要是建筑物与城市,但也可以指制造器物,如《唐律疏议》:"营造舍宅、车服、器物及坟茔石兽之属,于令有违者,杖一百"[①]。这一词汇的历代语义也基本一致。

---

① 《唐律疏议》,卷二十六。四部丛刊三编景宋本。上海:商务印书馆,1936。

　　"匠作"一词,王铁男(2017)认为至迟在元代已经出现,实际上,更早的语例已见于宋代文献。《过庭录》记魏中孚事:"同官有兴作制器用,诚老未能无意,每欲为之,先令匠作者计工用干费,各具公私之数。"①这里的"匠作者"即制作器用者,也就是手工艺人。宋代《梦林玄解》中有"乃手艺匠作等辈作伐"②之语,这里已经以"匠作"一词指手工业,与明清以来的语义完全相同。至明清两代,文献中"匠作"一词的使用已经极为常见,不必多赘。

　　"则例"一词的正式使用,王钟翰先生认为始自宋仁宗时③,是一个律法概念,其应用可以追溯到汉代,即比照先前案例判决。汉代以来,则例一直是律法体系的一个组成部分。有清一代尤其重视则例编修,"清初入关,一切草创,法典未备,行过之事,即可为例"④,各种中央机构和地方政府均颁行有大量官修则例,内容覆盖面极广,涉及国家生活中的方方面面。王旭(2016)《则例沿革稽考》一书对则例在法律史上的产生、性质、应用和影响等问题作了充分考辨,其中专辟一节讨论"表示法定工程物料标准"的则例,总结了此类则例在清代官营制造业中发挥的作用。总之,历史和文献学界对"则例"的一般认识,是一种官方编纂,具有律法性质的规章。从目录学角度,通常归入史部政书类。

　　"则例"概念既明,对"匠作则例"的理解似乎就顺理成章,即则例这一大概念之下的一个分支,指与匠作有关的规章。清代匠作则例,顾名思义,就是清代则例中与匠作相关的那一部分。但是,就目前学界普遍视为"匠作则例"的文献来看,其中相当大的一部分,在内涵上却与"则例"的一般定义有所冲突。

　　20世纪30年代营造学社开始关注和搜求匠作则例时,并未明确提出"匠作则例"这一术语,当时仅称为"钞本小册"⑤"秘传手抄小册"或"料估匠师传习之本"⑥。"匠作则例"作为一个学术概念,最早由王世襄(1963)在《谈清代的匠作则例》中提出:"所谓的匠作则例,指有关营建制造的各作工匠的成规定例。"后来,在《清代匠作则例》的前言中,王世襄又提出一个更详细的定义:"匠作则例就是把已完成的建筑和已制成的器物,开列其整体或

---

①　范公偁,《过庭录》,明稗海本。

②　《梦林玄解》,卷二十三,梦占。明崇祯刻本。

③　王钟翰(2004):第29页。

④　王钟翰(2004):第26页。

⑤　朱启钤(1931)。

⑥　《征求启事》,《中国营造学社汇刊》二卷一期,1931年:第4页。

部件的名称规格，包括制作要求、尺寸大小、限用工时、耗料数量以及重量运费等，使它成为有案可查、有章可循的规则和定例。"①此说被广泛引用，几成公论，也是当前"匠作则例"这一概念最具影响力的一种定义。

但是，这一定义并未言及则例作为律法的性质。王世襄(1963)提出匠作则例可以分为"官修"和"私辑"两大类，从研究价值与存世文献数量两方面来看，私辑则例不亚于官修则例，甚至有过之。然而，如前所述，"则例乃为一代行政之准则"①，以此概念审视之，私辑则例显然与行政准则无关，并不是行政机关编修的条文，也不具有行政约束力。因此，综观清史学者对清代则例的研究，自王钟翰《清代则例与政法之关系》以下，均未将私辑匠作则例讨论在内，因其并不符合则例的基本定义与性质。由是观之，王世襄的匠作则例定义，在基本概念层面就已经与"则例"产生了矛盾。

为什么会出现这样的矛盾？究其原因，其关键点恐怕在于，清代的私辑匠作则例是在特定社会经济状况下出现的一种特殊文献。明中期以后，民间手工业极大发展，其程度已经远超官府手工业②。这样的大规模发展也促成了手工业的现代转型，其标志性特征之一，就是要求工匠将自身的技术经验文本化，以利技术经验的短期迅速复制与传播，从而适用于大规模规范化、标准化的生产——在此之前，手工业匠师的技术知识往往依靠口传心授实现传承，并无书面化的必要性。这是清代私辑匠作则例产生的特殊历史背景，也是清代之前此种文本并未出现的原因所在。

由于私辑匠作则例是基于实际生产中的需求而产生的，因此，这一类的文本化工作，是由工匠群体主导而非官府主导的，当然也就不具备官方性质或律法性质。但是，就此类文本自身的内容和体例而论，它们又与官修则例高度近似——甚至从产生机制上说，二者很有可能存在彼此借鉴甚至抄录的关系——因此，称之为"则例"也是恰如其分的。因此，基于传统文献学视角的则例定义，在清代私辑匠作则例这里就隐约出现了矛盾。

王铁男(2017)最先注意到这一矛盾，并提出用狭义和广义两种定义来解决这一问题。按照他提出的观点，匠作则例可以分为两类：狭义上的匠作则例，取其行政法规之内涵，指"各工官机构所修纂的本机构则例"；广义上的匠作则例，则取"则例"一词的本义，即"成规定例"，不限官修私辑，只要是记载建筑与器物工料做法标准的文献，都可以称为匠作则例。

---

①　王钟翰(2004)：第 28 页。
②　余同元(2015)：第 31 页。

　　这一定义的提出，比从前定义混乱的状况前进了一大步，但是仍有完善的空间。问题在于，这种定义虽然在内涵上是逻辑自洽的，在外延上，所谓"狭义的匠作则例"却可能遇到界定的困难。究其原因，要从清代匠人的流动性说起。

　　清代废除了匠籍制度后，营造业匠师不再隶属于官府，凡有营造，即从民间招募匠人，工程结束后，匠人又回归乡里，继续在民间执业。显然，这一体制决定了匠人的高度流动性——在官方营造工程与民间营造工程之间自由流动。而匠作则例作为一种与工匠人身关系密切的工具性文献，在此种体制下，自然也不再像前朝那样是仅仅在文官系统内部流传的文本。随着工匠的流动，许多官修匠作则例也流向民间。经工匠反复传抄，这些抄本的性质就很难判定是官修还是私辑。实际上，就存世的抄本则例来看，大量工料价值类则例都经历了从官修向私辑的转变过程。另外，虽然民间大量则例的来源是官修文本，但传抄过程中又可能经过抄写者的增删改动，新增的文本和旧有文本有时在形式上能够区分（例如在原书中夹入纸条），更多的时候则无从判别。

　　从文献版本的角度说，用刊本和抄本来判断则例性质也是不可行的，刊本则例都是官修则例，但官修则例却未必是刊本——一个显著的例外是，大量内工则例因为应用范围有限，没有刊刻的必要，故而也仅以抄本形式颁布。因此，如果仅将狭义的则例限定在刊本范围内，就会与该定义的内涵发生矛盾。

　　另一个问题是，王世襄对匠作则例的定义并没有限定时代范围，这是否意味着所有记载建筑与器物做法的文献，都属于匠作则例？例如《考工记》、宋代《营造法式》、明代《工部厂库须知》，都是官修的手工业规范文献，是否也应归入狭义匠作则例的范畴？《木经》《鲁班经》等，是否属于广义的匠作则例？比照上述定义的内涵，它们显然与匠作则例的定义完全相符。但在实践中，却从未见到研究者如此归类，因为这些文本与清代的匠作则例从体例到内容都大相径庭，即使归为一类，也很难对此类文本进行一般性研究，也就是说，这种归类是不具备学术意义的。

　　上述讨论无疑导向了这样一个重要的认识：讨论匠作则例的概念，必须认识到清代匠作则例的特殊性：既区别于清代其他则例，也区别于其他时代的匠作文献。换言之，"清代匠作则例"（或简称"匠作则例"）应当成为一个整体性的特定概念，而并非在"则例"之前加上定语构成的子集。

　　如前所述，清代匠作则例的大量出现，与特定的时代背景密不可分，因此所形成的文本也具有明显的时代特征。在清代，这些则例有专门的编修机构、一定的编纂流程，以及有迹可循的传抄与扩散方式，这种种因素决定了匠作则例共同的文献特征，在文献学意义上，其适合作为一个整体来考察。而清代以前，记载匠作的文献并非不存在，但其产生机制和编修过程与清代的体系并不相同，因此这些文献与清代匠作则例也有较大差异，虽然在建筑学角度上有所联系，但从文献学角度说，更适合单独考察。

最后还需要顺带讨论的，是另一个在各种论著中时见使用的概念——"营造则例"。

"营造则例"一语，最初出自梁思成早年研究清代则例及营造方法而著成的《清式营造则例》一书。此书并非清代则例之汇编，而是根据作者对清代营造技术的理解，以现代学术著作体例撰写的一部书籍。书名中的"则例"二字只是借用，究其内容，并不是一部可以称为则例的著作。至于梁思成为何要取此二字为书名，推测起来，很可能与他当时正在营造学社承担的则例整理工作有关。梁思成或许意识到了自己在撰写的这部讲解清官式建筑法式做法的著作，就其性质而言，与清代的则例不无相似之处。以"则例"二字为此书命名，亦不乏向营造业前辈匠师致敬之意。

实际上，易因书名的字面意义而产生误导的书籍，并不止《清式营造则例》一部，各种清代匠作则例文献也同样存在这一问题：书名中是否出现"则例"二字，并不能用来判定该书是否属于则例。许多实为则例性质的文献，名称中却并无"则例"二字。刘畅（2002）指出清代匠作则例的一个命名规律：做法类则例往往称为"某做法""某分法""某法"，工料和价值类则例往往径称"则例"。但如果在更大范围内考察，这一命名规律也未必能够通行。例如规定彩画作工料的则例，常常题为"画作做法则例"；做法类则例也多有称为"某某做法现行则例"者。总之，清代匠作则例的命名具有很大随意性，无论是官修还是私辑，都不宜从书名判定其内容及性质。

在梁思成之后，也有一些研究者将"营造则例"作为一个术语使用，用来指称那些记载有关建筑营造类内容的则例，基本可以视为匠作则例的一个子集。不过这一术语的使用并不普遍，也缺乏清晰的界定，在文献学意义上并未形成有效概念。匠作则例包含的行当门类本来十分广泛，其中也有不少与营造相关的行当，但是，没有任何一种匠作则例将"营造"一词作为卷目或类目名称使用。也就是说，在清代匠作体系中，"营造"并没有被视为一个大类。这是因为，营造涉及的工种和非营造业多有交叉，如漆作、裱作、雕銮作、佛作，等等，很难明确划分为"营造"或"非营造"。因此，"营造则例"这一概念存在外延模糊的问题。如果从术语的科学性和有效性出发,对于记载建筑营造类内容的则例,称之为"营造相关匠作则例"或许更加妥当。

至此,可以将上述种种讨论作一总结,为"匠作则例"重新作出一个较为合理的定义:匠作则例,是清代记载营造和手工业的制作方法、用工用料以及物料价值的规范性文本,其性质既有官修,也有私辑,形式既有抄本,也有刊本。匠作则例是文献学意义上的一个专门概念,它与清代则例有交集,但并不一定属于则例。至于其他时代记录营造做法的术书,则不宜归入匠作则例之列,因为无论是在体例上还是性质上,清代匠作则例自身独有的特征,都足以把它与其他营造类文献区分开来。

2.1.2　文献学基础工作之一:整理与汇释

清代匠作则例的整理与汇释工作,前人已做出大量成果,本书的工作是以这些成果为基础的,并试图在此基础之上有所推进。因此在提出本书的工作方法之前,有必要对前人的工作作一回顾。

匠作则例的研究肇始于 20 世纪 30 年代,首倡者是致力于中国营造史研究的朱启钤先生。朱启钤最早注意到匠作则例对于古建筑研究的价值,尤其是在营造业内流传的私辑则例。他敏锐地指出,此种则例的价值大过官书:

即就名称言之,此种手钞小册,乃真有工程做法之价值。彼工部官书,注重则例,于做法二字,似有名不副实之嫌,意当日此种做法,原无事例成案,相辅而行,迨编定则例时,秉笔司员,病术语之艰深,比例之繁复……不如仅就浅显易解者,编成则例,奏准颁行,真正做法,遂被删汰矣。……自此种抄本小册之发见,始憬然工部官书标题之中做法二字,近于衍文。[①]

他从编修机制的角度指出,官修则例由不谙实务的官员执笔,因此必然忽略删除了大量匠作实操层面的内容。而这一部分内容,恰是今日研究者最需要的部分。这些官书中缺失的信息,就有赖于私辑则例予以补足:

此种小册,纯系算法,间标定义,颠扑不破。乃是料估专门匠家之根本大法,迥非当年颁布今日通行之工部工程做法则例,内庭工程做法则例等书,仅供事后销算钱粮之用,所可同年而语。[①]

因此,朱启钤本人对这些钞本则例向来不遗余力,多方搜求。创立中国

---

①　朱启钤(1931)。

营造学社之后，又向社会公开发布征集启事①，同时组织一批文献学家和建筑学家，将已经搜集到的则例整理印行，开展研究。梁思成进入学社，最先负责的工作就是整理《营造算例》。此后学社同仁的许多研究成果都是以匠作则例为基础资料而做出的，如梁思成《清式营造则例》，王璞子《清官式石桥做法》《清官式石闸及石涵洞做法》等。

朱启钤对于则例研究早有构想，在1930年学社初创之际，就已经极具前瞻性地提出了对匠作则例进行整理和汇编的工作方法及其意义：

类乎此者之整比工作，则有各种工程则例之编订，盖考工之书，人患难读者，其字句无意义可寻也。……此非就其原料，重加排比不可也。试以表格之式编之，则向之臭腐悉化为神奇矣。岂唯有助于所谓名词之训释而已，凡工费之繁省，物价之盈缩，质料之种类、来源，构造之形式、方法，胥于此见之。由此而社会经济之状况，文化升降之比较，随仁者、智者所见之不同，尽有可研索者在也。②

遗憾的是，营造学社在北平的活动几年后就因战事中断，这项工作未能开展多少时日，整理出版的则例只有两种，即《营造算例》和《牌楼算例》。学社人员转移到西南之后，大部分资料留在天津，所搜集的几十种匠作则例也没有带走，加之当时学社已将工作重心转向实地调查测绘，匠作则例的整理和研究就中断了。

1947年营造学社停止活动后，学社成员分别进入各科研和学术机构。其中，王世襄回到北平后，受朱启钤嘱托，将匠作则例的整理工作继续进行下去。经朱启钤致函，王世襄将当年营造学社搜购的数十种则例从旧都文物整理委员会取回，再加上北京图书馆所藏，共计73种③，在此基础上开展编目和整理工作④。这份目录日后收入大象出版社出版的《清代匠作则例》各卷，题为《王世襄蒐集清代匠作则例目录》⑤。

按照王世襄的设想，则例的整理方式，是按作汇录，条款编号，分类排比，去除重复，每作为一全本，"完成后将是一部条目以万计的建筑工艺名物

① 《征求启事》，《中国营造学社汇刊》第二卷第一期，1931年：第4页。

② 朱启钤《中国营造学社开会演词》，《中国营造学社汇刊》第一卷第一册，1930年：第1页。

③ 按王世襄《整理匠作则例记略》一文中的记述为93种，而《王世襄蒐集匠作则例目录》中实际收录数量为73种。不知是否统计方法不同所致。今从目录。

④ 王世襄（2008）：第344-346页。

⑤ 原刊《燕京学报》新一期，1995年8月。

大辞典"①。按此设想,王世襄开始独力进行辑录工作,积数十年之功,整理完成佛作(976 条)、门神作(33 条)、装修作(2259 条)、漆作(161 条)、泥金作(14 条)、油作(544 条),辑成《清代匠作则例汇编》四册,先后于 2002 年和 2008 年出版。诚如王世襄所言,这是一项浩大的工程,"需多人付出多年精力方可完成"①。

1998 年,中国文物研究所、中国科学院自然科学史所和清华大学科技史与古文献研究所共同组成清代匠作则例汇编委员会,开展"清代匠作则例研究"项目,其主要工作内容是"搜集世所罕见的抄本则例影印并撰写前言、简介和附录"②。

清代匠作则例的收藏并不集中,分散于国内外多所机构,造成研究者利用困难。鉴于此,清华大学科技史暨古文献研究所与德国图宾根大学汉学研究所合作,于海内外图书馆广泛搜求,共同编纂了一份中英文对照的《清代匠作则例联合目录》③。这是迄今为止最全面的一份匠作则例目录,其中著录了二百余种分藏于海内外多家研究机构的清代匠作则例,为研究者提供了一份便利可靠的文献索引。

同时,该项目在出版和研究方面也卓有成效。《清代匠作则例联合目录》中所著录的一部分则例已经影印出版为《清代匠作则例》一书,计划出版八卷,目前已经出版六卷。研究成果则汇编为《清代匠作则例：理论与应用》一书。

除了上述专门针对匠作则例的出版项目之外,近年的其他古籍整理出版项目也有一些涉及清代匠作则例。目前已出版的相关书籍可以整理汇总如表 2.1 所示。

表 2.1　清代匠作则例整理出版情况一览

题　　名	出版单位	出版年	则例收录情况
《中国科技典籍通汇：技术卷》	大象出版社	1994	收录则例 3 种：《内庭大木石瓦搭土油裱画作现行则例》,《圆明园内工则例》(清华大学图书馆藏),雍正十二年《工程做法》

① 王世襄(2008)：第 344 页。

② 参见"清代匠作则例研究"项目简介,发布在清华大学科技史暨古文献研究所官方网站。http://history.lib.tsinghua.edu.cn/research/zeli.htm。

③ 此目录可于清华大学图书馆官方网站在线访问。http://history.lib.tsinghua.edu.cn/images/research/lianhemulu.pdf。

续表

题　名	出版单位	出版年	则例收录情况
《钦定工部则例》	北京图书馆出版社	1997	收录则例 3 种：清乾隆十四年《钦定工部则例》50 卷，乾隆五十八年《钦定工部则例》98 卷，以及嘉庆二十二年《工部续增做法则例》153 卷
《故宫珍本丛刊》	海南出版社	2000	收录则例 6 种：《浙海钞关征收税银则例》《九卿议定物料价值》《漕运则例》，雍正十二年《工程做法》《内廷工程做法》《乘舆仪仗做法》
《北京图书馆古籍珍本丛刊》	书目文献出版社	2000	收录现存唯一一部记载明代营造用工料的术书《工部厂库须知》，据明万历刻本影印①。由于明清两代的营造体系一脉相承，此种则例对研究清代匠作则例具有不可替代的谱系参照意义
《清代匠作则例》（六卷）	大象出版社	2000 2009	收录则例二百余种，详见各卷目录。编辑时为避免重复，已经收录于《中国科技典籍通汇》等影印书籍的则例，不再重复收录，主要收录价值较高的抄本匠作则例。另外，一些内容重复或重要性较低的抄本则例，仅有存目，未录全文

　　总结起来，清代匠作则例的整理汇释工作，应当分为"整理"和"汇释"两个阶段。目前，第一阶段的整理和出版工作已经卓有成效，令研究者能有较方便的途径利用这些宝贵的材料，这也是本研究得以开展的重要基础。但第二阶段的汇释工作，迄今成果仍然有限，对则例内容的深入解读，目前还仅限于雍正《工程做法》等少数几种则例，仍有大量则例尚未实现内容整编和释读。另外，虽然海内外已经出现大量利用匠作则例的研究成果，但所利用的大都只是那些文字易于释读的部分，例如尺寸做法、用工、用料；至于则例中涉及的大量难解的名词术语，则鲜有学者讨论。然而，正如王世襄（1963）所指出的，这些难以索解的工匠用语，正是借则例而得以保留的珍贵材料，对于今人了解清代营造活动的完整面貌有着不可替代的价值。本书即尝试对画作则例中的颜料名称术语作出考释，以推进这一方向上的则例

---

① 2013 年人民出版社也出版了此书的校点本，由江枚校注。

研究工作。

2.1.3　文献学基础工作之二：编目与提要

王世襄先生曾经提出则例汇编工作的基本方法[①]，简要概括如下：

(1) 搜集整理书目；

(2) 逐一撰写提要；

(3) 按作汇辑,校勘标点；

(4) 为该作撰写概述；

(5) 编纂术语索引。

对于彩画作相关则例,本书虽然难以全部完成上述工作,但也试图在此框架之下作出初步探索。

本书处理的核心文献材料是与彩画作相关的匠作则例,参考古代目录学的术语,或可称为"彩画作子目"。《清代匠作则例联合目录》的子目分类,是依照书名与内容性质,分为则例、清册、作法、分法四类[②]。但是,对于建筑史研究者而言,更实际的需求则是建立以匠作类型为分类依据的子目。这一工作目前尚未开展,因此,本节首先需要完成彩画作这一子目的编目和提要工作,作为后文讨论的文献基础。

所谓"与彩画作相关"的则例,应当包括以下几种情况：

(1) 直接记录画作工料做法的则例；

(2) 针对物料价值的则例,其中包括了彩画作使用的物料；

(3) 叙述某一建筑工程的则例,其中涉及彩画作,或涉及彩画作所用物料。

在过去对则例的著录与统计中,"种"向来是一个较为模糊的概念。因为一种大型综合性则例往往包含了多种单项则例。例如《内庭圆明园内工诸作现行则例》中,就包含了 26 种单项则例(大木作、装修作、瓦作、佛像……)；还有一些则例本来就是汇编性质,是若干种彼此无关的则例合为一秩。在官修则例(尤其是刊本)中,这种情况可以体现为分卷,但对私辑和抄本则例而言,卷册的概念常常是模糊和混乱的,因为抄本则例往往并不是一般意义上的书籍,也就不必符合书籍的一般体例。

---

① 王世襄(1963)。

② 从实际情况来看,这一目录的分法主要还是以书名为准,更多是字面上的分类而不是内容性质的分类。虽然书名能够在一定程度上反映内容性质,但匠作则例的题名状况相当混乱,致使每个类目下的则例在内容性质上其实并不统一,类目之间也有很多重合。

　　鉴于本书的考察对象是画作相关则例，在统计时，本书一律以分拆之后的单项则例为基本单位。这样做的意义在于：第一，如果一种综合性则例中包含若干种不同类型的单项则例，则可以针对析出的单项则例分别统计其类型；第二，对于汇编性质的则例，其中与画作相关的单项则例可能不止一种，应当分别予以统计，而不宜混为一谈。

　　基于上述原则，本书作者对彩画作相关则例作了尽可能的访察和统计。对于未出版的则例，作者有条件查阅的主要资源包括清华大学图书馆、北京大学图书馆①和东京大学东洋大学文化研究所的藏书②。另外，从中剔除了一些内容重复或相关度较低的则例，最终得到的相关则例清单共 51 种（附录 A），作为本研究的主要文献材料。

　　限于篇幅，将这 51 种则例的目录作为本书的附录 A，本节仅为其中 20 种较重要的则例撰写提要，并着重说明每种则例与彩画作颜料的关联。其中一些则例向无研究者关注，因此稍费笔墨，述其内容、体例、版本及特征；对于为人熟知的则例则只予略述。

　　需要指出的是，有一部分则例在整理出版时，已由整理者撰写过提要，对此，本节不再重复其内容，仅作引注，以便参阅；同时，也从本书关注点出发，对既有提要作出适当补充。至于其中若干则例的版本及衍生源流问题，则在 2.3 节中作详细考辨。

1. 内庭工程做法

　　《内庭工程做法》，八卷，附工部简明做法册一卷。编修时间不详，当在雍正年间。见于著录的版本有雍正十二年内府刻本、乾隆元年武英殿刻本和乾隆六年内府刻本。

　　王世襄在《清代匠作则例目录》将编纂者著录为允礼，孙殿起《贩书偶记》中所录雍正十二年内府刻本编纂者为允礼，《贩书偶记续编》中所录乾隆六年内府刻本的编纂者则为迈柱。

　　本书所引用者系故宫珍本丛刊（第 339 册）所录影印本，但原书未说明影印所据版本，书中内容也未提供版本信息，无法推断。孙殿起所著录的另

---

　　① 受北京大学图书馆古籍部搬迁期间停止服务的影响，本研究收集资料期间，收藏于北京大学的《广东省物料价值则例》未能寓目，是本研究的一项缺憾。此种则例或可与粤海关税则相互印证，揭示更多有关乾隆年间广东省营造物料供应品类及价格信息，未来有条件时，应当将此种材料补入。

　　② 此部分资料的查阅工作有赖姜铮同学在日本东京期间的帮助，谨致谢忱。

两个版本目前尚未见到。

原书卷首无序跋牌记,版心书名"工程做法"。各卷卷端均题"内庭某作工料开列于后"。卷一为木作工料,卷二为石作工料,卷三为瓦作工料,卷四为搭材作工料,卷五为土作工料,卷六为油作工料,卷七为画作工料,卷八为裱作工料。

其中与彩画颜料有关的是卷七"画作工料",开列了各种不同类型彩画所需的颜料种类和数量。在体例上与《工程做法》类似,而在应用范围上限于宫廷建筑,因此《内庭工程做法》中规定的用料,往往比《工程做法》更加靡费。

2. 内庭大木石瓦搭土油裱画作现行则例

《内庭大木石瓦搭土油裱画作现行则例》,清华大学图书馆藏。雍正九年(1731),允礼纂。全书四册,线装,抄本。正楷誊写,工整清晰。字迹不统一,应出自多人之手合抄。每册封面有题签及编号:

第一号:内庭大木装修作现行则例

第二号:内庭石瓦作现行则例

第三号:内庭搭土油裱作现行则例

第四号:内庭画作现行则例

卷首附雍正九年三月十五日管理工部事务和硕果亲王臣允礼奏疏一篇。该奏疏亦收录于《工程做法》卷首,可见二书渊源颇深①。如与《内庭工程做法》比对,可以发现二书内容几乎完全一致,由此推测,此种抄本或为《内庭工程做法》刊行之前的稿本。另外,将这部则例与后来的《内庭万寿山圆明园三处汇同则例》等比对,也会发现内容极其相似,说明这部则例对后世的内廷营造则例具有相当大的示范性影响。

此书中与彩画作颜料有关的是第四册《内庭画作现行则例》。其体例内容与《内庭工程做法》卷七基本相同,不再赘述。

3. 工部工程做法

《工部工程做法》,七十四卷,附简明做法册一卷。雍正十二年(1734)果亲王允礼编修。原名《工程做法》,因由工部颁行,又称《工部工程做法》。《清会典》著录于史部政书类。此书有多个版本,其中以雍正十二年武英殿

---

① 2.3.1 节对此有详细讨论。

刻本为最早，其余各本均以殿本为底本。

此书记述"营造坛庙、宫殿、仓库、城垣、寺庙、王府及一切房屋、油画、裱糊等项工程做法应需工料"①，用于规范工程管理，是有清一代最重要的一部营造术书。这部术书久受关注，已为研究者熟悉，因此不再多作赘述。

书中与彩画作颜料有关的，是卷五十八"画作用料"和卷五十九"斗科画作用料"，分别开列了不同类型、等级的彩画和斗拱彩画所需的颜料种类及数量。由于《工程做法》在同类则例中颁行时间最早，其中的记载也较为接近清早期实际工程情况，因此其中记载的颜料名目有较高参考价值。

4. 内庭圆明园内工诸作现行则例

《内庭圆明园内工诸作现行则例》，清代乾隆年间抄本，共六函三十四册。书首页钤"乾隆御览之宝"，并"中国营造学社图籍"印，可知是中国营造学社旧藏。该则例现藏中国文物研究所，影印本收录于《清代匠作则例·壹》，并附有提要②，对其内容性质作了介绍。

《内庭圆明园内工诸作现行则例》是一部大型综合性则例，类似丛书性质，其中收录 27 种单项则例，涉及圆明园工程的方方面面。但这 27 种则例也并非 27 个工种的单项则例，其内容颇为驳杂，相互之间也多重合，可见这部大型则例并无一定的编修体例，只是各种则例的简单汇集，与《工程做法》这种有计划、有组织编纂的大型则例有本质区别。

这其中与彩画作颜料相关的有以下几种：

（1）画作定例（第六册）

该种则例全面记载各类型彩画所需工料，属通用性质，体例也与其他画作则例类似。但是，在最末页记录了化胶煮绿、过色见新等所需工价之后，画作则例通常至此就告结束，而该则例还多记录了两条做法，分别是："桃符板彩画人物异兽日月彩云山水苏画罩油"和"廊子二个周围黑边四角画四值功曹"，为他种则例所无，很可能反映出圆明园工程中的特殊做法。

（2）圆明园内工杂项价值则例（第十二册）

包括石料、砖瓦、灰斤红黄沙土、绳麻、金银铜锡、生熟铁料、亮铁槽活、杂木杂料、栢木地丁、颜料、绫绢布匹、纸张、毡帘雨搭、匠夫工价、树木花蕖等共 15 类工料的价值明细。其中与彩画作颜料相关的是"颜料"类和"灰斤

---

① 《工部工程做法》，前附工部衙门奏疏。雍正十二年刊本。

② 刘志雄撰。见王世襄（2000a）：第 1 页。

红黄沙土"类。

（3）圆明园画作则例（第二十三册）

开列各类型彩画所需工料，与第六册中的"画作定例"体例相同，但内容不同。后者为通用型则例，覆盖所有彩画做法，此种则例则专述圆明园工程中涉及的彩画做法，一些条目中还包括具体工程和建筑物的名称，例如"方壶胜境迎薰亭枋梁大木彩画"。

（4）圆明园万寿山木雕、栏杆、石料、苇子墙、灯具等用工则例（第二十五册）

此种则例专述槅扇、栏杆等小木装修、石料、苇子墙和灯具的做法，实际上也是多种小则例的汇编。其中有"彩画"一节，专述圆明园万寿山灯具彩画各种做法所需工料。虽然不是建筑彩画，但使用的颜料和做法都是类似的。又有"圆明园油灰红土包金土沙子价银例"，提及"红土"和"包金土"的价格，这两种物料也可以作为颜料使用，因此这里的记载也有参考价值。

5. 圆明园、万寿山、内庭三处汇同则例

《圆明园、万寿山、内庭三处汇同则例》，清代乾隆后抄本，共三十七册。北京大学图书馆藏，影印本收录于《清代匠作则例·贰》，其基本内容及体例特征，可参看书中所附提要[①]，此处不再重复。其内容性质，2.3.4 节另有辨析补充。

这套则例中，共有三种单项则例与彩画作颜料有关：

一是《三处汇同画作现行则例》，此种则例基本以《内庭工程做法》为底本，稍有变动。

二是《三处汇同杂项价值现行则例》，其中记载了多种颜料的核定价值。个别颜料名目为他处所未见，例如"梅花二青""天四青""石四绿"等几种名目，仅见于此种则例，弥足珍贵。

三是《各等处零星杂记现行则例》，按此为封面书签上题名，"零星杂记现行则例"辞不甚通，其他匠作则例中绝无类似题名，恐为后人所加。该册首页写有"（各）处杂项"一行字，似为原有题名。该种则例内容驳杂，涉及彩画、油作、大木作等多种匠作，又有皇城九门丈尺等内容，内容零星散漫，并不在同一体例之下。其中记载有 11 条彩画做法，来自多个不同工程，包括文渊阁、弘仁寺、钟鼓楼、香界寺、碧云寺等，类型有枋梁彩画，也有斗拱彩

---

① 宋建昃撰。见王世襄（2000a）：第 1 页。

画、天花彩画,各条之间无明显关联。但无论如何,都为上述工程的彩画做法提供了宝贵的记载。这部分的体例与一般画作做法则例相同,在每种彩画类型和纹样描述之后,开列所用颜料及用量。

6. 九卿议定物料价值

《九卿议定物料价值》,四卷,四册,乾隆元年(1736)刊本,迈柱等人编修。影印本收录于《故宫珍本丛刊》第三百一十七册,书中未说明版本,推测应当是故宫博物院所藏武英殿原刊本。

《九卿议定物料价值》中关于颜料的记录有两部分:一是卷二的"颜料"类目,共载 52 种颜料;二是"附卷"中的"颜料"类目,共载 51 种颜料。如前所述,续卷是对原有内容的补充,因此这两部分的颜料名目并不重合。

7. 物料价值则例

《物料价值则例》,二百二十卷,陈宏谋等编纂于乾隆年间。原定乾隆三十三年(1768)颁行,实际各省分册成书时间存在早晚差异。各省分册有抄本,也有刊本,目前分藏于清华大学图书馆、中国科学院等多所机构。

这是乾隆年间对全国物价的一次大规模统计,由各省督抚统计收集当地物价,汇总呈报到工部,工部再加复核。这项工作从乾隆二十六年(1761)一直延续到乾隆三十年(1765),并于乾隆三十三年(1768)编定刊行。陈朝勇(2005)认为该书实际上反映了雍正年间的物价情况。

该书编纂体例借鉴了《九卿议定物料价值》,但规模大得多,以州县为单位,对各地物价进行了广泛调查。因各地物产不同,所汇集的各县物料名目均各不相同,同种物料在不同州县的价格也不相同,是一份庞大而繁杂的清单。

由于这部则例规模庞大,又分藏于多家机构,迄今尚未整理出版。德国图宾根大学汉学系和中国科学院自然科学史研究所合作,制作了《物料价值则例》数据库①,将书中所有内容整理为统一体例的电子表格,并翻译为中英对照形式,极大方便了研究者利用。这项工程还在进行当中,已完成的部分包括甘肃省、直隶省、湖南省、云南省。

这份则例具有鲜明的地方性特点,保留了各地方的用语特征。因此其中的物料名称(包括颜料名称)与其他在京编修的工部和内廷则例有不少出

---

① 在线访问地址:http://www1.ihns.ac.cn/zeli/index.htm。

入。同种物料在不同地区的价格差异,也为研究者提供了有价值的参考
数据。

8. 工部核定则例

《工部核定则例》,六册,无年代,无作者。清华大学图书馆藏线装,抄
本,每册封面有黄绫书签,上书各册编号与书名。

第一号:工部汇成大木作核定则例

第二号:工部装修石作核定则例锭铰作则例

第三号:工部瓦作搭彩土作核定则例

第四号:工部油画裱作核定则例后附木作用料装修分法砖瓦尺寸例

第五号:工部杂项价值核定则例铜铁斤两例

第六号:杂项现行则例摘要造办处珐琅作金玉作玻璃摆锡作乐器作庆
典点景搭彩作并杂项则例内里装修并房间工料银两摘要斗科件数做法

内文均楷书,誊写清楚整齐,字行间距较密。

其中涉及彩画作颜料的是第四册中的《工部油画裱作核定则例》和第五
册中《工部杂项价值核定则例》的颜料部分。前者记载画作做法,涉及颜料
种类;后者是物料价值清单,涉及颜料价值。值得注意的是,这两份文献中
的颜料名目虽然基本一致,但也有些微差异。例如《工部油画裱作核定则
例》中的"三青",在《工部杂项价值核定则例》中写作"石三青",这从侧面证
明了这两个名称所指为同一种颜料。

9. 工部现行用工料则例

《工部现行用工料则例》,又名《工部现行则例》《紫禁城宫殿加细做法》。
四册一函,外附《城垣做法定例》。清华大学图书馆藏。抄本,线装,无年代,
正楷誊抄,清楚工整,每页标注页码。《城垣作法定例》为散页,共五张,大小
不一,行草书写,字迹较潦草。各卷内容如下:

卷一:大木作装修作雕鎏作镟作石作

卷二:瓦作搭材作土作

卷三:油作画作裱作锭铰作

卷四:斗科木作油作画作

此书内容与《工部现行则例》全同,只是多了《城垣做法定例》。图书馆
馆藏目录中,此书又名《紫禁城宫殿工程加细作法》,《清代匠作则例》(卷四)
收录此种则例时亦沿用该说法。但查原书及函套均无此书名。内容亦与紫

禁城具体工程无涉，不知为何有此别名。

其中涉及彩画作颜料的是卷三和卷四的画作部分。卷四的"画作"部分内容实为"斗科画作"，油作亦然。因此这两部分内容并不重复。

10. 工部现行则例

《工部现行则例》，八册，不分卷，抄本。清华大学图书馆藏。无编纂者或抄写者署名，无序跋。年代不详。多处铃有"营造司工程处"的印章，及"工程图记""销算图记"印章，誊抄工整。

八册内容如下：

第一册：工部大木装修现行则例

第二册：工部石、瓦作现行则例

第三册：工部搭、土、油、裱作现行则例

第四册：工部画作现行则例

第五册：工部琉璃价值现行则例

第六册：工部物料价值现行则例

第七册：工部松木价值现行则例

第八册：工部杂料并斤两现行则例

其中涉及彩画作颜料的是第四册，以及第六册中的颜料部分。

11. 工部工料则例

《工部工料则例》，十五卷，十五册，抄本。清华大学图书馆藏。无编纂者或抄写者署名，无序跋。年代不详。各卷内容如下：

第一册：工部大木作用工料则例，工部仓工糙做大木用工料则例

第二册：九檩至四檩房座大木小式分法，装修分法，装修加榫分法等

第三册：大木作成造斗科用工料

第四册：斗科画作用工料则例

第五册：列养心殿镀金则例，寿康宫行广储司铜料例，雍和宫例，广储司锡作则例等

第六册：斗口油作用工料则例

第七册：工部物料轻重并用工料则例，工部应交新料回残则例等

第八册：工部裱作用工料则例，工部缎布纸张尺寸并用工料则例等

第九册、第十册：工部画作用工料则例

第十一册：工部油作用工料则例，工部漆作用工料则例，工部泥金作用

工料则例

第十二册：工部凿花作用工料则例，工部搭材作用工料则例，工部土作用工料则例

第十三册：工部石作用工料则例

第十四册：工部瓦作用工料则例，京城城工例

第十五册：工部装修作用工料则例，工部装修作紫檀花梨等木用工料则例，工部雕銮作用工则例

其中涉及彩画作颜料的是第四册、第九册、第十册。第九册和第十册合在一起为画作工料的完整内容，因篇幅较大而分作两册。

12. 钦定工部续增则例

《钦定工部续增则例》，四函，共二十七册，一百三十六卷。刻本。嘉庆二十二年(1819)编成，嘉庆二十四(1821)年刻印完竣。清华大学图书馆藏。

书前有奏疏和总目一册。奏疏记录了这套则例的编制由来。

另附《钦定工部保固则例》一册，共四卷，嘉庆二十二年编成，嘉庆二十四年刊刻完竣。书前有奏疏。此册印好之后和续增则例一起函装。

其中涉及彩画作颜料的是"卷一百三十六料估所彩画影壁彩画门簪屏门"，记载了若干种彩画影壁和彩画门的簪屏门工料。

13. 内城隍庙殿座房间墙垣等工丈尺做法清册

《内城隍庙殿座房间墙垣等工丈尺做法清册》，无年代，无编纂抄录者姓名，无序跋牌记。不分卷，共十一册。清华大学图书馆藏，影印本收录于《清代匠作则例·伍》，书中附有提要①，但较简略。

实际上此种则例内容包括紫禁城内多座建筑等做法，并不限于内城隍庙。这种做法与《雍和宫做法清册》相同，是多个不同建筑工程的做法则例编订在一起，分别编为"壹号""贰号"……工程间无显著相关性，仅取第一册的题名为总题名。

各册记载的工程共有 11 种，依次为：内城隍庙、永佑庙、宣仁庙、凝和庙、昭显庙、西华门、大连房并墙垣、北上门、西安门、西华门外河墙并西四牌楼、内城隍庙等工程成搭圈敞篷座。上述 11 种工程则例在《清代匠作则例联合目录》中被分拆成 11 种则例分别收录。

---

① 宋建昃撰。见王世襄(2009c)：第 3 页。

此 11 种则例中有若干处工程提及画作与油作做法，并提及所用颜料。

14. 安定东直朝阳等门城墙宇墙马道门楼等工丈尺做法清册

《安定东直朝阳等门城墙宇墙马道门楼等工丈尺做法清册》，七册，无年代，无编纂抄录者姓名，无序跋牌记。第二册封面有"光绪贰拾年叁月拾玖日到"，可知此书在此日期之前抄成，推测约在光绪年间。清华大学图书馆藏，影印本收录于《清代匠作则例·伍》，书中附有提要①。

其中涉及彩画的内容较少，言及彩画做法时，记述较简略，仅说明彩画样式（如"彩画土黄地雅五墨空方心"），没有详细罗列用料。涉及颜料的有两处："字堂板迎面筛扫天大青"，檐椽"衬二绿刷大绿"，在多处建筑中重复出现，系常规做法。

15. 夕月坛工程做法清册

《夕月坛工程做法清册》，十四册，不分卷，无年代信息，无编纂抄录者姓名，无序跋牌记。清华大学图书馆藏，影印本收录于《清代匠作则例·伍》，书中附有简略提要②。

各册分别记载夕月坛内各座建筑做法，如牌楼、宫门、正殿、钟楼等。就工种而言，主要记载木作、石作、瓦作、油作，涉及彩画的内容较少，仅记载彩画样式，未详细罗列用料。涉及颜料的仅一处：檐椽"衬二绿刷大绿"（或写作"衬二绿哨大绿"），屡次重复出现，系常规做法。

16. 雍和宫工程做法清册

《雍和宫工程做法清册》，二十五册，不分卷。清华大学图书馆藏，影印本收录于《清代匠作则例·伍》，书中附有提要③，抄录了各册的标题，这里不再重录。

但是，将此二十五册总题名曰《雍和宫工程做法清册》，却是当初编目者的误会。仔细考察全书内容即知，二十五册中，仅前五册与雍和宫有关，其后二十册记载的都是其他建筑工程。

前五册的题名较明确，所记载的是雍和宫昭泰门和牌楼的做法，但从第

---

① 宋建昃撰。见王世襄（2009c）：第 677 页。
② 宋建昃撰。见王世襄（2009c）：第 767 页。
③ 宋建昃撰。见王世襄（2009c）：第 387 页。

六册笾豆库做法清册开始,就不再是雍和宫的建筑了。第六册之后的建筑名称包括笾豆库、漂牲库、打牲亭、井亭、斋宫、钟楼、御路、坛门、膳房、印宅、内外围墙、牌楼、神马桩槽、卡子门,但均未标明建筑群整体名称。值得注意的是最后一册(第二十五册),名为"地坛各工成搭圈厂棚座丈尺做法册",提示了这些则例中有一部分属于地坛工程。

从建筑类型来看,笾豆库、打牲亭、斋宫、膳房、神马桩槽等皆为坛庙建筑专有的建筑类型,是服务于祭祀仪式的,不可能是雍和宫的建筑。但是,这些建筑类型也不是地坛独有,天坛、日坛、月坛等建筑群中也存在同类建筑。至于井亭、钟楼、御路、内外围墙、牌楼、卡子门,则是较为普遍的建筑类型,可见于各种建筑群。因此,单从这些标题还无法判断这二十册则例是否全部属于地坛工程,也可能不止地坛工程一处,还包括其他工程在内,例如天坛。究竟各册则例对应何种工程,还需要结合则例中记载的做法细节来仔细研究判断。因不属本书研究范围,在此不展开讨论。

总之,这二十五册则例并不是一套《雍和宫工程做法清册》,而只是雍和宫做法清册的残本,与其他工程并在一处,各册统一缮写编号。中国文化遗产研究院藏有另一份《天坛地坛社稷坛内等工丈尺做法清册》,与此类似,也是将多个建筑工程合并一册。就书中内容来看,更合适的题名应当是《雍和宫地坛等工程做法清册》。

书中提到颜料和彩画的地方不多,主要提及椽子刷绿和贴金做法。

17. 小式做法现行则例(木石瓦土)

《小式做法现行则例》,卷数、册数不明。是书系营造学社旧藏,现藏中国文化遗产研究院,影印本收录于《清代匠作则例·陆》,但未附提要。

从题名来看,这种则例记载的应当是木石瓦土作的通用做法,书中确也有这部分内容,但在此之前,又夹有一份乾隆年间颜料库的物料价值清单,并户部奏案一份。这份奏案主要叙述乾隆六年价值则例编修事宜,是有关则例编修过程的宝贵材料,故全文照录于此:

户部三库事务衙门谨奏。为请旨事

查臣部颜料库承办各衙门咨取各项物料库内存贮者,照例给发;库内无存者,票令办买卖人事候补行人司行人李世裔太常寺典簿李世裕采买应用。其采买物价值有九卿定价者,遵照九卿定价销算办理;无九卿定价者,确访时价销算。本年三月内,臣等将上年冬季销算物料缮褶子具奏。内有"顾萨草"一项,在内务府办用名"吉祥草",今遵旨查出吉祥草即顾萨草。前项定价，不惟与内务府办买价值不一，但查从前九卿定价物料，为数甚多，其中价值历年久远，亦有与现在时价不相符者。若不酌减办理，恐于钱粮无益。切查定价物料共三百六十一项，其定价有与市价相仿，不甚低昂者，有与定价过贵者。臣等悉行查访，除库存足用现在停解三十四项，无庸更定外，其现今每年办解，尚有不敷，始行采买应用各项物料，及向系采买并无外解，以致虽有采买价值，并未办用物料，共三百二十五项内，臣等逐款采访市价，酌量减定价值一百十项，及其余物料价值，一并开单恭呈御览。至从前九卿定价，各项物料未免有浮多之处，此次价值更定之后，照依定价遵行。如将来市价或有不敷，临时酌量办理等。因于乾隆六年五月二十日具奏。本日奉旨。

　　　　知道了，钦此。[1]

　　以下开列物料价值清单，包括颜料、纸张、铜料、铜器、铁器、铁料、布匹，以及工价和运价。这些物料均属颜料库采办物资范围。

　　从奏折内容及日期可知，这份物料价值清单是乾隆六年（1741）核定的。当时负责采买颜料的是太常寺典簿李世裕。原本应当按照九卿物料价值则例定价，但实际采买中，发现九卿议定物料价值则例（乾隆元年）至此已经与市价不符，因此重行查访，酌定价值 110 项，开单恭呈御览。

　　从内容上判断，这份奏折及所附物料价值清单并不属于《小式做法现行则例》，本来是两份不相干的文献，可能因为偶然的缘故和后者装订在一起，保存了一份有关乾隆六年颜料价值的珍贵材料。

　　《小式做法现行则例》的内容则限于木石瓦土作，不包括油作和彩画作，并未涉及颜料内容。本书引用此种则例，限于乾隆六年物料价值部分，但因该部分无单独题名，故在本书中沿用《小式做法现行则例》的题名，称之为"小式做法现行则例—户部颜料价值则例"，以备索引。

18. 工程备要

　　《工程备要》，抄本，七卷。清华大学图书馆藏，影印本收录于《清代匠作则例·肆》，书中附有提要[2]，对其内容有详细介绍。

　　该书记载定陵工程相关内容。定陵为清东陵中咸丰皇帝的墓葬。此书前四卷记载具体工程做法，第五、六卷为"勘估来文"，是勘估处的奏折和钱

---

① 见王世襄（2009d）：第 1002 页。标点为本书作者所加。
② 莫克莉撰，卷六。见王世襄（2009d）：第 727 页。

粮估册。第七卷则是有关保固问题的奏章。

其中与彩画作颜料相关的内容是第五卷中的物料清册。第一次勘估时间为咸丰九年(1859)五月,详细开列了所有颜料的名目和估计用量,如"天大青六百八十四斤十四两""天二青二百五十五斤五两七钱"等。能够看到各种颜料在整个工程中的总用量,这在各种则例中是较罕见的体例,对颜料使用状况很有参考价值。

19. 户工部物料价值则例

《户工部物料价值则例》,无年代,抄本,册数不详。原为营造学社旧藏,现收藏于中国文化遗产研究院,影印本收录于《清代匠作则例·陆》,未附提要。

此种则例收录各种物料价值,其中颜料部分的清单极其详尽,罗列颜料种类最多,似乎是对旧有则例的汇总。因此可能时代较晚。一些颜料价值条目上方用小字注明"户部"或"工部",表示户部和工部的不同核定价格,也提示了这种抄本可能是对户部和工部两种价值则例的汇编。

20. 崇陵工程做法册

《崇陵工程做法册》,共十二函,四十八册。清华大学图书馆藏。线装。石印,楷书誊写,清晰整齐。每册封面有印制题签。

清华大学所藏《崇陵工程做法册》共有两种,二者内容、装帧、用纸全同,应为复本。其中一种在第二至第九册(崇陵头段部分)封面空白处均有墨笔书写的"监修廷顺存查"六个字,表明了这一复本的用途。

第一册题名为"崇陵工程做法简册",封面纸色与他册不同。

第二至第三十五册题名均为"崇陵工程做法册第×号",号码即卷号,有些空缺,有些以墨笔填写。书口处印有卷号,格式为"崇陵卷一""崇陵卷二"……每册中含一至若干卷。

第三十六、第三十七册,题名为"崇陵妃园寝丈尺做法清册"。

第三十八至第四十五册,题名为"妃园寝工程作法册"。第三十八册有目录。

第四十六册,题名为"妃园寝做法简册"。

第四十七、第四十八册,题名为"风水围墙做法册"。

全书卷首无序言或奏章。无总目录。全书内容实际分为若干部分:崇陵头段简册,崇陵头段、崇陵二段、崇陵三段、妃园寝,妃园寝简册;每部分在开头处均有目录。

整部书的编纂体例，系以单体建筑为单位，每座建筑一至数卷。工程较复杂、地位较重要的建筑，按照各作分卷叙述，如"第一号地宫石作""第二号地宫瓦作""地宫搭彩作"；较简单的建筑，则各作合并一卷叙述，例如"第二十五号随罩棚看守房二座"。

其中涉及彩画作颜料的，是包含彩画作的各座房屋做法，例如"卷二十九明楼一座油饰彩画""卷五十五隆恩殿一座漆饰油画裱糊""卷一百十九牌楼门一座油画"等，共计二十三卷。作为唯一一种清代宣统年间的则例，其中的相关记载对了解清晚期的颜料术语有重要价值。

2.2　彩画作相关匠作则例的编纂体例与编修方式

匠作则例的分类方法，已有前辈学人作过一些讨论，例如从编修方式的角度，分为官修和私辑两类[①]；从内容体例，分为做法、工料、价值三类[②]。本书参考后一种分类方法，依据编纂体例，将彩画作相关匠作则例分为三种类型：画作工料类、物料价值类、具体工程类。

2.2.1　画作工料类

画作工料类则例，指的是专门记载彩画作做法和用工用料的则例，共计17种（表2.2）。这类则例的体例格式高度近似，通常是逐条开列画作做法名目，并说明相应的物料及用量。如下例所示：

琵琶栏杆并荷叶看面刁花二面刷绿开彩黄线荷叶蒂贴金中心并周围线俱贴黄金琵琶柱二面刷青周围并中心线路俱贴黄金每尺用

水胶三钱　白矾三分

二绿五钱　大绿一两

广花五分　天大青一钱

彩黄一钱　油黄一钱

贴金油一钱六分　黄金八张

红金二张　每十七尺画匠一工

此条摘自乾隆年间抄本《三处汇同画作则例》，代表了画作工料类则例

---

①　王世襄（1963）。

②　刘畅（2002）。

的典型格式。第一部分为做法名目,是对于彩画做法的详细描述;第二部分是用料定例,通常按照胶矾辅料-颜料-金箔的顺序开列;第三部分是用工,以长度或面积为单位计量。此外,如需与旧例或其他则例对比,则用旁注小字加以说明。

表 2.2　画作工料类则例目录(17 种)

序号	则例名称	编纂者	版本	整理出版情况
1	内庭大木石瓦搭土油裱画作现行则例	允礼等	雍正九年抄本	未出版
2	工程做法:画作用料	允礼等	雍正十二年刊本	《故宫珍本丛刊》第 339 册
3	工程做法:斗科画作用料	允礼等	雍正十二年刊本	《故宫珍本丛刊》第 339 册
4	内庭工程做法	允礼,迈柱	乾隆元年武英殿刻本	《故宫珍本丛刊》第 339 册
5	内庭圆明园内工诸作现行则例:画作则例	不详	乾隆年间抄本	《清代匠作则例》卷壹
6	内庭圆明园内工诸作现行则例:圆明园画作则例	不详	乾隆年间抄本	《清代匠作则例》卷壹
7	内庭万寿山圆明园三处汇同则例:三处会同画作现行则例	不详	乾隆年间抄本	《清代匠作则例》卷贰
8	内庭万寿山圆明园三处汇同则例:各等处零星杂记现行则例	不详	乾隆年间抄本	《清代匠作则例》卷贰
9	内庭物料斤两尺寸价值则例:内庭画作工料	不详	乾隆五十一年抄本	《清代匠作则例》卷肆
10	钦定工部续增则例:彩画影壁等	曹振镛,保亮等	嘉庆二十四年刊本	未出版
11	工部现行则例(八册本):工部画作现行则例	不详	清晚期抄本	《清代匠作则例》卷肆
12	工部现行用工料则例(四卷本)	不详	清晚期抄本	未出版
13	工部现行则例(五卷本)	不详	清晚期抄本(早于光绪二十二年)	未出版
14	工部工料则例:斗科画作用工料则例	不详	清晚期抄本(光绪二十年之后)	《清代匠作则例》卷肆

序号	则例名称	编纂者	版本	整理出版情况
15	工部工料则例：工部画作用工料则例	不详	清晚期抄本（光绪二十年之后）	《清代匠作则例》卷肆
16	工部核定则例附杂项现行则例摘要：工部油画裱作核定则例	不详	不详	未出版
17	工段营造录	李斗	雍正二年刊本	1931 年营造学社出版单行本；另见《扬州画舫录》诸版本

　　　资料来源：根据《清代匠作则例联合目录》及相关出版物整理。

　　上述则例中，除了《工段营造录》体例较为特殊，只记用料，不记具体做法，其余大体都符合前述格式，只是各种则例所记载彩画做法的数量不等，少则数十种，多则百余种，反映出各个时期彩画做法的发展变化。

　　仔细考察上述则例的文本，会发现，看似内容各异的则例，实际上互相之间存在密切的渊源。之所以看起来内容大相径庭，是因为各种则例中的彩画类型并不遵循统一的编排顺序。但是，一些最常见的彩画做法是普遍存在于各种则例当中的，它们实际构成了各种则例的基础部分。如果将这些常见做法遴选出来，作一横向比较，就会发现，这些内容是完全重复的，虽经历代反复编修，却并不因时代变迁而发生变化。

　　附录 G 中选取了"大点金五墨龙锦方心"等四种常见的彩画做法，将各种画作则例中针对这四种做法的用工和用料规定加以整理统计。从这四张表格中可以看到，这些画作则例因其性质和应用范围的不同，可以分为内廷和工部两大体系，前者用于规范内廷工程，后者则普遍适用于一般性官方营造工程，其工料标准低于前者。溯其根源，两个体系都源自雍正十二年颁布的官刊则例——内廷体系的则例均以《内庭大木石瓦搭土油裱画作现行则例》为母本；而工部体系的则例以《工程做法》为母本。此后的则例虽然屡经递修，但除增补内容之外，既有内容的工料标准几乎都是完全照抄母本，至多略作调整——例如清晚期的《工部现行用工料则例》将云秋木苏式彩画中白矾的用量由二钱六分改为三钱，定粉由二两三钱变为二两四钱，均略有增加。而即使这样的改动也是十分罕见的，绝大多数情况下，同种做法的用工用料悉依旧例，不作任何更动。

　　也就是说，画作工料类则例的编修方式，大抵是基于前代某种则例的摘编增补,对于其中仍然存在的彩画做法原样照录,删去不再使用的彩画做法,并补入新增的做法。但是,从清代建筑遗存的实际情况来看,即使是同一种彩画类型,清早期和清晚期的做法通常也不尽相同,在比例、色彩、纹饰细部等各个方面都会随时间推移而发生变化,这是手工业发展的自然规律。相比于一成不变的则例记载,彩画作的工程实践却始终在发展变化;因此,则例文本与工程实践之间的相关性就会逐步降低,二者在整体上呈现出逐渐脱节的趋势。

2.2.2　物料价值类

物料价值类则例,是官方颁定的各种物价、工价和运价的清单。这类则例有时单独成帙,例如《九卿议定物料价值》,是规定这一时期物料价值清单的专书;有时则附在其他则例之中,例如《圆明园内工诸作现行则例》中,就附有一份《圆明园内工杂项价值则例》,专门用以规范圆明园工程中的物价和工价。

官府估定物价的制度称为"时估",古已有之,至唐代已经相当成熟。时估制度并不以管控市场价格为目的,其主要作用在于规范政府的财务运作,尤其是为朝廷买办物料制定一个有据可依的价格基准[①]。

明清两朝承袭了唐宋以降的时估制度,制定官方采买物价,并编修成书,作为官府在财政活动中的重要依据。明初的时估制度十分严格,按月估价,"上司收买一应物料,仰本府州县,按月时估,两平收买,随即给价,毋致亏损于民"。[②] 但洪武之后,这项制度便日益松弛。内府各库监局物料多通过召买途径获取。成化十二年,顺天府尹在奏折中称:"内府各监局并各部、光禄寺颜料、纸札等件,岁以万计,俱坐宛平、大兴二县并通州各项铺户预先买纳,然后估价领钞。"[③] 这种预支货物的买办方式对铺户剥削严重,因此到明代中后期,政府又颁行过若干改革措施,加强时估制度的规范执行,但是实际操作中仍然难以避免漏洞。

雍正九年,允礼上疏请求"详定条例以重工程以慎钱粮"[④],也就是制定一份翔实的价格条例,以加强工程经费的管理。他在奏折中说:"如某项工程,应用某项物料,同某项做法,其物价应若干,工价应若干,一一详注,务使

---

① 高寿仙(2009)。
② 《明会典》,卷三十七,户部二十四。明万历内府刻本。
③ 《大明宪宗纯皇帝实录》,卷一百五十一,成化十二年三月甲寅条。
④ 《工程做法》前附奏疏。清雍正十二年刻本。

开册了然，以便查对。"①这一意见为皇帝采纳，于是出动大量人员查访时价，编定《九卿议定物料价值》，于乾隆元年（1736）刊行，成为清代第一部有据可查的官方议定商品价格汇编文本，从此为政府采买确立了一套物价标准："其采买物价值有九卿定价者，遵照九卿定价销算办理；无九卿定价者，确访时价销算。"②

由于物价随市场变动，官方的这一套"核定价格"每隔数年，就需要更新一次："至于物价偶有低昂，原非一定……尤当细访，平价量为增减，庶可遵行，以垂永远。"③从清代物料价值则例的实际编修情况来看，此种则例为数不少，更新频繁，户部和工部又各有一套标准，因此留下了有关颜料价格相当丰富的数据（详见附录 E）。

不过，则例递修再频繁，也不可能赶上市价变动的速度，因此总是难免遇到官定价格与市价出入太大的状况。实际操作中，合理的做法是以物料价值则例为基本参照标准，允许临时酌量浮动。如乾隆六年户部三库事务衙门的奏折中所说，一方面，"臣等逐款采访市价，酌量减定价值一百十项"④，同时又说"如将来市价或有不敷，临时酌量办理等"④，为价格的临时浮动留下了余地。

由前述明清两代的会估制度发展过程可知，这种制度在确立之初，是出于合理的构想，如果实施得当，的确能够对物料召买事务起到管控作用，从制度上防止经办官员冒支肥己。但在执行层面，很难保证每个环节都落到实处，仍然存在不少弊端。例如万历年间工部官员谈及盔甲修造经费的管理问题时，就曾直言："厂库二次会估，不过据司厂送册载酌，而司厂又凭旧卷开造"⑤，可见会估制度在实际操作中的情形，并不一定是真的"采访市价，酌量减定"④，办事官员为图省事，很可能只是将旧例拿来照样抄录。因此，对于现存的物料价值则例，不宜简单将其视为成书年代的实际市场价格记录，而需要针对则例本身的编修过程和情形作出具体分析，以判断其可靠程度。

现存则例中，物料价值类则例共有 14 种（表 2.3）。其中乾隆年间的《物料价值则例》由各省分别编纂，其内容差异较大，故在统计中将各省物料

① 高寿仙(2009)。
② 《小式做法现行则例》前附奏疏。见《清代匠作则例·陆》，第 1002 页。
③ 《工程做法》前附奏疏。清雍正刻本。
④ 乾隆六年五月二十日，户部三库事务衙门奏折。全文见 2.1.3 节。
⑤ 《大明神宗显皇帝实录》，卷四百八十七，万历三十九年九月。

则例均单独视作一种①。仔细分析这 14 种则例的内容,不难发现,照抄旧例的现象并不是明代独有,在清代依然存在。不过,即使照抄旧例,通常也不会一字不易,对于物料条目常常会有增补删削。因此,查考物料价格时,对若干种价值则例中的记载加以比较分析是必要的。相对而言,较可靠的一种价值则例是雍正年间编修、乾隆元年刊行的《九卿议定物料价值》,作为清代首次纂修的物料价值则例,沿袭明代旧例的可能性不大,其中记载应当较接近雍正年间的实际物料价格。

表 2.3　物料价值类则例目录(14 种)

序号	则例名称	编纂者	版本	整理出版情况
1	工部厂库须知	何士晋	万历四十三年刊本	北京图书馆古籍珍本丛刊 47 册;中国建筑工业出版社单行本
2	九卿议定物料价值	迈柱等编	乾隆元年刊本	《故宫珍本丛刊》第 317 册
3	九卿议定物料价值:附卷	不详	乾隆元年刊本	《故宫珍本丛刊》第 317 册
4	内庭圆明园内工诸作现行则例:圆明园内工杂项价值则例	不详	乾隆年间	《清代匠作则例》卷壹
5	内庭万寿山圆明园三处汇同则例:三处会同物料斤两现行则例	不详	乾隆年间	《清代匠作则例》卷贰
6	小式做法现行则例(木石瓦土):前附户部颜料价值则例	不详	乾隆六年	《清代匠作则例》卷陆
7	直隶省物料价值则例	陈宏谋等编	乾隆三十三年	电子数据库(德国图宾根大学汉学系和中国科学院自然科学史研究所联合制作)

---

① 存世的各省物料价值则例,除了表 2.3 中列出的 4 种,尚有广东省、云南省、江苏省几种,但由于本书主要关注的地域范围是以北京为中心的北方地区,故未将上述几种价值则例纳入统计范围。

序号	则例名称	编纂者	版本	整理出版情况
8	山西省物料价值则例	陈宏谋等编	乾隆三十三年	电子数据库（德国图宾根大学汉学系和中国科学院自然科学史研究所联合制作）
9	湖南省物料价值则例	陈宏谋等编	乾隆三十三年	电子数据库（德国图宾根大学汉学系和中国科学院自然科学史研究所联合制作）
10	甘肃省物料价值则例	陈宏谋等编	乾隆三十三年	电子数据库（德国图宾根大学汉学系和中国科学院自然科学史研究所联合制作）
11	武英殿镌刻匾额附户部颜料价值则例	不详	嘉庆十九年抄本	《清内府刻书档案史料汇编》
12	酌定奉天通省粮货价值册	不详	光绪三十二年刊本	未出版
13	工部核定则例附杂项现行则例摘要：工部杂项价值核定则例	不详	清抄本	未出版
14	各作做法及用工则例：户工部物料价值则例	不详	清抄本	《清代匠作则例》卷陆

资料来源：根据《清代匠作则例联合目录》及相关出版物整理。

2.2.3　具体工程类

匠作则例中有相当大一部分是记载某处具体工程的专门则例，其中一些也涉及彩画作。和 2.2.1 节画作做法类则例不同的是，其意图并不在规定一种普遍通行的画作规范，而在于记录特定工程中的彩画作具体做法。

针对具体工程编修的则例数量较多，但并不是每种都涉及彩画做法，目前所见涉及彩画作相关内容的有 21 种（表 2.4）。

具体工程类则例的编修并无一定体例，几乎都是抄本，从内容分析，很可能出自工程人员之手，只是各作做法与工料的简单记录，通常缺乏严整的编纂体例。各种则例的体例和内容差异很大，其中有关彩画作的记载也往往详略不一。有些则例对整个工程中每座单体建筑的彩画纹饰类型、具体做法及用工用料都有详细记录,如《崇陵工程做法册》,其体例与画作工料类则例相似,也是先详记彩画纹饰做法,其下注明用工用料。另外一些则例则对彩画做法记述寥寥,例如《夕月坛工程做法清册》,仅简要说明彩画纹样类型,并不具体罗列工料,因此其中与颜料相关的信息也十分有限。

　　值得注意的是,一些研究者将这类则例视为如实记录工程做法的可靠档案,这种认识过于简单了。实际上,工程官员编修清册时,誊抄旧例或徇私篡改的做法,也是腐败吏治之下的常态。当然,对于此类则例的可靠性也不应一概而论,就某种特定则例而言,其中记载与工程实际做法是否相符,仍然需要与实物对照加以辨析才能确认。

表 2.4　具体工程类则例目录(21 种)

序号	则例名称	编纂者	版本	整理出版情况
1	内庭圆明园内工诸作现行则例:圆明园万寿山木雕、栏杆、石料、苇子墙、灯具等用工则例	不详	乾隆年间抄本	《清代匠作则例》卷壹
2	工程备要	不详	同治年间抄本	《清代匠作则例》卷肆
3	都城隍庙工程做法清册	不详	光绪三年抄本	《清代匠作则例》卷伍
4	崇陵工程做法册	不详	宣统年间油印本	未出版
5	安定东直朝阳等门城墙宇墙马道门楼等工丈尺做法清册	不详	清抄本	《清代匠作则例》卷伍
6	夕月坛工程做法清册	不详	清抄本	《清代匠作则例》卷伍
7	大高殿工程做法清册	不详	清抄本	《清代匠作则例》卷伍
8	雍和宫工程做法清册	不详	清抄本	《清代匠作则例》卷伍
9	内城隍庙殿座房间墙垣等工丈尺做法清册	不详	清抄本	《清代匠作则例》卷伍
10	永佑庙殿座房间墙垣栅栏等工丈尺做法清册	不详	清抄本	《清代匠作则例》卷伍

续表

序号	则例名称	编纂者	版本	整理出版情况
11	宣仁庙殿座房间墙垣栅栏等工丈尺做法清册	不详	清抄本	《清代匠作则例》卷伍
12	凝和庙殿座房间墙垣栅栏等工丈尺做法清册	不详	清抄本	《清代匠作则例》卷伍
13	昭显庙殿座房间墙垣栅栏等工丈尺做法清册	不详	清抄本	《清代匠作则例》卷伍
14	西华门一座并值班房栅栏等工丈尺做法清册	不详	清抄本	《清代匠作则例》卷伍
15	北上门一座并两旁连房等工丈尺做法清册	不详	清抄本	《清代匠作则例》卷伍
16	西安门一座工程丈尺做法清册	不详	清抄本	《清代匠作则例》卷伍
17	西华门外河墙并西四牌楼等工丈尺做法清册	不详	清抄本	《清代匠作则例》卷伍
18	国子监亭堂楼座厅座房间门座墙垣等工程做法清册	不详	清抄本	《清代匠作则例》卷陆
19	天坛内殿宇亭座房间门座墙垣等工程做法清册	不详	清抄本	《清代匠作则例》卷陆
20	先农坛内各座殿宇楼座房间墙垣等工程做法清册	不详	清抄本	《清代匠作则例》卷陆
21	天坛地坛社稷坛内等工丈尺做法清册	不详	清抄本	《清代匠作则例》卷陆

资料来源：根据《清代匠作则例联合目录》及相关出版物整理。

2.3　几种重要则例的衍生源流辨析

作为一种特殊的文献，大部分匠作则例并非正式意义上的书籍或出版物，因此在文献学层面上，要解决的往往不是一般意义上的版本问题，而是更为复杂的具体疑难。宋建昃(2001)指出，传抄本匠作则例中存在若干突出现象，例如题名与内容对应混乱、缺少序跋、装订不规范，内容重复等。因此，在利用每种则例之前，如果文献本身存在上述问题，就有必要先作厘清，才不致造成史料的误用。例如，一份题名为某工程的则例，需要首先核对书中内容是否与书名相符,才能用来作为该工程的研究材料;一份成书于清晚期的则例,如果比对后发现内容全部抄自某种清早期则例,也不能轻易用它来作为清晚期做法的文献证据。

本节选取数种较为重要的则例,对其版本状况与衍生源流进行文献学层面的辨析考证。

2.3.1　《工程做法》与《内庭工程做法》

《工程做法》与《内庭工程做法》均为雍正年间颁布的营造规范专书。这两种官刊则例,在王世襄先生编订的《清代匠作则例目录》中位列第一和第二,足见其重要程度。但是,由于二者名称相近,内容相似,研究者往往将二者混淆。许多文献征引这两种则例时,对其异同均语焉不详,往往言此而意指彼。关于二者的关系,也存在种种相互矛盾的提法,有些研究者认为清廷在编修《工程做法》之后进一步编修了《内庭工程做法》;有些则称《工程做法》系在《内庭工程做法》的基础上编修。对于这两种则例的版本源流、编修经过与相互关系,至今尚未见到专文论述,因此有必要在此略作梳理。

《工程做法》存世的版本有六种(表 2.5)。其中以雍正十二年内府刻本为最通行,《故宫珍本丛刊》影印的就是这一版本。

表 2.5　《工程做法》版本一览

序号	年代	册数	类型	藏所
1	雍正十二年(1734)	二十册	内府刻本	故宫博物院、国家图书馆、上海图书馆等
2	乾隆元年(1736)	不详	内府刻本	辽宁省图书馆
3	咸丰四年(1854)递修本	不详	内府刻本	
4	不详	二十四册二函	刊本	中国科学院、上海图书馆、大连市图书馆
5	道光咸丰年间	不详	抄本	台湾图书馆①
6	民国三十二年	四册	抄本	国家图书馆

资料来源:根据中国古籍总目编纂委员会编《中国古籍总目·史部》《清代匠作则例联合目录》《北京地方文献联合目录》及各图书馆馆藏目录等汇总整理。

───────────────

① 即台北"国家图书馆",前身为民国时国立中央图书馆。

　　表 2.5 中,最易混淆的是雍正十二年刻本和乾隆元年刻本。因为这两个版本均为内府刻本,年代相去不远,内容又无变动,有些研究者把两个刻本混为一谈,以为只是著录日期不同。实际上确实存在两种年代相距极近的内府刊本。据《清代匠作则例联合目录》,法国国家图书馆同时收藏了这两个版本的《工程做法》,国内学术机构也分别有收藏(详见附录 A)。乾隆元年刊本虽然只是翻刻旧书,但与前一版本的封面有所区别,乾隆元年刊本封面书签题名为《工程做法》,而雍正十二年刻本封面书签题名为《工程则例》。两个版本的书口题名相同,均为《工程做法》。也就是说,初刻本问世仅仅两年后,内府便重新刊刻此书,这一举动可能与新君即位有关。

　　《工程做法》一书的题名向来混乱,在各种研究著作中,或称《工部工程做法》,或称《工程做法则例》,或称"工部《工程做法》",等等,不一而足。造成这一状况的根源,在于最通行的雍正十二年内府刻本书口题名为《工程做法》四字,而封面书签则题作《工程做法则例》(图 2.1)。古代书籍的书名往往不止一处,封面书签、书名页、书口、书根、卷端等处都可能题写书名。依照目录学传统,书名著录应该以卷端书名为主要依据,但此书没有卷端书名,因此著录时出现两种做法,一种是以书口题名为准,称为《工程做法》;一种是以书签题名为准,称为《工程做法则例》。书口题名因受面积限制,字数不可能太多,往往是经过处理的简化书名,因此才造成与书签不一致的状况。

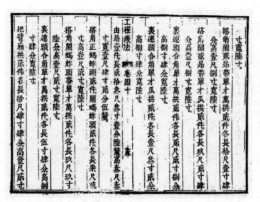

图 2.1　雍正十二年内府刻本《工程做法》书影

　　时至今日,这两种书名仍然并存于各类著作中。文献学研究者在各种文献目录中一般将本书著录为《工程做法》;而建筑史研究者则常常为了强

调其属性,将其称为《工程做法则例》。另一方面,为与其他名称相似的则例
相区别(例如《内庭工程做法》一书,版心书名亦为《工程做法》),研究者常常
在书名前加上"工部"或"清工部",称为"工部《工程做法》"或"工部《工程做
法则例》",久之,则"工部"二字羼入书名,变为《工部工程做法》或《工部工程
做法则例》。

故宫博物院另藏有《内庭工程做法》一种,共八卷,附一卷,和《工程做
法》一道收录在《故宫珍本丛刊》中。此书原刊本版心书名亦为《工程做法》,
因此有时易与前书混同,实则为两部不同的文献。王世襄先生编订的《清代
匠作则例目录》中,将两部书分别列出,认为同系允礼编修,但对《内庭工程
做法》的版本年代则付之阙如。

从适用范围上看,《内庭工程做法》专为"内工"编修,也就是专门适用于
皇家宫殿、皇家园林、皇家陵寝等工程。而《工程做法》是官工营造规范,适
用范围包括一切官式建筑营造工程。为行文清晰起见,本书中一律以《内庭
工程做法》指称此种文献。而《工程做法》则特指工部颁行的则例。

那么,这两种则例的产生孰先孰后,关系如何?学界对此存在两种不同
看法。

一种看法认为:"雍正九年(1731)又编制了《内庭工程做法》八卷,成为
编制《工程做法》的先导。此后,雍正十二年(1734)又编了《工部简明做法
册》及这套更全面的《工程做法》,这样对于官工的各个方面有了统一的规范
性的文件,使管理工作有了依据。"①也就是说,《内庭工程做法》编修在先,
其后三年才又编修了《工程做法》。

另一种看法则恰好与之相反,认为"《工程做法》在清代官刊工籍中最先
出现"②,而《内庭工程做法》是在此基础之上编修的:"《工程做法》彩画作各
卷名色细目总约七十余种,《内庭工程做法》有关画作名目又间有增
润变通。"③

要解决这一问题,就需要辨明这两部书的编修时间和编修过程。

《工程做法》卷首录有两篇奏疏,第一篇奏疏落款日期"雍正九年三月十
五日",内容是陈述编书计划,请皇帝批准执行:"倘蒙俞允,臣等移咨内务

---

①　孙大章(2009):第 400 页。

②　王璞子(1995):第 7 页。

③　王璞子(1995):第 41 页。

府,详晰确议,编成条款,恭呈御览,伏候钦定。"①第二篇奏疏落款"雍正十二年三月",内容则是汇报工作完成:"谨将工程做法、物料价值,逐款分条,恭缮黄册,进呈御览。"①可见此书的编纂是从雍正九年始,至雍正十二年完成。

而《内庭工程做法》的成书日期则未见确凿证据。但如果仔细阅读《工程做法》卷首的奏疏,会注意到其中有这么一句:"臣等请敕下内务府会同臣部,选取谙练详慎之员,详晰酌定,内而宫殿廷陛,外而仓库城垣,以及涂垩砌垫之条,刁镂丹护之项,莫不逐款详开,分别酌拟。"①

这一句提到了编修则例的主体人员——不只是工部,而是内务府会同工部。为什么需要内务府的加入?因为则例需要规范的营造对象是"内而宫殿廷陛,外而仓库城垣",而"宫殿廷陛"这一类内廷营造工程归内务府营造司掌管,不属工部职权范围。

实际上,这项工作虽由内务府和工部合作,但适用范围的区别却使内容难以统一。由于皇家建筑工程规格较一般工程更高,要求更严,用一套则例同时规范皇家工程和一般工程是不合适的。因此,考虑到"内工"和"官工"的差别,实际采用的做法是分别编修了两套则例,一套是工部主编的《工程做法》,一套是内务府营造司主编的《内庭工程做法》。《内庭工程做法》"在物料使用和程功要求方面又比《工程做法》规定标准多有提高"②。也就是说,两部书在编修中确实可能存在相互参照的关系——内工的标准比官工更高;但不见得表示其中一部成书在先,而后一部以之为基础;两部书的编修更可能是同时进行的。

清华大学图书馆藏有《内庭大木石瓦搭土油裱画作现行则例》,四册,抄本。书内钤有"营造司工程处图记"的朱印,说明这是一部内务府营造司的官修则例原本,而非书吏或工匠自行抄录的副本。该书卷首所附奏疏,正是《工程做法》卷首两篇奏疏中的第一篇。查此书内容,与故宫藏内府刻本《内庭工程做法》一字不差。可知该抄本实际即《内庭工程做法》。

由于题名差异显著,此书与《内庭工程做法》的关系向来无人注意。实际上,《内庭大木石瓦搭土油裱画作现行则例》这一题名不见于原书任何位

---

① 　管理工部事务和硕果亲王等为详定条例以重工程以慎钱粮事,雍正十二年三月。见《工程做法》雍正十二年内府刻本。

② 　王璞子(1995):第41页。

置,只出现在函套的书签上(函套非原装,为图书馆古籍库制作),可知这一书名应系图书馆编目时自行命名,系各册签题综合而成(各册签题均为"内庭某作现行则例")。此书与《内庭工程做法》的体例差别仅仅在于,《内庭工程做法》是每作自成一卷,而此书不分卷,只分为四册——将石作、瓦作合为一册,搭材作、土作、油作、裱作合为一册。此书卷首也附有雍正九年允礼"为详定条例以重工程以慎钱粮事"的奏疏,与《工程做法》卷首奏疏完全一致,说明此书与《工程做法》的编写约略同时,都是雍正九年这一次"详定条例"的成果。因此,《内庭大木石瓦搭土油裱画作现行则例》抄本很可能就是《内庭工程做法》正式刊刻之前的稿本。

再回到编纂时间的问题,营造司抄本证实了《内庭工程做法》是从雍正九年三月开始编修的,但没有记录编纂完成的日期。此书最早的刊本为雍正十二年内府刻本,之后又有乾隆元年内府刊本(见孙殿起《贩书偶记续编》)和乾隆六年内府刻本(即《故宫珍本丛刊》影印本)。

一些目录将《内庭工程做法》乾隆六年刻本的编修者著录为"清迈柱等奉敕撰",而雍正十二年刻本的编修者则著录为允礼。编者的区别容易引起误会,以为这两种书的内容不同,实际上这只与乾隆朝的人事变动有关。允礼(胤礼)是康熙帝的十七子,雍正六年(1728)封和硕果亲王,雍正七年(1729)管工部事,雍正八年(1730)总理户部三库[1]。因此,雍正九年(1731)启动的则例编修工程,允礼正是主其事者。乾隆即位后,命其掌管刑部。但是允礼身体状况不佳,乾隆三年(1738)即病重不治而薨,年仅 42 岁[1]。

迈柱(1670—1738)是满洲镶蓝旗人,雍正十三年(1735)拜武英殿大学士兼吏部尚书,乾隆元年(1736)兼管工部,但次年即因病卸任[2]。在任上的这一年,正赶上《内庭工程做法》的乾隆朝重刊。乾隆元年重订并颁布《九卿议定物料价值》,就由当时刚刚在工部上任的迈柱牵头组织编修,重刊《内庭工程做法》的任务自然也落在迈柱身上。

殿本《工程做法》为七十四卷,二十册,而《内庭工程做法》为八卷四册。值得注意的是,一些目录中,将此二书著录为一种,共二十四册,如孙殿起《贩书偶记》:"工程做法七十四卷内庭工程做法八卷附简明做法二卷,果亲王允礼,庄亲王允禄等编,雍正十二年内府刊,内庭工程做法乃系各匠工

---

① 《清史稿》,卷二二,列传第七。民国十七年清史馆本。

② 《清史稿》,列传七十六。民国十七年清史馆本。

料。"①中国科学院图书馆藏善本目录中也有同样题名的一套刻本，二十四册二函②，但不著具体年代。这说明，这两部书很可能是共同刊刻、共同颁行的，不管是最初颁行的版本还是后世的递修本，都可能在某个时期内有过将二者作为同一套书共同装订成帙的情况。

为什么会出现这种情况？只要从内容上考察，就不难理解。这两部书的体例并不相同，《内庭工程做法》的篇幅比《工程做法》要小得多，仅八卷，开列内廷各作工料，其体例只相当于《工程做法》中的一小部分。《工程做法》用大部分篇幅记载的做法部分，在《内庭工程做法》均付之阙如。可见《内庭工程做法》并不是一部完整的工程规范，其性质与其说是独立成帙的内廷工程规范，不如说是《工程做法》的附录或补充。这也解释了为什么《内庭工程做法》的版心书名也是《工程做法》。

综上，《工程做法》和《内庭工程做法》两部书，是雍正九年工部会同内务府共同编纂的一套工程规范。前者包括做法和工料两部分内容，用于规范一般官方建筑工程；后者仅开列工料，是专门适用于内廷建筑工程的工料规范，其性质相当于《工程做法》一书的补充。两书同时编修，三年后完稿。雍正十二年，两部书同时刊刻，是为雍正十二年内府刻本，共二十四册。在流传过程中，由于庋藏或著录的种种原因，两部书逐渐分开，单独成帙，《工程做法》七十四卷作为一部完整的营造术书，受到研究者很大关注；而《内庭工程做法》则逐渐不为人知，鲜见研究者语及。实际上，《内庭工程做法》作为内廷工料则例的范本，对后来的《圆明园内工则例》等有直接影响，其价值也是相当值得重视的。

2.3.2　九卿议定物料价值

迄今尚未见到关于《九卿议定物料价值》的研究，除了程婧（2004）在研究乾隆朝《物料价值则例》的论文中曾略有述及之外，未见研究者对此种则例作过专门讨论，因此这里对其编纂过程、内容和体例略作叙述。

乾隆元年刊刻的《九卿议定物料价值》书首附题本一份，详细记录了编纂此书的前因后果，对于则例编订的流程、参与人员和工作方法提供了不少有价值的信息。这份题本从前未有研究者注意，而其内容却很值得参考，故将其全文照录如下：

---

① 孙殿起（1978）：第 194 页。
② 中国科学院图书馆（1994）：第 155 页。

　　工部等衙门谨题，为遵旨议奏事。雍正七年十一月十五日，内阁抄出管理工部尚书事务和硕果亲王等奏，前事等因奉旨所奏，是着九卿再行议奏，钦此。钦遵抄出到部。该臣等会议得先经营管理工部尚书事务和硕果亲王等奏称，臣部办买各项物料，价值俱遵照九卿定例核算，但雍正元年九卿所定各项价值内，亦有未经议定之项，俱系比照上案核算准给。其中随时轻重，未得画一，臣等请将未经定拟各项物料价值敕下九卿统行定议。至于现行条例内，亦有过多过少，应行详细核者，臣等逐一查明造册，会同九卿奏准之日，凡一应办买各项物料，管工官及商窑铺户，俱照定例准给，刊板贮库，永远遵行等语。查雍正元年九卿所定各项价值内，有未经定议之项，若比照上案核算准给，其中随时轻重，未能画一，至现行条例内，若不详细查核，殊非均平之道。工部自雍正七年具奏之后，将雍正元年九卿定价内未经定议之项，并现行条例内过多过少之处，逐一详核，派员确访时价，续于雍正八年八月十九日之后，因值时价高昂，未能画一，难以定准，暂停采访，逮时价既平，复派郎中福兰泰、丹拜、福长、格通额、赵世勋员外郎、武柱主事孔毓琇、薄岱、罗天纯、升任员外郎赛明善等，细加采访，确实时价。今据将金、银、铜、铁、锡、磁、乐器皿、器械、鞍辔、缎、绫、绸、绢、纱、布、绒、绵、棉花、颜料、香料、纸张、杂木、绳斤、席箔、竹竿、柴炭、煤斤杂项、毛羽、皮张、毡片、油单、物料轻重、零星杂料、染价赁价等项，汇造总册呈递。臣等复行按款详查，将户部、内务府之例逐一较对，所载价值，已属均平，并无浮克。倘因时价偶有低昂，应行增减者，于该工奏销案内声明再查。雍正六年，分因旧例物料价值浮多，曾经奏明，照例核减一成准给，今已酌定平价，嗣后无庸核减。谨将物料价值逐款分晰，另缮黄册，恭呈御览。俟钦定之后，工部刊板贮库，画一遵行，以垂永远。并通行各部院衙门，及八旗顺天府一体遵照可也。臣等未敢擅便，谨题请旨。乾隆元年六月十九日题。本月二十一日奉旨：依议，册留览，钦此。①

　　落款为乾隆元年六月，为首者是兼管工部尚书事务的迈柱和兼管内务府总管事务的来保。

　　也就是说，雍正七年，主管工部事务的果亲王允礼奏请编修物料价值则例。提议的缘由在于，当前采办物料，价格均按雍正元年编修的九卿议定价值核算，但是这份现行则例一来内容不全，"亦有未经议定之项"②，二来其

　　①　见《故宫珍本丛刊》317 册，第 23-24 页。今改为简体，标点为本书作者所加。
　　②　《九卿物料价值》前附奏疏。

中定价也有不合理处，有的过多，有的过少。因此工部奏请重行编修一份物料价值则例，将原先未定之项再作定议，同时将现行条例中的价格根据时价再核对一遍。这项工作开展一段时间之后，因为市场物价突然上涨，于雍正八年暂停，等时价平复，重新派人外出采访，确定各项物料时价，并将所有价格汇总造册。再经工部官员审定核实，确认"所载价值，已属均平，并无浮克"①，这才完成编纂。这项工作至乾隆元年（1736）始告完成，实际上反映了雍正年间的官定物价情况。

值得注意的是，《工程做法》前附雍正九年（1731）果亲王允礼奏疏中，提到："……倘蒙俞允，臣等移咨内务府，详晰确议，编成条款，恭呈御览。伏候钦定，臣等入于九卿定例刊刻颁行可也。"②这提示了《九卿议定物料价值》和《工程做法》的关系：在允礼看来，《工程做法》也是"入于九卿定例"的，这是允礼在同一时间组织编修的两部则例，本来就是作为一整套"九卿定例"而编纂的。《工程做法》通篇只规定工料数量，并未言及物料价值，与之配套使用的价值则例，就是《九卿议定物料价值》。

作为清代第一部独立颁行的物料价值专书，《九卿议定物料价值》开价值则例编纂之先河，为之后类似体例的则例编纂提供了可资借鉴的范本。《九卿议定物料价值》的体例，是按照物料的性质分门别类，共分四卷。书前有四卷总目，每卷之首又有该卷分目录，与总目一致。现将其总目抄录如下：

卷一：金银，铜器，铁器，锡器，瓷器，乐器
卷二：器皿，器械，鞍辔，缎绫，绸绢，纱布，绒绵棉花，颜料，香料
卷三：杂木，绳斤，席箔，竹竿，柴炭煤斤，杂项
卷四：毛羽，皮张，毡片油单，物料轻重，零星杂料，染价，赁价

从总目看来，全书编排合理，逻辑清晰。在卷四最后一个类目"赁价"结束之后，还有一段说明文字："以上各项物件价值，俱各详细酌量，照物件之精粗，定价值之高下，承办之员，务须办买上等物件应用。倘办买之时，物件大小、宽窄、厚薄、粗细、尺寸、斤两或不与例相符，承办各员及商铺人等，据实呈报，该司库照例折算，呈明增减，给发价值。"③显然，这是全书最后的结束语，用来总述以上所有内容。

---

① 《九卿物料价值》前附奏疏。
② 《工程做法》前附奏疏。
③ 《九卿议定物料价值》，见《故宫珍本丛刊》317 册。

但令人疑惑的是,就在这段结束语之后,却又多出一部分内容,共数十页。其中第一页是目录,内容如下:

铜器

铁器

颜料

纸张

布匹

杂项

工价

运价

其后的数十页内容分门别类,均与这份目录相符。但是,这一部分目录显然与全书总目发生矛盾,其中"铜器""铁器""颜料"都属重出,而"布匹"又与卷二中"缎绫""绸绢""纱布"等类目在外延上重合。也就是说,这份目录似乎并不属于总目之下,而是另行编订的。

考察多出的这数十页的书口,会发现书口题名与前四卷相同,仍为"物料价值",下注"卷四",看来似乎仍是第四卷的延续;但从上述目录页开始,页码却又重新从"一"开始标注。由此可以推知,多出的这一卷,虽然书口标注的卷次也是"卷四",但并不属于原书的第四卷,而是另行编订的。但是,这一部分的编纂体例、刊刻版式和字体,都和四卷《九卿议定物料价值》基本相同。

那么这一部分多出来的内容究竟是何性质呢?

一个值得重视的线索是,这部《九卿议定物料价值》虽然在王世襄编清代匠作则例目录及《清代匠作则例联合目录》中均著录为"四卷",但在另一些目录中,则著录为"九卿议定物料价值四卷续四卷",例如翁连溪的《清内府刻书编年目录》[①]。也就是说,这部则例确实曾经续修。

如果仔细查看多出来的这部分内容,就会发现,其目次虽有重出,但重出的类目在内容上,却与前四卷并不相同。例如"铜器"这一类目,之前已经见于卷一;但这里"铜器"下的内容,又与卷一"铜器"类目下的内容完全不同,绝无重复。这无疑是符合续修性质的。再结合"续四卷"的记载来看,这部分书口上的"卷四",就很可能是续书的第四卷。至于续书的前三卷,可能已经佚失了。

---

① 　翁连溪(2013):第 364 页。

因此可以得出结论：多出来的这数十页内容，属于续修《九卿议定物料价值》的卷四。由于续修四卷中的前三卷已佚，仅余的这个第四卷就与原书的第四卷被混在一起，误作同一卷了。由于《故宫珍本丛刊》没有附加任何编辑说明，无从得知这是在影印出版时的错误，还是更早之前的错误。对于多出的这一部分，为与《九卿议定物料价值》的卷四相区别，本章中将其称为"续卷四"。

2.3.3　工部现行则例四种

匠作则例中，同名或者名称近似的现象不在少数，例如现存的《工部则例》即有五种，《工部现行则例》有三种，而记载圆明园工程的则例，则有《圆明园内工则例》《圆明园内工现行则例》《内庭圆明园内工诸作现行则例》等多种名称和内容均大同小异的文献。这种现象是匠作则例的产生机制决定的。后代编修则例，往往以既有则例为参考借鉴，经过历代反复编修，多次传抄，就产生了多种同名（或名称近似）而内容相似的则例。《工部现行则例》就是其中一例。

《清代匠作则例联合目录》中，著录有四种名称近似的则例：工部现行则例、工部现行用工料则例附城垣作法定例、工部现行则例附松木价值汇成则例、工部工料则例。这四种则例均收藏在清华大学图书馆，均为抄本，无年代，无序跋牌记，亦无编纂者署名。为方便比较，现将四种文献的基本信息整理如表 2.6。

表 2.6　四种《工部现行则例》文献基本信息比较

编号	题名	附录	卷数	册数	装帧
文献 A	工部现行则例	无	不分卷	8	线装
文献 B	工部现行用工料则例（书签）；紫禁城宫殿工程加细作法（馆藏目录）	附《城垣作法定例》（散页，夹在书中）	四卷	4	线装＋函套
文献 C	工部现行则例（函套书签）；工部现行用工料则例（各册封面书签）	附零散字条共17 张	五卷	5	纸捻装＋函套，袖珍本（15.5 cm×11 cm×4.5 cm）
文献 D	工部工料则例	无	十五卷	15	线装

四种文献各卷(册)的封面均有书签,写明各册内容,其书签题名如下。

文献 A:

第一册:工部大木装修现行则例

第二册:工部石、瓦作现行则例

第三册:工部搭、土、油、裱作现行则例

第四册:工部画作现行则例

第五册:工部琉璃价值现行则例

第六册:工部物料价值现行则例

第七册:工部松木价值现行则例

第八册:工部杂料并斤两现行则例

文献 B:

卷一:大木作装修作雕銮作镟作石作

卷二:瓦作搭材作土作

卷三:油作画作裱作锭铰作

卷四:斗科木作油作画作

文献 C:

卷一:大木作(附仓工糙作)锭铰作檐网作装修作雕銮作镟作(附菱花作)石作

卷二:瓦作(附琉璃)銮花作锭铰作搭材作土作

卷三:油作画作裱作(附绸缎布匹纸张尺寸)锭铰作

卷四:斗科木作油作画作

卷五:松木价值汇成则例

文献 D:

第一卷:工部大木作用工料则例,工部仓工糙做大木用工料则例

第二卷:九檩至四檩房座大木小式分法,装修分法,装修加榫分法等

第三卷:大木作成造斗科用工料

第四卷:斗科画作用工料则例

第五卷:列养心殿镀金则例,寿康宫行广储司铜料例,雍和宫例,广储司锡作则例等

第六卷：斗口油作用工料则例

第七卷：工部物料轻重并用工料则例，工部应交新料回残则例等

第八卷：工部裱作用工料则例，工部缎布纸张尺寸并用工料则例等

第九卷、第十卷：工部画作用工料则例

第十一卷：工部油作用工料则例，工部漆作用工料则例，工部泥金作用工料则例

第十二卷：工部凿花作用工料则例，工部搭材作用工料则例，工部土作用工料则例

第十三卷：工部石作用工料则例

第十四卷：工部瓦作用工料则例，京城城工例

第十五卷：工部装修作用工料则例，工部装修作紫檀花梨等木用工料则例，工部雕銮作用工则例

从装帧和用纸情况推断，文献B、文献C应该都属清代晚期。此外，仔细考察和比对文献内容，还会发现其他一些线索，能够提示有关成书年代和传抄源流的信息。

文献C中夹有17张字条，是对原书内容的订正和补充，其中一张上写有"光绪二十二年……"，可知此书抄录年代早于光绪二十二年，成书后在光绪二十二年进行过一次校订。

文献D的第十一卷正文中，有"光绪二十年料估所……"的记录，可知成书年代晚于光绪二十年。

将文献B与文献A进行内容比对发现，虽然文献A有8册，而文献B只有4册，且各册题名也不相同，但从实际内容来看，文献B和文献A的前四卷一字不差，可以判断，文献B是对文献A的节录，抄录了有关做法的四卷内容，而去掉了有关价值的后四卷；此外，又加上了文献A中所无的《城垣作法定例》。

文献C的前四卷，与文献A的前四卷相比较，内容基本相同，但各种用料排列先后顺序不同，此外，彩画的名目在措辞上也有些微差异。似以文献C的抄写顺序为更合理，用词也更规范完整。例如彩画样式的命名上，可以举出以下几例：

大点金五墨沥粉龙锦方心青绿地仗每折宽一尺长一丈用（文献C）

大点金五墨龙锦方心每折宽一尺长一丈用（文献A）

大点金五墨沥粉空方心哨青每折宽一尺长一丈用（文献 C）

大点金空方心每折宽一尺长一丈用（文献 A）

石碾玉五墨三退晕描机粉芍花每折宽一尺长一丈用（文献 C）

三退晕石碾玉五墨描机粉芍方心每折宽一尺长一丈用（文献 A）

又如文献 C 中，在"土黄三色五墨空方心"条目之后，有一句"如花锦方心应添颜料数目仿照雅五墨空方心并花锦方心例加减每丈用画匠六分工"的说明性注释。而文献 A 直接略去了这一句。

以上均为相同条目的不同命名。由此推断，文献 C 作为底本的可能性更大。文献 A 在抄写时为了方便起见，省略了一些字眼。比较两个抄本的书写，文献 C 的书法水平和誊写质量明显高于文献 A。文献 A 中偶有书写错误的情况，例如将"南烟子"误为"白烟子"。此外，文献 C 的第五卷则为文献 A 所无。这些都进一步表明文献 A 很可能是以文献 C 为底本抄写的。

由此可知，虽然这几种则例的分册与书签题名存在明显差异，实际上内容却高度近似。如 2.2.1 节所谈到的，工部的画作工料类则例编修，大体是以前代为底本，传抄之后加以补订。从四种工部现行则例的情况来看，晚期则例中这种照抄前代的做法更加明显，甚至增补改订的比例也很低。而这几种则例中所记载的营造用料，又与清晚期建筑遗存所见的实际情况并不相符。可见，到清代光绪年间，则例已经与工程实践明显脱节，变成因袭僵化的条款。因此，不能简单地认为则例必然反映成书年代的实际工程做法。对《工部现行则例》这一案例的分析，也有助于理解其他则例的性质。

2.3.4　圆明园、万寿山、内庭三处汇同则例

《圆明园、万寿山、内庭三处汇同则例》（以下简称《三处汇同则例》）是一部汇编性质的则例。王世襄认为此书成书于嘉道之际，是已知最早的一次则例汇编工作[1]。

---

[1]　王世襄（2008a）：第 10 页。

《三处汇同则例》共辑录 25 册单项则例，其中有些是一册一种，有些则是一册多种。从装帧来看，这 25 册则例均有统一封面，封面上有统一格式的书签，另外还有一个题签，写明编号，例如"贰函十号"。这套编号完整连续，最后一册《各等处零星杂记现行则例》的编号是"肆函二十五号"，对应 25 册则例，似乎是一套保存完整的抄本。

但是，这 25 册则例虽然封面编号完整连续，体例和内容却并不完整连续，排列顺序也显得可疑，例如《三处汇同木料价值现行则例》，按逻辑顺序应当接续在《三处汇同物料斤两价值则例》之后，然而按照封面编号顺序，二者之间却插入了九册内容毫不相关的其他则例。

仔细观察就会发现，除了封面编号之外，许多册在卷首另有一套编号。例如，《三处汇同裱作现行则例》，封面上的题签标号为"贰函拾壹号"，而卷首却另有墨笔书写的"二十号"字样。可知封面的编号题签为后来的收藏整理者所加（甚至封面也可能是整理者统一添加的），并不反映其原始编纂情况，只是反映了这 25 册则例的集中收藏状况而已。

考察这 25 册则例的具体内容，会发现，其中有 14 种则例的题名以"三处汇同"开头，内容则均与建筑营造相关，观其体例，似乎是一套编纂较成体系的综合性营造则例。

这 14 种则例中，前 11 种逐一记载各作做法，每册为一种则例，依次为大木作、外檐装修作、硬木装修作、石作、瓦作、搭彩作、土作、油作、漆作、画作、裱作。另外还有一种物料斤两则例和两种价值则例（木料与杂项）。放在一起看，是一个相当完整的则例体系。在这 14 种则例之外的另 11 册则例，则内容零散，互不相关，也不成体系。装帧体例上，并不遵循每册一种的规律，而往往是几种则例合并一册，共计 20 余种；题名不以"三处汇同"字样，其范围也不限于圆明园等三处，还包括了武英殿、广储司等其他机构。因此，这 14 种则例与其他则例显然分属不同来源。

现存这 14 种则例的卷首编号并不连续，很可能其中也有缺漏，但原先应当属于一套刻意汇编的《三处汇同则例》。从书中内容看来，这套则例的编纂目的，似乎是希望将《内庭工程做法》《圆明园内工则例》和《万寿山则例》汇集合并，得到一部内容更加完备、覆盖面更广的则例。其编排逻辑之清晰，可以证实王世襄的观点：这的确是一次有意识的汇编工作。

至于其他 11 册 20 余种则例，内容大多不属于建筑类匠作，而以器物类为主，例如铜锡作、佛龛作、铁缸、铺面牌幌等。但是，这些匠作也与建筑工程或多或少相关。一项完整的营造工程,除"瓦木扎石土油漆彩画糊"这八大作之外,也需要其他匠作的配合,例如制作金属构件、供案佛龛,乃至廊灯等细碎物件,这些工作耗费的物料,都需要有则例可依。好在其中绝大部分工种已经有现成则例,只要抄录引用即可。因此,这 20 余种各处抄来的零散则例也与《三处汇同则例》集中到一起,从体例上说并不一致,但从实用角度说,为了汇集一处使用方便,也是合理的。

综合上述分析,可以得到的结论是:《三处汇同则例》所指应当是体例完整的一套综合性则例,已有部分散佚,现存 14 种,14 册。为了使用方便,当时的工程管理人员将工程牵涉的其他 11 册匠作则例也收集到一处存放。后来的收藏者将这 25 册则例视为一体,重新制作装帧,统一编号,才有了今天我们看到的 25 册版《三处汇同则例》。

2.4　清代彩画作相关文献中的颜料名目

2.4.1　彩画作相关匠作则例中的颜料名目统计

彩画作相关匠作则例中出现的颜料名目相当繁多(表 2.7),远超今日研究者对彩画颜料应用状况的认识。这一方面是东西方颜料命名分类体系的差异所致(参见 3.2 节),另一方面也反映出科技检测工作中可能存在的缺陷(参见 3.1 节)。

表 2.7　清代彩画作相关匠作则例中的颜料名称种类统计

类　　别	数量/种
蓝色颜料	26
绿色颜料	31
红色颜料	29
黄色颜料	15
白色颜料	7
黑色颜料	12
金属颜料	14
胶料	5
辅料及其他	11

资料来源:根据附录 A 中的 51 种匠作则例内容整理统计。

从统计结果可以看到，各色系颜料的种类并不平均，以青、绿、红三种色系的颜料种类最为丰富。这和建筑彩画中的用色情况是一致的。《营造法式·彩画作制度》指出："五色之中，唯青、绿、红三色为主，余色隔间品合而已"[①]，清代官式彩画大体继承了这一用色原则，只是相比宋式彩画，对红色的运用相对减少，尤其是清中期之后，基本上以青绿色调为主。

附录 B 统计了彩画作相关匠作则例中出现的颜料名目，按照色系排列。需要说明的是，这是一份针对语词的统计，因此对可能存在的同物异名现象不作合并处理，只对个别能够确定是同一语词不同写法的颜料名称（例如"广花"与"广靛花"）并入一列统计，并在表中原样记录每种则例中的具体表述。

2.4.2　清代档案史料中的彩画颜料名目统计

清代档案史料中保留了相当数量的有关彩画颜料的一手材料。这些材料主要是有关皇家营建工程的题本、奏疏，多是工部或内务府官员为工程中采买或领用颜料之事上书称奏，其中记载了许多具体营缮工程的颜料采办和使用状况。

附录 C 汇总统计了这些档案中出现的彩画作颜料名目，并和附录 B 一样按照色系分类排列，以便比较。清早期的则例种类较少，因此档案史料中的记载就为则例提供了补充。

2.4.3　彩画作颜料名目的年代分布状况

从前述统计中可以看到，清代各时期使用的颜料（或颜料名称）是存在差异的。这种差异在整体上呈现出较复杂的状况，随着时间推移，颜料的名目有增有减，有些名目发生变化，也有些名目始终如一，其变化并不容易用简单的趋势归纳。

因此，本节拟以一种客观统计的方式，描述清代各时期彩画作颜料名目的应用状况。将针对匠作则例的统计（附录 B）与针对清代档案史料的统计（附录 C）合在一起，得到一份相对完整的清代官式彩画颜料名词年代分布统计（图 2.2～图 2.9）。

[①]　《营造法式》，卷十四。清文渊阁四库全书本。

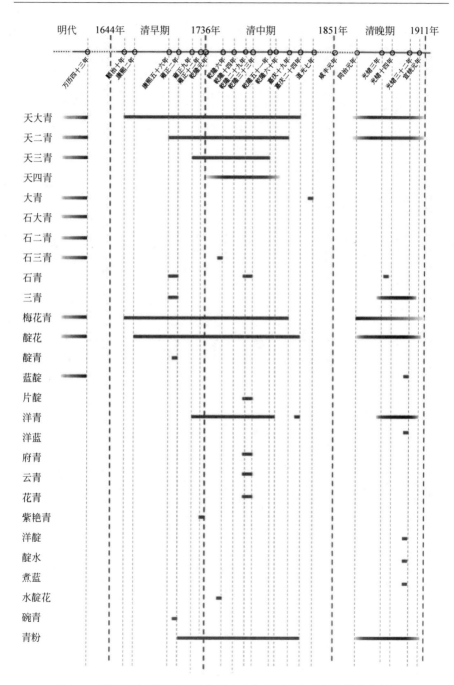

图 2.2　清代匠作则例及档案史料中蓝色系颜料名目的年代分布统计

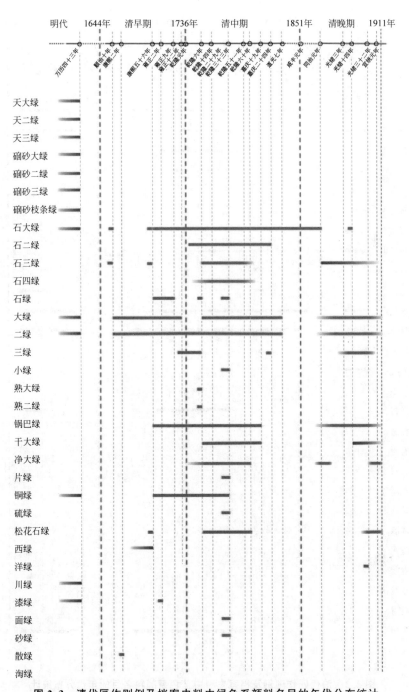

图 2.3　清代匠作则例及档案史料中绿色系颜料名目的年代分布统计

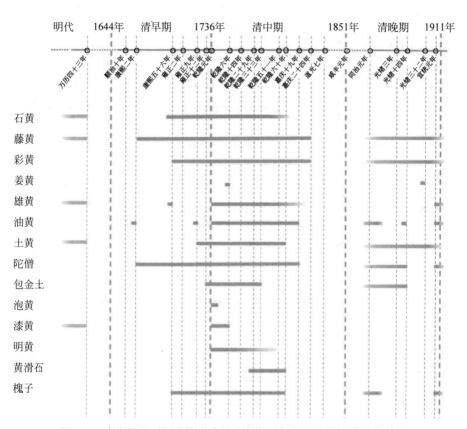

图 2.4　清代匠作则例及档案史料中黄色系颜料名目的年代分布统计

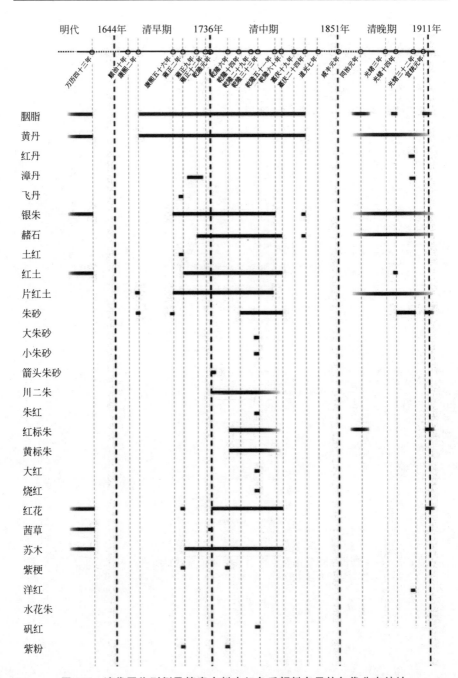

图 2.5　清代匠作则例及档案史料中红色系颜料名目的年代分布统计

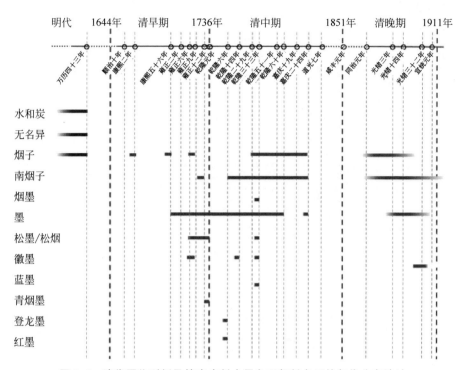

图 2.6　清代匠作则例及档案史料中黑色系颜料名目的年代分布统计

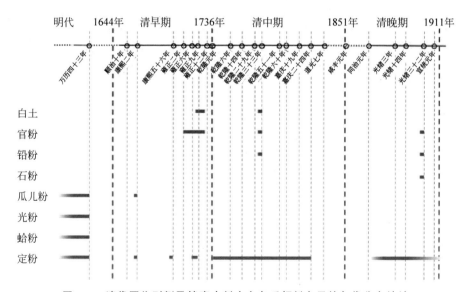

图 2.7　清代匠作则例及档案史料中白色系颜料名目的年代分布统计

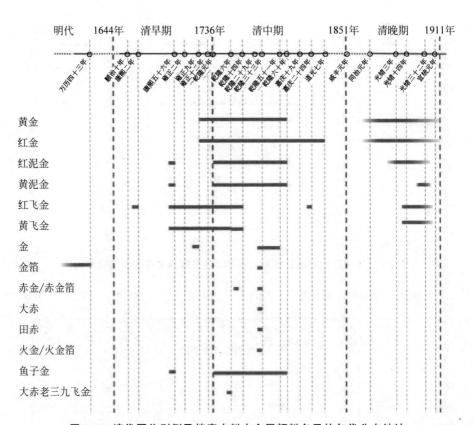

图 2.8　清代匠作则例及档案史料中金属颜料名目的年代分布统计

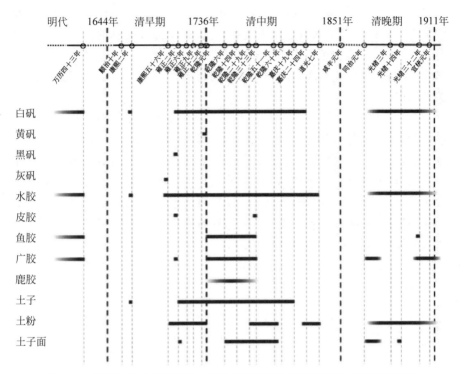

图 2.9　清代匠作则例及档案史料中主要胶料和辅料名目的年代分布统计

从年代统计分布图可以发现,并非每种颜料语词都具有时代特征。最常用的那部分颜料名目,例如天大青、胭脂、黄丹、银朱、白矾,基本上都从清初一直沿用到清末,没有出现太显著的变化。与时代变动有关的,主要是不常用的颜料,例如紫粉、漆黄、川绿等。但是,由于这是一份针对语词的统计,这种变动未必反映出某种颜料实际应用的时代特征,也很可能是某个时期内称谓的变化。

2.5　小　　结

本章是在文献学层面开展的彩画作相关匠作则例基础整理工作。在厘清"匠作则例"定义的前提下,遴选出 51 种与彩画作直接相关的匠作则例,编制目录,撰写提要,并按照编纂体例将这些则例分为三种类型,归纳了每种类型的编修方法和体例特征。

匠作则例的版本状况与传抄源流问题,是既往则例研究的薄弱环节,本节也对此作了初步探讨。针对画作工料类则例，通过内容比对，将画作则例归纳为内廷做法和工部做法两大系统，并梳理了部分则例的传抄关系。同时，通过则例文本的深入读解，订正了以往著录中的一些疏漏与错误，如《九卿议定物料价值》的卷次问题，《三处汇同则例》的编纂性质及各册之间内容关系的问题等。

2.4节是以上述工作为基础展开的彩画作颜料名目统计：从每一种彩画作相关匠作则例和清代档案史料中析取表示颜料的名词，按照色系分类，逐一统计。将这两项统计汇总之后，为每种颜料名目绘制了应用年代统计分布图，以直观反映出各种颜料名目在清代各时期官方文献中的使用年代分布状况。需要注意的是，这只是一项针对语词本身的统计，这些分布图所反映的信息，不能直接等同于每种颜料在清代各时期应用状况的变化，其中也可能有一部分仅仅是名称的变迁。

第 3 章　现代科学视野中的清代彩画颜料

> 化学方面的科学和技术以及颜色在艺术中的应用一直以共生的方式存在着,此种关系决定了它们在整个历史上的发展过程。与通常只从一边看问题相比,回望它们共同的演进历程,我们就既能看出艺术其实更是一门科学,又能看出科学也更是一种艺术。
>
> ——Phillp Ball,2001

3.1　古代颜料的科学分析：方法、意义及局限性

现代科学为考古学家、艺术史家和文物保护工作者提供了新的探索手段,使我们今日能够对包括建筑彩画在内的古代文物所使用的材料获得客观准确的认识,并在微观层面上解读其工艺做法与修缮历史。

对文物彩绘颜料的现代科学分析工作肇始于 19 世纪。18 世纪末到 19 世纪间显微镜学在西方国家迅速发展,带来了应用领域的不断扩大。利用显微镜研究绘画技法和材料的最早案例可以追溯到 1834 年[①]。起初,显微镜被用来放大绘画表面的细节,以观察笔触、颜料颗粒度、裂缝、污垢等表面视觉特征;随后,更复杂的显微分析技术逐渐进入文物保护领域,显微镜开始在这一领域发挥更多作用,包括颜料鉴定、纤维鉴定等。

20 世纪是光学显微技术在文物保护领域迅速发展的时期。1937 年,Ruther ford Gottens 将剖面显微分析技术引入文物保护领域,一些博物馆研究人员开始从油画上采集样品进行剖面分析;1950 年,Joyce Plesters 提出用微量化学测试来辨别绘画颜料层中的有机成分;1987 年,Richard C.

---

① 转引自 Stoner(2012)。

Wolbers 和 Gregory Landrey 引入了生物化学领域的荧光染色技术，用以鉴别颜料的胶结材料和透明保护涂层[①]。

在颜料鉴定领域，20 世纪 20 年代，de Wild(1929)已经开始利用显微镜鉴定画作中的颜料种类，这一技术在 20 世纪 70 年代得到了 Marigene H. Butler 和 Walter C. McCrone 的大力推动，基于光性矿物学原理的偏光显微颜料鉴定方法体系在此时期得以确立[②]。随着分析实例和数据的积累，基于大量样本的颜料百科全书和标准图集得以问世（Eastaugh, et al.，2008）。近几十年来，红外光谱、拉曼光谱等新的分析技术也逐渐成为颜料鉴定的可靠手段。

本节旨在说明这项研究中涉及的分析技术，包括其基本原理、实验方法和作用。同时，由于本书使用了大量本书作者工作所得的实验数据，也有必要在本节中说明相关实验信息，包括实验地点、设备型号、具体操作流程等。这些分析方法实际上也涵盖了目前文物保护领域最主要和最常用的分析方法，因此本节也可以视为古代颜料实验室分析方法的一份简要综述。

3.1.1　古代颜料的实验室分析方法

1. 剖面显微（cross-section microscopy）分析方法

剖面显微分析方法用于观察样品的微观层次结构，是最基本的分析方法，其原理是使用光学显微镜在明场或暗场下直接观察制备好的样品剖面，并可以与 CCD 或相机联用，为样品拍摄显微照片。同时，配备了荧光光源显微镜，还可以切换多种不同荧光光源对样品进行观察，以获得更多信息。对于包括建筑彩画在内的文物彩绘层而言，剖面显微工作能够帮助研究者探明一系列材料和工艺上的疑问，其结果也能为其他各种分析手段提供必要基础。正如 Susan Buck 所说：

在解析一个建筑区域或器物表面的装饰特点时，显微剖面分析应当

---

① Richard C. Wolbers, Susan L. Buck, Peggy Anne Olley, Chapter 20: "Cross-section Microscopy Analysis and Fluorescent Staining". 转引自 Stoner(2012)。

② Nicholas Eastaugh, Valentine Walsh. Chapter 19: "Optical Microscopy", 转引自 Stoner(2012)。

是首先采用的手段。通常情况下,四五个样品提供的信息,就基本可以满足全面了解历史背景的要求。这些基本信息包括:确定最初的底灰工艺、彩绘的结构层次,由于材料老化或清洁保养导致的彩绘缺失,确定是否重绘,是否有原始或后期新加的涂层,是否有灰尘沉积,装饰风格是否改变,等等。[①]

对于一般的彩绘文物,剖面显微分析通常能够帮助研究者了解其基本的制作工艺,这些工艺信息有时是单凭肉眼观察无法获知的。例如,图 3.1中的样品取自一张深蓝色无图案的壁纸,单凭观察很容易认为只是在纸基上涂刷了一层蓝色颜料。但是,在样品剖面上可以观察到大颗粒深色石青(头青)和小颗粒浅色石青(三青)两个不同的颜料层,表明其工艺做法是先用三青涂刷一层之后再刷头青,让下方的浅色颜料层起到衬色作用,这样就能以相对经济的成本获得理想的色泽。

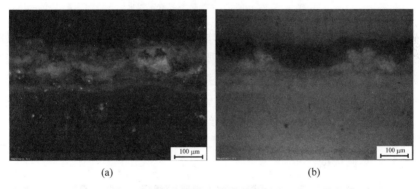

(a)　　　　　　　　　　(b)

图 3.1　故宫宁寿宫花园养和精舍壁纸样品剖面显微照片

(a) 可见光下,100×;(b) UV 光下,100×

再如,对于已经褪色老化,或者被污垢覆盖而难以辨认原貌的装饰部位(图 3.2),显微分析工作往往可以帮助确认原先的色彩。因为即使在肉眼难以分辨的情况下,文物表面的细小缝隙里仍然可能残留些许颜料残迹;对这些残迹进行分析,就可以获知其本来面目,并且可以还原出相对准确的色彩信息(图 3.3)。

[①]　Susan Buck(2018)。

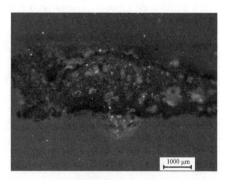

图 3.2　故宫南薰殿后檐西梢间外跳三福云取样位置

构件表面已经完全褪色并被黑色尘垢覆盖。图片来源：本书作者工作，在故宫博物院文保科技部实验室完成。

图 3.3　故宫南薰殿后檐西梢间外跳三福云褪色位置样品剖面显微照片，可见光下，50×

尘垢层下的蓝色颜料表明此位置原先使用石青涂饰。图片来源：本书作者工作，在故宫博物院文保科技部实验室完成。

又如，在历史上曾经修缮过的文物，往往包含一个以上的颜料层，因此在判断绘制工艺和颜料种类之前，需要先判断各个颜料层的相对关系，获知其绘制过程和修缮历史的基本信息，并据此决定如何进行下一步的分析和研究。图 3.4 的例子中，剖面显微揭示了彩塑的表面红色颜料层之下，还有另外两个不同时期的颜料层，一个为红色，一个为白色和浅绿色，这就为研究者提示了塑像重绘和色彩改易的线索，也为修复工作提供了各个历史时期的色彩复原依据。

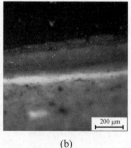
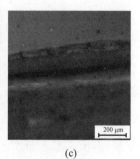

(a)　　　　　　　　(b)　　　　　　　　(c)

图 3.4　山西晋城小南村二仙庙正殿彩塑红色区域样品显微照片

(a) 取样位置；(b) 可见光下，100×；(c) UV 光下，100×

图片来源：本书作者工作，在故宫博物院文保科技部实验室完成。

　　剖面显微分析使用的样品,一般从彩绘层表面取得,或直接取自文物表面脱落的残片。取样量微小,直径一般在 0.5～2 mm 之间,属于微损分析方法。在取样时,文物保护伦理方面的考虑是必要的,通常在已经破损或不影响观看的部位取样,并在保证分析工作所需的前提下尽可能地减小取样量。

　　制备用于剖面显微分析的样品时,使用 Extec 多元凝胶树脂,加入适量固化剂(hardener),用搅拌棒缓慢搅拌,待二者混合均匀并充分释出气泡后,将样品包埋在约 1 cm×1 cm×1 cm 的立方体塑料或硅胶模具中,置于自然光下,固化 24 h(具体时间视光照强度而异,一般不长于 24 h),得到完全固化的立方体样块。将样块从模具中取出后,依次用 200～600 目的砂纸打磨出观察平面,确保样品剖面完全暴露在观察平面上。然后用 1200～12 000 目的 Micro-mesh 磨砂布进行打磨和抛光,得到光滑无划痕的观察面。

　　样品制备完成后,使用金相显微镜和显微相机观察与拍照。将样品用橡皮泥或黏土固定在载玻片上,用压平器压平,确保上表面呈水平状态。为了得到更好的观察效果,可在样品上表面滴一滴无色矿物精油,并用盖玻片覆盖,使得样品表面形成一层液膜,以消除划痕。将样品放置在显微镜下观察,用显微相机捕捉镜下图像,在计算机上生成位图图片,并根据实际放大倍数,在图片中嵌入相应大小的比例尺。

　　本研究涉及的样品在多个实验室完成,各实验室使用的设备型号如表 3.1 所示。

表 3.1　用于剖面显微分析的显微镜设备型号

实　验　室	设　备　型　号
清华大学建筑学院 MSRICA 文物保护实验室	Nikon LV100ND 显微镜,配备 LV-UEPI2 汞灯紫外光源和 DS-Ri2 显微相机
故宫博物院古建部 CRAFT 家具与内檐装修保护实验室	Olympus BX51 显微镜,配备 Fluorescence Illumination System 纤维卤素灯,DP73 显微数码照相机
故宫博物院文保科技部实验室	Leica 4000M 金相显微镜,Leica DM4500P 偏光显微镜
河南省文物科技保护中心实验室	Leica DM 6000M 金相显微镜

2. 荧光显微（fluorescent staining microscopy）分析方法

荧光显微分析方法长期应用于生物学研究，20世纪80年代由 Richard C. Wolbers 教授引入文物保护领域[1]，为彩绘样品剖面的材料鉴别提供了一种简便快速的分析手段。

实验时，将剖面样品包埋在树脂块里并打磨出观察面（方法如前所述），并根据鉴别需求，选择合适的荧光染色剂。在显微镜下使用相应滤片为样品拍摄染色前的显微参考照片，记录曝光时长。然后滴一滴染色剂在样品表面，并迅速用棉签擦去（TTC 须在表面停留 30 s 后再擦去），再滴上无色矿物精油并用盖玻片覆盖，使用相同的滤片和物镜拍摄染色后的显微照片。拍摄时应保证曝光时长与前一次拍摄参考照片时相同，以减少曝光对反应结果带来的影响。将染色前后的两张照片比对，观察是否有阳性反应。如果样品某区域出现阳性反应，则可判定该区域内含有对应物质。染色剂与对应鉴别物质的关系参见表 3.2。

如果对一个样品使用多种荧光染色剂，则需要注意，须打磨掉已经反应的表层之后才能进行下一次染色，以免染色剂之间相互干扰。

表 3.2　用于荧光染色显微分析的染色剂及其用途

荧光染色剂	阳性反应	鉴别物质	彩绘文物中常见材料
FITC，0.06% 溶于丙酮	黄色/绿色	蛋白质	动物胶、动植物纤维、纸张、血料
DCF，4.0% 溶于乙醇	粉色（饱和脂类）/黄色（不饱和脂类）	脂类	桐油等油类物质
TTC	红色/红棕色	碳水化合物	大漆、树脂
RhOB，0.06% 溶于乙醇	红橙色	油类	桐油等油类物质
NileRed，0.02% 溶于水或异丙醇	红色	油类	桐油等油类物质

资料来源：根据 Stone（2012）书中 Cross-section Microscopy Analysis and Fluorescent Staining 章节内容翻译整理。

本研究涉及的样品在多个实验室完成，所使用的荧光染色剂如表 3.2 所示。使用 Olymbus 显微镜时，FITC 和 DCF 配合 WB 滤片使用，TTC 配

---

[1]　Richard C. Wolbers，Susan L. Buck，Peggy Anne Olley，"Cross-section Microscopy Analysis and Fluorescent Staining"．转引自 Stoner（2012）。

合 WU 滤片使用,RhOB 和 NileRed 配合 WG 滤片使用；使用 Nicon 显微镜时，FITC 和 DCF 配合 B-2A 滤片使用,TTC 配合 V-2A 滤片使用,RhOB 和 NileRed 配合 G-1B 滤片使用。

3. 偏光显微(polarized light microscopy)分析方法

偏光显微分析方法是基于光性矿物学原理,根据晶体的光学性质特征对物质种类进行鉴定的方法。这套方法是 20 世纪 70 年代由 Marigene H. Butler 和 Walter C. McCrone 从长期的文物保护实践中确立的,随后推广开来。近年来,偏光显微分析已经成为国际上应用最广泛的颜料鉴定方法。其基本原理非常简单,即通过观察单偏光和正交偏光下分散颜料颗粒的光学特性,与标准样品比对而作出判断。

相对 X 射线衍射分析(X-ray diffraction analysis,XRD)、扫描电子显微镜-X 射线能谱分析(scanning electron microscopy-X-ray spectroscopy, SEM-EDS)等需要大型设备的检测方法,偏光显微分析简便易行,且所需样品量极少,成本低廉,适用范围又相对广泛,因此往往成为颜料鉴定的首选分析手段。当然,偏光显微方法较依赖分析人员的经验,故而存在一定局限性,在杂质较多或颗粒特征不典型的情况下,不一定能够作出正确的判断,因此,联合多种分析方法对样品鉴定结果进行验证常常是必要的。

制备偏光显微分析样品时,先用棉签蘸丙酮或乙醇清洁载玻片正反面(预清洁载玻片可省略此步骤),并用油性笔在载玻片背面标记样品区域。将微量的颜料颗粒放置在载玻片上,并用探针或竹签使其充分分散。然后将载玻片放在控温电热板上,用一片盖玻片覆盖颜料颗粒区域。在控温电热板上以 80℃ 左右的温度,将热逆变封片剂熔融为黏稠液态(具体熔融温度视封片剂自身熔点和室温而定),将其滴在盖玻片边缘,持续加热,使液滴缓慢渗入盖玻片和载玻片之间,待充分渗透载玻片覆盖区域后,从加热台上取下载玻片,待其自然冷却固化,使颜料颗粒充分分散在封片剂中。本研究中使用的封片剂是 Meltmount™ 1.662 热逆变封片剂,折射率 (nD@25℃) 为 1.662,阿贝色散指数 26。

观察时,将制备好的样品放在偏光显微镜下,分别使用单偏光(plane polarized light)和正交偏光(crossed polarized light)进行观察和拍照。由于颜料颗粒通常较细小,拍照时一般使用 200~500 的放大倍率。

用于鉴定颗粒种类的属性包括：颜色、粒径和尺寸范围、颗粒形状、聚合形式、表面特点、杂质、相对折射率、各向同性或各向异性、双折射与干涉色、干涉图像等①。特定种类的颜料颗粒通常会表现出特定的光学属性，根据已有的标准样和标准图片，比对这些属性，即可较准确地判断出颜料种类。

本研究涉及的样品在多个实验室完成，各实验室使用的设备型号如表 3.3 所示。

表 3.3　用于偏光显微分析的显微镜设备型号

实　验　室	设　备　型　号
清华大学建筑学院 MSRICA 文物保护实验室	Nikon LV100ND 显微镜，配备 LV-UEPI2 汞灯紫外光源和 DS-Ri2 显微相机
故宫博物院古建部 CRAFT 家具与内檐装修保护实验室	Olympus BX51 显微镜，配备 Fluorescence Illumination System 纤维卤素灯，DP73 显微数码照相机，数码成像软件为 Olympus Stream Start
故宫博物院文保科技部实验室	Leica DM4500P 显微镜
河南省文物科技保护中心实验室	Leica DM4500P 显微镜

4. X 射线衍射（X-ray diffraction）分析方法

X 射线衍射（XRD）分析方法是在材料科学领域应用广泛的物相定性分析手段，利用 X 射线在结晶性物质中不同的衍射效应来进行物质结构分析。由于大部分古代颜料属于无机矿物，科技考古工作者也常常应用 XRD 技术分析颜料。本研究中将其用于颜料种类鉴定，与偏光显微分析及 SEM-EDX 的分析数据相互参照，以期获得更准确的鉴定结果。

本研究涉及的 X 射线衍射分析在河南省文物科技保护中心完成，设备型号为 Brucker D8 Adavance。

5. X 射线荧光光谱（X-ray fluorescence spectrum）分析方法

X 射线荧光光谱（XRF）分析方法是常用的元素分析方法。其原理是利用 X 射线激发原子内部电子跃迁，跃迁时的能量差就以二次 X 射线（X 射线荧光）的形式释放出来。由于每种元素都有特定能量和波长的特征 X 射线，通过测定特征 X 射线的能量或波长，就可以判断样品中存在的元素种类。

---

① McCRone（1993）。

XRF 分析简单快速,对样品无损,因此应用也很广泛。手持式 XRF 分析仪还支持不可移动文物的现场检测。对于一些取样不便的彩绘文物,XRF 方法能够测定特定色彩区域的元素分布,从而在较大程度上帮助判断该区域内的颜料成分。当然,由于 XRF 分析无法提供分子结构信息,对颜料鉴定而言存在局限性,只能结合经验,在可能的选择当中作出判断。

本研究涉及的 XRF 分析在美国 Winterthur 博物馆 SRAL 实验室完成,仪器为 Bruker Artax XRF,配备 Rhodium X-ray tube 以及 polycapillary focusing optic。

6. 傅里叶变换红外光谱(FTIR)分析方法

红外光谱分析方法也称"红外分光光度分析法",是分子光谱的一种。红外线照射在分子上时,特定波长的射线被吸收,形成红外吸收光谱。每种分子的特定组成和结构决定了其特有的红外光谱,因此红外光谱可以用于检测分子结构,将样品的红外吸收谱图与标准谱图比对,即可确定物质的化学组分。

傅里叶变换红外光谱仪(Fourier transform infrared)是红外光谱仪器中的一种。光谱仪分为色散型和干涉型,傅里叶变换红外光谱仪属于干涉型,特点是灵敏度高,测试速度快。

红外光谱分析在实践中应用范围十分广泛,对各种物态的纯净物与混合物样品都能进行定性分析。在文物保护领域,红外光谱分析常用于有机物分析,例如纸张、织物、纤维等。对于建筑彩画和彩绘文物而言,FTIR 通常用来分析其地仗层中的纤维或纸基,用以确定纸张和纤维的种类。

本研究未直接使用 FTIR 方法分析样品,但所引用文献中包括 FTIR 数据,具体设备型号参见原始文献。

7. 显微激光拉曼(Raman microscopy)分析方法

显微激光拉曼分析是将显微分析与拉曼光谱结合的分析方法。拉曼光谱方法(Raman spectra)是根据拉曼散射效应鉴定分子结构的分析方法。每种分子结构都会有其特有的拉曼光谱,因此拉曼光谱也被称为"分子指纹"。作为一种无损分析技术,拉曼光谱的优势在文物保护领域显而易见。其样品适用范围广泛,包括液体、固体、粉末等多种形态,以及无机材料、有机材料等多种性质。在古代颜料分析工作中,拉曼光谱分析对于有机质颜料和一些其他方法不易鉴别的微量样品尤其有帮助。

本研究涉及的拉曼显微分析在河南省文物科技保护中心实验室完成。设备为 INCIA-REFLEX 共聚焦拉曼光谱仪，配备 LEICA DM2700 显微镜。

8. 扫描电子显微镜-X 射线能谱（SEM-EDS）分析方法

扫描电子显微镜的成像原理，是利用高能入射电子束扫描样品表面，通过对所激发特定物理信息的检测实现微观成像。其中二次电子像用于观察样品表面形貌，背散射电子像用于定性成分分析。

扫描电子显微镜-X 射线能谱分析方法是扫描电子显微镜（SEM）与 X 射线能谱仪（EDS）联用的分析方法。样品表面原子的内层电子受到激发后，在能级跃迁过程中释放出具有特征能量和波长的电磁辐射，即特征 X 射线，通过分析特征 X 射线，可以获得样品表面的化学元素成分信息。

本研究利用 SEM-EDS 分析方法获知样品表面的元素信息，借此可以对颜料成分作出判断。例如主要元素为 Hg 和 S 的红色颜料样品，结合经验，即可判断其成分为 HgS。和 XRF 一样，这种分析方法无法直接判断颜料种类，但是可以在一个精确的范围内获知元素信息，有利于多层次复杂样品的深入分析。

本研究涉及的扫描电子显微镜分析在两个实验室完成，其设备型号如表 3.4 所示。

表 3.4　用于 SEM-EDS 分析的扫描电子显微镜设备型号

实　验　室	设　备　型　号
清华大学精密仪器系摩擦学国家重点实验室	FEI Quanta 200 FEG，配备 Apollo X-SDD 能谱仪
河南省文物科技保护中心实验室	FEI Quanta 650，配备 Apollo-X 能谱仪

3.1.2　对实验室工作的反思：数据的意义与局限性

古代颜料的实验室分析工作是一项横跨考古、艺术、科学等多个学科的工作，这使得它的意义与评判标准在一定程度上变得扑朔迷离。但是，如果承认古代颜料的科学检测属于考古学中的实物分析范畴，则不难意识到，这些实验室工作的意义和评价体系不应当局限在材料科学的视野之内，而是应当将其视为物质文化史研究的诸多路径之一。

对物质（文物遗存）的解释工作，最终目的是从物质文化的角度还原人类在过往历史时期的活动图景。这些活动包括人类社群内部的活动，以及人与自然的关系。对古代颜料的科学检测,是这项解释工作的一部分,也仅仅是其中一部分。如何正确地理解这部分工作的意义,以及如何将这些工作成果与历史研究工作对接,是一个尚未得到足够讨论的重要问题。

由于现代学科体系划分细致,专业知识背景的巨大差异,客观上导致从事实验室分析的研究人员和历史学家很难实现对话。历史学家往往对科学分析方法缺乏必要了解,而实验室分析人员大多在艺术史和文化史领域学术储备不足。其后果是,一方面,大多数历史研究者不关心或者不通晓科技领域的研究成果,即使有意加以利用,也很可能由于未能真正理解这些数据而导致利用失当;另一方面,实验室分析人员在历史学和工艺学等领域知识结构的缺失,也使得分析工作难以进行到应有的深度,甚至可能对分析数据给出不当的解释。出于信息不对称,历史研究人员也很难意识到实验报告中的解释存在什么问题。客观上,这样的现状使得大量已发表的分析数据都停留在实验报告的层面上,未能有效地作为实证材料进入相关研究领域。还有一些分析数据虽然进入研究领域,却因阐释失当而支持了错误的研究结论,这样的例子在已经发表的文献中并不鲜见。

科学技术手段引入文物保护领域以来,经过多年探索,其优势已经得到学界的普遍认可,但是其局限性则较少得到讨论。张忠培先生曾经指出,考古学研究的只是历史的一个侧面,考古学所处理的对象仅仅局限在物质领域,难以见到物质活动的全貌,也难以定义其具体时空位置,因此在解读其中反映出的历史信息时,需要对这些局限性有清醒的觉知;而科技手段测得的数据,是否代表了对研究客体的正确认识,也是始终需要谨慎判断的[1]。

一种常见的误会是,实验室分析检测作为一种科学手段,能够提供绝对客观和准确的信息。这种误会部分基于中文语境中“科学”一词的形容词含义:科学的结论,就意味着正确的、客观的结论。“把‘科学’作为任何领域里正面价值评判的标准,这是 20 世纪科学主义意识形态长期起作用的结果。”[2]事实是,所谓科学的方法,只代表其纯粹理性的演绎特性,而与绝对真理无关。

就颜料鉴定这一课题而言,一个类比是,实验室分析工作能够提供的数据,相当于医院检验科给出的报告,最终的诊断仍然需要主治医生结合各种

---

[1]　张忠培(1999)。

[2]　吴国盛,《什么是科学》,广州:广东人民出版社,2016。

检验报告及其他信息作出经验性判断。与此类似，多数情况下，对颜料种类的鉴定是在若干预设的可能选项中选择一个，而不是由仪器给出答案。因此，研究人员的问题和预判，在很大程度上决定了能否得到正确的检测结果。一个典型的例子是对元素分析的解读，面对 XRF 或 SEM-EDS 检测出的元素数据，如何判定其中哪些元素是有意义的，哪些是干扰和杂质？如果对样品组成元素的可能性估计不足，就很可能删除或忽略有意义的元素，从而导致结论的偏差。同样地，对红外光谱和拉曼光谱的数据解读，也可能因解读者的经验水平差异而得到完全不同的结果。

对数据的解释不仅依赖实验室经验，还依赖包括文物考古领域的其他知识性经验，或获取相应知识的能力。例如，在剖面显微分析中，对于样品剖面结构分期状况的解读，就极大地依赖研究者对工艺知识的了解。尽管扫描电镜背散射像能够将不同元素组成的物质在显微图像中清晰地区分开来，剖面显微分析也能清晰呈现各层内容物在可见光下的色彩，但如何理解这些分层，才是最关键的问题。如果没有足够的工艺知识背景和样品分析经验，只从常识和直觉出发，往往会得到错误的分期判断。

考古实物分析数据和其他科学实验数据一样面临可靠性的问题。数据在多大程度上可靠，有无误差可能，误差在何种范围内？如果研究者对此一无所知，就无法以适当的方式使用数据，并在研究中得到安全的结论。是否了解误差产生的机理，不仅影响到数据解读正确与否，而且从一开始就决定了样本采集的方式（包括从什么位置、以何种方式采集什么样的样品）是否适当，这很可能从根本上影响到样本的有效性和整项分析工作的效率。

误差和不确定性，都是科学分析工作有所局限的一面。退一步说，即使实验室工作在一种理想的状态下完成，所得结果也仅仅是研究结论的论据之一，而不能直接视为结论本身。一个容易为人忽略的事实是：材料科学意义上的正确结论，不一定等同于考古学意义上的正确结论。如前所述，考古实物分析的要义，不是将样品作为客观物质进行定性定量分析，而是将样品作为某个历史时期的文化遗存片断，试图解读其中的历史信息，这种解读所要考虑的影响因素往往是远超出材料科学层面的。

例如，曾经在一段时间内发表的很多青金石颜料使用案例，都是使用单一的 XRD 检测手段，检测发现其分子结构符合青金石的分子式而作出结论。这样的结论在材料科学角度来看完全成立，但对于颜料鉴定却是存在问题的。因为青金石和其人造替代品的分子结构完全相同，从材料科学角度看，天然与人造的差别并无意义，但这一差别对于文物彩绘层的年代判断却有着关键性的作用。如果缺乏必要的知识背景,忽略了二者的差异,就可能将晚清时期使用人造群青的案例误判为使用青金石的早期案例。

再如朱砂(天然硫化汞矿物)和银朱(人工合成硫化汞),因为化学成分相同,科学检测报告通常不会对二者加以区别,也不认为有加以区别的必要[①]。但是,借助特定的分析方法,鉴别朱砂和银朱的差异并非不可实现。之所以长期无人实施这种鉴别,是因为以往的研究者对这两种颜料的认识不足,未能注意到这两种颜料在清代匠作则例中的用途是截然有别的,因此也就没有提出通过实验室工作加以鉴别的需求。这就导致科学检测工作的结论不精确,忽略了许多本来应当对颜料史研究发挥作用的信息。

理解实验室工作的意义与局限性,能够帮助研究者有效改进自己的工作。理想的科学分析工作,应该也必须与基于文献的研究工作之间建立良好的互动关系。即使特定的仪器设备必须依靠专业实验人员操作,在实验进行过程中,也需要真正了解问题和需求的研究者参与实验室工作,并且要求研究者能够在具备实验相关知识的基础上与实验操作人员实现有效沟通,包括阐明实验目的,适时读解实验数据,把控实验进度和方向,以及最终对数据做出正确解释。研究人员应当始终保持自我更新和自我修正意识,通过长期渐进式的积累,增进自己的数据解读能力。惟其如此,才能使实验结果成为研究的有效支撑,这也是科学分析检测工作之于历史学和考古学领域的意义。

3.2　名与实:东西方颜料命名体系及其对接

3.2.1　颜料的命名方式及其意义

为颜料建立一套完备、准确的科学命名体系,是人类迟至 20 世纪才完成的工作。今天的研究者已经习惯使用一套国际色彩索引(Color Index International),这套标准由国际染色协会(Society of Dyers and Colourists, SDC)以及美国纺织化学家和染色家协会(American Association of Textile Chemists and Colorists,AATCC)于 1924 年共同颁布[②]。在这份索引中,每种颜料都被赋予一个标准名称(Colour Index Generic Name,CIGN),包

---

① 　实际上很多文献中是将这两个词汇混用的,例如在报告检测结果为朱砂时,并不意味着此样品是天然矿物。

② 　资料来自国际色彩索引官方网站,https://colour-index.com。

含了它的类型、色彩和编号（例如 C. I. Pigment Yellow 176），任何研究者只要引用这个 CIGN 名称，就能在全世界通行的话语体系中准确标识出一种特定的颜料，为各国同行认可。来自不同国家的色彩工作者都可以基于这套标准命名体系实现交流，而不致产生任何基于文化和语言的误会。

对于习惯了现代思维方式的人们而言，这一状况是如此合理，以至于我们也许会忘记，这一状况在 20 世纪以前人类漫长的历史上从未发生过。当我们把目光转向古代颜料时，就必须放弃这种简单明了的认知方式，而试图理解许多个复杂混乱，大相径庭却又相互关联的命名体系。

已有许多语言学和艺术史的研究证实，人类对颜色的观念并不统一于某个物理世界的客观标准，而是高度依赖于各种文化[①]。不同的文化和语言中，颜色的定义大相径庭，即使对那些最基本的颜色也是如此。

和颜色一样，对颜料的命名在不同文化中也呈现极其多样化的形态。一方面，这当然是因为颜料的命名方式与人们对颜色的认知紧密相关；而另一方面，这种相关性又无法翻译为明确的映射关系（虽然人们往往误以为应当如此），导致颜料的命名状况更加复杂。例如，存世的文物和遗迹帮助我们确认古希腊人已经拥有丰富的颜料，但老普林尼（Gaius Plinius Secundus）却在《自然史》一书中声称，古典时期的希腊画家只使用黑、白、红、黄四种颜色。可见，不管那些颜料的质地与色彩如何丰富，在当时的语言系统里，都被归入有限的四个名称之下。这与我们今天对颜料的分类和认知状况大相径庭。

来自不同时代、不同地域和不同文化的工匠与画家，基于他们所能够获取的原料，分别建立起自己的颜料系统，并不断通过搜集新的原料和改进制备方式对其加以完善。这些做法催生了调色盘上五花八门的颜料名称。一个名字与另一个名字之间的区别，可能意味着完全不同的两种颜料，也可能只是颗粒大小的些微差异。

就中国古代颜料的命名方式而言，一个名字中包含的信息，可能是色相、形态、产地、原料、质量、制备方式……诸多元素中的任何一项或几项。例如，"辰砂"表示出产在辰州的朱砂，"曾青"表示形态呈分层状（"曾"通"层"）的石青，而"硇砂大绿"表示以硇砂为原料[②]制造的深绿色颜料。至于"淘丹""烧红"这些名称，则提示了这种颜料的制造工艺。当然，也有一些颜

---

① 菲利普·鲍尔（2018）。
② 严格地说，硇砂只是原料之一。详见 4.3.3 节。

料的命名由来今天已经不易追考,譬如"密陀僧"和"鱼子金"。不过,就我们今天的知识而言,从这些林林总总的名目中,仍然可以归纳出一些基本的命名方式。以下要列举的是其中最常见的几种。

1. 基于矿物学的命名

许多古代颜料都是由天然矿物研磨制作的,因此继承其矿物名称就成为一种自然的命名方式,例如朱砂(cinnabar)、石绿(malachite)、高岭土等。这很可能也是最古老的一种命名方式,早在人们建立起矿物学和博物学的概念之前,其命名就自然地跨越了不同领域的壁垒。

不过,也有一些矿物颜料的名字和其矿物名并无关联。例如,对于青金石(Lapis Lazuli)这种矿物,明清两代已经普遍称之为"青金石",却并不用这个词汇来命名青金石制作的颜料。与此类似,赤铁矿(hematite)和氯铜矿(atacamite)都是可以用作颜料的矿石,但作为颜料却都另有名称。

2. 基于动物/植物学的命名

这也是一类依据原材料命名的颜料,其常用的结构是"动/植物名+色相",由材料与显色两方面信息组成。例如藤黄、胭脂红、花青。

值得注意的是,这一类颜料的分类并不一定与动物/植物学上的物种分类对应,虽然确实存在一一对应的情况,但一种颜料也可能对应多个不同物种。例如靛蓝(indigo)这种普遍应用于世界各地的植物性颜料,尽管各地用来提取靛蓝的植物在植物分类学意义上是来自不同科属的多种植物,但其制成的颜料几乎都被称为靛蓝。有时,一些特征近似的植物本身就容易被人们混淆,因此以它们为原料制取的颜料也很难加以详细区别,而往往被笼统归入同一个名字之下。

3. 基于化学和化学工程术语的命名

这一类命名是相当晚出的现象,主要适用于 20 世纪问世的化工颜料,以其主要化学成分或显色元素直接命名。例如锌白(Zinc white)、锌黄(Zinc yellow)、钛白(Titanium white)、铬黄(Chrome yellow)、酞菁蓝(Phthalocyanine blue)等。这是基于现代科学思维方式的命名,其优点显而易见,即指代明确,不会产生歧义或误用。

另外,这种命名方式并非现代颜料的专利,有时也被 20 世纪的研究者反过来运用在对古代颜料的定名上,例如今天习称的"铁红"(以铁的氧化物为主要成分的红色颜料）和"铅白"（以碱式碳酸铅为主要成分的白色颜料），就是依照这种命名方式重新定名的古代颜料。这些名字已经成为今日研究者习用的通称，但是应当注意的是，这并不是古人对这些颜料的称谓，对于历史研究者而言，对其历史名称的考察仍然是必要的。

4. 基于色相的命名

与现代人的习惯思维不同，在古代颜料里，纯粹基于色相的命名并不多见，有限的例子包括人造群青曾被称为"天蓝"（sky blue）[①]，以及日语里对若干种蓝色颜料的命名，包括绀青、群青、绿青等。不过即使在日语里，这也不是常见的命名方式。

在汉语里，纯粹基于色相而命名的颜料主要是"大绿""二绿""大青"等为数不多的几种，还有一个较罕见的例子是"佛头青"[②]。总体上说，汉语中表示颜色的语词和表示颜料名称的语词是两个系统，彼此之间交集不多。虽然汉语中用来描述颜色的词汇异常丰富，但绝大多数词汇都属于文学性质，其具体含义常常是模糊而无法界定的，因此，实际应用范围也只限于描述性用语，而很少用来为实际存在的色料命名。能够用于颜料名称的只有基本颜色词（红、绿、青……），通常需要与其他语词同用，才能表征一种颜料。

5. 基于产地的命名

产地可能是颜料名称中最常见的元素，这种命名方式有相当久远的历史，一直延续到近现代。这一类颜料往往是外来颜料，有些是通过贸易传播到本地，有些则是新近才被发现或发明出来。

古代颜料中，基于产地命名的颜料往往是异地传入的颜料。例如印度黄（Indian yellow），就是大约在15世纪由印度经波斯传入欧洲之后获得的名字。也有时候这种产地并不是具体的地名，只是表示一个大致范围，例如英语中的"群青（Ultramarine）"一词，字面意义就是"海外的蓝色"，这和中文里的"洋青""回青"等词的命名方式不谋而合。到19世纪，层出不穷的合成颜料也常常使用其生产制造的国家或地区命名，例如柏林蓝（Berlin blue）、巴黎绿（Paris green）等。

---

① Carlyle，2001。转引自 Eastaugh N，et al.（2008）：第382页。
② 但这一名称也可以理解为基于其主要用途命名。

另一种情况是,某地出产的颜料品质优良,因此将产地纳入颜料名称之内,以彰显其品质。这种情况在古代中国颜料的命名中格外常见(与中文语词构成形式有关),例如辰砂(辰州出产的朱砂)、广花(广东出产的靛花)、代赭(代州出产的赭石)。

此外还有一种情况,是考古工作者在特定地域的文物中发现的特有颜料种类,也用所在地域命名,例如埃及蓝(Egyptian blue)、中国蓝(Chinese blue/Han blue),但是这种命名只是今日的研究者为其赋予的新名称,这些颜料在历史上必定有自己另外的名字。可以想象,古埃及人绝不会把自己制造的颜料命名为埃及蓝。

上述命名方式并未遵循严格的分类逻辑,这是因为,要对这些命名方式进行科学归类是非常困难的。颜料的命名常常具有很大随意性,不同的命名方式可以叠加在一起,也有一些命名介乎若干方式之间。如果从一个长时段来考察,语言和文化本身的更迭也会影响到这些称谓,从而使情况变得更加复杂。

此外,同名异物和同物异名现象,在任何一种文化中都司空见惯。一些颜料可能在某个商品名称之下更换了好几次内容(例如花青、胭脂红),也可能有几种不同的材料同时使用一个颜料名称(例如密陀僧)。另外,由于地域、阶层或时代的隔绝,同一种颜料常常被多次重复赋予不同的名称,这些名称有时会最终被其中一个推行最广的规范命名取代,更多的时候则各自在不同的语境中保留下来。因此,对于每一种颜料——无论是作为实物出现,还是作为语词出现——都必须考虑到它出现的特定语境,审慎判断其内涵和外延。

即使在相对有限的时空范围内,对颜料的命名也几乎不存在普适性的规律。因此,在对颜料的常见命名方式作一概览之后,与其试图笼统概括颜料的命名原则,更可取的做法是对每种具体颜料的命名由来和变迁作出考辨。这是本书将在第 4~6 章完成的工作。

3.2.2　东西方颜料命名体系的沟通

现代科学技术进入中国古代颜料研究领域,为古代彩绘文物的研究带来了新的视野,这也意味着研究者必须为中国古代颜料在西方科学体系中找出对应的坐标,才能够以合适的术语对中国文物中使用的颜料作出描述与解释。这一任务可以类比 18—19 世纪西方博物学家在中国的探索。

17—18 世纪是博物学在欧洲高度繁荣发展的时期,一代又一代博物学者为建构自然界的秩序而孜孜不倦地探求。继林奈于 1735 年出版《自然体系》(*Systema Naturae*)之后，一套逐步完善的自然分类系统在诸多学者的努力下建立起来，成为后来国际通用的科学体系。18 世纪以来，这些博物学家带着头脑中既有的知识与科学训练来到中国，探索这片神秘的土地上未知的物种，并试图使用他们已经熟悉的自然分类体系为眼前的新物种作出解读、命名和记录。大量的科学报告与科学绘画在这一时期内得以完成。然而，这些勤奋工作的西方学者很难意识到，他们基于西方科学知识体系所完成的工作，实际上构成了东西方科学领域的一次文化遭遇(cultural encounter)。[1]

博尔赫斯在小说《约翰·威尔金斯的分析语言》里虚构了这样一个故事：中国有一本百科全书叫《天朝仁学广览》，里面对动物的分类是：A 类代表属于皇帝的动物，B 类是涂上了香料的动物，C 类是驯养的动物，D 类是哺乳的动物……H 类是"归入此类的"，K 类是用驼毛细笔描绘的，等等[2]。作为一个西方人，博尔赫斯用这样一本虚构的中国百科全书及其分类法挑战了西方人已经习惯的分类学。看似荒谬的叙述之下，却隐藏着一个严肃的问题？在林奈的自然分类法和系统分类法之外，是否存在其他的分类系统？

中国自古就有名物之学，这门研究事物命名与物理的学问在古代学者手中延续了数千年。与之相应的是从《尔雅》开始的类书编纂传统，几千年来，中国人对包括动物、植物、矿物在内的各种自然物产形成了一套独特的认识和分类方法，也积累了丰富的相关著述。但是，随着近代科学进入中国，要将中国的自然物产纳入西方科学的研究视野，就必须试图将中国文献中的名物知识与西方科学术语体系对接。这是一项艰巨的工作。面对中西两种截然不同的知识传统，19 世纪的汉学家兼博物学家鲜少讨论中国博物学的知识框架，只将博物学古籍视为混乱而难以利用的一手材料[3]。另外，从 19 世纪后半叶开始，西式学堂和同文馆在中国广泛设立，傅兰雅(John Fryer)、林乐知(Young John Allen)等一批传教士将数百种西方科学与技术书籍译介到中国[3]，从另一个方向上启动了这项漫长的知识转译进程。

---

① 引自范发迪（2011）*British Naturalists in Qing China：Science，Empire，and Cultural Encounter*. 中文表述参考了袁剑先生的译本。

② 博尔赫斯，《探讨别集》，上海：上海译文出版社，2015。

③ 范发迪（2001）。

20 世纪初,中国学子开始前往西方国家留学,将西方科学知识体系带回中国,并在本土建立起双重文化认知下的研究与教育体系。在矿物学领域,术语的对接工作由中国第一代地质学者基本完成。其中尤为重要的是章鸿钊的著作《石雅》与《古矿录》,作为中国地质学的奠基人之一,章鸿钊在这两部著作中充分收集了中国古代文献中的矿物学相关材料,并尽可能地对其中的矿物名称及其含义作了考释,为古代矿物颜料的名实之辨打下了基础。植物学领域的工作,同样有赖于胡先骕、钱崇澍等一批早年留美归来的中国植物学先驱奠基。

从博物学视角来看,颜料的命名体系也可以视为博物学下的一个分支。要建立现代科学意义上的颜料研究体系,也和矿物学、植物学等其他分支学科一样,必须完成名词术语的翻译对接工作。

翻译一种颜料的名称,前提是了解其在西方术语体系中的内涵和外延,以及在中国术语体系中的内涵和外延。这二者常常是不对等的。举例来说,如果将 indigo 一词与“靛蓝”对应,将其内涵定义为“使用提取的蓝色色料”,那么,由于各地植物品类的差异,实际所得到颜料在成分和物理性状上也千差万别。又如,中国古代对石青一类颜料的分类和命名十分细致,其中包括石大青、石二青、梅花青、空青、扁青、曾青等,在古代中国,它们被视为不同种类的颜料。而在西方,这些颜料被统称为 azurite。在西方科学的视角下,既然这些颜料的矿物来源和主要化学成分相同,则应当归为同一种颜料。如果据此简单地认为上述中国古代颜料名称都是同义词,就忽略了中国古代对这些颜料进行区分的因素,实际上是抹杀了两种不同分类法的差异。因此,要将 azurite 与中国古代的石青类颜料建立对应关系,就不能简单地画等号,而必须先详细了解二者的内涵与外延。

相对而言,化工合成颜料的名称移译是最简单的,通常在这些颜料引入中国时,其外文名称也直译进入中文,例如钛白、铬绿。由于此时中文里相关科学术语已经有了规范的翻译,这些颜料的译名也几乎不会产生什么歧义。但是,当这种命名方式被移用于古代颜料,这些“科学”的名称就已经与它们旧有的命名体系发生了断裂。虽然这并不影响某些层面(例如材料科学)上的研究继续开展,但对于历史和考古学研究而言,这种断裂却是必须弥补的。例如我们今天习惯将古代的碱式碳酸铅颜料称为铅白,这是从西方术语 Lead white 直接移译而来的,却不是古人给它的名称。因此,如果用铅白这个词汇去检索文献,就无法找到任何有关这种颜料使用的记载。又如青金石,今天我们已经通过科学检测确定这种颜料在中国古代文物中有所使用，但是，由于并不清楚中国古代如何称呼这种颜料，也同样妨碍了对其使用历史的研究。可见，即使对于今日已经掌握了西方科学术语体系的研究者而言，匠作术语体系之下颜料名实的考辨，仍是一件必须完成的工作。

准确、清晰地指称一种颜料，是对这种颜料进行研究的第一步。迄今学界对古代颜料（尤其是清代颜料）的研究还很不充分，在名实问题上已经形成清晰认识的颜料尚属少数，大多数颜料的概念都处在有待厘清的模糊状态，在各种学术文献中的称谓往往也相当随意，用语混杂，这种不精确性无疑妨碍了研究者相互引述时的正确理解。这也是本书将在第 4 章着重讨论的问题。

3.3   科学分析所见清代彩绘颜料数据统计：1978—2018

如前文所述，古代颜料的实验室分析技术是在不断积累数据的基础上向前循环推进的，既有的认识会影响到未来的分析，未来的分析又可能反过来修正既有的认识。因此，对于既有数据的及时整理、汇总和分析，就成为一项必要的工作。

近年来，随着科技分析手段在文物保护工作中日益普及，国内外研究者在文物研究和修复保护案例中开展了大量的科学检测，也有数量可观的成果发表。针对颜料的科学研究工作，最早在敦煌石窟保护项目和秦始皇兵马俑博物馆的兵马俑彩绘研究等项目中展开，此后范围逐渐扩大。

虽然案例逐渐增多，但对于数据的系统性整理工作尚无人问津，本书对此作出初步尝试，试图建立一个有效的、可更新的工作框架。本书作者在能够接触到的文献范围内，尽可能收集了相关分析数据，并加入自己的工作成果，将所有案例中的数据整理统计如附录 D。这些分析数据的起止时间是1978—2018 年，涉及文物案例 122 项。

目前，有关中国彩绘文物的研究成果仍然大多集中在壁画和彩塑的案例，针对建筑彩画的研究案例数量相对有限①。考虑到壁画、彩塑及其他彩绘文物在颜料的选取使用上，和同时代的建筑彩画是大体相似的，因此，本书将清代其他类型彩绘文物的数据也纳入统计，以利参考。

---

① 虽然近年来许多建筑彩画保护项目都会包括科学分析工作的内容，但并不是每个项目都会将成果在公开出版物发表，因此能够作为学术成果引用的数据并不丰富。

纳入统计的对象包括以下四类：建筑彩画颜料、壁画颜料、彩塑颜料，以及其他彩绘文物使用的颜料。附录 D 中，在"载体"一栏注明每个案例的对应类型。家具内檐装修上的彩绘一般归入"其他"类，但仿大木结构的小木作器物（例如天宫楼阁、请神亭）表面彩画，则归入建筑彩画之列。

在时间范围上，由于本书的研究对象是清代官式彩画颜料，案例统计主要关注明清时期（考虑到明代彩画可能存在和清代一脉相承的关系），文物明确断代为明代以前的不纳入统计范围。

需要注意的是，文物断代信息通常是基于文物现存主体得出的结论，并不一定覆盖所有局部，而彩绘层作为特别容易剥落和重缮的部分，是否与文物主体年代一致，是始终需要谨慎判断的问题。建筑彩画的年代尤其难于判定，由于彩画大都经过重修，彩画年代通常晚于建筑的始建年代，而重修时间往往难以考证；即使碑记档案中保存了重修记录，研究者仍要面对另一个更为困难的问题：判断现存彩画具体对应哪一次重修。对于特定案例，如果历次重缮的痕迹和所有修缮记录均得以保存，就能够将每一次修缮和实物建立对应关系，从而对文物的营缮历史获得较为完整的认识。但这种现存实物和修缮记录均保存如此完整的案例是十分少见的。

许多论文和分析报告中对年代信息语焉不详，只说明该文物的始建年代，而缺乏对具体颜料样品的年代判断（这往往也是难以完成的任务），因此很容易令人误认为始建年代即为样品年代。实际上，引用者发生误会的情况也屡见不鲜。本节统计中对文献中的年代信息均加以审慎辨别，如确实无法判断，则只在表中列明年代上限。

以下按照色系分类说明统计结果，并略述每种颜料的成分、物理特征和科学检测鉴定依据。由于绝大多数颜料的科学检测问题已经在国内外有充分研究，这里不多重复前人的研究成果，仅补充本书作者在实际分析工作中的观察和经验总结。对于颜料的定名、应用历史、来源、制备等问题，将在第4 章和第 5 章中讨论。

3.3.1　蓝色系颜料

蓝色（青色）是清代彩画的主要色彩之一，因此蓝色颜料的种类也相对丰富。综合出版文献和本书作者工作所得数据，已知的蓝色颜料共 8 种，详见表 3.5。

表 3.5   清代彩绘文物中蓝色系颜料已知案例统计

	建筑彩画	彩塑	壁画	其他
石青	26	3	5	2
青金石	1[1]	0	0	2
钴玻璃(smalt)	29	0	6	1
靛蓝	14	0	0	3
普鲁士蓝	3	0	1	3
人造群青	19	2	3	2
酞菁蓝	0	1	0	0
人造石青(blue verditer)	1	0	0	0

资料来源：根据附录 D 中数据统计。

1. 石青

石青是铜的碳酸盐矿物，化学式 $Cu_2(OH)_2CO_3$，在自然界铜矿的氧化带广泛出产，矿物学上称为蓝铜矿(Azurite)，又称蓝铁矿，这一矿物名称由 19 世纪的法国矿物学家 Beudant 确定[2]。Azurite 一词源自波斯语 lazhward，意为"蓝色"。

蓝铜矿常与石绿伴生。欧洲的博物学家对此早有认识，布封(Buffon)在其名著《自然史》中已经对蓝铜矿和孔雀石的性状作了细致描述，认为蓝铜矿"主要存在于铜矿床的氧化带""晶体是板状或者短柱状……颜色是深蓝色，贝壳状断口，条痕颜色是浅蓝色，从透明一直到不透明，具有玻璃光泽或者黯淡光泽"[3]。作为颜料，其化学性质相当稳定，在各种胶结材料中都不易发生老化褪色。

石青颜料是人工研磨而成的，因此颗粒边缘往往呈不规则的破碎状。Eastaugh 等(2008)总结了西方艺术品中石青的显微特征：单偏光下呈现半透明的浅蓝色、蓝色到深蓝色，有时也略偏蓝绿色；正交偏光下有强烈的双折射现象与直消光(straight extinction)。

就目前检测结果所见，清代建筑彩画中的石青颜料性状相对一致，通常

---

[1] 另有 2 个不确定的案例。

[2] 弗朗索瓦·法尔吉斯(2016)：第 85 页。

[3] 布封(2015)：第 167 页。

呈现半透明的蓝色至深蓝色,粒径多在 $30\sim50~\mu m$(图 3.5~图 3.7)。根据西方学者的统计,石青颜料的平均粒径通常在 $5\sim40~\mu m$[1],因此可以认为清代中国使用的石青颜料粒径是较大的。这些颜料颗粒一般呈现不规则多边形,颗粒内部常见杂质黑点。明代和清代早中期的石青颜料色泽尤其鲜明,颗粒大,纯度高,与清代晚期或现代生产的石青颜料在品质上有明显差异。

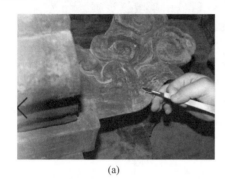 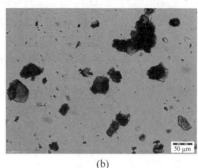

(a)　　　　　　　　　　　　　(b)

图 3.5　故宫南薰殿内檐彩画(后檐西梢间外跳三福云)中的石青颜料(见文前彩图)

(a) 取样位置;(b) 偏光显微照片,单偏光下,200×

图片来源:图(a)由故宫博物院古建部提供;

图(b)是本书作者工作,在故宫博物院科技部实验室完成。

 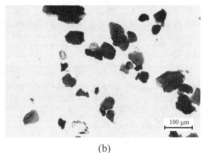

(a)　　　　　　　　　　　　　(b)

图 3.6　故宫养心殿内檐彩画(正殿脊枋下皮)中的石青颜料

(a) 取样位置;(b) 偏光显微照片,单偏光下,200×

图片来源:图(a)由故宫博物院古建部提供;

图(b)是本书作者工作,在故宫博物院科技部实验室完成。

---

① Eastaugh N,et al.(2008):第 591 页。

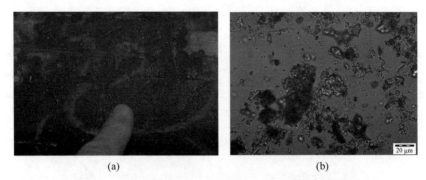

(a)　　　　　　　　　　　　(b)

图 3.7　故宫同道堂内檐彩画（明间脊檩）中的石青颜料
(a) 取样位置；(b) 偏光显微照片，单偏光下，200×
图片来源：图(a)由故宫博物院古建部提供；
图(b)是本书作者工作，在故宫博物院科技部实验室完成。

2. 钴玻璃（smalt）

　　smalt 是用蓝色钴玻璃研磨而成的颜料，其主要成分为 SiO_2。在显微镜下呈现透明的蓝色，颗粒大小不一，但往往有锐利的贝壳状断口，因此很容易辨识。此外，在颗粒内部有可能观察到细微的气泡和应力线[①]。

　　清代彩绘文物中使用的 smalt 多见于建筑彩画（图 3.8～图 3.12）。从已知样品来看，清代样品中的 smalt 颗粒呈半透明破碎状，深浅不一，多数是浅蓝色，但有时也能见到很鲜艳的深蓝色样本。其颗粒边缘有时能看到深色轮廓线，有时透明。颗粒大小不均一，但整体上说平均粒径较大，通常在 50 μm 以上。在建筑彩画中，smalt 有时单独使用，有时和其他蓝色颜料（例如石青或青金石）混合使用。

3. 靛蓝

　　靛蓝是从植物中提取的蓝色颜料，来源植物相当多样。其显色原理在于，这些植物的茎叶中含有天然蓝色色素尿蓝母（indican），经发酵氧化后，这种提取物就会转化为靛蓝（indigotin）。1890 年之后，天然靛蓝被人工合成品代替[②]。

[①]　Bruno Muhlethaler，Jean Thissen Elisabeth. Smalt. 转引自 Ashok Roy(1993)：第 115 页。

[②]　Marco Leona，John Winter. The Identification of Indigo and Prussian Blue on Japanese Edo-Period Paintings. 转引自 FitxHugh E. W. (2003)：第 58 页。

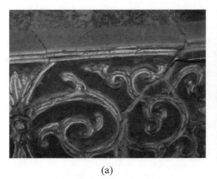
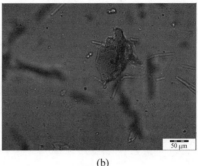

(a) (b)

图 3.8 故宫寿康宫正殿彩画（正殿内檐北壁西番莲沥粉贴金纹饰）中的 smalt 颜料

(a) 取样位置；(b) 偏光显微照片，单偏光下，400×

图片来源：图(a)由故宫博物院古建部提供；图(b)是本书作者工作，在故宫博物院科技部实验室完成。

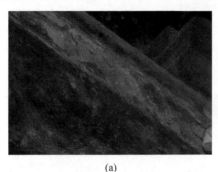
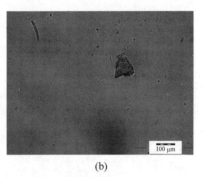

(a) (b)

图 3.9 故宫养心殿西夹道围房内檐彩画（后殿明间脊檩东端云纹）中的 smalt 颜料

(a) 取样位置；(b) 偏光显微照片，单偏光下，400×

图片来源：图(a)由故宫博物院古建部提供；

图(b)是本书作者工作，在故宫博物院古建部 CRAFT 实验室完成。

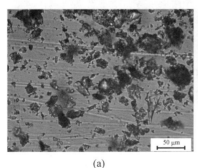

(a) (b)

图 3.10 清昌妃陵彩画（大殿内檐东山北次间额枋）中的 smalt 颜料，与人造群青混合

(a) 单偏光下，400×；(b) 偏光显微照片，单偏光下，400×

图片来源：本书作者工作，在清华大学建筑学院 MSRICA 文保实验室完成。

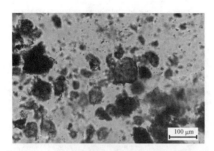 

图 3.11 清泰陵隆恩殿内檐彩画中的 smalt 颜料，单偏光下，500×

图 3.12 清泰陵隆恩殿外檐彩画中的 smalt 颜料，单偏光下，500×（见文前彩图）

图片来源：本书作者工作，在清华大学建筑学院 MSRICA 文保实验室完成。

图片来源：本书作者工作，在清华大学建筑学院 MSRICA 文保实验室完成。

作为有机物的靛蓝无法用 XRD、XRF 或 SEM-EDS 等技术检测。根据 Eastaugh N(2008)的总结，靛蓝在偏光显微镜下，通常呈深蓝色，折射率大小不一，颗粒常常集聚，和其他有机物一样，在正交偏光下几乎完全消失。用光学显微镜很难分辨天然靛蓝与人工合成的靛蓝[①]。

一般而言，在清代彩绘文物中发现的靛蓝颜色较暗，饱和度较一般的标准样更低，且可能稍偏蓝绿色(图 3.13，图 3.14)。

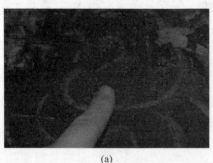 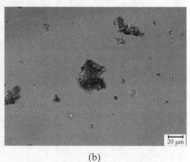

(a)   (b)

图 3.13 故宫咸福宫内檐彩画(后殿明间脊檩东端云纹)中的靛蓝颜料(见文前彩图)

(a) 取样位置；(b) 偏光显微照片，单偏光下，630×

图片来源：图(a)由故宫博物院古建部提供；图(b)是本书作者工作，在故宫博物院科技部实验室完成。

4. 普鲁士蓝

普鲁士蓝的主要成分是亚铁氰化铁，化学式通常写作 $Fe_4[Fe(CN)_6]$·

---

① Eastaugh N(2008)：第 657 页。

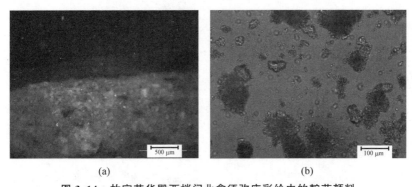

(a)　　　　　　　　　　　　　(b)

图 3.14　故宫英华殿西梢间北龛须弥座彩绘中的靛蓝颜料

（a）剖面显微照片，100×；（b）偏光显微照片，单偏光下，400×，与 smalt 颗粒混杂

图片来源：本书作者工作，在故宫博物院古建部 CRAFT 实验室完成。

$x\,H_2O$，有时也含有 Na^+、$NH3^-$、K^+等离子。各种类型的普鲁士蓝在英语中可以统称为 Iron blue，因其制造工艺的差别，可能呈现不同的色相及性状[①]。

普鲁士蓝已被文献确证在 18 世纪传入中国（详情将在第 6 章具体讨论），但是在中国文物中检测发现的案例并不多，目前见诸报道的有外销油画和彩绘玻璃画等若干零星案例。建筑彩画方面，本书作者在清昌陵（图 3.15）和清昌妃陵（图 3.16）的彩画中分别检出普鲁士蓝（经 PLM 和 Raman 确证），此外，还有平遥镇国寺的一例（仅 PLM 鉴定，图 3.17）。

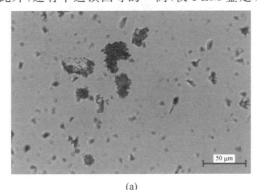

(a)

图 3.15　清昌陵东配殿内檐彩画中的普鲁士蓝颜料

（a）偏光显微照片，单偏光下，500×；（b）Raman 谱图

图片来源：本书作者工作，偏光显微分析在清华大学建筑学院 MSRICA 文保实验室完成，Raman 分析在河南省文物科技保护中心实验室完成。

---

① 　Barbara H Berrie. Prussian Blue. 转引自 Fitzhugh（1997）：第 191 页。

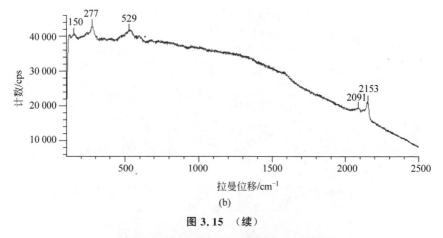

(b)

图 3.15 （续）

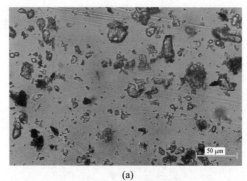

(a)

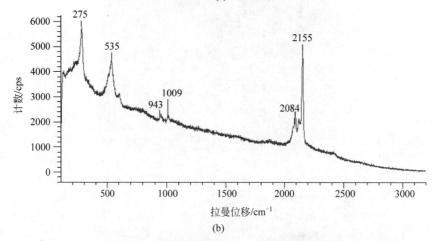

(b)

图 3.16   清昌妃陵正殿大殿内檐彩画（东山北次间额枋）中的普鲁士蓝颜料

（a）偏光显微照片，单偏光下，500×；（b）Raman 谱图

图片来源：本书作者工作，偏光显微分析在清华大学建筑学院 MSRICA 文保实验室完成，Raman 分析在河南省文物科技保护中心实验室完成。

在显微镜下,清代建筑彩画中的普鲁士蓝通常呈现明亮的天蓝色,为团聚状圆形小颗粒。虽然普鲁士蓝在偏光显微镜下与靛蓝的特征相似,但从建筑彩画样品分析中的实际情况来看,清代建筑彩画中使用的靛蓝和普鲁士蓝仍然可以分辨出光学显微特征上的差异。首先,从色度上说,靛蓝的颜色较暗,明度和饱和度均显著低于普鲁士蓝;其次,从形态上看,清代建筑彩画中使用的靛蓝通常呈无定形态,边缘模糊,而普鲁士蓝则为细小的圆形颗粒,有相对清晰的轮廓线。

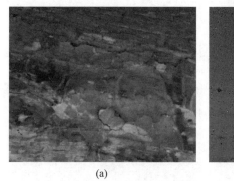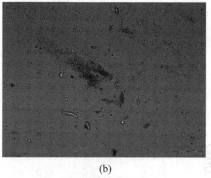

(a)　　　　　　　　　　　　　　　(b)

图 3.17　平遥镇国寺天王殿外檐彩画(明间檐檩)中的普鲁士蓝颜料

(a) 取样位置;(b) 偏光显微照片,单偏光下,500×

图片来源:本书作者工作,在故宫博物院科技部实验室完成。

5. 青金石

青金石(Lazurite)是天然碱性铝硅酸盐矿物,化学式一般写作$(Na, Ca)_8(AlSiO_4)_6(SO_4, S, Cl)_2$[1]。实际常常混有黄铁矿等杂质。Joyce Plesters 总结了青金石颜料的偏光显微特征:在单偏光和可见光下,青金石颜料颗粒通常呈蓝色,形状不规则,边缘破碎,常伴有无色晶体杂质,正交偏光下不可见,但其伴生杂质则很可能有强烈的双折射现象[2]。

目前在建筑彩画中发现的天然青金石颜料只有一例,即故宫临溪亭天花彩画中央位置的深蓝色地色区域(图 3.18(a))。从剖面显微照片和颜料偏光显微照片上都可以看到,用于涂刷这一处区域的青金石颜料颗粒较大,平均粒径在 $40\sim50~\mu m$(图 3.18(b)),形状不规则,显微镜下呈现艳丽的深

①　Dana,1971。转引自 Ashok Roy(1993):第 37 页。

②　Joyce Plesters. Ultramarine Blue, Natural and Artificial,转引自 Ashok Roy(1993):第 47 页。

蓝色，伴有透明小颗粒杂质（图 3.18(c)）；正交偏光下蓝色颗粒完全消失，而杂质可见明亮的双折射现象（图 3.18(d)）。

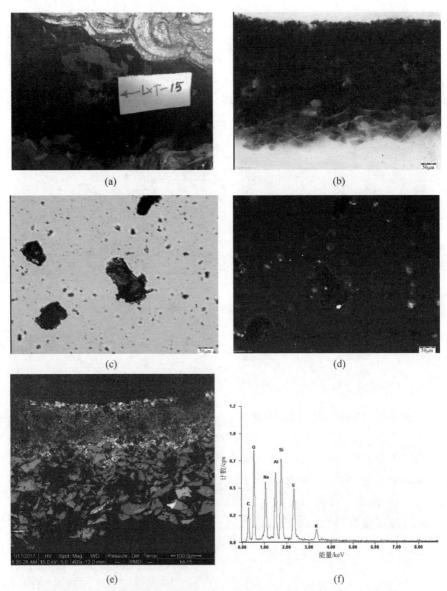

(a)　　　　　　　　　　　　　　　　(b)

(c)　　　　　　　　　　　　　　　　(d)

(e)　　　　　　　　　　　　　　　　(f)

图 3.18　故宫慈宁宫花园临溪亭天花彩画中的青金石颜料（见文前彩图）

(a) 取样位置；(b) 剖面显微照片，可见光下，100×；(c) 偏光显微照片，单偏光下，200×；
(d) 正交偏光下，200×；(e) SEM-EDS 背散射电子像，400×；(f) SEM-EDS 谱图

图片来源：本书作者工作，(b)～(d) 在故宫博物院古建部 CRAFT 实验室完成，(e)～(f) 在清华大学精仪系摩擦学国家重点实验室完成。

6. 人造群青

人造群青的主要成分与青金石相同，化学式通常也写作 $(Na,Ca)_8(AlSiO_4)_6(SO_4,S,Cl)_2$，但是由于制备原料和制备工艺的差别，其具体组分也可能略有不同。

由于与青金石具有相同的分子结构，人造群青的光学显微特征也与青金石基本一致，二者的鉴别主要依靠颗粒形态和粒径。取自清代彩画的人造群青样品，通常在显微镜下呈现深蓝色到蓝紫色，有时候可能相当接近紫色。形态一般为细小的圆形颗粒，往往成团聚集，制样时不易分散（图 3.19～图 3.21）。用 XRD 方法可以鉴别群青的分子结构（图 3.22），但仍然需要结合光学显微方法判别其是否为人工合成。

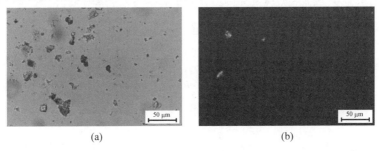

(a)　　　　　　　　　　　　　　(b)

图 3.19　清泰陵隆恩殿外檐彩画中的人造群青颜料（混有巴黎绿颗粒）

(a) 单偏光下，500×；(b) 正交偏光下，500×

图片来源：本书作者工作，在清华大学建筑学院 MSRICA 文保实验室完成。

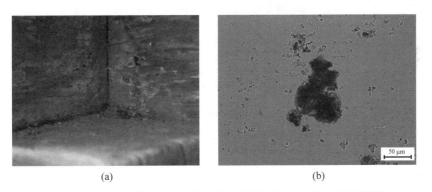

(a)　　　　　　　　　　　　　　(b)

图 3.20　山西平遥镇国寺天王殿外檐斗拱彩画残迹中的人造群青颜料

(a) 取样位置；(b) 偏光显微照片，单偏光下，400×

图片来源：本书作者工作，在故宫博物院科技部实验室完成。

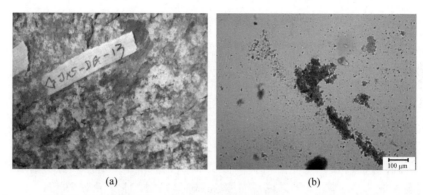

(a)   (b)

图 3.21   山西陵川南吉祥寺中央殿外檐斗拱彩画残迹中的人造群青颜料（见文前彩图）

(a) 取样位置；(b) 偏光显微照片，单偏光下，200×

图片来源：本书作者工作，在故宫博物院科技部实验室完成。

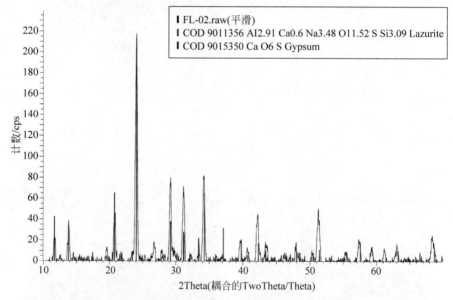

图 3.22   清代孚王府正殿内檐彩画中人造群青颜料的 XRD 谱图（见文前彩图）

图片来源：本书作者工作，在河南省文物科技保护中心实验室完成。

7. 人造石青

人造石青（blue verditer，也称 blue bice）是一种人工合成的碱式碳酸铜盐蓝色颜料，其成分与天然石青相同。人造石青的颗粒大小比天然石青更均一,色彩则与充分研磨的天然石青相近。

故宫请神亭的栏杆望柱部位彩画残迹中曾经检出人造石青,与群青及巴黎绿混用[1]。显微镜下颗粒呈圆形,粒径较小,在同位置样品的剖面上也能观察到。这种人造颜料在清代建筑彩画及其他文物中的使用还需要更多案例确证。

3.3.2　绿色系颜料

绿色也是清代建筑彩画的主色之一,已知案例中的绿色颜料共有 13 种,详见表 3.6。其中最常见的两种是石绿和碱式氯化铜颜料,到 19 世纪晚期,巴黎绿也成为相当常见的品种。

碱式氯化铜有数种同分异构体,由于一些文献中对此进行了专门的辨析,表中也分别予以统计。墨绿砷铜矿、氯砷钠铜石等若干种颜料是近年文献中新发现的颜料[2],从前未引起研究者注意,因此案例数量极少,但其应用的数量和范围很可能是被低估的。

表 3.6　清代彩绘文物中绿色系颜料已知案例统计

	建筑彩画	彩塑	壁画	其他
石绿	11	0	8	3
氯铜矿（碱式氯化铜）	33	1	10	2
副氯铜矿	1	0	0	0
羟氯铜矿	5	0	0	0
斜氯铜矿	2	0	0	0
水氯铜矿	0	0	2	0
巴黎绿	12	1	4	3
墨绿砷铜矿	1	0	0	0
氯砷钠铜石	2	0	0	0
绿土	1	0	0	0
橄榄铜矿	1	0	0	0
氢氧化铜	0	0	0	1
假孔雀石	0	0	0	1

资料来源：根据附录 D 中数据统计。

---

[1]　王丹青(2017)。

[2]　成小林,杨琴(2015)。

1. 石绿

石绿（malachite）的主要成分是碱式碳酸铜，化学式通常写作 $CuCO_3 \cdot Cu(OH)_2$，作为天然矿物，也常常含有多种杂质。

清代建筑彩画中的石绿样品在显微镜下通常呈现浅绿色，透明到半透明，形态不规则，颗粒内部可见条纹状解理，正交偏光下有明显的双折射现象，有时也能观察到异常的蓝色、红色等其他色彩（图 3.23(b)）。

(a)   (b)

图 3.23   清西陵永福寺普光明殿彩画（内檐东山前金柱柱头）中的石绿颜料

(a) 单偏光下，500×；(b) 正交偏光下，500×

图片来源：本书作者工作，在清华大学建筑学院 MSRICA 文保实验室完成。

明代建筑彩画中的石绿颜料颗粒更大，色泽也更鲜艳透亮，显示出更优良的品质（图 3.24）；相对而言，清代的石绿颜料颜色较浅，甚至可能浅到近乎透明（图 3.25）。

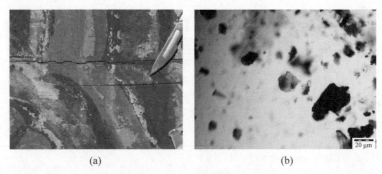

(a)   (b)

图 3.24   故宫钟粹宫内檐彩画（西梢间后檐下金檩枋心）中的石绿颜料

(a) 取样位置；(b) 偏光显微照片，单偏光下，400×

图片来源：图(a)由故宫博物院古建部提供；图(b)是本书作者工作，在故宫博物院科技部实验室完成。

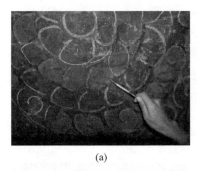 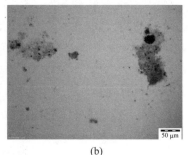

(a)　　　　　　　　　　　　(b)

图 3.25　故宫东华门内檐彩画（前檐明间棋枋北找头旋子三路瓣）中的石绿颜料

(a) 取样位置；(b) 偏光显微照片，单偏光下，200×

图片来源：图(a)由故宫博物院古建部提供；图(b)是本书作者工作，在故宫博物院古建部 CRAFT 实验室完成。

2. 碱式氯化铜

碱式氯化铜颜料，是以碱式氯化铜为主要成分的人工合成绿色颜料，化学式 $Cu_4(OH)_6Cl_2$。虽然碱式氯化铜在自然界中也以氯铜矿（atacamite）及其同分异构体的形式存在，但这几种矿物均十分稀有。古代碱式氯化铜颜料一般是用化学方法合成的。对这一类颜料，近年来已经有一些专题研究出现，对其类型、特征、制备方法作了探讨[①]，此处不再复述。

从偏光显微特征上来看，清代建筑彩画中的碱式氯化铜颜料呈现较为多样化的特征（图 3.26～图 3.35），就已知样品所见，较典型特征的可以归纳为三种：

（1）淡绿色半透明圆形颗粒，常由若干颗粒向中心呈扇面状团聚，形成深色中心（图 3.35）。这是最常见的一种。

（2）许多深绿色圆形小颗粒聚集成较大的团块，没有明显中心，颜色一般较深（图 3.28）。这种形态也较多见。

（3）颗粒较大而不规则，通常呈绿色或蓝绿色，颗粒表面遍布黑色点状杂质，在正交偏光下呈现非常明亮的蓝绿色（图 3.27）。

除了以上三种典型形态以外，也有些样品中能观察到其他不太常见的特征。由于古代制备碱式氯化铜的方法有很多种，原材料和制备工艺均有

[①]　参见夏寅等（2018），李蔓（2013）。

不同,这些显微光学特征各异的样品很可能是不同制备方法的产物。

另外,碱式氯化铜的制备产物往往也并不单一,就已知的样品实验结果来看,氯铜矿(atacamite)和羟氯铜矿(botallachite)常常在同一个样品中以不同的比例并存^①(图 3.36)。在一些样品中,也能同时看到呈现不同显微特征的颜料颗粒(图 3.34)。将各种类型的样品显微特征与 XRD、Raman数据相对照,并结合复原试验,总结出各种颜料类型的具体成分及比例,并与制备方法建立对应关系,是一个值得长期工作、持续推进的研究方向。

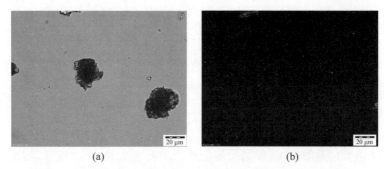

(a)　　　　　　　　　　　　(b)

图 3.26　故宫慈宁宫花园临溪亭天花彩画中的碱式氯化铜颜料

(a) 单偏光下,500×；(b) 正交偏光下,500×

图片来源：本书作者工作,在故宫博物院古建部 CRAFT 实验室完成。

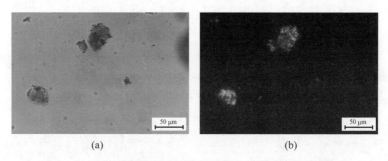

(a)　　　　　　　　　　　　(b)

图 3.27　清昌陵隆恩殿内香炉表面彩绘中的碱式氯化铜颜料

(a) 单偏光下,500×；(b) 正交偏光下,500×

图片来源：本书作者工作,在清华大学建筑学院 MSRICA 文保实验室完成。

①　数据来自 MarcieWiggins(2019)针对清代建筑彩画中碱式氯化铜样品所做的 MCR-ALS分析。

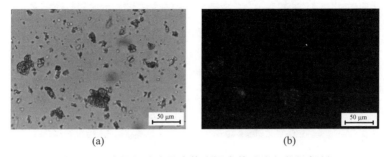

图 3.28　清昌妃陵大殿内檐彩画中的碱式氯化铜颜料

（a）单偏光下,500×；(b) 正交偏光下,500×

图片来源：本书作者工作,在清华大学建筑学院 MSRICA 文保实验室完成。

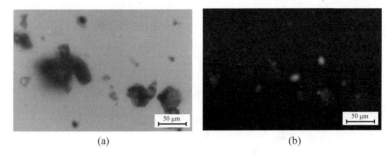

图 3.29　北京拈花寺内檐彩画中的碱式氯化铜颜料

（a）单偏光下,500×；(b) 正交偏光下,500×

图片来源：本书作者工作,在清华大学建筑学院 MSRICA 文保实验室完成。

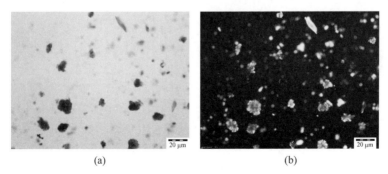

图 3.30　故宫钟粹宫内檐彩画中的碱式氯化铜颜料（见文前彩图）

（a）单偏光下,200×；(b) 正交偏光下,200×

图片来源：本书作者工作,在故宫博物院科技部实验室完成。

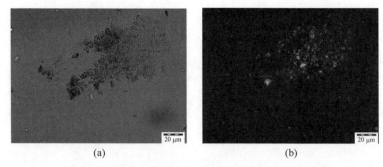

(a)　　　　　　　　　　　　　　　　(b)

图 3.31　故宫同道堂内檐彩画中的碱式氯化铜颜料

(a) 单偏光下,630×；(b) 正交偏光下,630×

图片来源：本书作者工作,在故宫博物院科技部实验室完成。

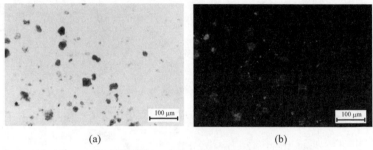

(a)　　　　　　　　　　　　　　　　(b)

图 3.32　故宫养心殿内檐脊枋彩画中的碱式氯化铜颜料

(a) 单偏光下,200×；(b) 正交偏光下,200×

图片来源：本书作者工作,在故宫博物院古建部 CRAFT 实验室完成。

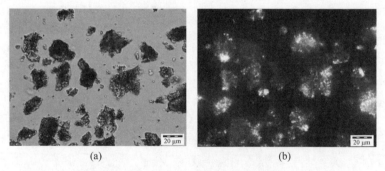

(a)　　　　　　　　　　　　　　　　(b)

图 3.33　故宫南薰殿内檐彩画中的碱式氯化铜颜料（见文前彩图）

(a) 单偏光下,500×；(b) 正交偏光下,500×

图片来源：本书作者工作,在故宫博物院科技部实验室完成。

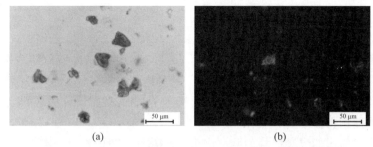

(a) (b)

图 3.34 营造学社旧藏清代三大士彩塑中的碱式氯化铜颜料

图片来源：本书作者工作,在清华大学建筑学院 MSRICA 文保实验室完成。

(a) (b)

图 3.35 清泰陵隆恩殿神龛内墙身彩画中的碱式氯化铜颜料

(a) 单偏光下,500×；(b) 正交偏光下,500×

图片来源：本书作者工作,在清华大学建筑学院 MSRICA 文保实验室完成。

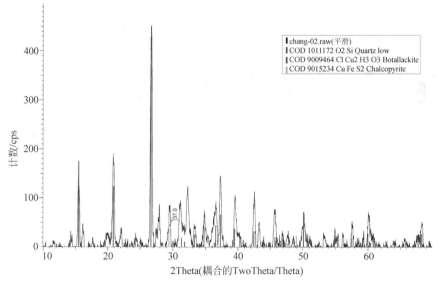

图 3.36 昌陵隆恩殿内檐彩画中羟氯铜矿颜料的 XRD 谱图(混有石英)(见文前彩图)

图片来源：本书作者工作,在河南省文物科技保护中心实验室完成。

3. 巴黎绿

巴黎绿(Paris green)，也称 Emerald green，其主要成分为醋酸亚砷酸铜，是清晚期彩画中常见的绿色颜料。这种人工合成的绿色颜料在 19 世纪初问世后，深得欧洲美术界欢迎，广泛见于 19 世纪的绘画作品，因此西方学者对这种颜料已有充分研究。

清代使用的巴黎绿均为欧洲进口产品，因此，在清代建筑彩画中发现的巴黎绿样品，其显微特征与西方文献中的描述基本一致。根据 Eastaugh N, et al. (2008)的总结，典型的巴黎绿颗粒呈圆形，通常为淡蓝色或淡蓝绿色，粒径一般较小，在正交偏光下有不太强的双折射现象。这也符合清代建筑彩画样品中观察到的情况(图 3.37，图 3.38)。

(a)   (b)

图 3.37   清泰陵隆恩殿内檐彩画(西山明间额枋)中的巴黎绿颜料(见文前彩图)

(a) 单偏光下，630×；(b) 正交偏光下，630×

图片来源：本书作者工作，在清华大学建筑学院 MSRICA 文保实验室完成。

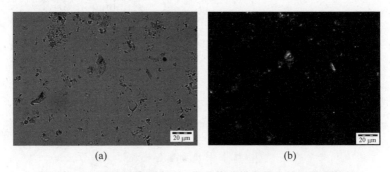

(a)   (b)

图 3.38   山西平遥镇国寺天王殿外檐斗拱彩画中的巴黎绿颜料

(a) 单偏光下，630×；(b) 正交偏光下，630×

图片来源：本书作者工作，在故宫博物院科技部实验室完成。

4. 氢氧化铜

氢氧化铜颜料在中国文物中的用例很少见诸报道,只在故宫博物院收藏的清晚期样式房烫样中发现一例[1]。样品在显微镜下呈明亮鲜艳的绿色,颗粒形状多为圆形,粒径较小,约为 10 μm,颗粒内部可见黑色斑点(图 3.39)。

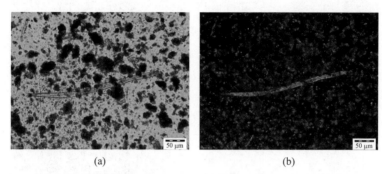

　　　　　　　(a)　　　　　　　　　　　　　　　　(b)

图 3.39　清样式房万方安和烫样中氢氧化铜颜料的偏光显微照片

(a) 单偏光下,200×;(b) 正交偏光下,200×

图片来源:本书作者工作[2],在故宫博物院古建部 CRAFT 实验室完成。

5. 假孔雀石

假孔雀石(Pseudomalachite)的主要成分是铜的碱式磷酸盐,$Cu_5(PO_4)_2(OH)_4$。在自然界以斜磷铜矿的形式存在。这种颜料在古代欧洲曾经应用于中世纪彩绘手抄本、湿壁画和建筑彩绘[3],但在古代中国的应用尚未见诸报道。故宫一处清代内檐装修的壁纸绿色颜料中用光学显微方法检测出一个疑似案例(图 3.40),但这一样品还有待用其他分析方法验证。

3.3.3　红色系颜料

清代彩绘颜料中使用的红色颜料种类不多,共 4 种,详见表 3.7。其中"朱砂"一行的统计涵盖了天然和人造两种类型,没有分别统计。这是因为

---

[1]　刘仁皓(2015)。

[2]　此实验由刘仁皓与本书作者共同完成,实验数据参见刘仁皓(2015)。

[3]　David Scott(2002)。

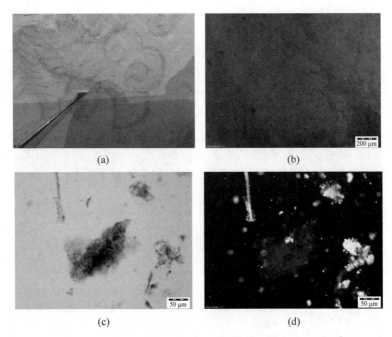

图 3.40   故宫宁寿宫花园延趣楼壁纸中的假孔雀石颜料①

（a）取样位置；（b）壁纸上表面,可见光下,50×；（c）单偏光下,200×；（d）正交偏光下,200×

绝大多数案例所使用的检测手段很难对此二者作出区分,因此在最终发表的数据中也均未提及这一区别（或虽然提及,但并没有足够的证据支撑）。

表 3.7   清代彩绘文物中红色系颜料已知案例统计

	建筑彩画	彩塑	壁画	其他
朱砂	23	3	10	7
铅丹	12	1	9	2
铁红	12	0	5	1
有机红颜料	0	0	1	8

资料来源：根据附录 D 中数据统计。

1. 朱砂/银朱

朱砂（cinnabar）和银朱（vermilion）的主要成分都是 HgS,区别在于前

---

①   这项分析工作在故宫博物院古建部 CRAFT 实验室,在 Susan Buck 博士指导下,由刘祎楠与本书作者共同完成。取样照片为本书作者拍摄。

者是天然矿物,后者是人工合成品。

　　银朱的合成方法有干法(dry-process)和湿法(wet-process)两种。干法是中国古代的传统制备方法,用汞和硫混合加热,不断搅拌,生成黑色硫化汞,再在 600℃ 左右升华,得到红色针状的银朱;湿法则是用汞与多硫化钾溶液反应制成银朱[1]。湿法比干法更加简便,得到的产物纯度也更高,1687年由德国化学家发明后在欧洲得到普遍应用[2]。

　　清代彩绘颜料中,朱砂和银朱的应用均有发现。XRD 可以方便地鉴定 HgS 的分子结构(图 3.41);如在红色彩绘区域用 XRF 或 SEM-EDS 检测确定 Hg 和 S 两种元素,结合经验,也可以判定 HgS 的存在(图 3.42)。但以上两种方法均无法检测出天然和人工的区别。

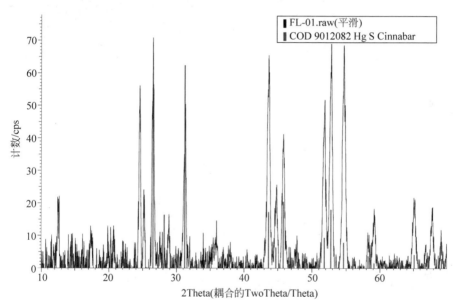

图 3.41　北京孚王府内檐彩画中朱砂颜料的 XRD 谱图(见文前彩图)

图片来源:本书作者工作,在河南省文物科技保护中心完成。

　　天然朱砂和银朱的鉴别,一般而言,可以在偏光显微镜下,通过颜料颗粒的形状和大小进行判断。在显微镜下,朱砂和银朱均呈现红色到暗红色,有清晰的边缘,正交偏光下呈现明亮的红色。所不同的是,朱砂的颜料颗粒

① 　童珏等(1983)。

② 　Gottens R,Feller R,Chase W. Vermilion and Cinnabar.转引自 Ashok Roy(1993);第 163 页。

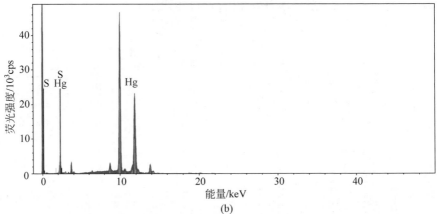

图 3.42　清代晚期外销通草画中的朱砂颜料（Winterthur 图书馆藏，Col. 111）

（a）检测点位置；（b）XRF 谱图

图片来源：本书作者工作，在 Winterthur 博物馆 SRAL 实验室完成。

大小不均，由于研磨的缘故，会产生破碎的边缘（图 3.43），而银朱通常颗粒小而均匀，又往往聚集在一起（图 3.44）。

　　但是，干法制造的银朱和天然朱砂在显微镜下有时较为相似。要对朱砂、干法制造的银朱和湿法制造的银朱三者进行更准确的判别，可以利用扫描电镜的二次电子像观察颗粒表面形貌；此外，也可以通过杂质的类型来分别朱砂和银朱[①]。

　　另外，在清代彩画中还存在一种特殊的朱砂颜料，样品宏观形态呈现红色或暗红色，但在显微镜下用单偏光或可见光观察，颜料颗粒表面色彩发暗，甚至呈黑色，在正交偏光下又呈现明亮的红色（图 3.45）。这样的颜料是

①　Gottens R，Feller R，Chase W. Vermilion and Cinnabar. 转引自 Ashok Roy(1993)：第 163 页。

否反映出某种特定产地或加工方式的特征,还需要积累更多案例予以验证。

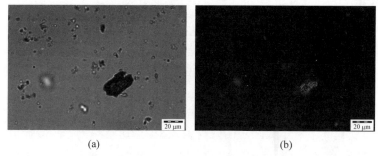

(a)　　　　　　　　　　　　　(b)

图 3.43　山西新绛福胜寺观音彩塑中的天然朱砂颜料(见文前彩图)

(a)单偏光下,630×;(b)正交偏光下,630×

图片来源:本书作者工作,在故宫博物院科技部实验室完成。

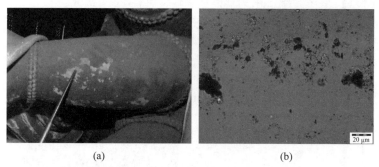

(a)　　　　　　　　　　　　　(b)

图 3.44　承德普乐寺慧力殿愤怒降魔王彩塑手臂部位的银朱颜料

(a)取样位置;(b)正交偏光下,630×

图片来源:本书作者工作,在故宫博物院科技部实验室完成。

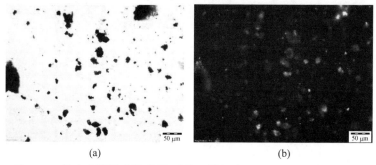

(a)　　　　　　　　　　　　　(b)

图 3.45　故宫南薰殿内檐彩画(后檐西梢间外跳三福云)中的朱砂颜料

(a)单偏光下,200×;(b)正交偏光下,200×

图片来源:本书作者工作,在故宫博物院科技部实验室完成。

2. 铅丹

铅丹是人工合成颜料,英文通称 red lead,化学成分为 Pb_3O_4,与天然铅丹矿(minium)的成分相同。通常呈橘红色,但因为其中可能混有一定比例的 PbO,呈色也会有差异,从橘黄色到橘红色不等。在壁画中,铅丹可能部分或全部转化为黑色的 PbO_2,其变色机理已经有许多研究者讨论[1]。

根据 Fitzhugh(1986)的综述,在显微镜下,铅丹颗粒在单偏光下呈现橙红色,正交偏光下有不太强烈的双折射现象,呈现蓝绿色。一般而言,天然铅丹的颗粒较大,边缘不规则,人造铅丹呈团状聚合的不规则圆形颗粒,粒径较小。但是也有天然铅丹颜料被研磨成极细粉末的例子[2]。

就已知样品所见,清代建筑彩画中所使用的铅丹颜料在显微镜下通常呈暗橙红色,形态为细小的圆形颗粒,团状聚集,正交偏光下在边缘出现蓝绿色小光点,未见大面积或整块的蓝绿色(图 3.46~图 3.48),这种双折射现象与已知的欧洲及日本出产的铅丹颜料均有所不同,对后者而言,整个颗粒都可能呈现明显的蓝绿色。从显微形态特征上判断,清代的铅丹颜料均符合人造颜料的特征,迄今尚未在清代彩绘文物中发现符合天然铅丹矿物特征的颜料。

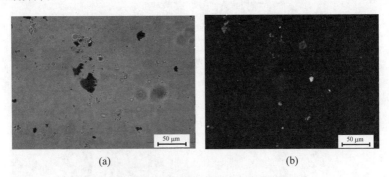

(a)   (b)

图 3.46   故宫保和殿内檐彩画中的铅丹颜料

(a) 单偏光下,630×;(b) 正交偏光下,630×

图片来源:本书作者工作,在故宫博物院科技部实验室完成。

---

① 可能的影响因素包括湿度、碱性地仗、光照及微生物作用等。参见敦煌研究院李最雄、王进玉,西北大学王丽琴等学者的相关研究。

② Elisabeth West Fitzhugh. Red Lead and Minium. 转引自 Feller(1986):第 125 页。

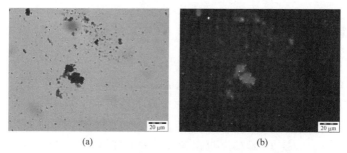

(a)　　　　　　　　　　　　(b)

图 3.47　故宫同道堂内檐彩画中的铅丹颜料（见文前彩图）

（a）单偏光下，630×；（b）正交偏光下，630×

图片来源：本书作者工作，在故宫博物院科技部实验室完成。

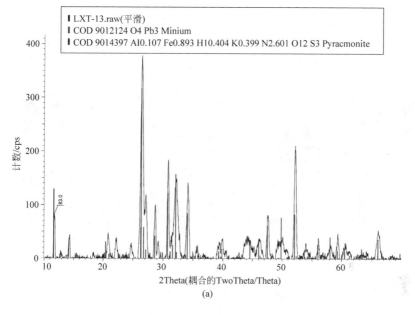

(a)

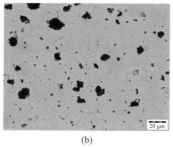

(b)

图 3.48　故宫慈宁宫花园临溪亭天花彩画中的铅丹颜料（见文前彩图）

（a）XRD 谱图；（b）单偏光下，630×

图片来源：本书作者工作，在故宫博物院古建部 CRAFT 实验室完成。

3. 铁红

铁红是以铁的氧化物为主要成分的红色颜料，化学式 $\alpha\text{-Fe}_2\text{O}_3$[①]，显色从橙色到红色不等。自然界存在天然的 $\alpha\text{-Fe}_2\text{O}_3$，即赤铁矿（Hematite），可以直接作为颜料使用，但常见的铁红颜料多为其人造形式。制备铁红的方法是焙烧赭石类黏土，这一做法的历史可以追溯到古罗马时期[②]。

Eastaugh 等认为，在偏光显微镜下，铁红呈现几乎不透明的红色或橙红色，有时也可能偏红褐色；正交偏光下有明显双折射现象，呈明亮的红色或橙色。人造和天然铁红的区别主要在于杂质的多少，以及颗粒的大小和形状是否均一[③]。

总体上说，清代建筑彩画中的铁红颜料在显微镜下显色较暗，多近于红褐色，不及朱砂和铅丹鲜艳。从颗粒粒径和形状上看，绝大多数近于人造铁红的特征（图 3.49～图 3.52）。

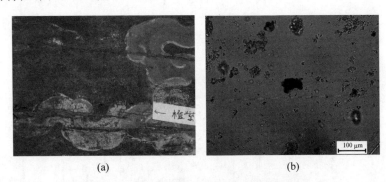

(a)　　　　　　　　　　　　　　　(b)

图 3.49　故宫保和殿内檐彩画中的铁红颜料

(a) 取样位置；(b) 正交偏光下，400×

图片来源：图(a)由故宫博物院古建部提供；图(b)是本书作者工作，在故宫博物院科技部实验室完成。

4. 有机红颜料

有机红颜料通常由动物和植物中提取的红色色素制成，其常见来源包括红花、苏木、胭脂等。

---

　① Fe_2O_3 常见的晶体结构有两种，分别是 $\alpha\text{-Fe}_2\text{O}_3$ 和 $\gamma\text{-Fe}_2\text{O}_3$，属同质多象。前者较稳定，后者处于亚稳定状态，在一定条件下可以转化为 $\alpha\text{-Fe}_2\text{O}_3$。

　② Eastaugh N, et al. (2008)：第 207 页。

　③ Eastaugh N, et al. (2008)：第 685 页。

(a) (b)

图 3.50 北京拈花寺外檐彩画中的铁红颜料

(a) 取样位置;(b) 正交偏光下,400×

图片来源:图(a)由朱铃提供;图(b)是本书作者工作,在清华大学建筑学院 MSRICA 文保实验室完成。

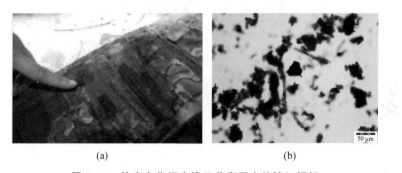

(a) (b)

图 3.51 故宫东华门内檐天花彩画中的铁红颜料

(a) 取样位置;(b) 正交偏光下,400×

图片来源:图(a)由故宫博物院古建部提供;图(b)是本书作者工作,在故宫博物院古建部 CRAFT 实验室完成。

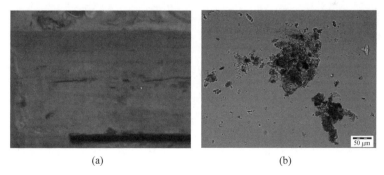

(a) (b)

图 3.52 山西平遥镇国寺万佛殿内檐彩画(南东次间阑额)中的铁红颜料

(a) 取样位置;(b) 正交偏光下,400×

图片来源:本书作者工作,在故宫博物院科技部实验室完成。

　　有机红颜料在清晚期外销画中相当常见，尤其经常用来与铅白调合得到粉红色和肉色（图 3.53）。在清代建筑彩画中尚未发现实例，但这并不能排除其应用的可能性[①]。由于有机红颜料不及矿物质颜料稳定，在彩画中可能仅仅用作小色，例如在苏式彩画中用于描绘细节，因此容易被研究者忽略[②]。

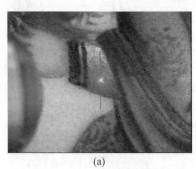

(a)

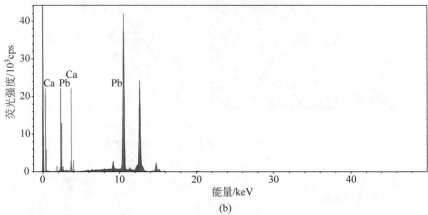

(b)

图 3.53　Winterthur 图书馆藏清晚期外销通草画册中的有机红颜料

（a）取样位置；（b）XRF 谱图（未见显红色的金属元素）

图片来源：本书作者工作，在 Winterthur 博物馆 SRAL 实验室完成。

3.3.4　黄色系颜料

　　清代彩绘颜料中使用的黄色颜料种类相对较少（表 3.8），以雌黄和铁黄为主，偶有密陀僧（氧化铅）。个别文献中使用"石黄"一词，未说明化学成分,其具体指代不明,未列入统计。

表 3.8 清代彩绘文物中黄色系颜料已知案例统计

	建筑彩画	彩塑	壁画	其他
雌黄(As_2S_3)	5	0	3	3
铁黄(Fe_2O_3)	5	0	6	2
密陀僧(PbO)	1	1	1	0
藤黄(有机质)	1	0	0	0

资料来源:根据附录 D 中数据统计。

1. 雌黄

雌黄的成分是 As_2S_3,作为颜料的来源有天然矿物和人工合成两种。通常呈现明黄色或淡黄色。作为颜料,长时间暴露在光线中会有明显的褪色现象[1]。

雌黄在清代彩画中的应用不多,故宫保和殿明代晚期彩画中曾经发现一例。在偏光显微镜下颜色暗淡,呈半透明橘黄色,正交偏光下呈现明显的双折射现象(图 3.54)。

(a) (b)

图 3.54 故宫保和殿彩画中雌黄颜料的偏光显微照片

(a) 单偏光下,200×;(b) 正交偏光下,200×

图片来源:本书作者工作,在故宫博物院科技部实验室完成。

2. 铁黄/赭石

铁黄是以铁的氧化物和氢氧化物为主要成分的黏土类颜料,常含有针

---

[1] Elisabeth West Fitzhugh. Red Lead and Minium. 转引自 Ashok Roy(1993):第 51 页。

铁矿、黄钾铁矾和黄铁矿等物质，显色在黄色到土黄色，显色较深者通常被称为赭石。由于在世界各地分布广泛，这种颜料的具体色相和其他特征往往带有明显的地域性。

　　在清代建筑彩画中，铁黄的应用案例较多，显微镜下一般呈现土黄色到橙黄色，并常伴随有石英和黏土等杂质（图 3.55，图 3.56）。

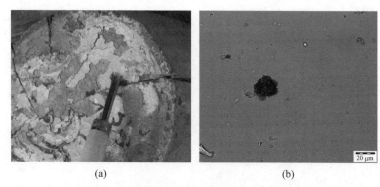

(a)　　　　　　　　　　(b)

图 3.55　平遥镇国寺万佛殿椽头彩画中的铁黄颜料

(a) 取样位置；(b) 单偏光下，400×

图片来源：本书作者工作，在故宫博物院科技部实验室完成。

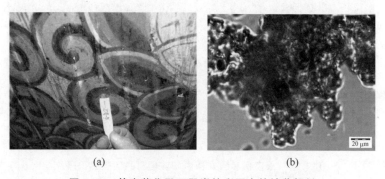

(a)　　　　　　　　　　(b)

图 3.56　故宫英华殿正殿脊枋彩画中的铁黄颜料

(a) 取样位置；(b) 单偏光下，400×

图片来源：图(a)由故宫博物院古建部提供；图(b)是本书作者工作，在故宫博物院科技部实验室完成。

3. 藤黄

　　藤黄是一种有机质颜料，以藤黄科植物藤黄的树脂为原料制成。

　　藤黄是无定形态各向同性物质，在显微镜下呈黄色，正交偏光下完全消失。在蓝光下可能呈现金黄色荧光(Townsend,1993)[1]。

　　对故宫英华殿脊檩彩画的显微分析中曾经检出藤黄颜料(图 3.57),为目前仅见的一则藤黄应用于建筑彩画的案例[2]。该处彩画的纹样设计符合明代彩画特征,但彩绘层的具体年代还未能断定。从清代匠作则例来看,藤黄应当在清代彩画中有所应用,未来的检测工作或许可以揭示更多实例。

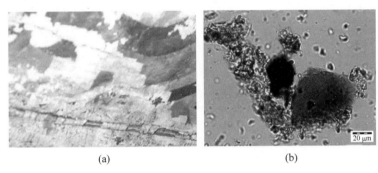

(a)　　　　　　　　　　　　　　(b)

图 3.57　故宫英华殿正殿脊檩彩画中的藤黄颜料

(a) 取样位置；(b) 正交偏光下,400×

图片来源：图(a)由故宫博物院古建部提供；图(b)由故宫博物院科技部雷勇提供。

3.3.5　白色系颜料

　　白色系颜料的种类较多(表 3.9),来源情况也较复杂。在文献中,一些表示白色颜料的名词术语并不规范,也缺乏相应的解释说明,例如"白土"一词所指代的具体物质并不明确,但为避免遗漏,也列入统计。此外,云母、石英等颜料严格地说并非白色,而是银白色透明或半透明,这里笼统归入白色系颜料一类。

表 3.9　清代彩绘文物中白色系颜料已知案例统计

	建筑彩画	彩塑	壁画	其他
铅白/水白铅矿 $2PbCO_3 \cdot Pb(OH)_2$	16	1	2	17
白铅矿 $PbCO_3$	1	0	1	0
白垩/方解石 $CaCO_3$	6	0	1	0

---

① Eastaugh N,et al.(2008)：第 753 页。

② 此样品可能需要使用 FTIR 等检测技术进一步确认。

	建筑彩画	彩塑	壁画	其他
石膏 $CaSO_4$	0	1	5	0
硫酸铅 $PbSO_4$	3	0	1	0
白土（化学式不明）	1	0	1	0
高岭土 $2SiO_2 \cdot Al_2O_3 \cdot 2H_2O$	2	0	0	0
钡白 $BaSO_4$	1	0	0	1
钛白 TiO_2	0	1	0	0
云母 $KAl_2(AlSi_3O_{10})(OH)_2$	0	0	0	1
石英 SiO_2	1	0	0	0
白云石 $CaCO_3 \cdot MgCO_3$	1	0	0	0

资料来源：根据附录 C 中数据统计。

1. 铅白

铅白（Lead white）这一名称通常用于指代碱式碳酸铅（$2PbCO_3 \cdot Pb(OH)_2$）颜料。其他白色的铅盐（如硫酸铅、氢氧化铅、亚硫酸铅）虽然也可以用作颜料，但较少见，一般也不称为"铅白"，而是径呼其化学名称。

碱式碳酸铅在自然界以水白铅矿（hydrocerussite）的形式存在，但这种矿物较为稀见，古代（无论在东方还是西方）通常使用的铅白颜料都是人工制备的，具体工艺虽然不同，但大体是以铅为原料，经煅烧氧化生成铅白。中国人很早就发明了制备铅白的方法，李约瑟（1975）认为公元前四世纪的炼丹术书中已经记载了铅白的制法，科学检测则发现铅白颜料在秦俑彩绘中已经有所应用[1]。

作为颜料，铅白的稳定性很好，几乎不受光照影响，但也有一些情况下由于与空气中的硫化氢反应而变成黑色的 PbS[2]。铅白的覆盖力很强，几乎不透明，同时也很容易和其他颜料混合，用铅白与其他颜料调色得到浅色调的做法在清代彩绘文物中十分常见（详见 6.3.2 节）。

铅白的颗粒粒径通常很小，在 $1\sim2~\mu m$（Dunn，1973[3]），但实际所见清代彩绘颜料中的铅白颜料的平均粒径比这一数据稍大，在 $2\sim4~\mu m$。在偏

---

① 李亚东（1996）：第 1125-1126 页。

② Gettens R. Lead White. 转引自 Ashok Roy（1993）：第 71-72 页。

③ 转引自 Ashok Roy（1993）：第 70 页。

光显微镜下,铅白是白色半透明的圆形小颗粒,正交偏光下有强烈的双折射现象,特征较为明显(图 3.58,图 3.59)。

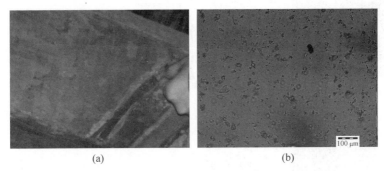

(a)   (b)

图 3.58 故宫养心殿西夹道围房内檐彩画中的铅白颜料

(a) 取样位置;(b) 正交偏光下,400×

图片来源:本书作者工作,在故宫博物院古建部 CRAFT 实验室完成。

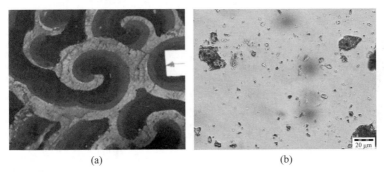

(a)   (b)

图 3.59 故宫慈宁宫花园临溪亭天花彩画中的铅白颜料(混有碱式氯化铜)

(a) 取样位置;(b) 正交偏光下,400×

图片来源:本书作者工作,在故宫博物院古建部 CRAFT 实验室完成。

在清代晚期的外销画和外销彩绘文物中,铅白的使用十分广泛。尤其是对于通草画而言,由于通草纸是一种半透明的载体,作画时,在其他颜色之下先衬托一层铅白,能够使得彩绘更加鲜明。XRF 检测发现,通草画中各个颜色区域除了能检测到构成该颜料的元素之外,往往还能检测到另外一个较强的 Pb 峰(图 3.60),意味着在表层颜料之下还存在一层用来打底的铅白颜料。

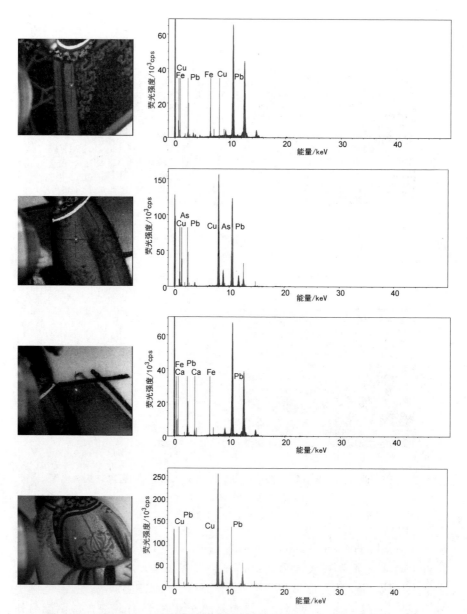

图 3.60　Winterthur 图书馆藏清代外销通草画册（Col. 111, Box1-A, Folder1）中
使用铅白衬托其他颜色的做法

　　左图为检测点位置，右图为 XRF 谱图。图片来源：本书作者工作，在 Winterthur 博物馆
SRAL 实验室完成。

2. 白铅矿

白铅矿(cerussite)是一种天然矿物,其成分为 $PbCO_3$,作为颜料使用的情况很少见,通常作为铅白颜料中的杂质存在[①]。

清代彩绘文物中有两个案例用 XRD 方法检出白铅矿,其中一例作为白色颜料报道[②],另一例为本书作者工作(图 3.61)。白铅矿是否在清代中国用作白色颜料,尚待更多案例佐证。

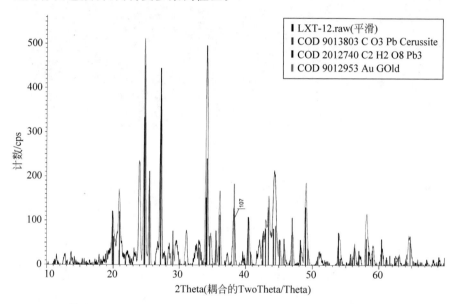

图 3.61　故宫慈宁宫花园临溪亭天花彩画中白铅矿颗粒的 XRD 谱图(见文前彩图)

图片来源:本书作者工作,在河南省文物科技保护中心实验室完成。

3. 白垩/方解石

白垩的成分是碳酸钙($CaCO_3$),在自然界通常以矿物方解石的形式存在[③]。19 世纪开始,人造白垩在现代工业中作为许多化工产业的副产品出现,比天然白垩颜色更白,质地也更均匀[④]。

---

① Gettens R. Lead White. 转引自 Ashok Roy(1993):第 67 页。

② 郭宏等(2003)。

③ 另外两种不太常见的矿物形式是霰石(aragonite)和球霰石(vaterite)。

④ 据 Gettens R,et al. Calcium Carbonate Whites。转引自 Ashok Roy(1993):第 203 页。

清代建筑彩画颜料中常见到白垩颗粒（图3.62），从显微特征上看近于天然白垩，颗粒大体呈无色透明，但其中含有许多有色杂质，正交偏光下有明显的双折射现象。很多情况下，白垩并非在白色图案区域检出，而是混杂在其他颜料当中，因此也少见案例报道。在彩画中白垩是否单独作为白色颜料使用尚不明确。

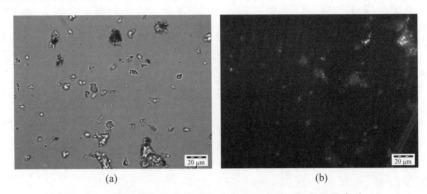

(a)   (b)

图3.62   故宫英华殿脊檩彩画中的白垩颜料（混有少量朱砂）

（a）单偏光下，400×；（b）正交偏光下，400×

图片来源：故宫博物院科技部提供。

3.3.6   黑色系颜料

从现代科学视角来看，清代彩画颜料中使用的黑色系颜料种类单一，只有碳黑一种，也有些文献中称为"灯黑"或"墨"，但从化学角度看并无本质区别。

碳黑（carbon black）是对以碳为主要成分的黑色或黑褐色颜料的统称。按照Eastaugh（2008）的总结，根据原材料及制备方式，可以将碳黑分为四类：

（1）晶体碳（crystalline carbons）：石墨及其同素异形体，以及人造石墨。

（2）木炭黑（chars）：纸、木等烧焦碳化后所得。

（3）焦炭黑（cokes）：骨、象牙等角质物碳化后所得。

（4）焰黑（flame carbons）：由不完全燃烧的烟气在冷却表面上收集

所得。[①]

　　碳黑在偏光显微镜下呈不透明的黑色,常呈团聚态颗粒,正交偏光下完全不可见。清代建筑彩画中的碳黑颜料颗粒大体可以分为两种,第一种颜色深黑,在显微镜下呈边缘模糊的团聚状(图3.63～图3.65);第二种相对而言粒径更小,在镜下呈深灰色,易于分散成细小颗粒(图3.66)。有文献将后一种颜料称为"烟炱",这一命名虽然有其合理性,但对于彩画颜料而言,这个名称是否合适还有待商榷。4.2.4节中将对此有进一步讨论。

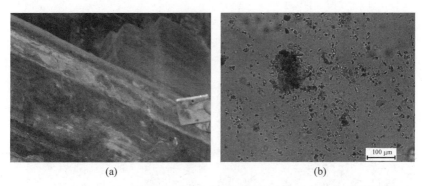

(a)　　　　　　　　　　(b)

图 3.63　故宫养心殿西夹道围房彩画中的碳黑颜料(南数五间北缝五架梁东找头)
(a) 取样位置;(b) 单偏光下,400×
图片来源:本书作者工作,在故宫博物院古建部 CRAFT 实验室完成。

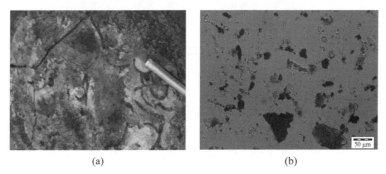

(a)　　　　　　　　　　(b)

图 3.64　山西镇国寺万佛殿椽头彩画中的碳黑颜料(南 26 号椽)
(a) 取样位置;(b) 单偏光下,400×
图片来源:本书作者工作,在故宫博物院科技部实验室完成。

---

① Eastaugh N,et al.(2008):第 88 页。

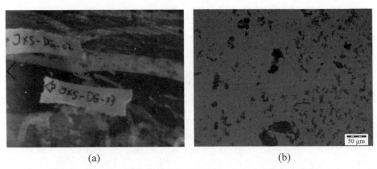

(a)　　　　　　　　　　　　(b)

图 3.65　山西陵川南吉祥寺内檐斗拱彩画中的碳黑颜料

(a) 取样位置；(b) 单偏光下,400×

图片来源：本书作者工作,在故宫博物院科技部实验室完成。

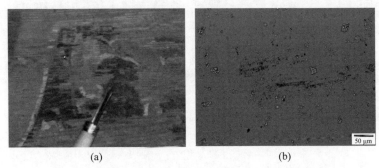

(a)　　　　　　　　　　　　(b)

图 3.66　山西平遥镇国寺天王殿内檐彩画中的碳黑颜料

(a) 取样位置；(b) 单偏光下,400×

图片来源：本书作者工作,在故宫博物院科技部实验室完成。

3.3.7　金属质颜料

金属质颜料是彩绘文物中特殊的装饰材料。从物质形态上,可以分为金属箔和金属粉末两大类。金属箔是用金胶油直接贴在文物表面,而金属粉末则是调胶之后像普通颜料一样刷饰使用。严格说来,只有后者才符合颜料的定义,但因为二者装饰功能和效果相近,在此一并视为颜料。

清代建筑彩画中的金属质颜料以金为主,但并不一定是纯金,常常是金(Au)与其他金属的合金,例如银(Ag)、铅(Pb)或铜(Cu)。目前已知的包括Au-Pb-Cu 合金、Au-Pb 合金、Au-Ag 合金[1]。

---

[1]　李越,刘梦雨(2018)。

金元素所占整体的质量比,以及掺入的金属元素种类,共同决定了装饰材料的显色效果,从偏白的浅金色,到偏红的深金色,以及偏黄的亮金色不等,根据需要,可以组合出丰富的色彩效果,彩画匠作术语称为"贴两色金"或"贴三色金"。关于清代建筑彩画使用的金箔成色问题,将在 4.4.1 节详细讨论。

除了金质颜料,清代建筑彩画中也存在其他金属质颜料,经科学检测证实的有银质颜料和铜质颜料。

银质颜料的使用很少见,故宫请神亭彩画中的沥粉贴银云龙纹做法是其中一例(王丹青,2017)。此处装饰使用纯银箔贴在沥粉上。其做法与一般彩画的沥粉贴金相同,原因不详,推测可能与请神亭的祭祀功能有关。

铜在多数情况下与金同用,但也有单纯使用铜质颜料的案例。对故宫慈宁宫花园临溪亭天花彩画的 SEM-EDS 分析表明,祥云图案中的表层的金色装饰实际使用的不是金,而是铜粉。这层装饰位于彩绘表面,从剖面显微照片(图 3.67(b))及扫描电镜背散射电子像(图 3.67(c))可以看到,金色装饰层的厚度在 $30 \sim 50~\mu m$,远远超出一般金属箔的厚度(通常在 $1 \sim 5~\mu m$),因此不会是金属箔,而是金属粉调制的颜料。SEM-EDS 分析表明这层金属质颜料的主要组成元素是 Cu 和 Pb。由于调制浅绿色颜料时使用了铅白,这里的 Pb 可能有一部分或全部来自铅白(碱式碳酸铅)。铜粉作为装饰材料,可能是用作金的替代品,也可能是追求特定的色彩效果。

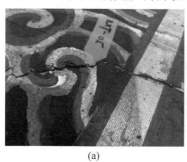 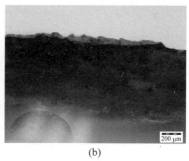

(a)　　　　　　　　　　　　　(b)

图 3.67　故宫慈宁宫花园临溪亭天花彩画中的铜粉颜料

(a) 样品 LXT-05 的取样位置;(b) 剖面显微照片,可见光下,100×;(c) 扫描电镜背散射电子像,400×;(d) 剖面显微照片,UV 光下,100×;(e) SEM-EDS 谱图(点扫位置在表面金属层)

图片来源:本书作者工作,在故宫博物院古建部 CRAFT 实验室完成。

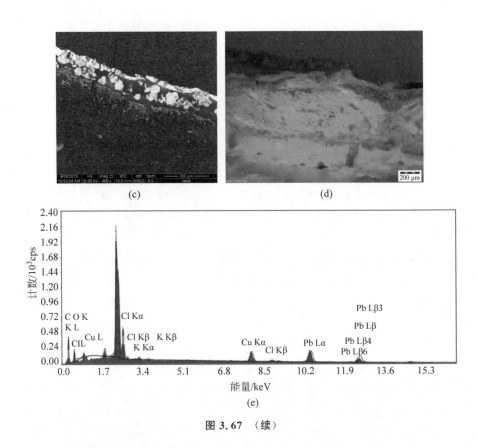

(c)　　　　　　　　　　　　　　　　(d)

(e)

图 3.67 （续）

3.3.8　胶料及辅料

　　胶料，也称胶结剂或胶结材料，英文为 binding media，是将颜料颗粒调合胶结的介质，也是将颜料颗粒附着在文物表面的固着剂。胶结材料本身不属于颜料，但对颜料的施用、保存和显色具有重要作用，颜料的褪色、粉化和脱落往往由胶结材料的老化和降解导致。对于胶料的科学检测和研究是另一个重要的课题，在此仅稍作讨论。

　　当前，针对胶料的分析检测工作，可以通过红外光谱分析、拉曼光谱分析、高效液相色谱（HPLC）分析、气相色谱（GC）分析、质谱（MS）分析以及气象色谱-质谱联用分析等技术开展。闫宏涛等（2012）总结了彩绘文物颜料胶结材料的分析方法与进展。从文中可以看到，中国文物的检测案例主要集中于早期壁画和彩绘文物，例如敦煌壁画、克孜尔石窟壁画、秦始皇兵马俑等。此外,配合荧光显微镜的荧光染色分析也能够提供有关胶结材料的基本信息,相对上述需要昂贵设备的分析方法而言,是一种较为简便的分析手段。王丹青(2017)使用这种方法对故宫请神亭的颜料胶结材料做了初步分析。

　　针对清代彩绘文物的胶料检测工作目前开展得不多,迄今能够搜集到的数据汇总如表 3.10。

表 3.10　清代建筑彩绘颜料胶结材料的已知检测数据

案例	分析方法	骨胶	鱼胶	动物胶	植物胶	松香
江苏常熟彩衣堂彩画①	FTIR	√				
山西五台佛光寺东大殿彩画②	FTIR			√		
苏州张氏义庄等若干苏南地区清代古建筑无地仗层彩画实例③	FTIR	√	√			
西安钟楼彩画④	GC-MS			√		
故宫宁寿宫花园玉粹轩壁纸⑤	Py-GC/MS					√
故宫请神亭彩画⑥	荧光显微分析				√	

资料来源:根据相关文献内容整理,具体文献来源见脚注。

　　从表 3.10 可以看到,清代建筑彩绘颜料所使用的胶结材料以动物胶(包括鱼胶和骨胶)为主,但也存在使用植物胶的案例。由于胶料的分析检测工作对仪器设备要求较高,分析难度也较大,因此目前发表的案例数量较少,只反映出对清代颜料胶结材料的初步认识,不排除还有其他种类胶料的存在。

　　值得一提的是,故宫宁寿宫花园玉粹轩壁纸中检测出松香,这是松香作为胶结材料目前仅见的案例。故宫请神亭的案例中,对胶结材料的荧光显微分析鉴别出碳水化合物,也有可能是松香或其他树脂,但受限于分析手段,没有得到更具体的结果。从清代匠作则例的记载来看,松香常见于锡作等金属加工工种,用于固定金属板。但是在油饰彩画的物料清单中,也曾出

---

①　何伟俊(2016)。

②　符津铭等(2015)。

③　何伟俊(2009)。

④　张亚旭等(2015)。

⑤　马越等(2017)。

⑥　王丹青(2017)。

现松香，其用途未知。明代的《工部厂库须知》中，一份"内官监成造修理皇极等殿乾清等宫一应什物家伙"的油饰彩画物料清单里，就包括"松香一百斤，每斤银二分，该银二两"；清代的则例里，《工段营造录》中的画作用料也提及松香："画作以墨金为主、诸色辅之……用料则水胶、广胶、白矾……鸡蛋、松香、硼砂……红黄泥金诸料物。"这里明确将松香列入了画作用料当中，是否用作胶结材料，还有待更多案例的佐证。

　　除了颜料和胶结材料，在建筑彩画颜料中，偶尔还会见到一些其他材料。这些材料有可能是颜料提纯不彻底而留下的杂质，也可能是有意添加的辅助材料，本书中将这些材料统称为"辅料"。例如石英就常常混杂在颜料颗粒当中（图 3.27），其性质和用途暂时还不易判断。石英作为天然矿物在自然界有广泛存在，作为杂质混入的可能性是较大的。另外，针对故宫玉粹轩壁纸的检测发现颜料颗粒中存在滑石，如果系有意添加，则也是一种值得留意的做法。清代匠作则例中，画作用料除了颜料和胶料，往往还包括许多其他物料，其用途尚不明确，这是日后应当与科学检测分析相结合的一个研究方向。

3.4　小　　结

　　本章的前半部分介绍了古代颜料科学分析的常用方法，并讨论了这些方法的作用与局限性，以便澄清一种常见的误会，即针对古代彩绘文物的科学检测是一项独立的工作，而且必定能够提供准确客观的结果。

　　事实上，实验室工作与基于文献的历史研究的关系密不可分。对分析数据的解读，很大程度上是经验性的，因此独立于研究之外进行的分析工作往往无法得到有意义的数据，甚至可能在取样和制样阶段已经遗漏了重要信息。另外，如果研究人员对数据理解不足，也会导致错误的引用和论证。因此，只有研究者与实验室技术人员密切合作，长期积累数据，并不断修正既有经验，才有可能渐进式地提高分析准确性。

　　本章的后半部分则是一份数据统计，对 1978—2018 年间报道的 94 个清代彩绘文物科学检测案例与本书作者所分析的 33 个案例，整理汇总了其中所有的颜料种类，这份统计将成为后文讨论清代彩绘颜料使用状况的实证基础。

　　对于每种颜料,本章除了简述其化学成分和物理特征等基本信息之外,还基于作者的实际工作经验,总结了清代彩画中所见样品的显微分析特征。中国本土制造的颜料在显微特征上,往往与西方文献中的总结存在差异,而这些微小的差异恰恰是有价值的,可以成为判断颜料(及文物)的年代与来源的特征。因此,即使是对于国外已有充分研究的颜料种类,针对中国文物的检测数据积累和经验修正仍然是必要的。

第4章　清代官式彩画颜料：基于双重证据的颜料名实考

> 中国画颜色的选择研漂使用，一直掌握在各个画家手里（包括民间画工在内），并不公开，尤其是画院的画家们。直到清初，随着社会的发展，才或多或少地把它公开刊行起来。这时外来的颜色，也开始被吸收使用起来。

> ——于非闇，1955

有关建筑彩画颜料的问题，各种关于清式彩画的专著多少都会涉及，但始终是相当边缘的论题。对于这些颜料的认知，大都停留在匠师经验的层面，尚未开展考古学意义上的名实考证工作。因此，论者对于清代文献中的颜料名目之含义往往语焉不详，也就难以进一步梳理其背后的历史。

如何在历史和科学研究层面认识一种颜料？参照西方学者建立的颜料史研究范式，对一种颜料的基本认知，至少应当包括以下几个方面：名称（包括同名异物和同物异名的考辨）、组成成分、应用历史、应用范围、物理及化学性质、产地来源、加工制备方法、科学检测鉴别方法及可供参考的标准谱图。除了以上的一般性内容，还应当考虑特定颜料的特殊历史信息，例如对于西方进口颜料，其译名之演变就是值得加以留意的问题。

本章将试图深入论述四十余种清代官式彩画颜料的定名、来源和应用情况。对于一些古代使用历史较长的传统颜料，过去的研究往往主要关注其早期历史，本章则试图为其补充清代的发展与应用状况。

4.1　天然矿物颜料

列入本节的颜料，是以天然矿物为原料，经过淘洗、粉碎、研磨、过滤而制成的颜料。与合成颜料的区别在于，天然矿物颜料的加工制作过程中只包含物理变化，不发生化学变化。

需要特别说明的是，一些颜料矿物既以天然矿物形式存在，同时也可以通过人工方法合成（化学变化），例如密陀僧和氯铜矿。对于这些颜料，如果历史上以天然矿物加工为主要来源，则归入天然矿物颜料；如果以人工合成为主要来源，则归入合成颜料。

4.1.1　石青/天青

在人造群青大规模进入中国之前，石青是清代最常用的蓝色矿物颜料，在建筑彩画和其他美术领域都是如此。迄今为止，在针对清代建筑彩画及其他彩绘文物的科学检测案例中，绝大部分都检出了石青（详见附录 D，数据实例见 3.3.1 节），其应用时间完整涵盖了清早期、中期和晚期各个时段。从数据统计来看，清代彩绘文物中迄今共检测出 8 种蓝色颜料，其中石青和 smalt 的使用频率远远高于其他种类（参见表 3.5）。

值得注意的是，文献记载的情况却与此完全不符。清代匠作则例中，对于"石青"的记载却寥寥无几，在 2.1 节列出的 52 种彩画作颜料相关匠作则例中，只有《山西省物料价值则例》中出现了"石青"，以及另外 4 种价值类则例中出现了"石三青"。而任何一种画作工料类则例都没有提及石青，这与石青在建筑彩画中的实际应用状况是完全不对等的。

此外，《钦定工部则例》在"染价"条目下出现了"石青"字样，但并不是作为颜料名称，而是作为颜色名称：

本色西生绢加染

大红色每丈银一钱六分

桃红色每丈银一钱

……

石青色每丈银七分

元青色每丈银四分七厘五毫①

从上下文不难判断，这里的"石青色"和大红色、桃红色等词汇一样，是一个形容颜色的语词，并不是指用石青作为染料。同一部书中也有不少涉及颜料的记载，如门神作（卷四十七）、云缎凉棚做法（卷一百五十二）等，其中诸多颜料名目中也从未出现"石青"，所载蓝色颜料只有天大青和南梅花青两种。同样，在有关建筑彩画的清代档案史料中，"石青"一词也极少出现，在 27 份史料中仅仅见到两例（详见附录 C）。

---

① 《钦定工部则例》，卷一百三十四，染价。清嘉庆二十年刻本。

　　实物检测的情况与文献记载出现如此大的偏差，无法用取样误差或文献缺失来解释，最大的可能性是，石青这种颜料在清代另有名称。

　　那么，清代匠作则例中最常出现的蓝色颜料名称是什么呢？根据 2.4 节中的统计，是一种名为"天青"的颜料，因颗粒粗细不同，又可分为"天大青""天二青"，此外也有"天三青"和"天四青"，但较少见，所指当为颗粒较细、颜色也较浅的天青颜料。

　　"天大青"一词，在匠作则例中最早见于明《工部厂库须知》。明代文献中，亦见于《明会典》："内官监修理年例月用例家火物料每年一次……天大青十二斤，天二青十二斤，天三青十二斤，天深中青十二斤。"[①]明代之前的文献则未见此词。因此这很可能是一个主要在明清两代使用的颜料名称。

　　综观各种清代彩画作则例，凡是青绿彩画，其中的青色颜料几乎都是"天大青"或"天二青"，这和彩画实物中所见石青颜料的应用之广泛是相一致的。因此，似乎有理由推测，明清时期的"天青"一词指的就是石青。

　　那么，有没有文献证据能够支持这个推测呢？

　　从清会典和笔记中可以得知，按户部制度，天青颜料由云南省负责采办：

　　"云南：金十五两七钱，白铜七钱四分，松花石碌九斤，天大青三十斤五两，天二青十六斤九两……"[②]

　　"云南布政使司应解天青二百三十斤有奇，大青、次天青六十六斤有奇。"[③]

　　"颜料库云南布政使司，应解天青一千五百三十斤有奇，旧解二百三十斤有奇，今添解一千三百斤。次天青六十六斤有奇，石黄一百二十二斤有奇。"[④]

　　按照清代规制，各省负责采买的都是本地出产的颜料[⑤]，云南负责办解天青，表明天青是云南当地的物产。云南矿藏丰富，其中最重要的就是铜矿，清代，全国绝大部分的铜矿出产都来自云南，"滇省每年额运京铜六百三十余万斤"[⑥]。前文 3.3.1 节已经提到，石青通常产于铜矿的氧化带，因此

①　《明会典》，卷二百七，工部二十七。明万历内府刻本。
②　《左司笔记》，卷十一，物产。清抄本。
③　《大清会典则例》，卷三十八户部。清文渊阁四库全书本。
④　《嘉庆朝钦定大清会典事例》，卷一百五十四。户部二十七。
⑤　详见 6.1.1 节。
⑥　戴瑞徵《云南铜志》，卷一，厂地上。

不难理解，云南也出产大量蓝铜矿，而这种矿石的另一个名字就是石青。《格物镜原》引《云林石谱》："石青惟滇中者佳"①，可见云南所产石青早在宋代即以品质优良著称。

云南大量出产的蓝色颜料矿石，除了石青之外并没有第二种，因此可以证实"天青"一词的所指，就是石青。

这里需要稍加辨明的是"石青"一词在清代和今日的词义变化。清代文献中，"石青"一词最常见的含义有二。一是矿物名，指蓝铜矿。例如：

"节州治有石青碉，堪舆家谓有关州治地脉。"②

"天长冶山……产江石，亦间出石青。"③

二是颜色名，通常用于纺织品。除了前文所举《钦定工部则例》外，在其他清代官方文献中也常常见到。例如：

"补服色用石青，前后绣四爪正蟒。朝服蓝及石青诸色随所用。"④

"民公夫人朝冠……護领绦用石青色。"⑤

从《绘事琐言》《芥子园画传》等书来看，清代的画家也将矿物质蓝色颜料称为"石青"。但同时代的手工业匠人则不大使用"石青"一词⑥。在清宫内务府造办处档案中，"石青"主要用于前述的第二种语义，如"石青缎""石青辫子""石青御制纱"等⑦。如前所述，至少在清代的营造业中，工匠们普遍将蓝铜矿颜料称为"天青"而非"石青"，这也反映出各个行业使用的颜料术语体系不尽相同⑧。

今天，研究者普遍将建筑彩画中的蓝铜矿颜料称为"石青"，或许是受到西方术语体系的影响，因为英文中对应的 azurite 一词既指蓝铜矿矿石，也是最通用的颜料名称。这一称谓当然没有错误，但是仍应注意到，这可能并非清代工匠对这种颜料的称谓。虽然东西方古代世界中使用的矿物颜料种类多有重合，但各个文化中对矿物和矿物颜料的命名，却很可能并不一致。

"天青"一词，在清代也可以指称颜色："天坛、祈谷坛陈设一应祭器，俱

---

① 《格致镜原》，卷三十三。清文渊阁四库全书本。

② 雍正《云南通志》，卷二十一。清文渊阁四库全书本。

③ 顾炎武《肇域志》，卷六。清钞本。

④ 《清通典》，卷五十四。清文渊阁四库全书本。

⑤ 《清文献通考》，卷一百四十二。清文渊阁四库全书本。

⑥ 瓷器工匠所用的青料中有一种"石子青"，也简称石青，但并不是蓝铜矿，而是一种钴料。

⑦ 造办处档案中也屡见另一种用法：匾额地色做"石青地"，但这里究竟是指材料还是指颜色，暂无可考，存疑。

⑧ 就文献所见，"天青"作为颜料名称，似乎仅在营造业等若干种手工业中使用。

用天青色成造"①"河内多蚌蛤,出东珠极多……有粉红色、天青色、白色,非奉旨不许人取。"②其义如字面所见,即天空一样的深蓝色。用蓝铜矿制成的颜料通常呈艳丽的深蓝色(图 4.1),根据其色彩而将其命名为"天青",是恰如其分的。

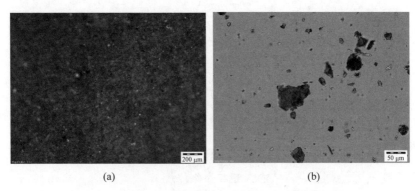

(a) 　　　　　　　　　　　　　　　　(b)

图 4.1　故宫宁寿宫花园养和精舍壁纸中的石青颜料

(a) 壁纸表面显微照片,可见光下,50×;(b) 偏光显微照片,单偏光下,200×

图片来源:本书作者工作,在故宫博物院古建部 CRAFT 文保实验室完成。

综上,清代匠作则例中的"天青"颜料(包括天大青、天二青、天三青、天四青),所指即以蓝铜矿制成的颜料,其主要成分为碱式碳酸铜。今天的研究者普遍用"石青"一词来称呼这种颜料,可能是受到西方术语体系的影响。这与清代营造业的术语并不相同。在清代,"石青"这个词更多地用于指称蓝铜矿矿石(或指某种纺织品的颜色),加工成蓝色颜料之后,通常被彩画工匠称为"天青"。这种情况与 4.1.3 节中将要讨论的青金石颜料是类似的。

4.1.2　梅花青/南梅花青

"梅花青"和"南梅花青"在清代匠作则例中都是常见的颜料名目,广泛见诸明万历年间到光绪年间的各种则例,在彩画作颜料中,是出现时段最长的蓝色颜料之一(参见图 2.2)。

"梅花青"究竟是什么,以往没有研究者说明,普遍认为"失传"或"不详"。但查考文献可知,梅花青即"梅花片石青"之缩略,指的是一种品质优良的石青颜料。

①　《大清高宗纯皇帝实录》,卷三七六。乾隆十五年十一月上。

②　(光绪)《吉林通志》,卷一百二十二。清光绪十七年刻本。

　　和梅花青有关的文献中，最早的一份是明代的《宣德鼎彝谱》①："梅花片石青原册三十斤，今裁减六斤，实该二十四斤。此石青作鼎彝点染石青斑色用。"②这种用于点染青色斑纹的颜料，叫作"梅花片石青"，而后半句则称"石青"，说明"梅花片"是"石青"的修饰语。

　　清初《芥子园画传》也明确指出"梅花片"是石青的一种："画人物可用滞笨之色，画山水则惟事轻清。石青只宜用所谓梅花片一种，以其形似，故名。"③这里指出了"梅花片"一名的来源，是因为石青形似梅花片。同样基于形态的命名方式也见于"曾青"④。曾青也是石青（蓝铜矿）的一种，"其青层层而生，故名"⑤。但曾青和空青的名称多见于本草书，一般不作为颜料名称使用。

　　嘉庆年间的《绘事琐言》更加详尽地记载了清人对天然矿物石青的分类："石青约有三种，一箭头青，悬崖峭壁之上，人不能取，以箭射之，箭头着处，青随箭落，故谓之箭青。一梅花片，形似梅花，故名。此二种为最。又有一种细如芥子，内多绿米，色不甚翠，细者每斤不过千文，片块者或一金一两，或二金一两，总以色翠而鲜为贵。"⑥

　　这里列举了石青的三种品类，其中质优者为箭头青和梅花片。同时也认为梅花片的命名原因是"形似梅花"。"总以色翠而鲜为贵"则是石青颜料质量的判断标准。

　　雍乾年间的《小山画谱》则提供了另一种看法："石青：取佛头青捣碎，去石屑，乳细，用胶取标，即梅花片也。其中心为二青，染花最佳；其下为大青，人物大像用。"⑦也就是说，梅花片是对石青颜料成品的称呼（而"佛头青"指的是制取这种颜料的材料矿石）。这里将"石青"和"梅花片"视为同义词，在此之下，又可以细分为大青和二青。无论如何，将梅花片视为石青的一种，这一点和其他文献是一致的。

　　综合以上文献，可以得到的结论是，在清代，"梅花片"是一种质量上乘

　　①　此书的成书年代有争议，虽署名为明人吴中、吕震撰，但也有人认为是清人伪托。此书存世最早的版本是清乾隆五十三年抄本，因此成书时间即使不在明代，也不晚于乾隆五十三年。因此这个年代问题对此处论证影响不大。

　　②　《宣德鼎彝谱》，卷二。清文渊阁四库全书本。

　　③　《芥子园画传》，卷一。康熙十八年芥子园刊五色套印本。

　　④　曾，通"层"，重叠貌。

　　⑤　《本草纲目》，卷十。明万历刻本。

　　⑥　《绘事琐言》，卷三。清嘉庆刻本。

　　⑦　《小山画谱》，卷上。钦定四库全书本。

的石青，也称"梅花青"。

从现代科学意义上说，梅花青和天大青的成分和矿物来源基本相同，都是开采自蓝铜矿（azurite）的碳酸铜盐，其主要区别在于品质和产地。但是，在清代匠作知识体系下，它们却被视为两种颜料，而且决不可混同。在各种画作工料则例中，梅花青与天大青往往同时存在；而在价值则例中，梅花青与天大青的价值也并不相同。根据表 4.1 的统计，二者都属于价格较高的颜料，而梅花青多数时候比天大青更加昂贵，但二者的价格也有一定程度的上下浮动，可能是受到供应状况的影响。

表 4.1　几种清代价值则例中梅花青与天大青的价格

单位：银两/斤

则例名称	年代	梅花青价格	天大青价格
圆明园内工杂项价值则例	乾隆年间	2.5	2.8
圆明园、万寿山、内庭三处汇同则例	乾隆年间	3.2	1.4
户部颜料价值则例	乾隆六年	3.2	1.4
户工部物料价值则例	不详	3.2	1.4
工部杂项价值核定则例	不详	3.2	1.4

资料来源：根据相关匠作则例中内容整理。

那么，在工程实践中，这两种颜料是否的确用途不同？答案是肯定的，这可以从一件顺治十年的营造事例中得到证实。当时的工部尚书刘昌负责督办慈宁宫修造工程，由于天大青无处采买，特地上奏，请求皇帝允许以梅花青代替天大青使用。

刘昌的题本中提及，原本需要在江南、浙江二省召买的梅花青，一时尚未解到，因此不得不改在京中采买："今二月内建造慈宁宫需用颜料紧急，又经本部题准，仍于在京铺商内寻觅，照依时价买用。……今到处寻觅，梅花青并二号天大青、石三绿三项具有，其上号天大青遍觅止有三斤，每斤四十两。"①

遍觅京城的结果是，京中有梅花青，天大青却只找到三斤，无论如何也不敷使用。无奈之下，只好想出一个权宜之计："臣等议得青绿二项京中既已乌有，该省又未解到，需用孔亟时刻难缓相应，题请上号天大青或以梅花青及二号天大青代用，石大块碎者应否可用，统候圣裁。"① 也就是说，希望

_____

①　长编 65615，《工部尚书刘昌题为内廷买办颜料事》，顺治十年四月二十三日。中国第一历史档案馆藏。

用梅花青代替天大青。

　　对此提议，顺治给出的批复是："颜料可用与否，该工官臣自知，你部里还商酌妥当具奏。"[①]于是刘昌与管工章京等人商榷后，"面询匠役，议得天大青以梅花青代用"[①]，再次请旨，皇帝这次批了"依议"[①]。也就是说，这次慈宁宫修缮工程中，梅花青在一定程度上代替了天大青，这也必然在某种程度上对建筑彩画最终的呈色产生影响。

　　作为天然矿物颜料，梅花青的出产受制于有限的矿产资源，其产量难以保证。这也是其价格格外昂贵的原因。顺治十年在江南、浙江召买的梅花青已经迟迟不能办解，到乾隆年间就更加吃紧。乾隆三十三年，甘肃提督在公文中咨称，实在无法完成梅花青的办解任务："自乾隆二十九年五月开工起，至三十一年六月止，仅获梅花青二十八斤六两，开采实属维艰，声请停止，并请将旧采梅花青四十九斤一同委员批解。"[②]这仅得的二十八斤梅花青，加上旧有的存货，一共只有七十七斤，对于眼下的宫殿油画工程而言，远远不敷应用，因此索性将这批梅花青交内务府造办处入库收存，工程所需梅花青则另行在京采买。

　　从清代建筑彩画中采集的蓝铜矿颜料样品来看，这一类颜料的品质的确呈现出随着时代推移而不断下滑的趋势。早期的颜料颗粒大、颜色深，在彩画中呈色沉稳，相当美观；到清代中后期，不仅粒径变小，颜色变浅，而且往往需要和 smalt 等其他颜料混用(图 4.2)。

　　此外，彩画作则例中除了"梅花青"以外，还有一种颜料叫作"南梅花青"，"南"字当指产地。在若干则例和奏折中，都能看到梅花青和南梅花青并列出现，说明二者所指并不完全等同。

　　《圆明园内工杂项价值则例》和《户部颜料价值则例》中，均同时收录此二种颜料的价格，南梅花青的价格比梅花青更为昂贵(表 4.2)。因此可以推断，南梅花青是梅花青中质量较优者。

---

　　①　长编 65615,《工部尚书刘昌题为内廷买办颜料事》，顺治十年四月二十三日。中国第一历史档案馆藏。

　　②　《宫殿中一路油画工程所需梅花青由甘肃采办转由在京采买等事》，乾隆三十三年十月初十日甲子。香港中文大学，中国第一历史档案馆《清宫内务府造办处档案总汇》，第 31 册，北京：人民出版社，2007：第 715-716 页。

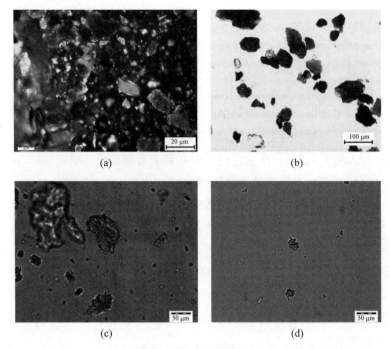

图 4.2   不同时期建筑彩画中的石青类（天然蓝铜矿）颜料

（a）明代（钟粹宫）；（b）清早期（养心殿）；（c）清中期（长春宫）；（d）清晚期（镇国寺万佛殿）

图片来源：本书作者工作，在故宫博物院科技部实验室及清华大学建筑学院 MSRICA 实验室完成。

表 4.2   则例中的南梅花青与梅花青价格对比

单位：银两/斤

则 例 名 称	南梅花青价格	梅花青价格
圆明园内工杂项价值则例	4.386	2.5
户部颜料价值则例	5.1	3.1

资料来源：根据相关则例内容整理。

除了应用于油饰彩画之外，在乾隆十四年《钦定工部则例》的"门神作"中，"南梅花青"也出现在"门神细描彩画"所需工料清单中，说明质量优良者也可用于较细致的彩绘。前文述及的乾隆三十三年那批梅花青，"颜色鲜润，较之市买青斤迥不相同"①，最后由乾隆批复："交启祥宫收贮，画好画

---

①   《宫殿中一路油画工程所需梅花青由甘肃采办转由在京采买等事》，乾隆三十三年十月初十日甲子。香港中文大学，中国第一历史档案馆《清宫内务府造办处档案总汇》，第 31 册，北京：人民出版社，2007：第 715-716 页。

用，著丁观鹏经管"，对这批颜料而言，也算是颇为恰当的处置。

综上，梅花青是天然石青类矿物颜料中的一种，由天然蓝铜矿研磨制作，其天然矿石呈片状形态，因此又名"梅花片石青"。作为颜料，梅花青的质量是石青类颜料中最上乘者，"色鲜而翠"，不仅是营缮物料，其鲜润质优者，也可以满足绘画之需。但其开采量十分有限，其产量在清代一直呈下降趋势，因此在清代彩画颜料中始终是价格最昂贵的品类之一。其中一类产于南方的梅花青品质尤其优良，称"南梅花青"，价格可达普通石青颜料的数倍之高。

4.1.3　青金石/天然群青/紫艳青

青金石是一种天然矿物，矿物名 Lapis Lazuli，是包括青金石矿在内的多种矿物集合体，化学式一般写作（Na，Ca）$_8$［（S，Cl，SO$_4$，OH）$_2$ |（Al$_6$Si$_6$O$_{24}$）］。

成分和比例的差异，决定了这种矿物质地和色泽的多样性。上好的青金石呈现均一的深蓝色，而当白色矿物杂质的比例偏高时，颜色就变浅。一个罕见的特征是，青金石矿物在深蓝色中还带有金属光泽，因此常被比喻为星辰闪烁的深蓝色天空，"若众星之丽于天也"[1]。实际上这种星光闪烁的效果来自嵌在青金石中的黄铁矿等杂质颗粒。

并不是所有色泽艳丽的矿物都能研磨之后继续保持其色彩，但青金石研磨之后可以用作蓝色颜料，呈现富于宝石光泽的深蓝色到蓝紫色。这种源自亚洲的颜料曾经广泛传播到世界各地，在古代中国、欧洲、波斯和印度都有应用[2]。到19世纪，人工合成青金石的技术成熟，成本大幅降低，才彻底结束了用天然青金石制造颜料的历史。

有关人造青金石颜料（通常被称为人造群青）的情况，将在6.2节中详细论述。本节集中讨论天然青金石颜料的应用、定名与来源问题。

---

[1]　这句话作为对青金石性状的准确描述而被各种著作广为征引，但几乎都弄错了原作者，在此有必要稍作说明。这句话的原始出处，是美国宝石学家 George F. Kunz 出版于1915年的著作 *The Magic of Jewels and Charms*（Philadelphia：J. B. Lippincott Company. 1915.），章鸿钊在其著作《石雅》中引用并翻译为文言文："青金石色相如天，或复金屑散乱，光辉灿灿，若众星之丽于天也。"并明确指出这一引文的作者是"苛恩芝氏（G. F. Kunz）"。但由于 Kunz 此书至今没有中译本，中文书籍全部都从《石雅》一书中转引，引述时往往误以为是章鸿钊本人的说法，或者以为是章鸿钊引用古代典籍，甚至以这句话来说明中国古人对青金石的认识。这大约是由于章先生的翻译过于练达晓畅，以致被误会成了地道的古文。这个误会是应当澄清的。

[2]　Joyce Plesters（1993）。

1. 应用历史

青金石很早就被当作宝石来制作饰品，这在古埃及、古希腊和罗马的遗迹中均有发现，在中国，已知最早的青金石制品来自春秋时期的曾侯乙墓，汉代和南北朝时期的墓葬中也屡有出土。但是，以上考古发现的文物都是将青金石作为宝石，用于装饰性镶嵌。将青金石研磨之后用作蓝色颜料，则是起源较晚的做法。

关于天然青金石颜料的应用历史，中外研究者已经有过相当充分的讨论，此处仅作简略回顾。西方的应用历史，可以参见 Joyce Plesters(1993)的综述[①]。欧洲的应用主要集中在 14—15 世纪，使用范围很广泛，包括壁画、架上绘画和手抄本。

敦煌研究院在过去几十年中积累的分析数据，则可以大体反映出这种颜料在中国的应用历史：年代最早的案例来自 3—4 世纪的克孜尔千佛洞，此后在敦煌石窟、炳灵寺石窟、麦积山石窟、大同云冈石窟等地的壁画或彩塑遗存中均有发现，主要集中在 3—6 世纪，零星案例一直延续到五代北宋，最晚的已知案例则是元代的莫高窟 464 窟[②]。

但是，如果梳理青金石颜料在古代中国的应用历史，会发现从元到清之间，是一个漫长的空白期。虽然青金石作为宝石在各个时代的应用和贸易始终存在，但是从元代之后，它似乎就不再作为蓝色颜料使用。

这个空白期当中，目前仅发现两则例外，一则来自青海瞿昙寺，一则来自北京故宫。

第一则案例——严格地说应该称为"疑似案例"——是一项针对瞿昙寺壁画颜料的科学检测，有一个蓝色样品的 XRD 检测结果是青金石[③]。瞿昙

---

① 　该综述见于 Ashok Roy(1993)。

② 　王进玉(1997)。

③ 　但是，对于这个证据的可靠性，仍然应该持谨慎态度。金萍(2012)的断代依据是：从画面形象的相似性来看，走马板彩绘应当与瞿昙寺殿抱厦侧壁壁画成于同一时期；而该抱厦是清代乾隆年间增修的，故此推断走马板彩绘也应该断代为乾隆年间。但严格说来，这一依据只足以说明这处彩绘不早于乾隆时期，并没有其他证据可以排除乾隆之后重绘和补绘的可能性。晚期的重绘和补绘有可能并不改变原始画面，因此从风格也只能判断其初次绘制的年代，而不是最后修缮的年代。另外，仅仅通过 XRD 分析是无法区别天然青金石和人造群青的。敦煌研究院早期受分析条件和经验所限，也曾有过将人造群青误判为青金石的案例(王进玉，1999)。因此，瞿昙寺走马板也可能只是一个晚清时期使用人造群青的普通案例。要彻底弄清这一问题，有赖于对原始颜料样品(或在此位置重新取样)进行偏光显微分析，确认该颜料颗粒是否符合天然矿物特征。

寺始建于明，其壁画主要是明代遗物，王进玉（1997）据此认为这是一则明代的青金石颜料应用案例。

但是，对于一座复杂的大型建筑而言，不能笼统地将主体年代套用到所有局部，考察每一个样品所在位置的具体年代是必要的。从原文中的取样位置信息来看，研究者并未详细记录该样品的取样位置，只简单描述为"瞿昙寺殿木建彩绘"，也未附照片。"木建彩绘"并不是描述壁画或彩画的术语，但它至少提供了一项信息，即该彩绘的载体为木质建筑构件，而不是泥壁。作为一项针对壁画（而非建筑彩画）的研究，为什么会在木构件的彩绘上取样呢？唯一的答案是，该样品的取样位置是瞿昙寺殿的走马板。走马板上的绘画，不属于建筑彩画范畴，性质更接近壁画。

金萍（2012）详细考证了瞿昙寺所有壁画的年代，根据她的研究，这处走马板彩绘，是清代乾隆年间的遗存[①]。因此，这可能是一个乾隆年间使用青金石颜料的证据，与下文即将提到的故宫案例遥相呼应[②]。

第二则案例，是本书作者在故宫慈宁宫花园临溪亭的软天花彩画[③]上发现的蓝色颜料样品。天花中央的明镜部位为深青地色上绘制盘龙图案，此样品即取自深青地色位置（图 4.3）。经 PLM 和 SEM-EDS 分析，可以确认该样品为天然青金石颜料。在偏光显微镜下，该颜料略呈半透明，深蓝色，颗粒粒径在 $50 \sim 100~\mu\mathrm{m}$，形状不规则，颗粒边缘粗糙，正交偏光下各向同性，完全变暗，并伴有少量石英等杂质。这些都与天然青金石的特征相符（图 4.4）。SEM-EDS 分析显示，该样品的主要组成元素为 Na、Al、Si、S，与青金石的化学组分一致，同时未见 Cu 或 Co 等其他显色元素，证明其中不含石青等其他蓝色颜料（图 4.5）。

由于临溪亭天花的修缮历史较复杂[④]，且修复中发现晚期的重修往往保留了早期的图案和色彩设计，因此单从纹样风格难以判断现存天花彩画的绘制年代。但是，该样品在几个重叠的彩绘层中，处在较靠上层的位置，其下还有更原始的彩绘层，因此至少可以排除明代万历年间原始彩画的可

---

① 金萍（2012）。

② 王进玉（1999）。

③ 临溪亭位于故宫慈宁宫花园内，始建于明代万历年间，此后历经明清两代多次修缮。在 2015 年的修缮工程中，其天花彩画被揭下修复。

④ 从清宫内务府档案记录来看，慈宁宫区域建筑几次大修时间分别在顺治十年（1653）、雍正十三年（1735）、乾隆三十二年至乾隆三十四年（1767—1769）。此外，在康熙十八年至乾隆十五年（1679—1749）之间，应该也有过至少一次修缮改建。而其中明确涉及临溪亭的是乾隆年间的一次大修。对此问题的详细讨论可参见李越、刘梦雨（2018）。

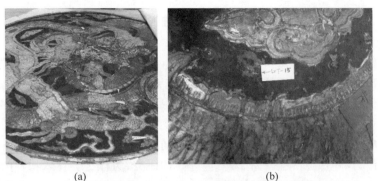

(a)　　　　　　　　　　　　　(b)

图 4.3　临溪亭软天花彩画中青金石颜料样品的取样位置

(a) 天花中央明镜部位全貌；(b) 取样位置局部放大

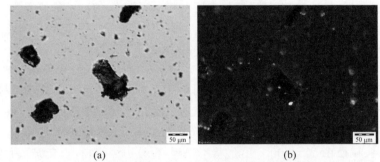

(a)　　　　　　　　　　　　　(b)

图 4.4　临溪亭软天花彩画中青金石颜料样品的偏光显微照片（见文前彩图）

(a) 单偏光下，200×；(b) 正交偏光下，200×

图片来源：本书作者工作，在故宫博物院古建部 CRAFT 文保实验室完成。

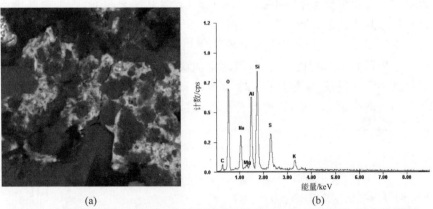

(a)　　　　　　　　　　　　　(b)

图 4.5　临溪亭软天花彩画中青金石颜料样品的 SEM-EDS 分析结果（见文前彩图）

(a) 点扫，背散射像，箭头示检测点位置；(b) 能谱分析结果

图片来源：本书作者工作，在清华大学精仪系摩擦学国家重点实验室完成。

能性。如果综合考虑该天花彩画的保存状况、制作水准以及清晚期颜料使用的一般状况，不难判断，这一彩绘层不会是清晚期的遗迹。结合乾隆年间慈宁宫花园与临溪亭的大修工程（也是唯一一次明确涉及临溪亭的修缮记录）考虑，这处蓝色颜料样品最可能的年代当在乾隆三十四年前后。

这一令人意外的发现证明，在清中期，天然青金石颜料的使用依然存在。

2. 来源与贸易：青金石之路

从汉魏到明清，青金石颜料的兴盛与消失，与青金石矿物的产地贸易及贸易历史直接相关。

有关青金石颜料的产地和贸易问题，西方学者普遍认为，历史上最主要的青金石矿产地是西亚的巴达赫尚（Badakshan，一作巴达克山）地区（今属阿富汗），欧洲几乎所有的青金石都来源于此[①]。马可波罗曾在 1271 年到达这个山区，并特别记录了当地用青金石矿物制备颜料的事实[②]。

对于中国古代的青金石来源问题，王进玉（2009）曾有讨论，认为中国没有青金石矿藏，并通过比对阿富汗青金石标样的 XRD 衍射数据，判断克孜尔石窟和敦煌壁画（北朝-元）中所用青金石颜料，全部来自阿富汗。对其贸易路线，他引用 Jean Wyart 等人的研究结论，指出阿富汗青金石矿区邻近瓦罕走廊，因此能够将青金石运到中国。

但是今天看来，这一结论或许尚有可以商榷之处。文中举出对比的标样仅阿富汗青金石一种，并未包括任何其他矿产地的标样，以此判定"中国境内发现的青金石颜料全部来自阿富汗"，逻辑上有明显疏漏。实际上，伏修峰等（2006）已经在另一项有关青金石产地的研究中指出，青金石的不同产地特征主要判断依据是其伴生矿物的种类和相对含量，并总结了若干矿产地的伴生矿物特征。王进玉（2009）针对中国壁画青金石颜料样品的 XRD 检测结果表明，这些样品中均有透辉石伴生，未提及其他伴生矿物。而根据伏修峰等（2006）的研究结果，存在透辉石伴生的青金石矿床并不止阿富汗一处，俄罗斯贝加尔湖、加拿大芬岛的青金石矿床也具有相同的地质环境（镁质矽卡岩矿床），其出产的青金石同样有透辉石伴生。因此，仅凭上述检测数据，尚不足以判定中国壁画内青金石颜料全部来自阿富汗。

---

① 　Joyce(1993)。
② 　Frampton，Penzer，1937。转引自 Joyce Plesters(1993)。

另外，关于贸易路线的论证亦嫌不足，瓦罕走廊这一贸易路线的存在，只表示古代中国从阿富汗进口青金石确有可能，而不能证明这一贸易在历史上的确存在（这需要更具体的史料支撑），更不能证明这是古代中国青金石的唯一贸易来源。此外，由于该研究涉及的样品在时间范围上仅限于元代以前，并主要集中在 3—6 世纪，这意味着元代以后青金石颜料的应用和贸易问题未必适用该研究的结论。因此，对这一问题的探讨还远未结束。

那么，古代中国的青金石有哪些可能的来源？中国境内有无青金石出产？这仍然需要根据史料展开讨论。

有许多文献记载表明，古代中国的青金石来自西域。《尔雅》云："西北之美者，有昆仑墟之璆琳琅玕焉。"[1]章鸿钊考证璆琳一词的语源，认为"首自青金石出"[2]，则《尔雅》中这条记载很可能是中国古代最早的青金石矿产记载。

早期文献中的青金石无论是何名称，皆从西域出，这一点是无疑问的，但西域的青金石是本地所产，还是由中亚贸易通路输入，却是一个扑朔迷离的问题。

明代记述边疆史地情况的著作《殊域周咨录》，在"哈密"一节，提到哈密的贡物包括"马、驼、玉、速来蛮石、青金石、把咱石、铁器、诸禽皮等物"[3]。另一方面，清代光绪二十九年的地理志书《西藏图考》提到了青金石的另一处产地："洛隆宗南去二日，有浪岩山，产青金石。"[4]乾隆《雅州府志》[5]也记载了西藏地区的青金石出产："工布江达[6]……土产：毛毡、青金石、大面氆氇、大面偏单……西藏……土产：松蕋石、青金石、玛瑙石、蜡、琥珀……"[7]这充分提示了西藏作为清代青金石颜料来源地的可能性[8]。

除了西藏以外，已知的青金石产地还有东西伯利亚的贝加尔湖地区。

---

① 《尔雅》，卷中。《四部丛刊》景宋本。

② 章鸿钊（2010）：第 3-12 页。

③ 严从简《殊域周咨录》，卷十二。中华书局 1993 年点校本。按：原书中此句标点为"速来蛮、青金、金石、把咱石"，误。《明会典》，卷一百十二，对各种贡品的回赐规定："速来蛮石，二斤绢一匹。青金石。一斤绢一疋。把咱石，十斤绢一疋。"引文系本书作者自行标点。

④ 黄沛翘《西藏图考》，卷六。光绪二十九年文瑞楼刊本。皇朝藩属舆地丛书。

⑤ 雅州府，今四川雅安市。

⑥ 工布江达，地名，今属西藏自治区林芝市。按清代行政区划不属于西藏，"西藏在工布江达之西"。

⑦ 乾隆《雅州府志》，卷十二。清乾隆四年刊本。

⑧ 张永江（2016）也持这一看法，认为清朝皇室有可能从西藏获得青金石。

《朔方备乘》有"青金石"条："总记曰，悉比厘阿产青金石、全志曰：青金石产于贝加尔湖之山。"[1]说明古人对于贝加尔湖的青金石出产早有认识，因此也很可能存在开采与贸易活动。贝加尔湖地区原先属于中国领土，到 17 世纪才逐渐被沙俄控制，而即使是在《尼布楚条约》将此区域划归沙俄之后，考虑到有清一代始终活跃的中俄边境贸易，从该地区向中国输送青金石的可能性也并非不存在。

对此，另外一则颇有价值的线索是，《粤海关志》中有青金石进口的税则：

"大青金石片每斤税八分，小青金石片每片税四分。"[2]

可知清代也存在从海路进口青金石的现象。也就是说，青金石的贸易通道并不局限于人们通常认识的丝绸之路。结合清代海上贸易的实际状况，由海路贩运到粤海关的青金石，可能经由南海航线来自西亚，也可能经由东海航线来自俄国。

近年来新疆境内已经发现了储量丰富的青金石矿藏[3]，也从地质角度提供了青金石来源的另一种可能性，不过，这些矿藏是否曾经在清代得到开采，尚未发现直接的证据，因此只能作为一种存疑的假说。

另一方面，一个重要的事实是，巴达赫尚地区青金石矿场的开采也曾经中断[4]，并不像人们通常印象中那样几千年来从未断绝。在巴达赫尚的青金石供给中断或不足时，使用西藏（也许还有新疆）或贝加尔湖矿区出产的青金石，就很可能成为一个替代性的选择。

总结前述分析，可以得到的结论是：中国古代的青金石来源，或许不像前人认为的那样单一，全部来自阿富汗；其贸易路线也并非只经由丝绸之路这一条陆上贸易通道抵达中国。从清代文献反映的情况来看，清代中国的青金石来源可能是多样的，包括海路和陆路两种贸易通道，而海路来源的青金石很可能来自贝加尔湖地区。

除了以上基于文献史料的论证之外，要彻底解决这一问题，最理想的途径是将文献线索与实物相印证，也就是将各处矿产标准样本的元素分析数

---

① 何秋涛《朔方备乘》，卷二十九。清光绪刻本。

② 《粤海关志》，卷九，税则二。清道光刻本。

③ 根据新疆地质矿务局资料，乌恰县和克孜尔以北 100 公里处均发现青金石矿。据阿不力克木·阿不都热西提（2003）。

④ 1837 年旅行家 John Wood 访问该地时，发现该矿场已经废弃。据 Joyce Plesters（1993）转引 John Wood（1841）。

据和古代颜料样本进行比对，将元素组成比例与来源地建立起确凿的对应关系。在有条件的情况下，这将是一个值得探索的研究题目。

3. 定名

古代中国对青金石的称谓相当复杂多样，包括璆琳、兰赤、金碧、点黛、璧琉璃（吠琉璃）等数十种，东西方研究者对此已经多有考辨[①]，此处不再赘述。本节仅就明、清两代的时间范围之内，对青金石颜料的定名作补充讨论。

已知的明清文献中，对青金石这种天然矿石的称谓基本统一，均使用"青金石"一词，例如《明实录》载吐鲁番贡青金石[②]，《明会典》载哈密贡青金石[③]等。实际上，《明实录》中弘治二年（1489）的记录，是目前所见"青金石"一词在中文文献中出现的最早语例，这表明此名称很可能是从明代才出现的。

清朝将青金石纳入正式的礼仪与冠服规范，皇帝祀天的朝珠以青金石为装饰[④]，一些官员以青金石为顶戴[⑤]，皇族贵胄的冠服也多以青金石为饰[⑥]，因此，这个词汇在清代官方文献中出现尤其频繁。明清以降，青金石这个名称逐渐成为汉语中的专名并沿用至今[⑦]，成为矿物学中文术语系统中的定名。

但是，无论在哪一种明清文献里，"青金石"一词的指称对象都是作为宝石或装饰品的青金石，而从未有任何文献用此词指称颜料。既然青金石颜

---

① 古代中国青金石的名称及其演变是个相当复杂的问题，因为在明代以前青金石始终是多种语源的多种称谓并存，这其中，一些词汇的指称对象不限于青金石；一些词汇随着时间发展不再指青金石，或不再特指青金石；也有一些词汇在不同文献中的所指并不相同，需要具体辨别。对这一问题，较有价值的两项研究是：章鸿钊《石雅》第一卷的"璆琳"一节，对璆琳、琅玕、璧流离、琉璃几个称谓的来源、演变和应用范围作了详细的考述；阿不力克木·阿不都热西提在硕士学位论文《西域青金石与东西方经济文化交流》中，专辟一节"青金石的古今中外名称考"，涉及范围更加广泛，除了古代汉语，也讨论了青金石在其他古代语言中的名称。考虑到青金石的产地和贸易来源，对波斯语、回鹘语、藏语、满语和阿拉伯语的名称考辨是极具意义的。

② 《明孝宗敬皇帝实录》，卷二十九。

③ 《明会典》，卷一百七，礼部六十五，朝贡三。又见卷一百一十二，给赐三，外夷下。明万历内府刻本。

④ 《嘉庆朝大清会典》，卷二十二。

⑤ 《乾隆朝钦定大清会典则例》，卷六十五："奉恩将军、固山额驸暨四品官员俱用青金石顶。"

⑥ 详见《乾隆朝钦定大清会典则例》，卷三十，卷六十五，卷一百四十三。

⑦ 张永江（2016）。

料在古代中国确有应用,那么青金石制成的颜料一定另有其名①。

就实物遗存来看,明清两代,青金石作为颜料的使用范围显然很有限,如前所述,目前确知的实例仅一二处而已。从内务府造办处档案来看,即使是内廷收贮的青金石,数量也很少②,如果研碎后作为颜料,显然是一种相当奢侈的做法,并不适合大面积用于建筑彩画。但是,临溪亭天花等案例中青金石颜料的发现,说明这种彩画颜料的确曾经应用于皇家建筑工程。因此,它的名称就有可能曾经出现在清代官修匠作则例之中。

查阅诸种清代彩画作则例,不难注意到,在营造物料清单中,的确出现过一种罕见的颜料——"紫艳青"。

"紫艳青"作为颜料名称,见于乾隆元年刊行的《九卿议定物料价值》和另一份《户工部物料价值则例》(内务府抄本,无年代)。两份则例都记载了这种颜料的价格。

在清代的各种价值则例中,几乎所有颜料(金箔除外)都是论斤计价的,唯有《九卿议定价值则例》中的"紫艳青"却是论两计价,每两价值"银二钱一分八厘"。也就是说,每斤价值高达银三两四钱八分八厘。就颜料而言,这是异常昂贵的价格。在这份文献提及的所有颜料中,除了黄金之外,以紫艳青的价格为最高。雍乾年间其他价值则例中,价格如此之高的颜料也只有南梅花青等极少数几种(详见附录 E)。

同样,《户工部物料价值则例》中的紫艳青也是按两计价,价格每两二钱一分八厘,与《九卿议定价值则例》相同。从内容判断,这份《户工部物料价值则例》年代应当晚于《九卿议定价值则例》,所记载颜料种类扩充到后者的两倍多,同种颜料的价格相比九卿定价也多有更动。价值则例重新修订时,须根据时价调整已经有变的条目,而紫艳青这一条目并无变动,这有两种可能:一是时价未变;二是修订时这种颜料已经不在实际采办之列,因此也无须查访新的市价。对紫艳青而言,后一种情况成立的可能性显然更大。作为营缮物料,它很可能只在清代某个有限的时段内昙花一现。

另外一则证据也支持了上述推测:在《九卿议定物料价值》中,紫艳青属于"户部无旧例"之列,也就是说,户部的旧有价值则例中未将紫艳青列入

---

① 虽然多数情况下矿物颜料都直接以该种矿物命名,但矿物名和颜料名不同的情况也并不罕见。

② 参见清宫内务府造办处历年《收贮物料清册》。乾隆年间,造办处青金石储备量最大时也不过几十两,量少时只有几钱或无储备。

常用颜料。其中透露的信息是，紫艳青原先并不属于彩画作颜料，是从某个时期开始，为了某种特殊原因而新添的物料。

张永江（2016）通过梳理内务府造办处档案，发现乾隆二十九年之后，清宫库存青金石的数量有急剧上升倾向，推测这一现象很可能与清朝平定准部后实现了对新疆及丝绸之路的掌控有关[①]。那么，青金石在皇家建筑工程中的应用是否也受此影响呢？

就乾隆时期的紫禁城营造工程来看，用到青金石的实例，除了前文提及的临溪亭天花彩画，还有宁寿宫花园符望阁内的一处匾联，经科学检测，其中的落款小字系以整块青金石雕刻后镶嵌在漆面上（图 4.6）。根据显微分析，取自该处匾联的青金石样品色泽深沉而少杂质，说明原料品质相当优良。由此不难相信，青金石在乾隆时期的皇家建筑装饰中的应用或许远非孤例。

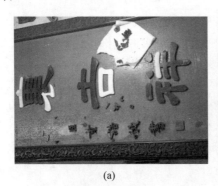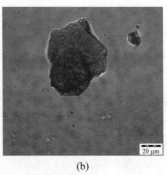

(a)   (b)

图 4.6 故宫宁寿宫花园匾联中的青金石嵌字

（a）取样位置（下方小字处）；（b）青金石样品，单偏光下，200×

图片来源：本书作者工作，在故宫博物院科技部实验室完成。

回到定名问题，从内务府造办处档案中记载的器物用料与库贮清单来看，内廷对这种原料一般径称"青金石"，那么，用青金石加工而成的颜料为什么会被称作"紫艳青"呢？一份有关养心殿等工程营缮事的内务府奏折为这一问题提供了线索：

"养心殿、营造司等各工程处所用：天大青三百八十三斤八钱五分⋯⋯天二青四十四斤十二两⋯⋯紫原天大青一百六十四斤五钱，此以每斤各九

[①]   张永江（2016）：第 134-136 页。

两六钱计,银为一千五百七十四两七钱……"①

这份文献中的"紫原天大青"一词值得重视。此词未见于清代其他任何文献,这份满文奏折是目前仅见的一处记载。在满文档案翻译中,对于生僻难解的专有名词往往采用音译的办法处理②,考虑到"紫原"和"紫艳"的读音之近似,加之紫原二字不可解,此词很可能是"紫艳天大青"之音讹。如果再对这份奏折中的颜料价格加以整理比较,会发现紫原天大青的价格高居诸种蓝色颜料之首(表 4.3),也提示了紫原天大青是一种相当珍贵的物料——通常只有珍稀的矿物颜料才有如此昂贵的定价。因此,物料价值则例中出现的"紫艳青",很可能正是"紫艳天大青"之略语。

表 4.3　康熙五十六年养心殿等工程中涉及蓝色颜料价格统计

	数量	单价(银两/斤)	总价(银两)
天大青	383 斤 8 钱 5 分	7.005	2683.287
天二青	44 斤 12 两	6.098	272.8855
(天)三青	19 斤 12 两 1 钱	3.000	59.268 75
紫原天大青	164 斤 5 钱	9.6	1574.7
南梅花青	146 斤 7 钱	5.1	744.823 125
梅花青	97 斤 5 两 2 钱	4.5	437.9625

资料来源：根据康熙五十六年内务府奏销养心殿等工程银两折内容统计,见《康熙朝满文朱批奏折全译》1270 页。

在前述实例临溪亭天花彩画中,紫艳青的用法和天青(石青)颜料并无二致。采自该天花彩画的多个样品剖面显微分析综合结果显示,在第二次营缮中,该处深蓝地色完全以石青(天青)颜料涂刷,而第三次营缮中改用青金石和石青的混合蓝色颜料③(图 4.7)。也就是说,紫艳青和天大青在彩画中的用法是极其近似的,可以混用或替用。这一证据很好地解释了前者的命名由来——基于"天大青",并且加上了"紫"和"艳"这两个对其性状恰如其分的修饰语。

由以上事实出发,或可作出如下推断：青金石(紫艳青)在清早期曾经是内廷彩画中使用的一种高档颜料,其性状与用途近于天大青,可与天大青

---

① 康熙五十六年《内务府奏销养心殿等工程银两折》,引自中国第一历史档案馆《康熙朝满文朱批奏折全译》,北京：中国社会科学出版社,1996；第 1268 页。

② 此种情况在人名和生僻名词中均不鲜见,因此偶尔也造成讹误,例如将"周清源"误译为"周庆远","鱼子金"误译为"玉紫金"等。

③ 李越,刘梦雨(2018)。

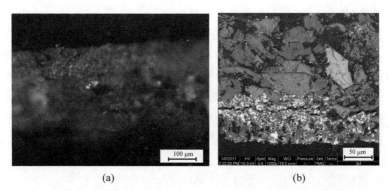

(a)   (b)

图 4.7   临溪亭天花彩画深蓝地色颜料样品中的青金石与石青颜料混用现象

(a) 剖面显微照片，可见光下，200×；(b) 扫描电镜背散射像，1000×

图片来源：本书作者工作，在故宫博物院古建部 CRAFT 实验室和清华大学摩擦
学国家重点实验室完成。

同用。后来供应一度中断，到乾隆后期又随着平定新疆而有所恢复。这种
奢侈的物料未能在皇家营缮工程中长期存在，有限的实例目前仅见于清早
中期。当然，对于这种颜料在清代彩画中的具体应用时段，由于未来仍有发
现其他实例的可能，目前还不宜遽作结论。

4. 小结

综上，有关青金石的主要发现可以简单总结如下：长期以来被认为只
应用于西北地区和 12 世纪以前的青金石颜料，实际上在清代官式建筑彩画
中也有所使用，是一种被忽略了的彩画颜料。作为宝石和矿物，"青金石"的
定名约形成于明代，而在清代普遍沿用，但这种宝石被研磨成颜料之后，就
改换名称，在匠作则例中被称为"紫艳青"，用途与天大青类似。在清代，青
金石除了来自阿富汗的陆路贸易外，还存在海路贸易，经由粤海关进入国
内，其来源地可能还包括贝加尔湖地区。另外，西藏地区所出产的青金石也
可能向内地输送。西域地区向清宫进贡的青金石除了来自西亚之外，也不
排除本地出产的可能。

4.1.4   朱砂/银朱

朱砂(cinnabar)和银朱(vermilion)是古代社会中最重要的红色颜料，
国内外学者对其已有充分研究，因此，本节不再赘述其成分、性状、用途等基
本信息，而着重辨析一个以往研究者忽略的问题：二者在建筑彩画中的应

用区别。

朱砂和银朱的异同，在 3.4.3 节中已有叙述：二者主要化学成分均为 HgS，习惯上一般将天然朱砂矿所制成的颜料称为朱砂，而将人工合成的 HgS 称为银朱。因此下文也将二者统称为硫化汞（HgS）颜料。

在清代，朱砂和银朱[①]同为常用建筑彩画颜料，因其性状和成分近似，在以往的研究和科学分析工作中经常被混为一谈，不少科学检测报告往往将硫化汞颜料一律称为朱砂[②]，而未区分天然与人造。这导致目前少有实物证据能够用来具体讨论朱砂和银朱的用法区别。

然而，对清代匠作则例和档案文献的考察表明，这两种颜料在清代匠作中的用途并不一致，说明清代工匠对这两种颜料的区别有充分认识，因此有必要首先从文献角度对二者的差异加以辨别。

综观各种匠作则例，银朱出现得相当频繁，见于明代《工部厂库须知》和清代早中晚期的 30 余种画作和物料价值则例。出现朱砂的则例相对略少，但也有将近 20 种，从时间范围来看，和银朱大体相同，基本覆盖了清代早中晚三个时段，不过未见于明代的《工部厂库须知》。

但是，如果仔细考察画作工料类则例的相关记载，就会发现这样的事实：银朱在彩画作中的地位比朱砂重要得多。

从则例中记载的画作工料来看，绝大多数彩画中最常用的红色颜料都是银朱，其次是胭脂，而朱砂则是一种极少出现的颜料。以《圆明园、内庭、万寿山三处汇同则例》为例，银朱在其中共出现 200 次，而朱砂仅出现 5 次，均属少见的特殊做法[③]，并未用于任何常规彩画类型。而《内庭大木石瓦搭土油裱画作现行则例》《工程做法》《工部核定则例》等则例中记载的画作做法只使用银朱，朱砂完全没有出现。根据附录 B 的统计，朱砂的名目一共出现在 19 种则例当中，其中绝大部分都是价值则例，因而无法明确判断是否用于彩画。而在具体工程类则例中，朱砂几乎从未出现；仅见的例外是《崇陵工程做法册》，但也仅仅将朱砂用于石碑刻字，而彩画部分全部使用银朱。

从清代档案史料来看（附录 C），朱砂作为营缮物料被提及的次数也远不及银朱频繁，即使提及朱砂，用量也很少。例如康熙五十六年养心殿等工

---

① 则例中一般写作"硃砂""银硃"，本书中一律统一为简体字。

② 也有一些文献中将其称为银朱，但并不包含"人工合成"这一判断，只是一种随意的用法。

③ 在这一则例中，朱砂分别用于"粉红色亮油""苏色亮粉""紫色亮粉""粉红粉"和"画猴鹿皮撕毛片"五种特殊做法。

程所用物料中,朱砂的用量是八十三斤八两八钱,而银朱则是二千二百零六斤二两八钱四分,为朱砂用量的数十倍之多;乾隆二年的"库伦庙工余剩银两及颜料数目清单"中,朱砂只有八两,而其他彩画颜料均以斤计,多者达百余斤[①];另一份光绪十四年的"修理三海等处殿座工程需用颜料清单"中,朱砂的用量仅仅为五两四钱二分,而银朱用量高达二万二百六十八斤[②],二者用量差距已达数千倍。

由此可见,无论是清早期、中期还是晚期,朱砂的用途与一般彩画颜料都不可相提并论。即使是规模浩大的工程,耗用朱砂也不过数两[③]。如此有限的用量,或者只在彩画中用于极有限的点缀;或者根本不用于彩画,而是用在石碑刻字等其他地方。

从清代彩绘文物样品中硫化汞颜料的情况来看,其颜料颗粒的粒径普遍偏小,无论是在红漆(图 4.8)、红色油饰(图 4.9)还是彩画的红色颜料层(图 4.10)中,粒径普遍在 $1\sim3\ \mu m$,甚至更小[④],而所有颗粒的大小相当均一。这与 Eastaugh 等(2008)总结的人造硫化汞颜料(vermilion)的形态特征高度吻合。也就是说,就目前检测实例所见,清代的油饰彩画中使用的几乎都是人工合成的 HgS 颜料,即银朱;而使用天然朱砂的例子则极罕有,故宫建筑中仅见南薰殿内檐彩画一例,且此处彩画为明代遗迹,其用料情况可能与清代有所不同。

至此,对于清代彩画中朱砂和银朱的区别,可以得到这样的认识:清代建筑彩画中使用的硫化汞颜料几乎是清一色的银朱,而不是天然矿物颜料朱砂。朱砂在建筑工程中的用量极少,用途也很有限,几乎不用于彩画和油饰,除了石碑刻字之外,仅见于少量特殊画作做法。由于中文文献中对这两个词汇长期随意混用,造成了"清代彩画中使用的红色颜料是天然矿物颜料

---

① 见附录 C,奏成库伦庙工余剩银两并颜料铅锡等件数目清单,乾隆二年。此工程中没有使用银朱。

② 见附录 C,奏为修理三海等处殿座工程需用颜料等项请户部发放实银事,光绪十四年三月初八。

③ 这其中唯一的例外是,来自康熙二年四月三十日内务府总管费扬古的奏案,其中开列了"彩绘、油饰清宁宫后部添造之二十四间房子"经核算所需的彩绘油饰药物,包括朱砂二百四十一斤,同时并未提及银朱。但是,这是一份满文奏案,由当代学者翻译成汉文时,译者未必清楚朱砂和银朱的区别,只是选用了较常见的词汇而已。因此有理由怀疑其原文所指应当是银朱。当然,如果有其他证据表明这里所说的确实是朱砂,那么,这个用例可能就揭示了康熙年间彩画材料与雍正以后的一处重要差异。

④ 粒径是根据显微镜比例尺推算得到的。

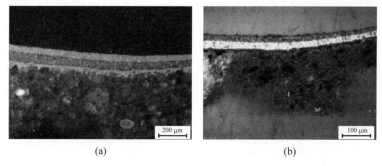

(a)　　　　　　　　　　(b)

图 4.8　故宫钦安殿须弥座彩画红漆层中使用的 HgS 颜料

(a) 可见光下,100×；(b) UV 光下,100×

图片来源：本书作者工作,在故宫博物院古建部 CRAFT 实验室完成。

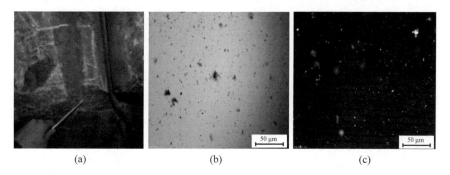

(a)　　　　　　　(b)　　　　　　(c)

图 4.9　故宫东华门城楼柱头红色油饰中的 HgS 颜料

(a) 取样位置；(b) 单偏光下,200×；(c) 正交偏光下,200×

图片来源：本书作者工作,在故宫博物院古建部 CRAFT 实验室完成。

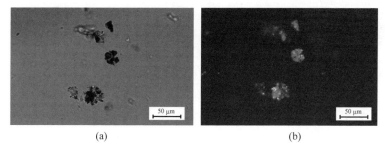

(a)　　　　　　　　　　(b)

图 4.10　故宫同道堂脊檩彩画中的 HgS 颜料

(a) 单偏光下,630×；(b) 正交偏光下,630×

图片来源：本书作者工作,在故宫博物院科技部实验室完成。

朱砂"这样错误的普遍印象。因此，厘清这两种颜料的用途是相当必要的。在科学研究案例中，尤其有必要将"朱砂"和"银朱"作出区别。在条件允许时，可以对二者进行鉴别；检测条件不足时，应当使用更严谨的表述，而不宜一概称之为"朱砂"，以免造成误解。

4.1.5　箭头砂/箭头朱砂

"箭头硃砂"的名目见于《九卿议定物料价值》及《户工部颜料价值则例》，有时也简称"箭头砂"或"箭头朱"，是朱砂的一种，品质上乘。

这一名称的由来，可以从北宋寇宗奭《本草衍义》中的相关记载得到解释："辰州朱砂，多出蛮峒。……床上乃生丹砂，小者如箭镞，大者如芙蓉，其光明可鉴，研之鲜红。"[①]也就是说，这种颜料研磨加工前的矿石原料形如箭镞，因而得名。徐珂《清稗类钞》也提到："朱砂……状如箭簇者，俗谓之'箭头砂'，颇珍贵，色鲜红，或微含铅灰色。"[②]此词也见于多种清代文献，可知"箭头砂"一词至清代已经成为朱砂矿物中一个特定品种的命名。

箭头砂是朱砂中公认品质最优良的一种。《清稗类钞》和《芥子园画传》均将其列为朱砂中质量最上者："朱砂用箭头者良，次则芙蓉疋砂。"[③]《红楼梦》第四十二回，宝钗为惜春开列的颜料单子里就有"箭头朱四两，南赭四两，石黄四两，石青四两……"曹雪芹颇通绘事，不仅罗列名目，不说"朱砂"而说"箭头朱"，是指明欲其质优者，和其后提到"南赭"而不是"赭石"的道理相同。

关于这种颜料的来源与矿石开采状况，清代文献中，以《绘事琐言》的记载较有价值：

"铜仁府志云：铜仁产者，有形如箭镞，号箭头砂，最为可贵，产于万山厂，他砂皆产于上中，此砂独生于石缝中，取之最难，每块并无重至一两者。"[④]

铜仁府在今贵州省铜仁市，在清代仍为重要朱砂产地，这与江户时代日本从中国贵州地区进口朱砂的记载也是相吻合的[⑤]。

由于开采难度大，产量低，箭头朱砂就成为朱砂类颜料中最贵重的一

---

① 《本草衍义》，卷四。清十万卷楼丛书本。
② 《清稗类钞》，第四十五册，矿物类。上海：商务印书馆，1916。
③ 《芥子园画传》，卷一。论设色各法。康熙十八年芥子园刊五色套印本。
④ 《绘事琐言》，卷三。清嘉庆刻本。
⑤ 参见表 5.11。

种。成书于明末清初的史料笔记《风倒梧桐记》中有一段记载，尤其能够说明箭头朱砂的珍贵：

"……其所藏之富厚，奚啻敌国；他物勿论，箭头石青、箭头朱砂、落红琥珀、马蹄赤金，装以细篾箧，每箧五十斤，藏以高板库，每库五十箧，共二百五十库也。"①

将箭头石青、箭头朱砂与马蹄赤金并列，用以描述富可敌国的库藏，足见箭头朱砂之贵重。《天工开物》也专门指出："光明、箭头、镜面等砂，其价重于水银三倍，故择出为朱砂货鬻。"②其中提到的光明砂和镜面砂，与箭头砂并称为朱砂中最优者，但不如箭头砂常见。

4.1.6　马牙砂/马齿砂

马齿砂是朱砂的一种，稀有，品质佳，以形似马齿而得名。陶弘景《本草经集注》："即今朱砂也。……如樗蒲子、紫石英形者，谓之马齿砂，亦好。"这里说的"樗蒲子"，是古代樗蒲之戏所用的棋子。其具体形态虽无考，但《本草纲目》中以"樗蒲子"形容栀子的叶片形状，故可知其形大略为长椭圆形。

马牙砂既可入药，也可作绘画颜料。苏敬《唐本草》谓："形块大者如拇指，小者如杏仁，光明无杂，名马牙砂，一名无重砂，入药及画俱善，俗间亦少有之。"可见马牙砂用作颜料的历史至少可以追溯到唐代。

"马牙砂"作为颜料名称，见于乾隆元年的《九卿议定物料价值》，与其他诸种颜料名目并列。但是"马牙砂"这一名目并未见于画作工料类则例，因此尚无明确文献证据确认此种颜料曾应用于清代彩画。

在朱砂的诸种品类之中，马牙砂应当是较贵重的一种，在唐代已经"俗间少有之"，到清代应当更加难得。在《九卿议定物料价值》之后编修的其他则例中也未再提及马牙砂，或许也与其开采和供应量的减少有关。由于古代文献中对此种颜料的性状特征记载简略，目前还难以将其与实物样品建立对应关系，其作为颜料的科学性状有待进一步研究。

4.1.7　水花硃

"水花硃"一词仅见于明代文献，其中年代最晚的记载见于明末清初的

---

① 《风倒梧桐记》，卷二。荆驼逸史本。
② 《天工开物》，丹青篇。明崇祯十年刊本。

《物理小识》，在明代以前或明代之后的文献中均未见到。由于考虑到明清营造业使用的物料大多一脉相承，不能排除这种颜料沿用至清代而名称改易的可能性。

水花碌作为颜料名称，见于《工部厂库须知》，书中多次记载甲字库中收贮有这种物料，例如：

"合用物料会有：甲字库水花碌一十四两，每斤银四钱三分五厘，该银三钱八分。"①

又如：

"水花碌二百四十二斤五两八钱，每斤银五钱二分，该银一百二十五两九钱九分。"②

《工部厂库须知》中没有直接说明水花碌的用途，但从其他书籍中可以找到线索。同为明代文献的《阙里志》多次提到"水花碌油漆"，例如：

"供桌七张……俱水花碌油漆。"③

可知水花碌能够用于调制红色油漆。此外，嘉靖年间记载造船技术的专书《南船纪》，也将"水花碌"列为船舶油饰彩画所用的颜料：

油饰彩画

桐油五十斤	墨煤四斤	光粉二十斤	二碌一斤	水胶六斤
水花碌一斤	密陀僧四两	酱碌四斤	黄丹二斤	白面十斤
枝条碌四两	靛花青一两	藤黄一两④		

这里所列出的颜料，与建筑油饰彩画所用种类高度近似，由此或可推测，《工部厂库须知》中甲子库所贮颜料，很可能也是用于营造工程的油饰彩画。

在手工匠作之外，水花碌还出现在尚宝司的采买清单中："尚宝司召买水花碌一百二十斤，每斤银五钱二分。"⑤尚宝司是明代掌管宝玺、符牌、印章的机构，亦称玺司、符台⑥。这个机构年年都要采买水花碌。《明会典》载："凡宝色，尚宝司每年该银朱九十斤，行内库关支。正德十二年，加朱三

---

① 《工部厂库须知》，卷三。明万历林如楚刻本。
② 《工部厂库须知》，卷十二。明万历林如楚刻本。
③ 《阙里志》，卷四。林庙。明嘉靖刻本。
④ 沈启《南船纪》，卷一。清沈守义刻本。
⑤ 《工部厂库须知》，卷四。明万历林如楚刻本。
⑥ 王天有《明代国家机构研究》，北京：故宫出版社，2014，第70页。

十斤,派行四川。收买涪州水花银朱一百二十斤解部,转发器皿厂,淘洗送用。"[1]不难推断,尚宝司采买水花硃是用来制作红色印泥的。明代《遵生八笺》中记载的"印色方"(红色印泥配方)中就用到水花硃[2],可为佐证。

那么水花硃的成分是什么呢？如前文所引,水花硃在《明会典》中有时也称"水花银硃",提示了水花硃和银硃的密切关系。水花硃多见于中医药典籍。一名"水花银硃"。《东医宝鉴》:"银硃,亦水银升者,杀疮虫,去脑虱,熏癫风疮,能收水去毒,一名水花硃。"可见其成分与银硃相同,即硫化汞。"用白铅二两,汞五两,硫黄二两,火硝两半,伏龙肝三钱,共研细末,入罐封固,升五炷香,冷定取出,擂碎,即水花硃。"

但是,明代文献中也有这样的记载:"(嘉靖)三十年题准,光禄寺日用连二等盒,水花硃改为银硃,黄绒索改为黄绵纱索,南京亦照此改。"[3]由此看来,水花硃和银硃并不是完全等同的概念。医药书往往将水花硃和朱砂并列在同一个药方中[4],说明从药用角度看,两者也有差异。

4.1.8　红土/片红土/南片红土

红土、片红土和南片红土都是则例中常见的物料,但有关其具体所指,尚未见到任何学术意义上的解释。一些研究者误以为红土就是土朱,也就是赭石,甚至和赤铁矿混为一谈。因此,本节试对这几种颜料的名称及含义作一考辨,以利澄清认识。

由于字面意义相近,这几个名目很容易被误认为是同一种材料。实际上,南片红土和片红土可以视为同种材料——如南梅花青、广靛花一样,只是加上了产地的标识;而红土和片红土,却是两种性质和用途都不同的颜料,不可混为一谈。

1. 红土

红土普遍见载于清代各个时期的匠作则例,以及明代的《工部厂库须知》,是一种长期使用的营造物料。根据颗粒粗细,红土可以分为头号红土与二号红土。二号红土的颜色较浅,明代也称"次红土"。

---

① 《明会典》,卷一九五。明万历内府刻本。

② 《遵生八笺》,卷十五。清嘉庆十五年刻本。

③ 《明会典》,卷二百一,工部二十一。明万历内府刻本。

④ 例如明代张时彻《摄生众妙方》卷八所载"经年顽疮不痊"药方,其中就同时包括"水花硃四钱"和"朱砂二钱"。

　　从匠作则例及其他文献的记载中不难发现，作为营造物料的红土，其主要特征一是用量大，二是价格低。

　　红土的用量大，可以由记载工程实际情况的档案得到证明。例如乾隆年间三陵修缮工程的物料消耗情况："供应三陵及各处工程共用过颜料一万二千四百七十斤十四两零……头号红土二万一千三百一斤三两零，二号红土九千六百斤三两零。"①

　　《宛署杂记》记录了明代皇家营缮工程中红土的价格："红土一斤，价五厘；次红土十八斤，价五分。"②折算单价，红土为每斤五厘，次红土为每斤二厘七分。清代的价格情况与明代大体一致，在《圆明园内工杂项价值则例》等四种不同则例中，头号红土的价格均为每斤一分，二号红土每斤五厘（见附录 E）。

　　红土虽然在物料价值类则例内列入颜料类目，却不见于画作做法类则例。无论内工还是外工，各类型彩画所用到的颜料，只有片红土或南片红土，而从来没有红土。

　　那么，红土在营造工程中的用途是什么呢？这可以由《清会典》中规定的王府家庙的营建制度窥得线索："殿门墙外用红土，内用石灰；院墙用红土。"③可见，红土并非彩画作颜料，而是用来大面积粉刷墙面的。这也解释了为何红土的用量如此之大，远远多于任何一种彩画作颜料。因此，有些价值类则例也将红土归在"灰土"类目之下④，提示了它作为墙面抹灰的物料性质。

　　针对现存清代建筑墙面涂层的检测证实，红土的成分是含有氧化铁的黏土类物质（图 4.11），其中主要显色成分是氧化铁（Fe_2O_3），此外通常还含有其他硅酸盐矿物与金属氧化物，这些成分及其比例都会对红土的颜色产生影响，因此红土的显色也因产地而异，一般而言，呈现不太鲜艳的暗红色。

　　关于清代皇家营造工程中红土的来源，可以再补充一则清早期史料中的信息。雍正曾经数次谈到陵寝修缮工程中所用红土的采办问题：

　　"谕工部：陵寝所需物料，典礼攸关。理应敬谨遵照办理。允禄等议称

---

　　①　《留任工部尚书哈达哈为三陵奏销用过各项颜料并再行请领事》，乾隆十二年十二月十一日。中国第一历史档案馆藏。长编 65714。

　　②　《宛署杂记》，卷十四。明万历刻本。

　　③　康熙朝《大清会典》，卷六十六。

　　④　例如《内庭圆明园内工诸作现行则例》，在"灰土"类目下有"头号红土"和"二号红土"。

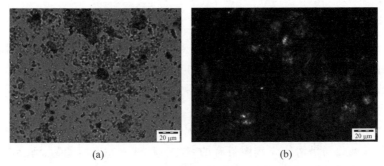

图 4.11　山西平遥镇国寺墙面红色涂层中含氧化铁的黏土类物质

（a）单偏光下，630×；（b）正交偏光下，630×

图片来源：本书作者工作，在故宫博物院科技部实验室完成。

陵寝所用红土，折银发往彼处采买，可省脚价。此特允祹存心阴险，欲加朕
以轻陵工而重财物之名也。此议岂可准行。所用红土，著仍在京采买好者，
运送应用。如有不肖官员串通部员，不将红土领运，折银携往本处采买，定
行从重治罪。"①

　　"永陵配殿所用红土，系各处通有之物，若自京城运往，糜费运价，应给
银于彼处买用等语。红土虽云各处皆有，然亦有美恶不同，何得谓一概可
用乎？"②

　　以上两段话透露出这样的信息：红土是一种常见物产，各地都能采办，
但质量高下有别。雍正上谕中命工部"在京采买好者"，指的并不是京中所
产，而更可能是各地办解到京的红土。

　　从地方志记载来看，出产红土的府县极多，的确是"各地通有之物"。唯
嘉靖《武安县志》中将红土列为贡物③，说明武安县（属清代彰德府）所产红
土应为质量上乘者。不过，雍正的上谕主要是出于打压允祹的目的，才抓住
红土的采办问题大做文章，其指示未必真正成为历朝遵循的通例。对于这
种随处可以采办而又用量极大的物料，在工程实践中，恐怕还是以就地取材
的可能性更大些。

---

① 《大清世宗宪皇帝实录》，雍正二年十一月。

② 《世宗宪皇帝上谕内阁》，卷二十五。雍正二年十月初九。钦定四库全书本。

③ "贡：红土二百斤，大角鹿一只，白硝羊皮六百一十九张。"见嘉靖《武安县志》，卷一。食货志。

2. 片红土

片红土也是清代匠作则例常见的营造物料。和红土不同的是，片红土不是苫壁灰土，而是绘制彩画所用的红色颜料。"片红土"和"南片红土"的名目，出现在绝大部分画作做法类则例中，普遍应用于旋子、苏画、天花彩画、椽头彩画等各个类型。

"片红土"一词，仅见于清代匠作则例及其他记录清代营造工程物料的文献，可见此词是清代匠作中特有的名称。片红土在康熙朝《大清会典》中，写作"片儿红土"[①]，可知"片"字系修饰语，形容其片状形态。此后多数文献将"儿"字略去，通称"片红土"。

那么，片红土是什么呢？前述《大清会典》"片儿红土"条目之下又有小字注释："片儿红土，即腻朱。"[①] 这为理解片红土的性质提供了线索。

"腻朱"一词多见于明代文献，至康熙年间仍有使用，此后就不再出现。综合各种文献记载，可知腻朱是一种与银朱类似的红色颜料。《汀州府志》载："康熙十八年，奉文办解本色银朱、腻朱等料。"[②]《安溪县志》的岁贡清单中提到："银朱，内有腻朱。"[③] 可见腻朱与银朱颇有近似之处，提示了腻朱（片红土）的性质更近于"朱"，而不是土。这也与画作工料则例中记载的情况相符。

有明代笔记中提及腻朱的成分是硫化汞，也即银朱[④]，此说不足信。不少明清文献中都将腻朱与银朱明确并列为两种颜料，例如《抚吴疏草》中谈及康熙元年物料价值估定造册事时，提到："惟银朱、腻朱、黄蜡、白蜡、藤黄、靛花……十三项系该省所出。"[⑤] 祁彪佳列举崇祯年间的甲字库库贮，亦有"银朱三千一百一十五斤三两，腻朱一千四十八斤五两二钱"[⑥]。以上均为户部官库核定的物料信息，比起一般笔记，在物料的定义问题上应当是更可靠的。

在现代科学视角下，片红土是以 α-氧化铁为主要成分的红色颜料。从现存清代各时期、各类型彩画实例中，都检测出大量的氧化铁类红色颜料（实例详见 3.3.3 节），均系赤铁矿（Hematite）的人工合成形式。由于研究

---

① 康熙朝《大清会典》，卷三十一，户部。

② 《汀州府志》，卷十，田赋。清同治六年刻本。

③ 嘉靖《安溪县志》，卷一。明嘉靖刻本。

④ 《竹屿山房杂部》中记载的腻朱制法，是以水银与硫黄为原料烧制，所得产物应为硫化汞（银朱）。但这里的腻朱并非营造物料，而是印色，因此也不排除同名异物的可能。见《竹屿山房杂部》，卷七。合朱法。

⑤ 《抚吴疏草》，卷十三。清康熙五年刻本。

⑥ 《宜焚全稿》，卷十一。明抄本。

者对此类颜料的历史名称认识不足,在科技检测中将其笼统称为"铁红"。"铁红"是一个当代的新造词,缺乏明确的科学定义,实际运用中,泛指一切"含有氧化铁的红色颜料"。但是,对于古代各种含氧化铁颜料的种类鉴定,不应停留在一概以"铁红"命名的层面上。

这里顺带对"土朱""赭石"和"赤铁矿"这几个概念略作辨析。宋代彩画中常用的红色颜料"土朱",与红土虽然名称相近,概念却并不等同。根据《营造法式》的记载,"土朱"是用于彩画作的红色颜料,用于贴金衬地等做法[①]。分析《营造法式》的文本可知,土朱是代赭石的别称[②],即出产于代州的赭石,是赭石中质优者,价格应当不菲。这也与清代物料价值则例中的记载相符:赭石价格大体在每斤 5～6 分,约为红土价格的十倍。从现代科学意义上说,虽然二者的显色成分都是氧化铁,但作为混合物的具体组分却有所不同,受氧化铁的含量比例及其他成分影响,颜色、性状和其他性质都会有差别。因此,土朱(赭石)和红土是两种不同的物料,不可因其字面意义相近而混淆。至于赤铁矿则是一种天然矿石,产出十分有限,从文献和实物两方面证据来看,清代彩画中所使用的颜料并不是赤铁矿,而是人工合成的代用品。

综上,片红土是一种红色的彩画颜料,明清两代均有使用,明代通称"腻朱",这一名称到康熙年间逐渐被"片红土"一词所代替,此后匠作则例和档案史料中均称这种颜料为片红土。片红土(腻朱)是人工合成颜料,其主要显色成分为氧化铁,但就实际检测的情况来看,纯度不高,常常混有黏土等其他成分。在清代彩绘颜料科学检测报告中,这种颜料和红土通常未加分别,被笼统称为"铁红"。实际上,片红土和红土、赭石、赤铁矿等名词各有所指,并非同物异名,其间的分别是应当予以注意的。

3. 南片红土

南片红土是产自南方的片红土,成分及用法当与片红土类似,这是根据清代彩画颜料一般命名规则作出的推断。从康熙年间的物料办解规制来看,腻朱(片红土)由江南、江西、浙江、福建、广东五省负责采办[③],这几个省份均属南方,究竟哪一处所产可以称为南片红土,根据已知史料还不易判断。

在各种物料价值类则例中,南片红土的价格忽高忽低,从每斤 8 厘到

---

① 例如《营造法式》,卷十四:"贴真金地:候鳔胶水干,刷白铅粉,候干又刷,凡五遍。次又刷土朱铅粉,亦五遍。"清文渊阁四库全书本。

② 详见李路珂(2011)。

③ 《左司笔记》,卷十一。清抄本。

9分2厘不等(详见附录E)。此外，则例中有时还有"顶好片红土"的名目，与南片红土并列出现，而前者价格更高，"顶好"二字当是指其品质。因此，"南片红土"这一名称并不像南梅花青那样具有品质更优的含义。

4.1.9　陀僧/密陀僧

陀僧是密陀僧的简称，两种名称在清代匠作则例的画作用料中均频繁出现，是一种应用广泛却较少得到研究者注意的颜料。王进玉(1988)对这种颜料的来源和历史作过初步讨论，但其中没有涉及清代的情况；此外，文中对其来源的看法尚有值得商榷之处。因此，本节试对此种颜料的基本信息作一梳理，并着重探讨其来源问题，以及清代的应用状况。

密陀僧的成分是氧化铅(PbO)。作为天然矿物，一般产于铅矿床的氧化带中，由方铅矿蚀变而来。但这种矿物储量并不丰富，作为颜料的密陀僧，最初大约是由天然矿物加工而成的，待到探明合成方法之后，就主要依靠人工制取了。

密陀僧呈橙黄色或黄色。《唐本草》说它"形似黄龙齿而坚重，亦有白色者，作理石纹"[①]。在古代文献中，密陀僧又名"没多僧"，而"陀僧"则是密陀僧的简写。此外，密陀僧还有一个较罕见的别名"甜面淳干"，见于五代后唐侯宁极所撰《药谱》[②]。

密陀僧原是波斯特产[③]，中国境内密陀僧的天然矿物，近年来才在云南首次发现[④]。古代中国的密陀僧是从波斯引入的，"密陀僧"和"没多僧"两个词汇均为波斯语 mirdā sang 的音译[⑤]。这一名称在中国文献中最早见载于《唐本草》，苏恭记载这种药材"出波斯国""密陀，没多，并胡言也"[⑥]。因此密陀僧进入中国的时间很可能是在唐代。

有学者认为密陀僧并非进口自波斯，而是我国自古便有的人造颜料，"密陀僧"一词也并非波斯语音译，苏恭的说法不足为信[⑦]。证据是东汉末年的炼丹家狐刚子在其著作《出金矿图录》中已经提及密陀僧，可见此物东

---

① 转引自《证类本草》，卷四。四部丛刊景金泰和晦明轩本。
② 《药谱》载《唐代丛书》第三函。转引自唐锡仁，杨文衡(2000)：第319页。
③ 波斯克尔曼省的巴德温温山和德黑兰北部的达摩万德山均盛产密陀僧。据穆宏燕《波斯札记》，郑州：河南大学出版社，2014。
④ 石铁铮(1981)。
⑤ 谢弗(1995)：第478页。
⑥ 《本草纲目》，卷八。明万历刻本。
⑦ 王进玉(1988)。

汉时已有。又举出考古证据，出土的唐代炼银渣块中含有大量密陀僧，认为这可以证明唐代炼银制备密陀僧的方法已经得到广泛应用。这种看法有两个问题，均有值得商榷之处，在此稍作辨正。

第一个问题，狐刚子的著作能否证明密陀僧在东汉已经出现？

狐刚子其人生平不见正史著录，著作早已亡佚，包括《出金矿图录》在内的各种狐刚子名下的著述，都只见于后世各种丹经中的零星引述和摘录。经陈国符和赵匡华两位科学史家的研究挖掘，认为他是晋代（赵匡华认为是东汉末年）的炼丹家，并有相当科学成就[1]，科学史界才对其人渐有认识。但是，韩吉绍（2013）对狐刚子的著作进行考证分析后，认为狐刚子名下著作许多是后人伪托，其时代不能以狐刚子的活动时代计，而需要加以谨慎辨别。因此，其名下著作虽然提及密陀僧，却不宜简单判定其年代为东汉。

那么，提及密陀僧的《出金矿图录》一书成书于什么时代呢？根据近年的学者研究，《出金矿图录》仅见唐高宗时期的《黄帝九鼎神丹经诀》一书中引述，但其引述内容足以证明《出金矿图录》一书的时代晚于晋[2]。同时，《出金矿图录》中还提到了麒麟竭，这是唐代才传入中国的舶来品，说明该书甚至可能就是唐人伪托。因此，以《出金矿图录》的记载，并不能证明密陀僧在东汉已经出现。

第二个问题，唐代是否已经广泛使用炼银的方法制备密陀僧？

"密陀僧"一词为古波斯语对音，且有其他译名（"没多僧"），以中文释义则不可解，其外来词属性是毫无疑问的。除了年代存疑的《出金矿图录》之外，密陀僧一词不见于唐以前文献，而在唐代文献中开始频繁出现，《唐本草》《千金翼方》《外台秘要》[3]中均有提及。因此，密陀僧很可能是一种在唐代传入中国的舶来品。

唐代出土的炼银渣块中含有密陀僧，这是事实，但这一事实却未必能够作为冶炼密陀僧的物证。古代炼银的原始材料是辉银矿（As_2S），自然界中，辉银矿往往与方铅矿（PbS）共生，炼银时加入熟铅，铅与银能相互溶解，生成的合金混入灰底而与渣滓分离，最后再氧化此合金，铅被氧化而生成密陀僧，与银分离，得到纯粹的银[4]。《出金矿图录》中正是记载了这种冶炼方法。但这一方法叫作"出银矿法"，是用来炼银的，密陀僧只是渣滓中附带生

---

① 赵匡华（1984）。

② 详细论证参见韩吉绍（2013）。

③ 王焘撰，成书于天宝十一年（752）。

④ 周嘉华（1992）：第 106-107 页。

成的产物。无论是书中记载，还是出土的渣块，都只能证明唐人以此法炼银而已，而未必是制备密陀僧。

不过，到了宋代，人们逐渐认识到炼银矿（或铅矿）时可以生成密陀僧这一副产品，因此，从宋代开始，中国人就掌握了炼制密陀僧的方法①。北宋《图经本草》记载："密陀僧，今岭南、闽中银铅冶处亦有之……今之用者，往往是此，未必胡中来也"②，并记载了具体冶炼方法。可见宋时密陀僧虽然还有进口，但是已经以国产为主。到南宋时，国产的密陀僧已经全面替代了波斯的进口货，南宋陈承《本草别说》中提到密陀僧时，索性说"外国者未尝见之"③。这并不是否认密陀僧在他国也有出产，而是描述当时国内市场上的情况，几乎见不到进口的密陀僧了。

明清时期的密陀僧也是人工合成的，以铅矿为原料，已经形成产业。《格物中法》引《余冬录》："嵩阳产铅，居民多造胡粉。其法：铅块悬酒缸中，封闭四十九日，开之则化为粉矣。化不白，炒为黄丹；黄丹淬为密陀僧。三物收利甚博。"④《本草纲目》也记载了明代制造密陀僧的方法。

到了清末，西学传入中国，国人对密陀僧有了现代科学意义上的认识。光绪二十三年刊行的《时务通考》中指出了密陀僧的化学成分："密陀僧，黄铅与养气合，化学家名曰黄铅养。"⑤"铅养"是近代化学术语，即氧化铅。该书还记载了密陀僧在当时的功用，包括用作玻璃和瓷器的釉面着色剂，制作肥皂，以及印刷书籍时作"伪金"⑥。

密陀僧作为颜料，见于多种清代匠作则例，其中最早的是乾隆年间的《圆明园内工杂项价值则例》。乾隆时期的《工段营造录》《户部颜料价值则例》，同治年间的《工程备要》，以至宣统年间的《崇陵工程做法册》均将密陀僧作为颜料记载。不过在崇陵工程中，密陀僧并非应用于彩画，而是用于油作，应当是用来调制黄色油漆。可见这种颜料在清代的应用时段相当长，至少从清中期一直延续到清末。

实物证据方面，密陀僧作为黄色颜料在新疆阿斯塔纳古墓出土的唐代彩

---

　　①　这里说的是有意识地以获得密陀僧为目的而炼制。炼银过程中无意识地得到密陀僧，是远早于宋代的。

　　②　转引自《本草纲目》，卷八。明万历刻本。

　　③　转引自《本草纲目》，卷八。明万历刻本。

　　④　刘岳云《格物中法》，卷五下，金部。清同治刘氏家刻本。

　　⑤　杞庐主人《时务通考》，卷二十四，化学六。清光绪二十三年点石斋石印本。

　　⑥　杞庐主人《时务通考》，卷二十四，化学九。清光绪二十三年点石斋石印本。

塑、敦煌莫高窟早期洞窟[①]、成都武侯祠清代彩塑及北京智化寺壁画等处均有发现。另外，对 Winterthur 博物馆所藏中国外销水彩画的分析中，也发现多处黄色颜料呈现单一的 Pb 峰，很可能是密陀僧[②]（图 4.12，图 4.13）。

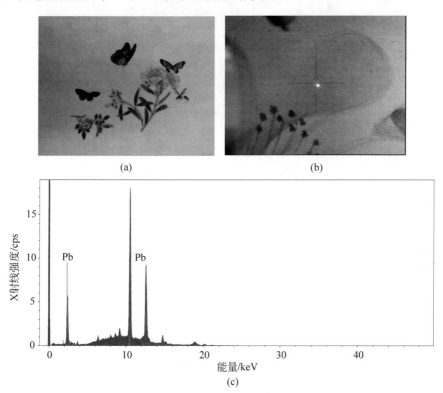

(a) (b)

(c)

图 4.12 Winterthur 博物馆藏中国外销水彩画（Col. 111-No. 56）中的黄色颜料

（a）外销画 No. 56 全形；（b）检测点（黄色花瓣处）；（c）XRF 谱图（示 Pb 特征峰）

图片来源：本书作者工作，在 Winterthur 博物馆 SRAL 实验室完成。

---

① 有学者认为是十六国时期已有密陀僧使用的证据。但是，如果仔细考察原始文献就会发现，这项研究是针对始创于十六国时期的一批洞窟的综合取样分析，取样的洞窟大多数经过后代重修。虽然检出了密陀僧，但原始文献中并无样品的具体取样信息，没有说明这个密陀僧样品具体取自哪个洞窟什么年代的彩绘层，因此其年代是无法证实的，并不能轻率地判断它属于十六国时期。参见王军虎、宋大康、李军（1995）。

② 严格说来，XRF 无法完全确定此颜料种类，如果将 Pb 峰解释为铅白，也有可能是有机颜料（藤黄）和铅白混合。但兑入铅白会导致颜色变浅，多件绘画的观察表明，这些取样区域的黄色饱和度较高，且略呈半透明感，视觉特征上并不像藤黄和铅白混合后的颜料，而更接近于铅黄（密陀僧）的效果。因此在得到进一步分析数据之前，此处使用密陀僧的可能性更大。

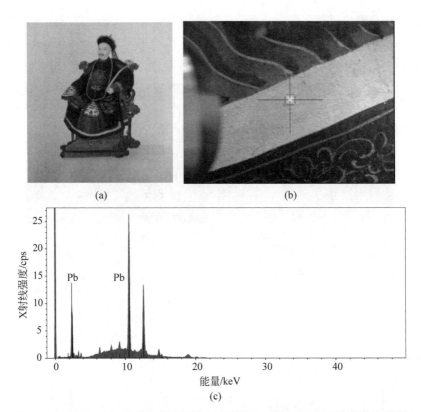

图 4.13　Winterthur 博物馆藏中国外销水彩画（Col. 111-No. 67）中的黄色颜料
（a）外销画 No. 67；（b）检测点（朝服下摆橙黄色绲边处）；（c）XRF 谱图（示 Pb 特征峰）
图片来源：本书作者工作，在 Winterthur 博物馆 SRAL 实验室完成。

　　密陀僧在建筑彩画中的应用，至今只见到一处实例，即江苏常熟赵用贤宅[①]。从清代匠作则例的记载情况来看，密陀僧在建筑彩画（或油漆）中的应用实例应当是存在的，只是科学调查尚未涉及，值得在未来的分析研究工作中继续关注。

4.1.10　包金土

　　"包金土"一词是清代官式建筑营造中的物料名称。于倬云先生论及紫禁城建筑用料时指出："大殿室内墙壁粉刷所用的近似杏黄色的材料称为

—————————

① 　何伟俊等（2008）。

包金土"[1]。孙大章先生认为包金土"是一种土黄色浆粉"[2]。这代表了学界目前对这种材料的一般认识：杏黄色或土黄色，通常用于高等级建筑物的墙身抹饰。明清两代，紫禁城中建筑普遍使用包金土刷饰大殿内壁。但是，包金土究竟是什么，尚未见到过明确解释。除了前述著作中零星提及之外，还没有人做过针对性的研究。本节试从应用、性状、成分、价格和产地等各个方面，为这种颜料作出相对完整的论述。

1. 应用

"包金土"一词最初见于道家炼丹术书，较早的文献如宋代《庚道集》中的"过炉法"，所用原料就包括"鸭觜矾、黄矾、包金土、矾红"等。宋代《金华冲碧丹经秘旨》中"神室法象"一条也提及了包金土："入丹毕合定，赤石脂、包金土、醋调固口缝，令干。"[3]这些文献没有解释包金土的性质和成分，但也表明古人对包金土的认识和利用至少不晚于宋代。

不过，上述宋代文献都是将包金土作为丹药记载的，宋代人是否也用包金土作颜料，目前还没有确凿的证据。有论者提及宋代山西介休窑用包金土作为釉下色料，烧制白地红花瓷器[4]，但尚未见到明确的古代文献证据。如果此说可靠，则表明包金土在宋代至少已经作为陶瓷颜料之用。

将包金土用作绘画颜料的明确记载，可以追溯到元代。根据《元代画塑记》的记载，元贞元年（1295）修造三皇殿塑像所需的颜料中，就有"包金土二斤一十二两"[5]，与石青、胭脂、西绿等颜料并列。

明清两代，包金土都是皇家营造工程的指定物料。明代《工部厂库须知》卷四"缮工司条议"之下详列建筑物料，就提到了包金土。《宛署杂记》中"行幸"一篇，罗列接驾所需营缮物料及价值，其中也有包金土[6]。

清代宫廷档案的相关记载则更加详细。养心殿造办处雍正九年档："正月二十一日内务总管海望口奏称，为新盖板房恐有渗漏，或用灰或用包金土收拾等语。具奏。奉旨：抹灰与包金土不好看，其板房俱做油单几块

---

① 于倬云（2002）。
② 孙大章（2009）：第 528 页。
③ 《金华冲碧丹经秘旨》，卷上。明正统道藏本。
④ 陆明华《中国陶瓷》，上海：上海外语教育出版社，2002：第 187 页。
⑤ 《元代画塑记》，广仓学窘丛书本。
⑥ 《宛署杂记》，卷十四，北京：北京古籍出版社，1980：第 133 页。

苦盖好。"①将抹灰与包金土并称,说明二者功用等同,都是用来涂刷墙壁的材料。可见包金土从清初就应用于皇家营建。

此后,包金土不断见诸各种清代匠作则例。在则例中,包金土往往被归入灰土一类。例如《圆明园内工杂项价值则例》中,包金土就被归入灰土类目下。《内庭圆明园内工诸作现行则例》中,专门开列一项"圆明园油灰红土包金土沙子价银例",列出了油灰、头号红土、二号红土、包金土、黄土和沙子的价格,显然也是将包金土与其他灰土归入一类。

不过,将包金土归入灰土,并不意味着包金土也是灰土的一种,只是表明包金土与灰土在应用上关系密切而已。这也是清代匠作则例的分类逻辑:不是按照物料本身的属性,而是按照功用分类,应用于同一事项的物料就被归入一类。包金土和红土、沙子等物料,都是应用在墙面抹灰等工程当中的。

工部《工程做法》卷五十三的"砖瓦用料"中,记载了包金土在抹灰中的具体用法:

"抹饰黄灰:每折见方丈一丈,厚五分:用白灰一百二十斤,包金土六十斤,挂麻八两,麻刀五斤六两。"②

从这一记载中可以看出,抹饰黄灰时,包金土只是最表面的一层涂饰,下层仍然是白灰。这也与文物建筑上实际取样分析的结果一致(图 4.14,图 4.15)。

在清代,包金土除了涂刷墙壁,也可以用作绘画颜料,这是继承了元代以来的传统做法。乾隆《宁武府志》说它"色类黄金,画工取以绚采"③,应该是指彩塑壁画上的用途。乾隆六年的《户部颜料价值》中,将包金土与黄丹、广靛花、水靛花等彩画颜料并列,按照价值则例的一般编纂原则,往往将相同用途的物料编排在一起,说明包金土很可能也是一种彩画颜料。

2. 性状与成分

有关包金土的性状,可以在两种清代方志中找到记载。乾隆《宁武府志》载:"包金土,《魏志》云石所化也。色类黄金,画工取以绚采,四邑多有

---

① 朱家溍,朱传荣选编《养心殿造办处史料辑览第 1 辑》,北京:紫禁城出版社,2013:第 304 页。

② 《工部工程做法》,卷五十六。清雍正十二年武英殿刊本。

③ 《宁武府志》,卷九,风俗。乾隆年间刊本。

之。《魏志》谓石所化，盖烧石成之者。"[1]《畿辅通志》的物产篇也将包金土归入"石属"。并描述为"色微黄，中带金星，用以泥祠殿壁"[2]。可见，包金土在自然界是以矿石形式存在的，使用时可能需要煅烧加工，使之充分氧化。

但是，古代文献中没有说明包金土具体是什么物质，因此需要依靠科学检测来明确包金土的成分。

目前能够证明包金土成分的科学检测案例至少有两处。第一处是故宫寿康宫的包金土，样品取自寿康宫正殿内檐西次间北壁的包金土墙（图4.14），从剖面上看，其构造做法是在较厚的泥灰层上涂刷了一层厚度约50 μm的橙红色颜料（图4.15）。该颜料颗粒在偏光显微镜下呈橙黄色到橙红色，圆形小颗粒，正交偏光下各向同性（isotropic）。从显微特征上判断，是一种含有氧化铁的黏土类颜料，主要成分为Fe_2O_3。

图4.14　故宫寿康宫正殿内檐西次间北壁（示包金土样品取样位置）

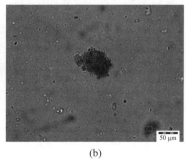

(a)　　　　　　　　　　　　(b)

图4.15　故宫寿康宫正殿内檐西次间北壁的包金土样品显微照片

(a) 样品剖面显微照片，可见光下，50×；(b) 铁黄颜料颗粒显微照片，单偏光下，500×

图片来源：本书作者工作，在故宫博物院科技部实验室完成。

---

① 《宁武府志》，卷九，风俗。乾隆年间刊本。
② 雍正《畿辅通志》，卷五十七。清文渊阁四库全书本。

第二个案例，是宋路易（2017）检测的故宫景福宫包金土样品。该样品取自景福宫西侧游廊的包金土墙，对于包金土色部分，XRF 检测结果为 S、Ca、Si、Fe、Al、K、Ti、Mg 等元素，拉曼和 FTIR 未得到理想结果。从元素组成来看，唯一的显色元素是 Fe，说明最可能的显色成分是 Fe_2O_3。另外，拉曼和红外难以检测到特征峰，也说明包金土是一种沙土为主的复杂混合物，因此。虽然这一案例在年代上可能存疑[①]，但是就目前所知，仍然是具有参考意义的。这两个案例的分析也印证了"烧石成之"的做法——很可能是将矿石煅烧，使 $Fe_2O_3 \cdot H_2O$（氧化铁黄）失水成为 Fe_2O_3。

虽然样品检测的数量有限，但从以上两个案例中，仍然能够初步得到如下认识：包金土是一种天然矿物颜料，其组分复杂，可能包括黏土、硅酸盐、碳酸钙等各种物质，因含有 $Fe_2O_3 \cdot H_2O$ 而呈现黄色到橙黄色，其色度取决于氧化铁的含量，同时也受其他成分及其比例影响。作为颜料的包金土是以呈色与性状命名的，其物质组分取决于具体产地，这同样也会导致色相的差异。

3. 价格

明代文献中没有记载包金土的价格，但是清代档案和则例中有不少记载。《大清会典》卷一百六十五关于"征输石灰煤炭"的条例记载："岁交青白石灰、包金土灰万斤，抵银十一两二钱五分。"[②]虽然不是贸易价格，但也反映出包金土作为物料的价值。乾隆二十五年五月内务府营造司的奏案记载了修缮畅春园、圣化寺等处所用物料及价值，其中也提到包金土："包金土六百五十六斤，每百斤银三钱"[③]，折合下来，相当于每斤银三厘。乾隆三十三年的山西省《物料价值则例》中记载了包金土在蒲州府的价格，是每斤银一分[④]。《内庭圆明园内工诸作现行则例》中，包金土的价格是"每斤银二厘"[⑤]，比油灰和红土的价格都更低。此外，明代的《宛署杂记》中虽然提到

---

① 宋路易（2017）认为其中还含有 TiO_2，但此结论尚存疑问。原文献中未附 XRF 谱图，不知 Ti 元素的具体含量。如果含量很低，说明 Ti 可能只是沙土中的杂质，而不是颜料。TiO_2 作为颜料是 20 世纪才问世的，如果该样品中的确使用了钛白粉，说明该样品只是近年重修的涂层，不能作为清代建筑材料的例证。

② 《大清会典》，卷一百六十五。清文渊阁四库全书本。

③ 允禄等，乾隆二十五年五月二十九日。见《清代内阁大库散佚档案选》，天津：天津古籍出版社，1992：第 299 页。

④ 见《山西省物料价值则例》，清乾隆刊本。东京大学东洋文化研究所藏。

⑤ 王世襄（2000a）：第 1165 页。

"包金土价一分"①，但未提及单位为斤或百斤，因此无法确知明代的价格。其余还有一些档案中零星提及包金土的价格，一并汇总如表4.4。

表 4.4　清代档案文献中记载的包金土价格

文献名称	年代	单位	价值	折合每斤价值（银两）
乾隆三十三年山西省物料价值则例	雍正年间	斤	一分	0.01
弘昼等为奏闻交纳炸煤灰斤军丁地亩钱粮题本②	乾隆八年	百斤	三钱	0.003
乾隆二十五年五月内务府营造司奏案	乾隆二十五年	百斤	三钱	0.003
大清会典则例：卷一百六十五	乾隆二十九年	万斤	十一两二钱五分	0.001 125
永瑢等为收过军丁钱粮数目题本③	乾隆四十年	斤	三厘	0.003
内庭圆明园内工诸作现行则例	乾隆年间	斤	二厘	0.002
热河园内外庙各等处粘修工程销算银两黄册④	道光十年	斤	二厘	0.002

资料来源：根据相关文献内容整理，详细出处参见脚注。

从表4.4中的价格来看，包金土是一种相当廉价的黄色颜料。作为对比，乾隆年间的雌黄（石黄）价格则是每斤一钱六分，雄黄价格更高达每斤六钱至八钱⑤。可见，包金土在黄色颜料中是最便宜的一种，色泽又较鲜艳，是理想的营缮物料。因此，包金土也被大量运用于藏传佛教寺院的装饰，清代的旅蒙商人就大量收购包金土贩售到藏地⑥，以弥补当地物产之不足。

① 《宛署杂记》，卷十四。北京：北京古籍出版社，1980：第133页。
② 大连市图书馆文献研究室，辽宁社会科学院历史研究所编《清代内阁大库散佚档案选编》，天津：天津古籍出版社，1992：第297页。
③ 辽宁社会科学院历史研究所，大连市图书馆文献研究室，辽宁省民族研究所历史研究室译编《清代内阁大库散佚档案选编》，沈阳：辽宁民族出版社，1989：第109页。
④ 中国第一历史档案馆，承德市文物局编《清宫热河档案》第14册，北京：中国档案出版社，2003：第501页。
⑤ 此为乾隆六年《户部颜料价值则例》中的价格。见王世襄（2009d）：第1002页。
⑥ 张友庭《晋藩屏翰——山西宁武关城的历史人类学考察》，上海：上海社会科学院出版社，2012：第252页。

4. 产地

包金土的产地,在明清方志文献中可以窥见不少线索。

《工部厂库须知》卷四中记载了各种营缮用料的来源,其中提到:"包金土在于寅洞山取用,每百斤开运价一钱四分。"①这一记载明确指出,明代宫廷营缮所用的包金土来源于寅洞山。于倬云(2002)认为寅洞山即河北省宣化市北面的烟筒山②。

清代文献没有明确记载清代皇家营造中所用包金土的来源,可能承袭明代惯例从寅洞山采运,也可能有其他产地。包金土在京畿的产地不止一处,雍正《畿辅通志》记载:"包金土,《昌平州志》:红舌山出。《宣化县志》:镇城及蔚州出。"③《大清一统志》也有记载:"包金土宣化县及蔚州出。"④可见包金土在昌平和宣化一带多有出产。

此外,山东平阴也是包金土的重要产地。《明一统志》载:"全蝎、包金土俱平阴县出。"⑤《程赋统会》载:"平阴……土产全蝎、包金土。"⑥

山西省境内,除了前文提及的宁武之外,代州、繁峙、保德、朔州等地也都有出产。《直隶代州志》:"白土,紫土,包金土,皆可为垩壁之用。"⑦《繁峙县志》:"包金土,出县南二十五里,王老崖有石洞,内出包金土,为垩壁之用。"⑧《保德州志》:"包金土,孙家沟佳。"⑨《朔州志》:"货属:石炭、石灰、红土……包金土。"⑩

陕西省也有包金土出产。《米脂县志》:"包金土,在武家坡山,画工用以妆彩绘色。"⑪

此外,清代档案中还有一处关于"包金土"的记载,十分有趣,是清廷如意馆为西洋画家采办的油画颜料。据乾隆二年(1737)五月二十一日内务府

---

① 《工部厂库须知》,卷四。明万历林如楚刻本。

② 于倬云(2002):第129页。

③ 雍正《畿辅通志》,卷五十七。清文渊阁四库全书本。

④ 嘉庆《大清一统志》,卷四十二。四部丛刊续编景旧抄本。

⑤ 《明一统志》,卷二十三。清文渊阁四库全书本。

⑥ 《程赋统会》,卷七。清康熙刻本。

⑦ 《直隶代州志》,卷二。乾隆五十年刊本。

⑧ 《繁峙县志》,卷三。光绪七年刻本。

⑨ 《保德州志》,卷三。乾隆本道光补刻本。

⑩ 《朔州志》,卷七。雍正十三年刻本。

⑪ 民国《米脂县志》,卷七。松涛斋刊本。

造办处档案记载：

"七品首领萨木哈将西洋人戴进贤、徐懋德、郎世宁、巴多明、沙如玉恭进西洋宝黄十二两、红包金土十三两五钱、黄包金土十一两、浅黄包金土七两三钱、紫包金土二十二两五钱、阴黄六十两、粉四十两、片子粉十六两、绿土三十两、二等绿土二十一两、紫粉九两五钱、二等紫粉十二两五钱。持进交太监毛团、胡世杰、高玉呈览。奉旨着交郎世宁画油画用。"①

这份颜料清单中出现了好几种"包金土"："红包金土""黄包金土"和"浅黄包金土"。戴进贤、徐懋德等人都是欧洲天主教耶稣会传教士，他们进献的是专门从欧洲带来的西洋油画颜料，这几种"包金土"显然和本土出产的廉价灰土并非一物。结合"西洋宝黄"这样显然是临时生造的名称来看，这几种西洋"包金土"应当也只是借用中文里的一个既有词汇，来为西洋颜料起个临时性的中文名。

关于这一点，还可以从另一份档案中得到印证。乾隆二十六年(1761)内务府造办处档案记载：

"本月初四日太监胡世杰传旨：如意馆画油画所用各色西洋颜料著给样寄信粤海关监督照样送来，钦此。计开颜料样七包：红包金土用一斤、西洋黑土用一斤、西洋绿土用一斤、西洋紫粉用一斤、西洋阴黄用二斤、西洋重黄包金土用二斤、淡黄包金土用二斤。本月初八日八十一行文。"②

这份清单是特地请粤海关为如意馆采办的西洋颜料，其中也有"红包金土""西洋重黄包金土""淡黄包金土"，名目与前一份档案中相似，却又不尽一致，可见并非固定。

文中也提到，这份采办清单是附有七包颜料样品的，因此颜料的中文名称并不重要，只是行事所需，不得不有个称谓而已。

不过，既然能够借用包金土来为这几种红色和黄色颜料命名，说明这几种颜料至少是和包金土的颜色相似的。这也从侧面提供了一个线索：真正的包金土因产地和组分不同，很可能也有好几种颜色，包括红色、深黄(重黄)和淡黄。

---

①　香港中文大学，中国第一历史档案馆《清宫内务府造办处档案总汇》，第 7 册，北京：人民出版社，2005：第 783 页。

②　香港中文大学，中国第一历史档案馆《清宫内务府造办处档案总汇》，第 26 册，北京：人民出版社，2005：第 660 页。

5. 小结

综上，可以对包金土的基本特征作一小结：包金土是一种天然矿物颜料，在北方多地均有出产，清代最重要的产地是河北和山西，山东和陕西也有产出。包金土的主要显色成分是氧化铁，Fe_2O_3（氧化铁红）或 $Fe_2O_3 \cdot H_2O$（氧化铁黄），根据成分不同，颜色可呈现红色、橘黄色或杏黄色。明清两代官式建筑均将包金土作为涂刷墙面的灰浆用料，一方面因其色泽沉稳，另一方面也是因为价格低廉，宜于大面积使用。另外，包金土也可以作为一种黄色或橘黄色颜料，用于壁画、彩塑及建筑彩画。

4.1.11 无名异/土子

"无名异"一词始见于唐代本草书，除《唐本草》外，还见于《仙授理伤续断秘方》等书，均作药用。唐以后历代医药书均有记载。《唐本草》记载其性状："黑褐色，大者如弹丸，小者如黑石子。"[1]徐应秋《玉芝堂谈荟》则说："无名异，色黑如漆，水磨之，色如乳者为真。"[2]各种文献对其性状描述大体相似，为黑色或黑褐色矿物。

无名异最初可能是从国外传入的。《本草纲目》引《开宝本草》："无名异出大食国。"[3]同样的说法也见于《图经本草》和《重修政和经史证类备用本草》。有学者根据阿拉伯语和汉语的音转关系，结合阿拉伯医药文献记载，考证"无名异"一词是阿拉伯语的音译[4]。

但从《天工开物》的记载看来，"各直省皆有之"，似乎是一种中国各地均有出产的常见矿物。南宋人黄震也曾记载："无名异，小黑石子，价极贱。"[5]明代《工部厂库须知》记载了无名异的价格，是每斤四厘。但北宋《图经本草》却说："岭南人云：有石无名异，绝难得。"[6]因此，有研究者认为无名异所指可能不止一物[7]。

---

① 转引自《本草纲目》，卷九。明万历刻本。
② 徐应秋《玉芝堂谈荟》，卷二十九。清文渊阁四库全书本。
③ 《本草纲目》，卷九。明万历刻本。
④ 宋岘（1994）。
⑤ 黄震《黄氏日钞》，卷六十七，元后至元刻本。
⑥ 《本草纲目》，卷九。明万历刻本。
⑦ 宋岘（1994）。但他似乎没有见到《黄氏日钞》，因此文中只说宋代的无名异（"极难得"）和明代的无名异（"时有之"）相互矛盾，可能所指有别。

现代的许多科技史及医药著作中都认为无名异的成分是软锰矿（Pyrolusite）[①]，这符合上述文献对其性状的描述，而且 MnO_2 作为催化剂，也符合无名异在煎炼桐油中"收火色""收水气"的用法。但是，在《天工开物》中，还将无名异作为一味釉料记载：

"凡画碗青料总一味无名异。此物不生深土，浮生地面，深者挖下三尺即止。各直省皆有之。"[②]

这是说无名异可以用作在白瓷上绘画的青料。同时，《陶埏》所附"回青"条目又提到"回青乃西域大青……上料无名异出火似之"，也就是说，上好的无名异的发色与进口青料（回青）相似。研究者一般都认为，从这段记载来看，无名异的成分应当是钴土矿[③]。但是这又与软锰矿的判断无法统一。对此，有研究者给出了一种合理的解释：无名异是钴土矿石和含铁锰结核矿石的统称，因为这两种矿石形貌接近，古人难以分辨，因而一律命名为无名异，能够用作青料的是其中的钴土矿[④]。

不过，还有一些文献记载未被讨论。一条是将无名异作为青色颜料（而不是釉料）的记载，见于《宣德鼎彝谱》："无名异原册二十斤，今裁减四斤，实该十六斤。此无名异作鼎彝青磁色用。"[⑤]从这一描述来看，似为一种用于给青铜器染色的青色颜料。由于已知的其他文献大都将无名异描述为黑色或黑褐色，《宣德鼎彝谱》的记载就变得难以解释[⑥]。

另一条文献记载也将无名异作为釉料，但却不是青色釉料。《工部厂库须知》的"琉璃黑窑厂"条目下，将无名异列为烧造黑色琉璃瓦的釉料[⑦]，而不是青色琉璃瓦[⑧]。可能的推断有二：一是无名异的发色不止一种，受到釉料配比和烧造气氛等因素影响，有可能是青色或黑色；二是这里所用的无名异是含钴量极低的锰矿，其用途是催干剂而非发色剂。

土子是无名异的别名，这个别名可能是清代才流传开来的，可考的文献

---

①　例如赵匡华（1998）：第 360 页。

②　《天工开物》，卷七。明崇祯十年刊本。

③　较深入的论述参见刘秉诚（1982）。

④　陈尧成等（1996）。

⑤　吕震《宣德鼎彝谱》，卷二。喜咏轩丛书本。

⑥　陈尧成等（1996）曾简单提及这则文献，将其中的无名异理解为"烧制青瓷用的色料"，应是对原文理解有误。

⑦　《工部厂库须知》，卷五。明万历林如楚刻本。

⑧　青色琉璃瓦使用的釉料是"苏嘛呢青"。

仅见于乾隆年间的《盛京通志》："无名异俗呼土子。"[①]清晚期的《吉林通志》也引用了该说法[②]。清代以前的文献则无考。在清代匠作则例中，"土子"一词从乾隆年间开始频繁出现，或许就是《工部厂库须知》中的无名异。从《盛京通志》看来，这有可能是关外满人的俗称，因此只有清代的工匠普遍使用，而不见于文人著述。

4.1.12　云母

云母粉是天然矿物白云母加工而成的粉末，主要成分是硅酸盐。云母有玻璃光泽，因此也具装饰效用，在现代工业中仍然用以制造无机珠光颜料[③]。

云母粉可入药，历代本草书多有记载，又因为有驻颜功效，也颇得丹家青睐，最早的记载可以追溯到葛洪《神仙传》。除了服食之外，古人也注意到其装饰功用。明代周嘉胄的《香乘》所载"金猊玉兔香"的制法，就以云母粉作为颜料。其法如下：

"用杉木烧炭六两，配以粟炭四两，捣末，加炒硝一钱，用米糊和成，揉剂。先用木刻狻猊（狮子）、兔子二塑，圆混肖形，如墨印法，大小任意。当兽口处开一斜入小孔，兽形头昂尾低是诀。将炭剂一半入塑中，作一凹，入香剂一段，再加炭剂。筑完，将铁线、针条作钻，从兽口孔中搠入，至近尾止。取起，晒干。狻猊用官粉涂身周遍，上盖黑墨。兔子以绝细云母粉胶调涂之，亦盖以墨。二兽俱黑，内分黄、白二色。每用一枚，将尾向灯火上焚灼，置炉内，口中吐出香烟，自尾随变色样。金猊从尾黄起，焚尽，形若金妆，蹲踞炉内，经月不败，触之则灰灭矣。玉兔形俨银色，甚可观也。"[④]

官粉即铅粉[⑤]，这里用来涂绘金猊，应是炒过的官粉。据本草书中记载，官粉常有"火煅黄色"或"火煨黄"的用法，是通过加热使之变成黄色的一氧化铅（密陀僧）。而银色的玉兔用"绝细云母粉"涂色，且用胶调，正是调颜料的做法，可见云母粉完全可作银白色颜料使用。

明人高濂在《遵生八笺》中，还记录了用云母粉制作印花信笺的方法：

"造金银印花笺法：用云母粉，同苍术、生姜、灯草，煮一日，用布包揉

---

① 《盛京通志》，卷一百七。钦定四库全书本。

② 《吉林通志》，卷三十三。食货志六。清光绪十七年刻本。

③ 朱骥良，吴申年《颜料工艺学》，北京：化学工业出版社，2002：第 539-540 页。

④ 《香乘》，卷二十五。清文渊阁四库全书本。

⑤ 详见 4.3.6 节。

洗，又用绢包揉洗，愈揉愈细，以绝细为佳。收时以绵纸数层，置灰缸上，倾粉汁在上，晾干；用五色笺，将各色花板平放，次用白芨调粉，刷上花板，覆纸印花板上，不可重搨，欲其花起故耳。印成花如销银。若用姜黄煎汁，同白芨水调粉，刷板印之，花如销金。二法亦多雅趣。"①

　　这里提到的制作工艺，是将云母粉以版画的方式印在笺纸上，形成微有凸凹感的花纹，效果如同银粉。另外还可以在原料里加入姜黄，染成金黄色，印制出来就像是金粉。白芨水是胶性材料，在这里是充当胶合剂（binding media），相当于前引《香乘》中所说的调胶做法。

　　这种工艺的实例在故宫里仍然可以见到，即故宫乾隆花园延趣楼壁纸（图 4.16）。壁纸的制作工艺十分精致，先以云母粉绘制出连续不断头"卐"字纹样作为背景，其上再绘制绿色花纹。由于壁纸纸基也是白色，云母粉所绘的银白色纹样在纸上若隐若现，在一定角度下微微泛出光泽，为主体花纹提供了颇具趣味的底衬。

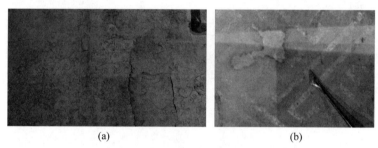

(a)　　　　　　　　　　　　　(b)

图 4.16　故宫乾隆花园延趣楼壁纸上的云母颜料②

(a) 揭取后的壁纸；(b) 云母样品取样位置

图片来源：本书作者工作，在故宫博物院古建部 CRAFT 实验室完成。

　　在偏光显微镜下，延趣楼壁纸中的云母颜料呈现出不规则的形态，颗粒大小很不均一，边缘呈断裂状。折射率小于固封剂。单偏光下无色，个别颗粒稍带蓝色，半透明到透明。正交偏光下有双折射现象，但不太明显（图 4.17）。以上均符合硅酸盐类矿物的显微特征。

　　从样品形态来看，这一样品的光学显微特征与国外研究者发表的实例相比，虽然基本特征一致，但仍存在可辨识的细微区别，为中国传统云母颜料的偏光显微鉴别提供了一种参考。当然，此样品反映的特征究竟是产地

---

① 《遵生八笺》，卷十五。燕闲清赏笺。明万历刻本。

② 这项分析工作在 Susan Buck 博士指导下，与刘祎楠同学共同完成。

特征、时代特征还是制备工艺特征，仍然有待更多数据积累才能予以解释。

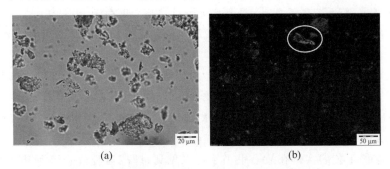

(a)   (b)

图 4.17   延趣楼壁纸中云母颜料的偏光显微照片①
（a）单偏光下，200×；（b）正交偏光下，200×

与此相似的另一个案例是故宫乾隆花园玉粹轩的壁纸，马越等（2017）通过 FTIR 分析，确证壁纸上的"卍"字纹是使用白云母和黏土矿物绘制的。这两处壁纸的工艺做法和图案设计都很相似，可能来自造办处的同一批制作。

清代皇家采办云母粉作为颜料，是确有文献可征的。康熙年间户部主事吴暻所撰《左司笔记》，记载户部掌故，其中有一份康熙年间户部库存细目，在"颜料纸张库"中，贮存的颜料就包括"云母粉十二两"。《左司笔记》还记载了云母粉的来源，书中"物产"一卷，罗列各省贡物，云母粉就在广东省的贡物之列：

"广东：广靛花七斤八两一钱，云母粉二两，紫檀木十四段，每段长八尺，重一百斤。"②

这里云母和广靛花并列，也在一定程度上提示了其作为颜料的用途。

云母作为彩画颜料的实例尚不多见，在山西平遥镇国寺天王殿外檐彩画上曾经观察到类似云母的颜料（图 4.18）。但是这种做法未见于官式则例，应当属于地方做法。张昕（2008）对晋系风土彩画的调查中也曾提及这种材料在当地彩画中的应用，工匠用石磨将云母碾碎后，用胶粘在画面上，形成特殊的装饰效果③。

---

①   这项分析工作在故宫博物院古建部 CRAFT 实验室进行，在 Susan Buck 博士指导下，与刘祎楠同学共同完成。

②   《左司笔记》，卷十一。清抄本。

③   张昕（2008）：第 232-233 页。

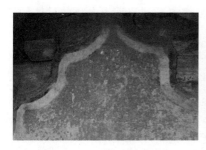

图 4.18　山西平遥镇国寺天王殿外檐彩画上类似云母的颜料

4.2　有机质颜料

有机质颜料是以有机物为原料制作加工而成的颜料，主要包括植物质颜料和动物质颜料两大类。其中不少颜料也可兼作染料之用。

大部分有机质颜料对紫外线敏感，易受光照而褪色，因此在建筑彩画上的应用并不普遍，一般只作小色使用。相对无机颜料而言，有机质颜料的分析检测的难度更高，因此科学检测分析的案例也较少。

4.2.1　靛蓝/广靛花/靛水/煮蓝/蓝靛

英语中 indigo 一词来自拉丁语 indioum，表示这种染料源自印度。中国曾有一个时期从波斯进口这种颜料[①]。但是，正如劳费尔所指出的："我们不要忘记槐蓝这一属的植物差不多有三百种，所以不能希望东方记载里作正确的鉴定。"而苏格兰植物学家华特（George Watt）对这一问题得出了更为透彻的结论：

"各种的槐蓝属植物分布在地球上整个热带地区，以非洲为大本营。除了槐蓝属植物之外，还有几种完全不同的植物出产在化学作用上完全相同的物质。因此，几百年来从这些植物所提取的染料在大多数的语言里都有一个同义词，以至于不能肯定地说，是否印度古典作家所提的 nila 所指的就是出产现代商业上同名字的染料的相同的植物。"[②]

这一论述对古代中国同样成立。即使将范围缩小到清代，仍然很难确

①　劳费尔（2015）：第 212 页。

②　George Watt. The commercial products of India：being an abridgment of The dictionary of the economic products of India. London：J. Murray，1908。

定文献中的"靛花""靛青""靛水""煮蓝"等名词究竟指向哪些具体的植物种类。考虑到各地物产的差异，在人工合成的靛蓝传入中国之前，不同地区的工匠很可能从各种不同的槐蓝属植物（以及其他植物）中提取蓝色染料。从贸易史料来看，他们同时也会使用国外进口的天然靛蓝，其来源植物更加难以查考。

在以上诸种称谓中，"广靛花"是尤其值得重视的一种，因为其中包含有关颜料产地的信息。乾隆朝《大清会典则例》记载："广东布政使司应解：紫降香九百斤，沉香三百斤，紫榆木十四段，每段重二百斤；花梨木十四段，每段重百五十斤；广胶千斤；广靛花二千斤。"[①]《左司笔记》中开列各省贡物清单，也提及广靛花："广东：银砟五百一十九斤七两……广靛花七斤八两一钱，云母粉二两……"清代规制，颜料的采办，是按照当地物产状况分配到各省的，广东负责采办广靛花，又以广靛花作为贡物，可见此物为广东本地所出物产，并以产地命名。

"广靛花"一词不见于清代以前文献，但在清代的匠作相关文献中却有广泛使用，其中最早的是雍正十二年的《工程做法》。《工程做法》全书中共出现"广靛花"276处，而从未使用"靛花""靛蓝""靛青"等其他称谓，说明在当时，广东是这种颜料的唯一采办来源，以至于"广靛花"也常被简称为"广花"。"广花"一词的使用频率，占到这种颜料出现总次数的 1/3[②]。《红楼梦》第四十二回的颜料单子里也有"广花八两"，也是一个雍乾时期日常口语中使用"广花"的语例。

从大量清代文献的叙述中，不难得到这样的印象：广东出产的靛蓝，在有清一代占据了靛蓝颜料的主要市场，并被视为国产靛蓝中质量最优者。但是，这一状况很可能在清末发生了变化。1870年，两位德国化学家首次合成了人工靛蓝[③]，接下来的二十年内，工业生产靛蓝的方法很快发展成熟，化工合成取代了植物提取，成为获取靛蓝更加经济的途径。

至迟到光绪年间，中国已经开始从国外进口人工合成的靛蓝。从光绪二十八年(1902)的中英税则[④]中可以看到，在进口商品的"染料、颜料和油漆"(Dye, Colours and Paints)类目下，靛蓝被分出了四个税率不同的种类：

①　乾隆朝《大清会典则例》，卷三十八。清文渊阁四库全书本。

②　按附录 B 中统计，"广花"一词在相关匠作则例中共出现 11 次，而"广靛花"一词共出现 22 次。

③　Eastaugh N, et al. (2008)。

④　对于这份税则及其中包含的颜料贸易信息，在 5.3.1 节有详细论述。

Indigo,Dried,Artificial or Natural（干靛蓝，人造/天然）

Indigo,Liquid,Artificial（液体靛蓝，人造）

Indigo,Liquid,Natural（液体靛蓝，天然）

Indigo,Paste,Artificial（膏状靛蓝，人造）[①]

能够进入官方颁布的关税税则商品名录，表明在当时，人造靛蓝已经成为一种常见的进口商品。虽然这时它尚未完全取代天然靛蓝的地位——此时天然靛蓝也仍有进口，且国内的生产也在持续——但是毫无疑问，人造靛蓝在清末的中国市场上已经占有一席之地。除了作为染料之外，进口的人造靛蓝是否也作为颜料，应用于清晚期的建筑彩画、壁画或其他彩绘艺术品？这是一个有待实物证据揭示的问题。

4.2.2 洋蓝

"洋蓝"一词只见于清晚期文献，是一个使用时间很短的历史词汇，其使用时间的上限至少可以追溯到 1874 年，在当年的《申报》上曾经刊载洋蓝出售广告：

"启者：本行今有新到染色洋蓝出售，其价格外公道，倘贵客欲买者，请至本行面议可也。此布。九月廿九日，丰裕行启。"[②]

不难看出，这则广告中的"洋蓝"是一种染料。光绪三十二年（1906）《酌定奉天通省粮货价值册》中也出现了洋蓝，属颜料类目。那么，这种颜料究竟是什么呢？

有限的文献证据表明，即使在 19 世纪末 20 世纪初这段不长的时间内，"洋蓝"一词的所指并不统一。

一种情况下，"洋蓝"指的是从印度进口的靛蓝。1901 年《普通学报》刊载了一篇《论洋蓝》："洋蓝，一名印度青蓝，日本名。"[③]并解释了这种颜料的制备方法：其原料来自"印度所栽植一种木蓝属蓼科植物，学名 Indigofera，每年春季莳种，夏日繁植开花，至时刈取之，投炼瓦制之池中，注水起酵，十时至十五时，至其液带黄金色，移其液于别器，剧搅拌，经二三时……"

就这一语义而言，"洋蓝"属于日语借词进入中国但最后被淘汰的语例。

另一种情况下，洋蓝则是指普鲁士蓝（Prussian blue）。1902 年的中英

---

① 见 1902 年中英协定税则（附录 H-3）。原文引自英文版税则，括号内的中文为本书作者翻译。

② 《申报》，1874 年 11 月 9 日，第 6 版。

③ 《论洋蓝》，《普通学报》，1901 年第 1 期第 51-52 页。

税则中出现了这种颜料,在这份双语文件的中文版里,普鲁士蓝对应的中文名称被写作"洋蓝"[①]。由于这是一份正式的官方文件,其措辞应当也能够反映当时某个特定范围内的用词情况。普鲁士蓝这种进口颜料在 18 世纪进入中国以来,长期没有固定的中文译名,在某些文献中,也被称为"洋靛"(详见 4.3.9 节)。这一译名显然出于普鲁士蓝与靛蓝的相似性:二者不仅色彩相近,用途也高度重合。

4.2.3　黄栌木/黄芦木/黄卢木

黄栌木,也写作"黄芦木",后一种写法主要见于《明会典》[②]和《植物名实图考》[③]。从《植物名实图考》中的描述来看,"黄芦木"和"黄栌木"意义相同,只是写法上的差别。明代一些书籍中也有"黄卢木"的写法,但较少见[④]。《汉书·司马相如传》载《上林赋》,有"华枫枰櫨"一语,唐颜师古注:"櫨,今黄栌木也。"[⑤]可见"黄栌木"在唐代已是通行称谓。

黄栌木可以入药,唐代以来各种本草书多有记载。在药用之外,它的另一大用途则是染色。《天工开物·彰施》中说金黄色用"芦木煎水染",指的就是黄栌木。钟广言(1978)认为,从现代植物分类学来看,这种植物就是漆树科植物黄栌木,学名 *Cotinus coggygria* Scop,或毛黄栌木 *Cotinus coggygria* Scop var. pubes cens Engl[⑥]。

清代宫廷中也用黄栌木染布。康熙二十年(1681)内阁大库满文档案载:"制作膳房谷子(音译)套用金黄尤墩(音译)布三十,染成金黄色用黄卢木六十八斤,此一斤以二分计,银一两三钱六分。"[⑦]

黄栌木在《工部厂库须知》中的记载有两处,一处是作为木材[⑧];另一处

---

①　见 1902 年中英协定税则,附录 H-3。

②　原文:"凡遇解到甲字库……苏木、黄芦木、黄白麻……"《明会典》,卷二百八,工部二十八。明万历内府刻本。

③　原文:"黄芦木,生山西五台山。木皮灰褐色,肌理皆黄,多刺三角,如蒺藜。四五叶附枝攒生,长柄有细齿。"《植物名实图考》,卷三十七。清道光山西太原府署刻本。

④　例如马麟《续纂淮关统志》卷七(清乾隆刻嘉庆光绪间递修本):"黄卢木每石(三分)。"又如章潢《图书编》卷六十二(清文渊阁四库全书本):"山半有洞穴,深百余里,中有黄卢木桥。"

⑤　《汉书》,卷五十七上。清乾隆武英殿刻本。

⑥　《天工开物》,钟广言注释,广州:广州人民出版社,1978:第 113 页。

⑦　辽宁社会科学院历史研究所编《清代内阁大库散佚满文档案选编》,天津:天津古籍出版社,1992:第 171 页。

⑧　《工部厂库须知》,卷九。"顺天府每年应解本色黄栌木一千三百斤。"

是作为染料：

"黄栌木八十斤，每斤银二分，该银一两六钱。苏木，四百三十斤，每斤银九分，该银三十八两七钱。内一百五十斤，代茜草用。"

这条记载中，黄栌木与苏木并列，且数量只有八十斤，可以推断是采办来用作染料的。

清代则例中，《工部核定则例》《户工部物料价值则例》等，均将黄栌木列入"颜料"类，表示明清两代营造业中均有用黄栌木煮水作为颜料的做法。但是在画作做法类则例中没有见到黄栌木，其具体用途尚不明确。传统木作有用黄栌木煮水为木料染色的做法，以模拟楠木等名贵木料的色彩，但尚未在传世文物中见到科学检测证实的案例。总之，黄栌木作为颜料或染料在文物中的应用，值得在未来的检测和研究工作中继续关注。

4.2.4　烟子/南烟子/松烟/烟炱

"烟子"和"南烟子"是清代匠作则例中两种最主要的黑色颜料，此外，也有个别则例中出现"松烟"一词。这几种颜料从化学成分上说，都属于碳黑（carbon black）。

碳黑，或炭黑，是碳在不完全燃烧情况下产生的黑色物质。其主要化学成分为无定形碳。"碳黑"和"炭黑"这两个词常常通用，但细究起来，二者内涵和外延仍然略有区别。

"碳黑"一词，实为 carbon black 一词的直译，"碳"字代表其化学成分。而"炭黑"一词是近代工业术语，指"烧炭所得的黑色物质"，"炭"字代表其制备材料。从科学角度说，"碳黑"一词的外延大于"炭黑"。但在中文语境下这两个词语常常混用，在多数文献中未作详细区别。

西方颜料术语体系中，以 carbon black 一词统称所有以碳为主要成分的黑色颜料，这一称谓将燃烧天然石油、油脂、木材或其他有机材料所制得的各种黑色颜料以及石墨全部包括在内，是一个常用的泛称。至于 carbon black 之下的具体种类，则没有严格的分类规则。这里引用一种常见的分类方法，以其制备原材料为分类依据[1]，其具体定义与中文词汇的对应关系可以总结如表 4.5。此外，3.3.6 节也提及了另一种分类方法。

---

① Gettens，Stout(1966)：第 102-103 页。

表 4.5　碳黑类颜料(carbon black)中英文术语对照表

英文术语		定义	对应中文词汇
统称	细分名目		
carbon black/ carbon	graphite/black lead	天然石墨矿物	石墨
based black/ flame carbons	lamp black	燃烧油脂、松香、树脂、焦油、煤等所得。杂质极少，颜色略微发蓝	
	animal black　ivory black	燃烧象牙所得	象牙黑
	bone black	燃烧动物骨头所得（常见的用途是用以模拟 ivory black，因此这两个词有时同义）	
	vegetable or plant blacks　charcoal black	燃烧木材所得	木炭
	vine black	燃烧植物藤蔓所得	无对应中文词汇
	coals	天然矿物煤	煤（在中国未见作为颜料的应用案例）

资料来源：综合整理自三个文献：(1)Gettens R,Stout G(1966,pp.102-103)；(2)Feller,R L (1986,pp.1-2)；(3)Eastaugh N,et al.(2005)。

中国古代的碳黑颜料涵盖了表 4.5 中 graphite,lamp black 和 vegetable or plant blacks 三个类型。以下略述碳黑颜料在中国古代的发展历史，作为理解清代碳黑类颜料的必要讨论背景。

虽然未经考古实物验证，但文献记载表明，上古时期曾经存在用石墨作为黑色颜料的做法，据宋代晁贯之《墨经》："古者松烟石墨两种，石墨自晋魏以后无闻，松烟之制尚矣。"[①]至迟到汉代，中国工匠已经掌握了松烟碳黑

---

① 《墨经》。丛书集成初编本。

的制法。《说文》释墨字：“从黑从土，墨者烟煤所成。土之类也。”①其中“烟煤所成”一语，明确传达了墨的人造属性。北魏末年贾思勰《齐民要术》中，记载了当时的制墨方法，是世界上最早的关于碳黑性能、用途的科学记载：

“好醇烟，捣讫，以细绢筛于堈内，筛去草莽，若细沙尘埃。此物至轻微，不宜露筛，喜失飞去，不可不慎。”②

所谓“好醇烟”，即 lamp black 一类的碳黑。这段文字准确地描写了碳黑的物理性状：“此物至轻微，不宜露筛，喜失飞去。”也就是说，碳黑是一种非常细小的黑色颗粒。

作为颜料，碳黑的质量（发色效果）主要取决于两个因素。一是纯度。碳黑不是 100％ 的无定形碳，其中往往夹杂天然矿物质和烃类杂质③。纯度越高，显色越近于纯黑，质量越好。二是粒子大小。粒子越细小，分散度越高，色泽越好。因此文中第一步即用细绢过滤，得到尽可能细小纯净的颗粒。《天工开物》中强调制松烟墨时要收集“远烟”，即距离炉口最远处的清烟，也是这个道理。

南唐时期，开始使用桐油和动物油为原料制造碳黑，方法是点灯燃油，以陶质烟碗收集燃烧不充分所产生的碳黑粒子，所得产物根据表 4.5 的定义判断，即 lamp black。这种生产方法由中国传播到世界各地后得到了广泛应用，一直延续到工业时代④。

清代建筑彩画中使用的碳黑颜料，颗粒大小颇不均一，粗大者粒径在 $8\sim10\,\mu\mathrm{m}$（图 4.19），细小者粒径则在 $2\sim5\,\mu\mathrm{m}$（图 4.20）。不同大小的颗粒是在制取过程中有意分类收集的，如《天工开物》所载：

“凡烧松烟，靠尾一二节为清烟……若近头一、二节，只刮取为烟子，货卖刷印书文家，仍取研细用之。其余则供漆工、垩土之涂玄者。”⑤

也就是说，距离燃烧源最远（即颗粒最细者）称“清烟”，可供制墨之用；次之者（颗粒较粗）称“烟子”，可供刷印之用；最次（颗粒最粗）者才用于建筑营造。可见，“烟子”一词指颗粒较粗（质量也较劣）的碳黑颗粒。而彩画作则例中所说的“烟子”，又是烟子当中颗粒最粗的等级，属于制墨工艺中的副产品。

---

①　《说文解字》，卷十三，土部。平津馆丛书本。

②　《齐民要术》，卷十。合墨法。四部丛刊景明抄本。

③　Gettens Stout（1966）：第 103 页。

④　1871 年，世界上首次实现碳黑的工业化生产，其生产原理和基本工艺过程仍是这种方法，称为“灯烟法”。

⑤　《天工开物》，下篇。丹青第十六。明崇祯十年刊本。

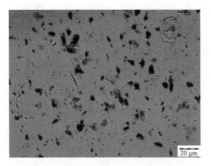

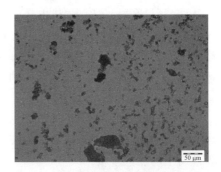

图 4.19　咸福宫后殿内檐彩画中的碳黑
　　　　颜料（正交偏光下，630×）

图 4.20　陵川南吉祥寺内檐彩画中的碳黑
　　　　颜料（正交偏光下，400×）

图片来源：本书作者工作，在故宫博物院科技部
实验室完成。

图片来源：本书作者工作，在故宫博物院科技部
实验室完成。

　　但是，以清代建筑彩画实物检测中所见的情况而论，建筑彩画所用的碳黑颜料（烟子）仍然可以进一步分出粗细等级，以供不同用途。颗粒较粗者，一般用于彩画图案中的黑色勾线——画作工料类则例中，任何类型的彩画几乎都会用到一钱左右的烟子，即为这一用途。颗粒较细的烟子，则通常用于与其他颜料（如铅白、群青等）调和，得到浅灰色、灰蓝色等新的颜色。其原因有二：第一，颗粒细者更易与其他颜料混合均匀；第二，颗粒细者颜色也较浅，更适合配色所需。

　　有研究者将碳黑颜料中颗粒较细者称为"烟炱"，以区别于颗粒较粗大的碳黑颜料，这一命名方式值得商榷。"烟炱"一词的含义，即"烟气凝积而成的黑灰"①，按照表 4.5 的分类方法，"烟炱"在内涵和外延上等价于 lamp black，而彩画中所用的碳黑颜料（烟子）均为 lamp black，也就是说，无论颗粒粗大的烟子，还是颗粒细小的烟子，都属于烟炱。此外，烟炱一词在古代文献中也从未用作颜料的名称，就清代文献所见，一般只用于指称普通灰尘②，或烧煤所生的烟气③。因此，这一命名在科学意义上有失严谨，又缺乏历史依据，并不十分妥当。

　　①　《汉语大字典》第三册，上海：汉语大词典出版社，1993：第 2198 页。
　　②　例如，清代庞元济《虚斋名画录》："残缣断素，久埋没于烟炱尘蠹之中。"《虚斋名画录》，卷二。清宣统元年刻本。
　　③　例如，光绪年间杞庐主人《时务通考》："锅炉烧煤甚缓，烟炱极少。"《时务通考》，卷二十七。清光绪二十三年石印本。

彩画作则例中,同时存在"烟子"和"南烟子"两种颜料名称。于非闇(1955)认为"南烟子"即南方所产之烟子,此说符合清代彩画颜料的一般命名规则,是合理的解释。但"南烟子"与"烟子"有无实质区别？已知材料还难以给出充分解释。查清代各种匠作则例,都没有出现过将"烟子"和"南烟子"明确作为两种颜料并列的记载,因此,这两个名称也可能只是两种叫法,而并无实质性区别。

4.2.5　墨/香墨/徽墨/松墨

在现代科学视角下,墨和前节中的烟子(碳黑)属于相同的物质,即碳单质。得到碳黑之后,兑入胶和其他原料,调和捣细,做成固体块状物,就是墨,使用时再研水化开。作为黑色颜料,其显色成分和烟子并无实质区别。

在彩画中,墨的用量不大,主要用于彩画白活。则例中出现的名目有香墨、徽墨、松墨等数种,而以香墨为最常见。香墨是加入香料制成的墨块,也是一味药材,见载于《本草纲目》。松墨系以制作原料命名,即燃烧松木所制之墨；徽墨则言其产地,为徽州所产之墨。

此外,还有"蓝墨"和"红墨"两种名目,仅见于《户部颜料价值则例》。传统制墨工艺中有彩墨做法,以矿物颜料为原料加胶制作。清代内廷颇盛行,内务府造办处活计档中有多处制作彩墨的记载,如乾隆四年六月二十八日的档案中,即有白色墨、黄色墨、绿色墨、红色墨、青色墨等多种彩墨制作交办的记录[①]。但这两种彩墨名目不见于任何画作则例,恐非彩画使用颜料,而是另有用途,只是作为颜料一同收贮在户部颜料库而已。

4.2.6　紫胶/紫矿/胭脂虫红

紫胶的名称仅出现在一种匠作则例中,即乾隆六年的《户部颜料价值》,尚不明确是否应用于彩画。

紫胶,即紫矿,更准确的写法是紫钾,是中国古代的一种红色颜料。对于紫矿颜料在中国古代的应用状况,王进玉(2000)已有总结,本节仅对此文略作补正,澄清其中的一个重要误解：紫矿与胭脂虫的异同。

王进玉(2000)认为紫矿即胭脂虫,这是由于二者性质特征相近而造成的混淆。实际上,文中列举的材料中,有一些确实是紫矿,有一些则指的是

---

① 内务府造办处活计档,乾隆四年。转引自赵丽红《试析乾隆朝毁造墨》,见《故宫博物院十年论文选,2005—2014》,北京：故宫出版社,2015：第2078页。

胭脂虫,这是应当加以分辨的。

紫矿和胭脂虫都是动物质红色染料,出于虫体,这两种虫虽然形貌近似,但在生物学上属于不同的物种。紫矿在英文中被称为 lac insect,拉丁名 Kerria lacca,又称 *Coccus lacca*(Kerr,1782),*Coccus ficus*(Fabricius,1787),*Lacci fer lacca*(Cockerell,1924)等。胭脂虫的英文名是 Cochineal,拉丁名 *Dactylopius coccus*。这两种昆虫归在同一总科(Superfamily)——蚧总科(Coccoidea)之下,但二者属于不同的科(Family):紫矿属于胶蚧科(Kerriidae),而胭脂虫属于胭脂蚧科(Dactylopiidae)。

二者的另一个重要区别是产地:胭脂虫产于美洲,最早为阿兹特克人和玛雅人使用。16 世纪,西班牙征服阿兹特克帝国之后,才将胭脂虫引入西班牙(Eastaugh N,et al.,2008),而后,这种染料因其鲜艳的色彩在欧洲流行开来,产地也逐渐扩大,到 19 世纪,已经在世界范围内成为一种重要的红色颜料(Kirby,1977)。到明清时期,也通过对外贸易渠道传入中国,并在绘画中得到应用(于非闇,1955)。而紫矿产于亚洲,在古代中国一向应用广泛,既是颜料和染料,也是药材。

有关胭脂虫红在中国的定名、传播、贸易和应用情况,将在 5.4.5 节中详细讨论。

4.2.7　五倍子/五棓子/乌棓子

"五倍子"一词作为营造物料,最早见于明代《工部厂库须知》,此后在清代初见于乾隆元年《九卿议定物料价值》,后又见于《工部油画裱作核定则例》《户部颜料价值则例》和《工部杂项价值核定则例》等。一些则例中也写作"五棓子"或"乌棓子"。

乾隆元年刊行的《九卿议定物料价值》中,同时载有"五棓子"和"乌棓子"两个条目。前者"照旧例"定为每斤银二分三厘;后者则注明"无旧例",另行定价为每斤银四分。此后的《户部颜料价值则例》和《工部杂项价值核定则例》均沿袭此例,同时出现"五倍子"和"乌棓子",价格均与九卿旧例相同。

五倍子是为人熟知的中药药材,但对其作为颜料的应用,以及名称流变,都未见到专门论述,本节就这两个问题略作探讨。

五倍子是一种蚜虫寄生在漆树科树木上生成的虫瘿,可用于提炼黑色颜料。"五倍子"是其最常见的名称,另外也有很多别名,如百虫仓[①]、

---

① 转引自《本草纲目》,卷三十九。明万历刻本。

百药煎①、盐肤子②、木桃儿③、乌桴子④等。此外，青麸杨、盐肤木和红麸杨这几种寄主树木，有时也被称为五倍子或五倍子树⑤⑥⑦。

据劳费尔在《中国伊朗编》中考证，五倍子最早的文献记载见于《隋书》，称之为"无食子"⑧，是萨珊王朝的波斯所产。最早在唐代由波斯传入中国，《唐本草》里即提到此物。《酉阳杂俎》中说："无石子出波斯国，波斯呼为摩贼树，长六七丈。"⑨

《本草纲目》对五倍子的名称已有辨析，认为正确的写法应该是"五楮子"。"楮"这个字是一种树的名字，《玉篇》："木名。出蜀。八月中吐穗如盐状，可食，味酸美也。"郭璞注："出蜀中，七八月吐穗，成时如有盐粉，可以酢羹。"⑩其种子成熟后，表皮上有薄薄一层盐粉，可以采集食用。这也是"盐肤子"一名的来历。由于"楮"字生僻且不易书写，"后人讹为五倍矣"⑩，连同这种树上的虫瘿也一同讹为"五倍子"。写成同音的"倍"字是求其简易，而"五桴子"则是一个折中的写法，"桴"的字义与这种树无涉，也只是借用同音字而已。

至于这个名字的来历，劳费尔指出，"无食子"这个名字是中古波斯语 muzak 的音译⑪。后世认为"五"字是因采收时间而命名，则是晚出的误会。清道光《城口厅志》"物产志"载："倍子树……厅境有二种，五月结实者名五倍子，七月结实者，名七倍子。"⑫这显然是附会之谈，不足为信。

李时珍对这种树木的形态做了详细描述，并说"叶上有虫，结成五倍子，八月取之"。从生物学特征来看，这种树就是现代植物学分类下的"盐肤木"，拉丁名 *Rhus chinensis* Mill，是一种漆树科的落叶乔木。

---

① 转引自《本草纲目》，卷三十九。明万历刻本。
② 《千金翼方》，卷一。元大德梅溪书院本。
③ 《救荒本草》，卷六。清文渊阁四库全书本。
④ 《日本考》，卷二。明万历刻本。
⑤ 《上海地区高等植物名录》，上海：第二军医大学出版社，2013：第 104 页。
⑥ 谢宗万，余友芩，《全国中草药名鉴》，北京：人民卫生出版社，1996：第 471 页。
⑦ 中国科学院北京植物研究所主编，《中国高等植物图鉴》，第 2 册，北京：科学出版社，1972：第 633 页。
⑧ 《隋书》，卷八十三，西域传，"波斯国"条："土多良马，大驴，师子……无食子，盐绿，雌黄。"清乾隆武英殿刻本。
⑨ 《酉阳杂俎》，卷十八。四部丛刊景明本。
⑩ 《本草纲目》，卷三十二。明万历刻本。
⑪ 劳费尔（2015）：第 208 页。
⑫ 《城口厅志》，卷十八。道光二十四年刻本。

　　五倍子本身不能直接用作颜料，但是作为原料，可用于黑色染料的生产。五倍子所含可溶性鞣质，经提炼后可以得到没食子酸。古人很早就掌握了从五倍子中制备没食子酸的工艺："五倍粗末并矾曲和匀，如作酒曲样，入瓷器内，遮不见风，候生白取出，晒干听用。染须者加绿矾一斤"[①]，"看药上长起长霜，药则已成矣"[②]。这里的白霜，古人称为"百药煎"，就是没食子酸的结晶[③]。没食子酸可以用于制造黑色染料："皮工造为百药煎，以染皂色。"[④]则例中所说的五倍子或乌桔子，当指其制成的黑色颜料。

　　五倍子虽然见载于多种画作则例，但其在彩画或其他彩绘文物中的应用，尚未见到科学检测案例证实。这种颜料在清代彩画中有无使用，目前还是一个有待考证的问题。

4.2.8　紫粉

　　"紫粉"作为彩画颜料，在宋代即见载于《营造法式》："紫粉浅脚充合朱用"[⑤]。在清代匠作则例中，紫粉也见于乾隆六年的《户部颜料价值则例》。此外，在雍正二年的《浙海钞关征收税银则例》中，"颜料"类目下也有紫粉一项。

　　由于这种颜料在彩画中地位并不重要，研究者鲜有论及，以至于它究竟是什么物质，也还没有定论。有研究者认为紫粉就是银朱[⑥]，此说似可商榷。就清代匠作则例的记载来看，《户部颜料价值则例》中，紫粉的价格为每斤一两六分，银朱则是四钱六分，相差一倍有余。因此，至少在清代，紫粉和银朱是两种不同的颜料。

　　在既有著述中，尚未见到有关紫粉这种颜料的专门研究，因此本节对其历史略作考述。

　　古代文献中，有关"紫粉"的最早记载见于炼丹术书，《九转流珠神仙九丹经》以紫粉为伏丹（玄黄）别名[⑦]，《抱朴子》载其制法，以铅为原料，"猛火炊之，三日三夜成，名曰紫粉"[⑧]，其产物似为铅丹。此后历代丹经多有言及

---

① 《医学入门》，内集，卷二。"百药煎"条。明万历三年刻本。
② 《本草纲目》，卷三十九。明万历刻本。
③ 南京药学院药材教研组，《药材学》，北京：人民卫生出版社，1960：第1160页。
④ 《本草纲目》，卷三十九。明万历刻本。
⑤ 《营造法式》，卷十四。清文渊阁四库全书本。
⑥ 李路珂（2011）。
⑦ 《九转流珠神仙九丹经》。正统道藏本。
⑧ 《抱朴子内篇》，卷十六。四部丛刊景明本。

紫粉者,可见紫粉是炼丹的常见产物。

此外,在魏晋南北朝时期,紫粉也是一种化妆品。其制法见于北魏《齐民要术》：

"作紫粉法：用白米英粉三分,胡粉一分。不着胡粉,不着人面。和合均调。取落葵子熟蒸,生布绞汁,和粉,日曝令干。若色浅者,更蒸取汁,重染如前法。"①

白米英粉、胡粉和落葵子这几种原料中,染色的成分是落葵子,落葵(*Basella rubra*)的子实中含有紫色色素②。不过,紫粉在《齐民要术》中并不是颜料,而是与胭脂、香泽、手药等化妆品归于一类。《古今注》记载魏文帝宠爱的宫人巧笑"锦衣系履,作紫粉拂面"③,可知紫粉是当时女性用以敷面的化妆品。这从《齐民要术》中的"不着胡粉,不着人面"一语也可得到印证。

宋代开始出现将紫粉作为颜料的记载,其中最重要的就是《营造法式》。《营造法式》中明确将紫粉列为一种彩画颜料,但没有言明其色彩与制法。从"衬色"一节中,"红以紫粉合黄丹为地"④来看,似乎是较深的玫瑰红色,这样才能与黄丹(橘红色)相合而成红色。而在"合色"一节中,提到紫檀色以紫粉加少量细墨合成⑤,也说明紫粉的颜色近于紫红。此外,邵雍在《梦林玄解》中,也将紫粉列入"五色颜料"⑥。

南宋年间的博物学著作《续博物志》载："苏枋木自然虫粪为紫粉。"⑦苏方木即苏木。但这一定义到明代已经不再适用。明人《蜀中广记》引前蜀景涣《牧竖闲谈》中的一则故事："涣尝病耳,聋龚曰：恨蜀中无紫粉,为子脩药饵之立差。因以寻常紫粉界之,龚笑曰：此非真紫粉,紫粉乃苏枋树间自然虫粪也。是涣错认紫粉五十年矣。"⑧景涣感慨自己多年来错认紫粉,说明当时普遍作为紫粉的物质并不是苏枋树间虫粪。这则材料反映出当时"紫粉"存在同名异物现象。

---

① 《齐民要术》,卷五。清光绪桐庐袁氏渐西村舍丛刻本。
② 据缪启愉、缪桂龙对此节文字的译注。见：《齐民要术》,上海：上海古籍出版社,2009：第321页。
③ 《古今注》,卷下。四部丛刊三编景宋本。
④ 《营造法式》,卷十四。文渊阁四库全书本。
⑤ 《营造法式》,卷二十七。文渊阁四库全书本。
⑥ 《梦林玄解》,卷十二。明崇祯刻本。
⑦ 《续博物志》,卷七。明古今逸史本。
⑧ 《蜀中广记》,卷六十。清文渊阁四库全书本。

　　明代，紫粉最广泛的用途是用作印泥。明人杨慎指出："今之紫粉，古谓之芝泥，今之锦砂，古谓之丹臒，皆濡印染籀之具也。"[①]紫粉也是明代官衙专用的印色。《明会典》载："凡各衙门年例印色，工部题行顺天府宛大二县买办，宗人府紫粉一十二斤，银朱二斤四两；左军都督府紫粉二十四斤，右军都督府紫粉一十八斤，中军都督府紫粉二十四斤……"[②]，从中也可见出银朱与紫粉的用途有别。

　　清代，紫粉也用作书写颜料。清代《科场条例》载："干隆五十三年，湖南学政钱澧奏准誊录入场，旧例给发笔砚、银朱、紫粉等物，概可毋庸先发，亦毋庸散给题纸。"[③]清代科场制度系以笔墨的不同颜色区分场中专司职责，共用五种颜色，曰"五色笔"："清制度内外监试、提调、受卷、誊录、对读、弥封、外收掌等官用紫笔，同考官、内收掌及书吏用蓝笔，誊录生用朱笔，对读生用赭黄笔……正副主考用墨笔。"[④]前引《科场条例》中提到按例给发银朱和紫粉，当系誊录生之朱笔和誊录官之紫笔所用，由此可知紫粉的颜色和银朱有显著差异，否则不足以达到区别之目的。

　　《明会典》载："钞法紫粉所用数多，止用蛤粉苏木染造。"[⑤]这一记载透露出两个信息：第一，可以用来制造"紫粉"的物质不止一种；第二，其中一种物质是用蛤粉和苏木染造而成的。《明会典》中还记载了染造紫粉的具体配比："蛤粉一斤，染造紫粉一斤一两六钱。"[⑤]蛤粉是白色的粉末，而苏木是深红色的染料，以苏木染蛤粉，即得到深红色的粉末。这种制法与前述《齐民要术》中以落葵子染白米英的做法异曲同工。

　　综上，紫粉应当是一种深红或玫瑰红色的粉末，与银朱的大红色不同。紫粉作为颜料名称，主要指其色彩和性状而言，其具体物质成分则不止一种，在不同时代的文献中，紫粉的成分可能包括了铅丹、苏方木虫粪制成的动物质颜料、用植物质红色颜料（落葵子或苏木）染成的有机质粉末，以及其他未知的可能性。若从用途划分，"紫粉"一词也同样是多个义项的集合，除了彩画颜料，还有印泥、书写颜料以及化妆品，是典型的同名异物现象。作为彩画颜料的紫粉，对应何种（或几种）物质目前尚属未知，但最可能的推测是，它是一种少见的有机质红色颜料，其应用很可能从明代延续到清初，并

---

①　《秋林伐山》，卷十。明嘉靖三十五年王询刻本。
②　《明会典》，卷一百九十五，工部十五。明万历内府刻本。
③　《科场条例》，卷三十九。清咸丰刻本。
④　商衍鎏，《清代科举考试述录》，北京：故宫出版社，2014：第 102 页。
⑤　《明会典》，卷一百九十五，工部十五。明万历内府刻本。

且在清中期之后消失。

4.3　合成颜料

本节中列出的合成颜料，指加工合成中发生了化学变化的人造颜料，其成分大多是无机化合物，少数为有机化合物；但成分未必单一，可能是多种物质的混合物。

4.3.1　铜绿/锅巴绿/碱式氯化铜

"铜绿"见于清代《工部核定则例》等若干种画作则例和价值则例，但出现的频率很低，不过 4 处。"锅巴绿"则常见得多，出现在 21 种则例中，是石绿之外最常用的绿色颜料。

从实物分析数据来看，清代建筑彩画中最常见的绿色颜料是碱式氯化铜。现今研究者一般认为，碱式氯化铜——通常称为"氯铜矿"——就是古代文献中的"铜绿"。关于这几个名称的内涵和外延，下文将作详细讨论。

"锅巴绿"一词的含义，向来是清代彩画中存疑的问题。王世襄（2002）在《清代匠作则例汇编》的序言中提到："清代常用的锅巴绿，究竟是什么东西，至少本人说不出来。"[①]论者提及此词，大多语焉不详，例如认为是"优质人造石性颜料"[②]。结合两方面的因素，可以判断锅巴绿所指即碱式氯化铜一类颜料。一是基于该词在则例中出现的频率与实物数据的比对，二是基于其制备工艺和命名的相关性。关于制备工艺，也将在下文详细讨论。

1. 定名

以碱式氯化铜为主要成分的颜料，今天最习用的名称是"氯铜矿"。这一词汇来自西方现代矿物学术语体系，对应英文 Atacamite，是一种天然矿物的名称，其主要化学成分为碱式氯化铜。

天然氯铜矿是铜矿床氧化带的次生产物，在自然界并不常见，最早发现于智利，中国境内的氯铜矿矿藏于 1997 年首次在新疆发现[③]，2007 年又首次在中国境内发现自然状态产出的副氯铜矿[④]。至于中国古代是否有过开

---

① 王世襄（2002）。
② 边精一（2007）：第 244 页。
③ 叶霖，刘铁庚（1997）。
④ 白开寅，韩照信（2007）。

采利用氯铜矿的历史，还没有明确的文献或实物证据可以证明。

"氯铜矿"是近现代矿物学传入中国之后产生的新词，其起源很晚，甚至未见于民国时期的文献。如前所述，这是因为该种矿物在自然界存量极少，且在形貌上与孔雀石非常相像，不易分辨，因此中国古代很可能对这种矿物并没有明确的认知，也就没有专门定名。

"铜绿"一词最早见于唐代吐鲁番文书和敦煌文书。一份吐鲁番文书中记录了五种颜料的交易价格：

"朱砂一两，上直钱一佰五十文，次一佰四十文；石绿一两，上直钱十文，次八文，下七文；空青一两，上直钱八十文，次七十文，下六十文；铜绿一两，上直钱三十五文，次三十文，下二十五文。"[①]

而敦煌文书中则有三件记载了铜绿颜料的交易，例如："三月，布一匹，于画师面上买铜绿用。"[②]

唐代以降，炼丹术书和医药书中屡见铜绿制备方法记载，大同小异，基本以铜板和醋为主要原料，其制法以《天工开物》的记载为代表："铜绿，至绿色。黄铜打成板片，醋涂其上，裹藏糠内，微借暖火气，逐日刮取。"[③]

也就是说，铜绿的基本制备方法是以加热等适当条件令铜板（或铜制器皿）表面生成氧化物，再从表面刮取收集，得到绿色粉末。有医药书中将铜绿的名称径写为"刮铜绿"[④]，表明铜绿的制法是以刮取为显著特征。

清代彩画作匠作则例中屡见"煮绿"一语，并提到该工序需要木柴，如"煮绿每一百斤用木柴五十斤"[⑤]，提示这是一道需要加热的工序。清代绿色彩画颜料中，石绿是天然矿物颜料，洋绿是成品，均不需加热，因此对于"煮绿"一语，最为可能的推测，就是指铜绿的制备[⑥]。结合加热、刮取两道工序考虑，则例中所谓"锅巴绿"，很可能就指此而言。

当代科技工作者从古代彩绘文物中分析出的绿色颜料，有一些成分为碱式氯化铜及其水合物（详见附录 D，数据实例见 3.3.2 节），对这一类颜料的命名目前尚未形成规范用语。有研究者因其组成与氯铜矿相同，遂使用

---

① 日本龙谷大学藏吐鲁番出土唐代交易文书中第 3036、3081 号。转引自王进玉，王进聪（2002）。

② 英藏敦煌文献 S.4120。

③ 《天工开物》，卷下。丹青篇。明崇祯十年刊本。

④ "紧皮膏：石燕一对……黄连、明矾各一钱；刮铜绿五分；……"《审视瑶函》，卷四。明崇祯刻本。

⑤ 《内庭大木石瓦搭土油裱画作现行则例》，雍正九年抄本。清华大学图书馆藏。见附录 F-1。

⑥ 关于"煮绿"的问题，7.2.1 节还有探讨。

"氯铜矿"或"人造氯铜矿"为其命名[1]；也有研究者因袭古代文献中的用语，统称这些绿色颜料为"铜绿颜料"[2]；还有研究者根据其成分命名为"碱式氯化铜颜料"[3]。从学术用语规范角度来看，"氯铜矿"一词作为天然矿物名称，不宜再用以命名人工合成物质；而"铜绿"一词的内涵和外延均不明确，难以作为科学术语使用；相对而言，"碱式氯化铜颜料"是相对较合适的命名。

"氯铜矿"和"铜绿"两词的内涵和外延均不相同，并不是同一概念的古今异名。将这两个词混为一谈是不妥的。严格地说，铜绿是中国古代的一种绿色颜料的称谓（其成分和性质都未知，也很可能存在同名异物现象）；而氯铜矿则是一种天然矿物，不宜用此词来称呼人工合成的铜绿颜料。

2. 成分

铜绿的化学成分，至今缺乏明确界定。虽然有不少古籍记载了铜绿的制备方法，但从这些简略的记述中，不足以推断其生成产物的具体化学式。有研究者认为这些制备工艺的产物是碱式醋酸铜（王进玉，2002），也有人认为是碱式氯化铜（雷勇，2012）。

李蔓（2013）在一项针对铜绿颜料的研究中，依照五种文献（《神仙养生秘术》《墨娥小录》《天工开物》《新修本草》及一种西方中世纪文献）中记载的不同配方，分别进行了合成实验，对于文献记载不详的实验条件则按照多种假设分组完成。最终得到的产物大部分为碱式氯化铜，另有个别组的生成物并非碱式氯化铜或氯化铜，具体成分难以鉴别。这项研究在一定程度上证明，古代文献中"铜绿"的主要成分是碱式氯化铜。

但是，因为古籍中的制备方法大多记载简略而不完全，很难确认今天的实验是否完全还原了当时的实验条件，而实验条件的差异又会直接导致产物的不同（例如其中一组配方，在密封条件下生成碱式氯化铜，密封不好则生成碱式醋酸铜）。因此仍然难以断言铜绿的成分必然是碱式氯化铜。实际上，古人难以准确鉴别制备产物的化学成分，因此，以古法制备的铜绿颜料，成分很可能包括但不限于碱式氯化铜。

---

[1]　例如王进玉（2002）。
[2]　例如李蔓（2013）。
[3]　例如夏寅等（2018）。

3. 应用

氯铜矿、副氯铜矿和羟氯铜矿作为颜料使用的案例都曾有过发现。最主要的应用是敦煌石窟的彩塑和壁画，几乎每个朝代的洞窟都使用了氯铜矿颜料，是应用最多的绿色颜料，且很少与其他绿色颜料混合使用[1]。此外，云冈石窟的北魏壁画中也曾发现氯铜矿[2]。

在世界范围内，文物和艺术品中使用氯铜矿颜料的案例也有一些报道，地域包括埃及、印度、日本、俄罗斯、希腊、伊斯坦布尔，载体则包括湿壁画、壁画、手稿、彩绘器物和绘画（在浮世绘中有所发现，但尚未见到用于油画的案例）[3]。从整体使用状况上看，无论哪个地区，对氯铜矿颜料的使用都远不及中国古代之广泛。

4. 人工还是天然

王进玉等（2002）对敦煌莫高窟不同时代壁画颜料的分析表明，从南北朝一直到清代，壁画的绿色颜料均包括氯铜矿或其同分异构体。南北朝和隋唐时期的洞窟中，氯铜矿常常与石青、石绿混合使用；五代到元这一时期内的绿色颜料均为纯氯铜矿（不再与石绿混用，也未发现单独使用的石绿），且颜料显示出明显的人工合成特征：纯净无杂质，色泽鲜亮。王进玉认为，敦煌吐鲁番文书的记载说明五代以来铜绿颜料在市场上大量出现，而壁画颜料分析结果表明氯铜矿颜料五代以来在洞窟内得到大量应用，以致取代了石绿的地位，由此可以推断，五代时期，人工制备碱式氯化铜的技术已经成熟。五代以前的铜绿颜料是天然矿物，五代以后则被人造碱式氯化铜所取代。

但这里仍然有一个疑问。唐代吐鲁番文书中记载了铜绿和石绿的价格，上等铜绿为三十五文/两，上等石绿为十文/两。这里的铜绿价格是石绿的三倍有余，那么这个"铜绿"是天然矿物还是人工合成品？王进玉（2002）对此没有作出明确解释。依行文逻辑，王进玉（2002）将这份吐鲁番文书作为"唐代以来敦煌颜料市场大量出售铜绿"的证据，以此说明该时期人造氯铜矿已经成熟并可大量供应，似乎是认为这份文书里的"铜绿"是人造氯铜

---

① 王进玉，王进聪（2002）。
② Pique（1992），转引自 David Scott（2002）：第 134-135 页。
③ 氯铜矿应用的案例综述，参见 David Scott（2002）：第 134-137 页。

矿。但大量供应的人造铜绿为何会比天然矿物石绿更加昂贵，以及为什么更加昂贵的人造铜绿反而会取代廉价的石绿，都是令人疑惑的问题。雷勇（2012）也曾提及这一问题，但同样未就价格问题给出解释。

事实上，根据王进玉（2002）对莫高窟壁画样品分析成果的总结，唐代的洞窟——一直到晚唐——都仍然存在石绿和氯铜矿（不知是否人造）的混用现象，而从五代开始一直到元，绿色颜料均为不掺杂石绿的人造铜绿。如果这一统计结果可靠，那么南北朝以降，绿色颜料中氯铜矿的使用量与地位的增长趋势是无疑的，且在五代之际达到一个高峰；又因为这一高峰期的颜料样品可以确定为人工合成，那么，将之前的增长趋势解释为人工制备技术逐步发展成熟的过程，应当是合理的。

吐鲁番文书中记载的铜绿价格较昂贵，可以作出两种解释：一是早期人工制备技术不够成熟，制造成本较高，但因为比石绿（石绿颜料一般是半透明的浅绿色）色泽更加鲜明，仍然有一定市场需求；二是这份账单中的“铜绿”指的就是天然氯铜矿，而当时天然氯铜矿在敦煌地区比石绿更为珍贵——很可能是由于天然氯铜矿更加稀有。两种推测何者更可靠，尚取决于该文书的断代情况[①]。在古代，性质或功用类似的事物，名称往往混用不加区分，唐代的天然氯铜矿和人造氯铜矿很可能是共用“铜绿”这一称谓的。

同时，应当注意的是，即使这份吐鲁番文书中记载的铜绿是天然氯铜矿，也不足以说明当时尚无人人工制备铜绿技术，或市场上不存在人造铜绿。如前文所述，人工制备铜绿的记载有可能追溯到晋代，有理由认为，到唐五代时期，这种技术已经得到了进一步发展。

5. 同分异构体

氯铜矿共有四种同分异构体，另三种为副氯铜矿（Paratacamite）、斜氯铜矿（Clinoatacamite）和羟氯铜矿（Botallackite）。研究者总结了四种同分异构体的结构特征（表 4.6）。这几种同分异构体的热力学稳定性不同，稳定性由低到高依次为羟氯铜矿、氯铜矿、副氯铜矿和斜氯铜矿；在合适条件下，不稳定状态物质有向稳定状态物质自发转化的趋势[②]。李蔓（2013）认为其转化条件主要取决于氯离子浓度、温度和湿度这几项影响因素。这几

[①]　本书写作时，这份文书尚未得到准确断代。

[②]　夏寅等（2017）：第 86 页。

项指标越高,越有利于重结晶的发生。

表 4.6   氯铜矿四种同分异构体的结构特征

矿物名	晶体结构	颜色	莫氏硬度
氯铜矿(Atacamite)	正交晶系	玻璃绿色[1]	3.0～3.5
副氯铜矿(Paratacamite)	三方晶系	淡绿色	3
斜氯铜矿(Clinoatacamite)	单斜晶系	淡绿色	3
羟氯铜矿(Botallackite)	单斜晶系	淡蓝绿色	3

资料来源:摘引翻译自 David Scott(2002,p.123)。

氯铜矿(此处指晶体学意义上的氯铜矿,即斜方晶系的碱式氯化铜)的已知案例主要是敦煌莫高窟壁画中的大量发现,年代范围从北魏一直分布到清代(王进玉,2002)。由于"氯铜矿"一词通常不在晶体学意义上使用,而是泛指这四种同分异构体,因此反而较难断定见于报道的案例哪些属于斜方晶系。

羟氯铜矿在自然界存在很少,主要是人工合成产物。因其稳定性低,合成过程中只要氯离子环境浓度足够高(大于 0.2 mol/L),就很容易重结晶生成氯铜矿和副氯铜矿。李蔓(2013)的实验中,使用元代《墨娥小录》和明代《天工开物》中记载的两种配方,制得产物均为羟氯铜矿。莫高窟的壁画残片中也曾分析出羟氯铜矿,但残片年代不详(王进玉,2002)。此外,羟氯铜矿在故宫寿康宫后殿及北围房彩画、山西三清殿外檐彩画[2]、太古净信寺塑像及壁画、山西玉皇庙[3]均有发现(李蔓,2013),上述大部分样品中,羟氯铜矿与氯铜矿呈混合状态。

根据王进玉(2002)的统计,氯铜矿作为绿色颜料,已知的分布包括炳灵寺石窟(十六国时期)、克孜尔石窟(第二期)、天梯山石窟(唐代、明代)。

斜氯铜矿作为颜料较为罕见。已知的案例只有三个,一例在内蒙古阿尔泰石窟壁画中(李蔓,2013),年代不详;一例来自敦煌榆林窟 6 号窟彩塑(范宇权,2004),年代也不详[4];还有一例来自故宫慈宁宫临溪亭天花彩画[5],年代可能在明晚期或清中期。

---

①   原文为 vitreous green。

②   原文记载如此,具体地点不详,不知是否永乐宫三清殿。

③   原文记载如此,具体地点不详。

④   范宇权文中认为是唐代,但这一点很可疑。榆林 6 号窟虽然开凿于唐代,但历代多有重修,尤其是彩塑表层的彩绘,很可能并非唐代的原始颜料层。

⑤   李越,刘梦雨(2018)。

在这四种同分异构体之外，王进玉（2002）还提到了第五种绿色颜料——水氯铜矿，并述及榆林窟、莫高窟、炳灵寺等多处用水氯铜矿石作为绿色颜料的案例。水氯铜矿在矿物学上指的是碱式氯化铜的水合物，化学式为 $Cu(OH,Cl)_2 \cdot 2(H_2O)$，是一种非常稀有的天然矿物，1963 年才首次发现[①]。但从王进玉文中"水氯铜矿……易风化失水变成氯铜矿"以及"氯铜矿颜料……能吸水变为水氯铜矿"[②]的描述来看，他所说的"水氯铜矿"指的是碱式氯化铜的结晶水合物。

关于天然氯铜矿和人工合成碱式氯化铜的鉴别，李蔓（2013）通过总结前人研究成果，提出以下主要识别特征：偏光显微镜下天然氯铜矿呈片状或近似片状，晶体表面有类似条纹状组织结构，正交偏光下四次消光[③]；而人造氯铜矿则呈现圆形或球形，并往往带有朝向晶体中心的黑点。

除天然氯铜矿和人造氯铜矿之外，还存在另一种氯铜矿，它是石青/石绿颜料转化而成的产物。这种转化过程可能完全，也可能不完全。李蔓（2013）认为，对于这种氯铜矿，可以通过以下方法鉴别：如果转化尚未完成，则正在转化的颜料颗粒可能可以观察到石青/石绿与氯铜矿伴生共存的现象；对于转化过程已经完全结束的情况，则可以通过扫描电镜-X 能谱面扫来判断。由于转化过程是从晶体外部到内部逐渐变化的过程，这些转化颗粒会出现内部为石绿而外部为氯铜矿的现象，反映为 Cl 元素的含量比例内外层有别：颗粒内部不含 Cl，而外部 Cl、Cu、O 的元素比接近 1∶2∶3。

6. 小结

综上，从文献和实物两方面的证据来看，"铜绿"一词的内涵应指含铜的绿色颜料，其外延既包括天然氯铜矿，也包括一系列以铜为原料人工制备的绿色物质，后者的生成产物以碱式氯化铜及其同分异构体为主，但也很可能包括碱式碳酸铜、氢氧化铜。这些物质在形貌上非常近似，不借助科技手段难以分辨，因此不难理解古人将这些物质笼统地赋予同一个名称。"锅巴绿"则很可能是清代工匠对碱式氯化铜颜料的俗称，这一名称是根据其制备方法——加热铜片后刮取表面氧化物——而概括产生的。

[①] David Scott（2002）：第 141 页。

[②] 王进玉，王进聪（2002）。

[③] 此段偏光显微特征描述显然参考了 David Scott（2002），但其特征及所附偏光照片的视觉效果与天然石绿非常近似，在偏光显微镜下不易区分。

4.3.2　铜青

"铜青"一词，作为颜料，见于明代《工部厂库须知》和清代《工部核定则例》等若干种则例。

关于"铜青"一词的由来与含义，尚未见到有人作详细考证。较早研究铜绿颜料的学者对"铜青"一词未加详查，简单认为二者在古代文献中所指相同[1]，受此观点影响，加之铜绿作为颜料在后世应用较广，更受关注，后来的论者大多认为"铜青"与铜绿同义而模糊带过。

实际上，"铜青"一词在文献中出现得远比铜绿早，前者始见于晋，后者始见于唐，是两个意义不同的词汇。二者只是在较晚近的医药类著作中才被混为一谈。而另一方面，作为颜料的铜青，始终是和铜绿相关而又不同的两种物质。如果将提及二者的文献不加分辨地使用，也会影响到对铜绿这种颜料的正确认识。因此，厘清这两个词汇的起源、含义与发展演变，是相当必要的。

"铜青"一词，在古代文献里，最早见于晋代佛陀跋陀罗和法显翻译的《摩诃僧祇律》：

"印瘢者，破肉以孔雀胆、铜青等画作字，作种种鸟兽像，不应与出家。"[2]

这是关于出家资格的一条规定：以孔雀胆[3]或铜青在身体上刺有文字或图案的人（古时为罪犯烙印），不应当允许出家。这说明当时已经有了用"铜青"作为颜料的做法。而且能够用于刺青，说明是一种稳定性和固着力较好的颜料。

《摩诃僧祇律》为法显从中天竺携回，在南京组织翻译，于公元418年译出[4]。那么，这一条关于铜青文身的内容，是中天竺特有的做法，还是中土也已有之？这可以参看《晋令》中的记载。《晋令》中关于黥刑的规定，见于《酉阳杂俎》和《太平御览》：

"奴始亡，加铜青若墨，黥两眼。从再亡，黥两颊上；三亡，横黥目下，皆

---

① 王进玉，王进聪（2002）。

② 《摩诃僧祇律》，卷第二十三。佛陀跋陀罗，法显，译。大正新修大藏经本。

③ 孔雀胆一词，明清以来一般认为是一味动物质中药，但并不能作染料。这里或用其本义，或疑即孔雀石。

④ 曹仕邦，《僧祇律在华的译出、弘扬与潜在影响：兼论五分律的译出与流传》，《华岗佛学学报》第7期，台北：中华学术院佛学研究所，第217-233页。

长一寸五分。"①

"加铜青若墨"，明确规定了刺青使用的颜料。这说明当时在中土，黥刑使用的颜料也是铜青。

那么，铜青是蓝色颜料，还是绿色颜料呢？这也可以从《摩诃僧祇律》中找到线索。《摩诃僧祇律》规定了僧衣的三种颜色，即青、黑、木兰三种坏色，并对青色给出了具体解释：

"青者，铜青、长养青、石青。铜青者，持铜器覆苦酒瓮上，着器者是名铜青。长养青者，是蓝淀青。石青者是空青。"②

这实际上是列举了三种制作青色僧衣的染料：铜青、长养青、石青。当时没有色度计量方法，《摩诃僧祇律》采用限定染料的方式，来实现对某种色彩的规范：以上述三种染料染成的颜色，就是合乎僧律规定的青色。这就意味着铜青的颜色，必然和另两种染料的颜色相去不远。毫无疑问，"蓝淀青"（靛蓝）和"空青"（蓝铜矿）都是蓝色的，因此，铜青显然也是一种蓝色的颜料，而不会是绿色。

在古代，优质的蓝色颜料是相当不易得的：石青和青金石作为天然矿物来源有限，靛蓝等植物质染料的颜色则相对黯淡。这样，铜青就成为重要的蓝色颜料。《高僧传》对释法安事迹的记述中有这样的内容：

"（释法安）后欲作画像，须铜青，困不能得，夜梦见一人，迂其床前云：'此下有铜钟。'觉即掘之，果得二口，因以青成像。"③

这里的"铜青"，是作为绘制佛像必不可少的绘画颜料出现的，得不到铜青，就无法完成画像工作。《高僧传》成书于南北朝时期，所记述的人物事迹在东汉至南朝四百余年范围内。说明至迟到南北朝时期，铜青已经被视为不易替代的优质绘画颜料。

释法安这个故事，在唐代的《法苑珠林》里也有记载，其叙述略有扩充变化：

"（释法安）后欲画像山壁，不能得空青，欲用铜青，而又无铜……"④

这段文字进一步证实，铜青作为颜料，其功能（色相）与空青相同；并且指出，要想获得铜青，需要有铜作为制取原料。另外，唐人对这个故事的修

---

① 《太平御览》，卷六百四十八，刑法部十四。四部丛刊三编景宋本。
② 《摩诃僧祇律》，卷第十八。大正新修大藏经本。
③ 释慧皎，《高僧传》，卷六。大正新修大藏经本。
④ 《法苑珠林》，敬僧篇第八。四部丛刊景明万历刻本。

改补充还透露了另一个信息：与南北朝时以铜青为首选的情况不同，唐代以空青为蓝色颜料的首选，铜青则成为退而求其次的选择。这反映出随着采矿业和贸易的进步，蓝铜矿在唐代比南北朝时期更加易得了。

到宋代，铜青仍然被用作颜料。邵雍《梦林玄解》中，有"五色颜料"一条，逐一详解了梦见各种颜料的预兆，铜青也在其列："梦铜青：为目珠，为涕泪，为脑门，为耳，为肺气，为肾水，为钱钞。"[1]值得注意的是，"五色颜料"这段文字，是将各种颜料按其色彩分类编排的，依次为红—黄—青—绿—白—金。铜青被列在青色颜料之中（而不是绿色颜料），说明到宋代，铜青的含义仍与晋代一脉相承。

1. 制备

《高僧传》里没有说明释法安获得的铜青是直接从铜钟的自然锈蚀上刮取的，还是以铜钟为原料制取的。推测起来，利用铜青作为颜料，最早很可能是从刮取天然锈蚀开始，而后逐渐有意识地通过锈蚀法制取铜青。

实际上，《摩诃僧祇律》中已经指出了铜青的制备方法："持铜器覆苦酒瓮上，着器者是名铜青"[2]，也就是说，把铜器放在醋（苦酒）瓮上，在铜器表面附着的锈衣就是铜青。这表示，在四世纪的古印度，人们已经对制取铜青的基本原理有所了解。考虑到《晋令》中用铜青作为颜料的规定，当时的中国人应当也已经掌握了这种颜料的制备方法。

中国关于铜青制备方法的较早记载，见于《三十六水法》：

"铜青水：治铜青，瀷以五浇水，溲令湿湿，纳竹筒中，一斤加硝石二两，漆固口，埋之如上法，十五日成水，取蒸消之，名华龙汐，状若青碧，一名云英汐。"[3]

过去研究者已经注意到这段文字，认为是关于"铜青"最早的记载，但未能给出解释，只说"为何物不知详情"[4]。这很可能确实是铜青制备方法的记载，但年代并非最早[5]，比《摩诃僧祇律》晚了不少。《三十六水法》中，此

---

① 《梦林玄解》，卷十二。明崇祯刻本。

② 《摩诃僧祇律》，卷第十八。大正新修大藏经本。

③ 《三十六水法》。明正统道藏本。

④ 王进玉，王进聪(2002)。

⑤ 《三十六水法》一般认为是魏晋南北朝时期的文献，记录的是汉代水法实践。但近年有学者考证，今天存世的正统道藏本实际上经过两次增补，"铜青水"一条属于唐宋时期增补的内容。因此该记载的年代应当定在唐宋之间，而不是汉或晋。见韩吉绍，《〈三十六水法〉新证》，《自然科学史研究》，2007年第4期。

条紧邻"石胆水"(水合硫酸铜)之后,制备方法亦相似[①],说明二者存在相关性,铜青水的生成产物很可能是另一种铜盐。"五沴水"疑即酒或醋,以之浸渍铜板,再加密封,这种方法和其他制备方法的基本原理是近似的。

2. 铜青与铜绿

到了唐代,铜青和铜绿的词义在医药典籍中开始出现混淆,一律用来指称铜器上的绿色锈衣。唐代《本草拾遗》中,已经认为铜青是绿色的:"生熟铜皆有青,即是铜之精华,大者即空绿,以次空青也。铜青则是铜器上绿色者,淘洗用之。"[②]《本草纲目》引用了这一说法,并且补充说:"近时人以醋制铜生绿,取收晒干货之。"[②] 这一观点影响深远,明代本草书《东医宝鉴》和《雷公炮制药性解》中都说"铜青即铜绿"[③],清代医书均因袭此说。

但是,这只是本草书中对药材的定名情况,作为颜料时,"铜青"和"铜绿"并未混同,仍然是两种不同的颜料。这可以从一些本草书之外的文献得到证明。

俄藏敦煌文献中有一件西夏时期的汉文写本,通常定名为《杂集时要用字》[④]或《蒙学字书》[⑤],一般认为是作为识字教育的通俗字书。该书收录常用字词并分为若干类目,其中第十六类是"颜色部",汇集了当时的常见颜料和染料名目,内容如下(图 4.21):

颜色部第十六

紫皂	苏木	槐子	橡子	皂矾
茳花	青淀	陷蓬	狼芭	绯红
碧绿	淡黄	梅红	柿红	铜青
鹅黄	鸭绿	鸦青	银褐	银泥
大青	大碌	大碌	石青	沙青
粉碧	缕金	贴金	新样	雄黄
雌黄	雌黄	南粉	烟旨	黑绿

---

①　原文:"石胆水:治石胆一斤,溢以淳醋,泪泪纳竹筒中,硝石二两覆荐之,漆固其口,以瓶盛醋,纳竹筒于中,埋入地深三尺,十五日成水,名曰云梁石沴。"见《三十六水法》,明正统道藏本。

②　转引自《本草纲目》,卷八。明万历刻本。

③　《雷公炮制药性解》,卷一。刊本,年代不详。北京大学图书馆藏。

④　许文芳,韦宝畏,《俄藏黑水城 2822 号文书〈杂集时要用字〉研究》,《社科纵横》,2005 年第 6 期:第 174 页。

⑤　《俄藏敦煌文献》第 10 册,上海:上海古籍出版社,1998:第 57 页。

卯色　杏黄　铜绿①

图 4.21　俄藏敦煌文献 ДХ.02822 号颜色部

图片来源：俄藏敦煌文献，第 10 册

这份清单中同时列出了"铜青"和"铜绿"，说明在当时它们仍被视为两种不同的颜料。

明清时期，本草书中虽然已普遍将二者混为一谈，但学者仍然对这两种物质的区别有清晰认识。康熙年间的博物著作《格致镜原》引《事物绀珠》："铜青、铜绿，出右江有铜处，铜之苗也。"②这是明确将铜青和铜绿作为两种物质看待，并且指出了二者作为天然矿物的属性。蓝铜矿和氯铜矿作为次生矿物，通常见于铜矿的氧化带。晚清刘岳云的《格物中法》，是一部以西方科学视角汇编中国古代科学知识的著作③，其中也论及铜青和铜绿：

"岳云谨案：铜青、铜绿，铜质较多；石青、石绿，铜质较少。空青、空绿，乃石青、石绿之中包水浆者，皆系地产其间。空青治目，医家所贵；扁青之色深者曰回青，陶家所贵；余并供颜料之用。皆西人所谓铜养炭养之属。"④

这段文字对几种天然矿物的认识基本是正确的。"铜养炭养"即碱式碳酸铜。这里谈及的是作为天然矿物的铜青和铜绿，作者将其与石青、石绿并称，显然认为铜青和铜绿也是两种不同的物质。

此外，雍正二年的《浙海钞关征收税银则例》中，也将"铜青"和"铜绿"作为两种货物名称并列⑤。

①　俄藏敦煌文献 ДХ.02822 号。见《俄藏敦煌文献》第 10 册，上海：上海古籍出版社，1998：第 65-66 页。

②　《格致镜原》，卷三十四。清文渊阁四库全书本。

③　关于这部著作在科技史上的意义，参见张明悟（2012）。

④　刘岳云，《格物中法》，卷五下。清同治刘氏家刻本。

⑤　《浙海钞关征收税银则例》，见《故宫珍本丛刊》第 317 册，海口：海南出版社，2000：第 5 页。

综上可知,作为颜料的铜青,是一种蓝色(青色)的颜料,和绿色的铜绿并非同物异名,从晋代到晚清,历代文献中均有证明。铜青与铜绿相混,只是本草书中的现象,始出唐代《本草拾遗》,其后历代医药书籍均沿袭此说,但并未波及药学之外的认知。

3. 清代匠作则例中的铜青

从清代匠作则例的情况来看,铜青不算常用颜料,但在营造相关文献中也有若干零星记载。

铜青最早见于《工部厂库须知》,有两处记载:一则是丁字库召买"铜青二十斤,每斤银六分,该银一两二钱"[①];一则是广盈库召买"铜青一斤八两,每斤银六分,该银九分"[②]。广盈库是十二内库之一,负责收贮布料:"广盈库:职掌黄红等色平罗熟绢,玄色等色杭纱,及青䌷绵布,以便奏讨。"[③]可见广盈库召买的铜青是用作染料的,这和晋代以来用铜青染布的做法一脉相承。

另外,铜青也见载于乾隆年间的山西省《物料价值则例》,共有 9 个县出产铜青,相关内容整理如表 4.7。

表 4.7　山西省《物料价值则例》中的铜青颜料价格

府/州	县/州	单位	价格
太原府	兴县	觔	一钱六分
直隶绛州	绛州	觔	三钱二分
直隶绛州	垣曲县	觔	三钱二分
直隶绛州	闻喜县	觔	三钱二分
直隶绛州	绛县	觔	三钱二分
直隶绛州	稷山县	觔	三钱二分
直隶绛州	河津县	觔	三钱二分
直隶吉州	乡宁县	觔	三钱二分
直隶吉州	吉州[④]	觔	三钱二分

资料来源:根据乾隆三十三年山西省《物料价值则例》相关内容整理。

从表 4.7 中的情况来看,铜青是一种不太贵的颜料,均价大约三钱,作

① 《工部厂库须知》,卷三。明万历林如楚刻本。
② 《工部厂库须知》,卷十。明万历林如楚刻本。
③ 《明宫史》,卷二。清文渊阁四库全书本。
④ 原文写作"桐青",从价格来看,疑即"铜青"之误。

为对比，这份则例中其他的青色颜料价格如下：洋青的均价在一两二钱到一两四钱左右，云青的均价也在一两二钱左右，靛花的价格则在一钱至六钱之间。这其中，抛开进口颜料洋青不论，"云青"当指云南地区出产的石青，其化学成分应与铜青相似，但相比之下，铜青的价格仅为云青的四分之一，说明这种人工合成颜料的确有效地降低了蓝色颜料的成本。

4.3.3　硇砂大绿/硇砂二绿/硇砂三绿/硇砂枝条绿

这几种颜料名称见于明代《工部厂库须知》。除此之外，亦见于《明会典》："内官监修理年例月例家火物料……硇砂大绿五十斤，硇砂二绿五十斤，硇砂三绿五十斤，硇砂枝条绿五十斤。"[1]清代则例中未见此名目。

从颜料的命名逻辑来看，"大绿""二绿""三绿"和"枝条绿"都是形容颜色的词汇，"硇砂"则是原料，所以它们应当是成分相同或相似，而呈色深浅不同的几种颜料。

"枝条绿"最早见于《南村辍耕录·采绘法》："凡合用颜色细色……二绿、三绿、花叶绿、枝条绿、南绿、油绿……"[2]。这里的"枝条绿"并不是指颜料，而是指颜色。到元代画论《竹谱详录》中，则将石绿按深浅分为五等，以"枝条绿"称其中一等：

"须用上好石绿，如法入清水研淘，分作五等，除头绿粗恶不堪用外，二绿、三绿染叶面；色淡者为枝条绿，染叶背及枝干；更下一等极淡者为绿花，亦可用染叶背、枝干。"[3]

从这段文字中，不难推知，石绿研淘之后，按颗粒精粗可以分为五个等级：头绿—二绿—三绿—枝条绿—绿花。枝条绿位列倒数第二，是比二绿和三绿颜色更浅、颗粒更细的一等。这也与《工部厂库须知》里的用法相符。于非闇在谈及用槐花调和石绿的做法时，曾提到"枝条绿用槐花煎水调和"[4]，也是将其作为颜料名称，即石绿之较浅者。

用硇砂制备绿色颜料的做法，《明会典》中有明确记载：

"硇砂一斤，烧造硇砂碌一十五两五钱。"[5]

①　《明会典》，卷二百七。明万历十五年刻本。

②　《南村辍耕录》，卷十一。津逮秘书本。

③　《竹谱详录》，卷一。知不足斋丛书本。

④　于非闇，《工笔花鸟画论》，上海：上海人民美术出版社，2014：第145页。

⑤　《明会典》，卷一百九十五。明万历十五年刻本。

　　一斤碙砂（即硇砂）①可用于制造十五两五钱的硇砂绿，这已经能够说明，"硇砂绿"是以硇砂为主要原料制造的绿色颜料。硇砂是天然矿物，主要成分为氯化铵，可以作为生产铜绿的原料①。

　　据此可以推断，硇砂大绿、硇砂二绿等几种颜料指的是颗粒度不同的人造铜绿颜料。如 4.3.1 节所述，其化学成分取决于具体制备原料和制备工艺，但最可能的成分是碱式氯化铜。

　　由于"硇砂绿"这一名目仅见于明代文献记载，在实物证据方面，应当依靠明代彩画遗存来佐证其具体成分。

　　结合目前发现的明代官式彩画实例来看，能够确定的绿色颜料只有石绿和碱式氯化铜两种。故宫咸福宫后殿脊檩彩画中的绿色颜料是石绿和氯铜矿，以碱式氯化铜打底，石绿覆盖在表层（图 4.22）；咸福宫后殿脊枋彩画中的绿色颜料则有两种情况，一为石绿和碱式氯化铜混用，二为碱式氯化铜单用（图 4.22）；故宫养心殿西夹道围房彩画，以及故宫保和殿脊枋彩画中的绿色颜料，则只有碱式氯化铜一种（图 4.23，图 4.24）。

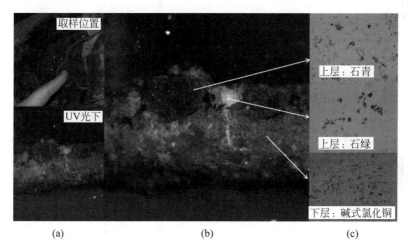

图 4.22　故宫咸福宫后殿脊檩明代彩画中的碱式氯化铜颜料

（a）取样照片；（b）剖面显微照片，可见光下，200×；（c）颜料样品偏光显微照片，单偏光下，500×

---

① 关于硇砂的讨论，详见 4.5.11 节。

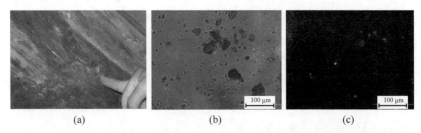

(a)   (b)   (c)

图 4.23   故宫养心殿西夹道围房内檐明代彩画中的碱式氯化铜颜料

（a）取样照片；（b）单偏光下，400×；（c）正交偏光下，400×

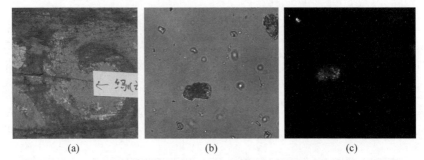

(a)   (b)   (c)

图 4.24   故宫保和殿脊枋明代彩画中的碱式氯化铜颜料

（a）取样照片；（b）单偏光下，400×；（c）正交偏光下，400×

综合上述实物和文献两方面的材料推测，"硇砂绿"一词的所指，最有可能的是人工合成的碱式氯化铜。

但是，明代彩画中使用的绿色颜料可能还包括其他种类，《工部厂库须知》中除了石绿和硇砂绿之外，还提到"天大绿""天二绿"和"天三绿"，这几种颜料是什么，目前暂时难以回答，仍然是今后需要研究的问题。

需要补充说明的是，碱式氯化铜颜料在清代彩画中也有大量应用，从显微照片来看，明代和清代的碱式氯化铜颜料在形貌特征上是一致的，尚未观察到明显的分期特征。可见，虽然"硇砂绿"这个词汇仅见于明代官方文献，但这种颜料并非只应用于明代，清代仍然继续使用，只是改换了名称。如4.3.1 节所述，清代匠人改称这种颜料为"锅巴绿"。原因或许不难推知——对于工匠而言，无论"硇砂"还是"硇砂"，都是生僻而不上口的名字。

4.3.4   西绿

"西绿"一词，在清代匠作则例中，见于乾隆年间的《内庭圆明园内工诸作现行则例》中的《圆明园画作则例》，以及《三处会同画作现行则例》。两种则例中，西绿都仅出现一次，见于同一则做法：

刁活戳扫金上罩西绿核桃油每尺用

核桃油六钱　　西绿一两五钱

每二十尺画匠一工

在则例之外，西绿作为颜料名称，也见载于其他多种明清文献。如明万历十三年(1585)朱正色《创修儒学射圃厅呈文》："采画门楼颜料共用心红靛花官粉各二两，西绿三两，并铁钉价银于肃州仓收贮减省银内动支。"这里明确提及西绿的用途是"采画门楼颜料"，可见西绿早在明代已经作为彩画作颜料使用。

康熙五十六年内务府《奏销养心殿等工程银两折》中所记载的武英殿工程物料中，也出现了西绿，并注明其价格："西绿六十一斤十二两，每斤价银六钱。"①算是颜料中价昂者。

雍和宫修缮档案里也多次提到西绿，例如乾隆三十一年三月十五日《中正殿念经处为行取清净地诵经应用银朱等物事咨总管内务府文》：

"清净地四月初二起至初十日唪上乐王佛经需用：……紫草半斤，银硃，西绿，二青石，黄淘丹各一两。"②

西绿是什么呢？《清稗类钞》里提供了一条线索：

"日升昌为票号中之创设最先者。最初营业为颜料行，西帮人名之曰西绿。其在汉口、重庆等处者，尚售西绿，买卖批发，不忘本也。"③

可见西绿并不是西方输入的进口颜料，而是山西人所贩售的绿色颜料。西绿的主要制备原料是铜，也即铜绿。

清代山西平遥县达蒲村(一作达浦村)是著名的铜绿加工生产地，有两家较大的颜料作坊，其中一家就是西裕成，后来发展成为著名的票号日升昌。据记载，乾隆年间，达蒲村西裕成制造西绿的方法，是将铜片装入木匣，盖以醋槽，加热，待铜片与醋充分反应后取出，将铜片上生出的铜绿剥下来，再加精制④。根据研究者的复原实验，这种制取方式得到的产物正是碱式氯化铜⑤。

---

① 康熙五十六年《内务府奏销养心殿等工程银两折》，引自中国第一历史档案馆《康熙朝满文朱批奏折全译》。

② 赵令志，鲍洪飞，刘军，《雍和宫满文档案译编》，北京：北京出版社，2016。

③ 《清稗类钞》，第五册。上海：商务印书馆，1916。

④ 李华(1997)：第 298 页。

⑤ 李蔓(2013)。

西裕成早期的经营方式是在达蒲村自产自销，在平遥县城和北京崇文门外都设有店铺。当时，西裕成生产铜绿用的原料是从四川运来的。到乾隆末年，为了扩大经营，新任经理雷履泰在四川重庆等地就地开设工厂制造铜绿，再运回北方销售[①]。正是因为长途贩运颜料，货款运送不便，雷履泰才开始经营汇兑业务，成为四川票号的起源。铜绿和汇兑在很长一段时间内是日升昌（西裕成）兼营的两项业务，因此，"日升昌在票帮最发达之时代，仍有西绿局之牌名"[②]。

清代匠作则例中，"西绿"与"铜绿""锅巴绿"等名目并存，且在《圆明园画作则例》中，同时出现了西绿和锅巴绿，说明在当时，它们被视作两种不同的颜料。这是古代的颜料命名方式与今日不同所致。虽然从现存实物的科学检测结果来看，这些绿色颜料的成分基本都是碱式氯化铜或其同分异构体，但是不能以今日的标准简单地认为二者并无区别。在清代工匠与办解人看来，西绿应当特指由山西人贩售的碱式氯化铜颜料，与彩画匠人自行制备加工的锅巴绿（详见 7.2.1 节）很可能在原料、配方或加工工艺上存在某些差异，导致最终成品的色相或其他性质有所区别，因此在画作中的用途也并不相同。

4.3.5　铅丹/黄丹/漳丹/淘丹

铅丹、黄丹、漳丹、淘丹这几个名词指的都是铅的二价和四价氧化物，化学式 $2PbO \cdot PbO_2$（或写作 Pb_3O_4）。现在，这种物质的通用名称是"铅丹"。

铅丹作为颜料在清代彩画中的应用，前文已有讨论（详见 3.3.3 节），对其性状、制法，前人也已有不少研究，此处不再重复。但是，既有研究对这几个名称的意义及区别尚未形成清晰的认识，现有文献中用法也较为混乱，因此本节着重厘清这几种颜料的定名问题，也对成分、来源等问题兼作讨论，以冀对既有研究作出补正。

1. 铅丹

"铅丹"是这种颜料在今天最常见的名称。但应当注意的是，"铅丹"一词在古代文献中仅用作药材名，作为颜料时，它从未被称为"铅丹"（虽然从

①　以上有关西裕成铜绿生产的历史，主要综述自李华（1997）的研究，更详细的叙述可以参看该文。

②　田茂德（2008）。

物质成分上说，颜料和药材并无本质区别）。根据匠作则例的语词使用频率统计，明清两代，作为颜料名称使用的是黄丹、漳丹和淘丹这几个词汇，而以"黄丹"为最常见。将"铅丹"作为颜料名称，是近现代才出现的用法，可能始自民国年间[①]。清代及清代以前，铅丹一词仅见于《本草书》和《丹经》。近代科学传入之后，人们逐渐理解了作为药材的铅丹和作为颜料的铅丹实际是同一种物质，才将二者的名称统一起来。

　　自然界中虽然也有天然的铅丹矿存在[②]，但在全世界范围内都很罕见，无论古代中国还是西方，用作颜料的铅丹都是人工合成品。铅丹在中国古代炼丹术中的地位相当重要，因此化学史家对其制备和应用历史已经有充分研究，并有实验验证，本节不拟重复[③]。这里想要指出的是，铅丹不仅是中国最早的合成颜料，而且很早就传播到海外。

　　铅丹在中世纪的印度被称为"支那粉"（Cina pista）[④]，可见这一制备技术早在中世纪就已经从中国远播印度。日本关于铅丹制造的最早文献记载是天平六年（734 年）的正仓院文书：

造仏所作物账　　中卷　　续修三十四天平六年五月一日

用黑铅九百八十三斤熬得丹小一千一百五十八斤

朱砂小八两　　　　　　赤玉料

绿青小十七斤九两　　　青玉并黑玉料

麒麟血小七两一分　　　赤刺玉料

漆九合　　　　　　　　黑刺玉料[⑤]

这说明早在唐代，铅丹的制造技术已经传入日本。

　　对于这种颜料，尤其值得指出的是，它的颜色不能简单用某个色值描述，而是从橙黄到橙红的一个较宽泛的色彩范围。这是由制取铅丹的化学反应决定的。金属铅在焙烧时，先氧化成黄色的 PbO，再逐步生成红色的 Pb_3O_4，到 500 度时又会分解成 PbO 和 O_2，因此，制取铅丹所得的产物，往往是黄色 PbO 与红色 Pb_3O_4 的混合物[⑥]，二者的生成比例决定了最终整体

[①]　例如，商务印书馆出版于 1935 年的《重编日用百科全书》，在"颜料类"之下有"铅丹制法"。

[②]　矿物名 Minium，通常存在于铅矿的沉积氧化带，颜色深红。

[③]　关于中国古代制造铅丹的方法和历史，可以参看赵匡华等（1990），以及《中国古代科学史·化学卷》，北京：科学出版社，1998，第四、五章。

[④]　谢弗，《撒马尔罕的金桃》，北京：中国社会科学出版社，1995：第 471-472 页。

[⑤]　鹤田荣一（2002）。

[⑥]　赵匡华等（1990）。

的呈色，可能偏近于橙黄，也可能近于橙红。

2. 黄丹

在上述同类词汇中，"黄丹"一词在清代匠作则例中最为常见，频繁出现于清早期到晚期的各种则例，是画作中的常用颜料。

"黄丹"一词的指代，向来有不同理解。一种看法认为，黄丹是指黄色的PbO，也即密陀僧[1]；一种看法认为，黄丹是指红色的 Pb_3O_4，也即铅丹[2]；还有一种看法认为，这两种物质都可以叫"黄丹"[3]。不过，以上著述对这一问题都是径下判断，并未举出具体证据来讨论其判断理由。因此本节拟从文献中寻找证据，对"黄丹"一词的名实作出辨析。

现当代的中文书籍里，作为颜料的"黄丹"一词用法十分混乱，解释随意，在此不去逐一细究。本节主要考察古代文献（尤其是明清匠作则例）中作为颜料的黄丹指哪一种物质。

早期文献中，"黄丹"一词主要作为药材名称使用，其指称是明确的。成书于唐代开元年间的《金石灵砂论》记载："铅者，黑铅也，可作黄丹、胡粉、密陀僧。"[4]这里明确列出了铅的三种不同氧化物：黄丹（Pb_3O_4），胡粉（PbO_2），密陀僧（PbO），三个词汇的指代都很清晰。宋代医药书中，常常见到密陀僧和黄丹在同一个药方里作为并列的两味药出现[5]，显然绝非一物。《本草纲目》中，密陀僧和黄丹并用的例子也有多处，且有这样一条记载："造黄丹者，以脚渣炼成密陀僧，其似瓶形者是也。"[6]充分说明二者是需要加以区别的不同产物。从唐代到明代的文献中，均未见到黄丹和密陀僧同义的语例。

再来看作为颜料的情况。明代以前，"黄丹"作为颜料的语例仅见于《营造法式》。《营造法式》在彩画作部分多次出现"黄丹"，其中"衬色之法"的记载可以帮助判断其所指："红以紫粉合黄丹为地，或只以黄丹。"[7]衬色是以相同的颜色衬托在主色颜料层之下的做法，可知黄丹应该是一种红色的

---

① 例如赵匡华（2009）。
② 例如尹继才（2000）。
③ 例如王进玉（2003）。
④ 张九垓《金石灵砂论》，黑铅篇。正统道藏本。
⑤ 例如"乌髭鬓方：乌贼鱼骨、韶粉、黄丹、蛤粉、密陀僧，五味各等分细研。"见吴彦夔《传信适用方》，卷二。清光绪当归草堂医学丛书初编本。
⑥ 《本草纲目》，卷八。明万历刻本。
⑦ 《营造法式》，卷十四。文渊阁四库全书本。

颜料。

明清时期，黄丹作为颜料名称的语例大为增加。《工部厂库须知》中"黄丹"作为颜料出现 30 余处，但因为大都是采办或库存账单，难以通过语境判断其颜色或成分。不过，从同时期的其他文献中，仍然能够判断黄丹的含义。例如，明代的《多能鄙事》一书中所载皮油制法，将黄丹与密陀僧并用[1]，说明在明代，黄丹和密陀僧仍然是两种不同的东西。又如《明会典》中，将黄丹作为织造红色绸缎所用的色料："织造段疋……丹矾红每斤染经用：苏木一斤，黄丹四两，明矾四两，栀子二两。"[2]这里的黄丹无疑也指红色的 Pb_3O_4。

以上文献证据充分说明，无论作为药材还是颜料，从唐代到清末，"黄丹"一词所指的都是红色的 Pb_3O_4。将黄丹认为是黄色的氧化铅，只是由其名称中的"黄"字而产生的误会。

3. 漳丹

"漳丹"一词在清代匠作则例中并不见于画作，而主要见于油作，例如国子监、天坛、先农坛等诸种做法清册中，均将漳丹列入油作使用的颜料。现今一般认为漳丹即铅丹，也即黄丹，成分相同，不再加以区别。但是清代匠作则例中将油用颜料称为"漳丹"，画作用颜料则称"黄丹"，有明确分别。这是否反映出二者成分或性状存在某种区别，抑或仅仅是油匠与画匠的用语习惯不同，仍然是一个疑问。由于本书研究范围不涉及油作，故不作展开讨论，仅录此备考。

4. 淘丹

"淘丹"一词见于《工段营造录》《工程做法》及《圆明园内工杂项价值则例》等。在《工段营造录》和《工程做法》中属于油作用颜料，在《圆明园内工杂项价值则例》则是彩画作颜料。此词较罕见，为大部分则例中所未用，其他清宫档案文献中的用例也很少，其意义只能通过其他书籍参证。

民初陆士谔编校的《叶天士手集秘方》中，将"淘丹"作为"阳和解凝膏"的一味配料："……加入炒透淘丹七两，搅和，以文火慢熬。"[3]参阅其他十余

---

① 原文："皮油：桐油八两，黄丹半钱，煎油色变方，下皂角二寸，油熟去之，下密陀僧、荜麻各少许。"见《多能鄙事》，卷五。明嘉靖四十二年范惟一刻本。

② 《明会典》，卷二百一。明万历内府刻本。

③ 陆士谔编，《叶天士手集秘方》，北京：中国中医药出版社，2012。

种中医药著作所录的"阳和解凝膏"配制方法,这味药通常写作"铅丹"①或"黄丹"②。因此可以推知,"淘丹"是铅丹的别称。

古代本草书中还常常出现一种叫作"陶丹"的药材。刘岳云在《格物中法》中指出陶丹即铅丹,和陀僧同为铅的氧化物③。由此可知,"淘丹"和"陶丹"也是同一个词的不同写法。

作为颜料的淘丹,有时也被称为"黄淘丹"。例如乾隆三十一年的《中正殿念经处为行取清净地诵经应用银朱等物事咨总管内务府文》:"清净地四月初二起至初十啤上乐王佛经需用:……紫草半斤,银朱,西绿,二青石,黄淘丹各一两。"④如前所述,制取铅丹时,在不同的制备条件下,因氧化价态及构成比例不同,可以得到从橘黄色到橘红色的产物。"黄淘丹"应是特指其中色彩偏黄者。

4.3.6　定粉/官粉/铅粉/铅白

在对清代彩绘文物的科学检测中,以碱式碳酸铜为主要成分的铅白,是为数不多的几种白色颜料中最常见的一种,几乎占到九成以上。直到清晚期,新的白色颜料钡白(硫酸钡)才逐渐出现(图4.25)。

研究者对于铅白颜料的认识已经较充分,其基本情况在3.3.5节已有介绍,本节仅探讨这种颜料在清代匠作则例中的定名问题。

今天的研究者习惯在中文文献中将这种颜料称为"铅白",这是从英文中Lead white一词直译而来的,并非古已有之的称谓。虽然铅白在中国古代有很长的制造与应用历史,但古代文献中,"铅白"一词用例很少,只见于炼丹术书,作为颜料和药材时,唐代及唐以前通常称为"胡粉"⑤或"铅粉"⑥,

---

① 例如:"入炒透铅丹七两搅和,次日文火再熬。"见李经纬等《中医大辞典》,北京:人民卫生出版社,2004:第738页。又见袁钟等《中医辞海》,北京:中国医药科技出版社,1999:第1347-1348页。

② 例如:"加黄丹(炒透)七两,搅和,次日文火再熬。"见杨医亚《中国医学百科全书·七十九》,上海:上海科学技术出版社,1988:第279页。

③ 《格物中法》卷五下,金部。清同治刘氏家刻本。这里说:"其有用之质,胡粉、陀僧、陶丹为多,今并录于后",其下文则逐一考述胡粉、陀僧和铅丹,由是可知陶丹即铅丹。

④ 雍和宫档案,乾隆三十一年三月十五日。

⑤ 如沈约《宋志》:"郎官奏事明光殿,殿以胡粉画古列贤、列士。"这里的胡粉即铅白颜料。

⑥ 如朱彝尊《曝书亭集》卷十六:"弟子描摹失师法,尽调铅粉画东施。"四部丛刊本。

(a)

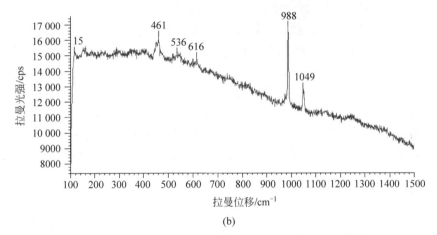

(b)

图 4.25 清代样式房定东陵烫样中使用的钡白颜料（光绪年间）

（a）样品表面显微照片；（b）Raman 谱图

图片来源：本书作者工作，在河南省文物科技保护中心完成。

从宋代起也称"定粉"①。

　　就清代的情况而言，匠作则例中，从未使用铅白一词。则例中最常见的白色颜料名称是"定粉"，几乎出现在所有画作工料和价值则例中；其次是"官粉"，见于《工部油画裱作核定则例》等几种则例，并且不与"定粉"同时出现。另外，还有一种白色颜料名称"铅粉"，使用很少，只零星见于个别则例（详见附录 B）。

　　实际上，铅粉、定粉和官粉的成分都是相同的，只是称谓有别。作为一

———————————

　　① 如宋诩《竹屿山房杂部》卷七："研上等定粉，加颜色、胶，调刷纸研滑腻为笺。"清文渊阁四库全书本。

种长期稳定使用的颜料，这种颜料的名称在一个相当长的时段内都没有发生太大变化，其渊源可以追溯到北宋——《营造法式》，其中记载的白色颜料名称就包括铅粉和定粉，李路珂（2011）认为这两个词指的都是同一种颜料，即碱式碳酸铅。

此外，这种颜料还有"胡粉""官粉""光粉""瓦粉"等名称，也都是为人熟知的常见别称，一直沿用到明清两代。如《神农本草经疏》："粉锡……一名铅粉，一名胡粉，一名官粉。"①《绘事琐言》更进一步解释了这几种命名的由来：

"胡者，糊也，脂和以涂面也；定、瓦，言其形；光、白，言其色；俗呼吴越者为官粉，韶州者为韶粉，辰州为辰粉，名因地异也。"②

这段解释基本是合理的，涵盖了古代颜料的几种常见命名方式。"官粉"一词初见于元代文献③，呼吴越者为官粉，当源自南宋时用语。

清代，"定粉"一词大量见于工程做法类文献，是匠作知识体系中对这种颜料的主要称谓。这也与匠师口述经验中的认识一致④，可见在彩画匠作术语中，这种颜料的名称从北宋一直沿用到近代。而"官粉"和"铅粉"两个别称在清代也继续使用，以"铅粉"较常见，常指化妆品⑤，也能见到不少指称绘画颜料的语例⑥；"官粉"多见于本草书，有时也在日常用语中称化妆品⑦，但在这个语境下不及"铅粉"常用。

3.3.5 节已经提到，古代使用的定粉都是人工合成的，而非天然矿物。明人笔记《竹屿山房杂部》记载了铅粉的制备法："铅粉末一两，法用醋糟覆铅板上，蒸之，取浮者水定而成，曰光粉，曰定粉，皆此也。"⑧《绘事琐言》则记载了另一种制备方法，大致是将薄片状的铅封入大甄，与醋一起加热，直

---

① 《神农本草经疏》，卷五。清文渊阁四库全书本。

② 《绘事琐言》，卷三。清嘉庆刻本。

③ 元代沙图穆苏，《瑞竹堂经验方》，卷三提及硫黄、官粉。

④ 见杨红，王时伟（2016）。

⑤ 例如家衣江，《钗头凤》："窥妆镜，调铅粉，坐依帘隙，海棠风紧。"见《蕉轩随录》，卷二。清同治十一年刻本。

⑥ 例如《芥舟学画编》论作画所用白色颜料："古者用蛤粉，今制法不传，不如竟用铅粉。"见《芥舟学画编》，卷四。清乾隆四十六年冰壶阁刻本。《红楼梦》第四十二回（程甲本）中宝钗所开颜料单子中也有"铅粉十四匣"。

⑦ 例如："怎么搽脸的官粉往窗外撒，梳头的栢油往楼下泼。"见《霓裳续谱》，卷七。清乾隆集贤堂刻本。

⑧ 《竹屿山房杂部》，卷八。钦定四库全书本。

至铅反应完全①。《格物中法》对六种古籍中记载的铅粉制备方法作了汇总②，均以铅、醋为原料，密封使之反应，其工艺虽异，原理却是近似的。根据这些制备方法可以推测，其产物未必是纯净的碱式碳酸铅，很可能混有其他成分。

　　实物显微分析的结果显示，清代建筑彩画样品中铅白颜料的形态较一致，颗粒细小而均一，也符合人造颜料的特征（图 4.26，图 4.27）。其性状也较稳定，尚未观察到变色现象③。加之覆盖力强，易于着色，成本也不太高（清代价值则例中记载的价格约在每斤一钱），很适合彩画营缮的需求，因此作为最主要的白色颜料品种得到长期应用，甚至在清中期之后进口颜料大规模进入中国，也未对传统铅白颜料造成明显冲击④。

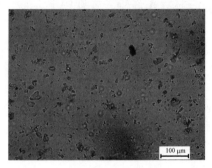 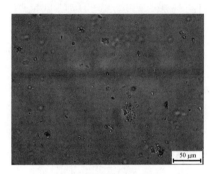

图 4.26　故宫养心殿西夹道围房内檐　　　图 4.27　故宫长春宫怡情书史外檐
　　　　　彩画中的定粉（铅白），　　　　　　　　　彩画中的定粉（铅白），
　　　　　单偏光下，400×　　　　　　　　　　　单偏光下，400×

图片来源：本书作者工作，在故宫博物院科技部实验室完成。

　　另外，有些研究者在著作中认为定粉即"淀粉"，这是应当澄清的误会。定粉在古代文献和传统匠作术语中的概念一向明晰，与淀粉无关。"淀粉"一词是光绪年间才出现的新词汇，简化字颁行之前均写作"澱粉"，与"定粉"并无相似之处。

　　①　原文："尝考造粉之法：每铅百斤，镕化削成薄片，卷作筒，安大甑内，甑下、甑中各安醋一缾，外以盐泥固，济纸封甑缝，风罏安火，四两养一七，便扫入水缸内，依旧封养，次次如此，铅尽为度。"见《绘事琐言》，卷三。清嘉庆刻本。
　　②　《格物中法》，卷五。清同治刘氏家刻本。
　　③　在一定条件下，铅白可能与环境中的硫化物反应而转化为黑色硫化铅。
　　④　对此第 5 章还将有所讨论。从广州外销画的颜料使用情况就可以看出，当其他色系颜料都被西洋颜料逐步取代时，铅白仍然作为最主要的白色颜料得到大量应用，地位始终未受影响。

简而言之，清代匠作则例中的"定粉"，是一种人工合成的碱式碳酸铅类颜料，也称"官粉"或"铅粉"，不同名称的含义并无区别，但在清代匠作术语中以"定粉"为最通行的定名。这种颜料性状稳定，制备技术成熟，在中国古代颜料史上有长期应用，名称也较少变化。"定粉"这一名称的使用，可以追溯到北宋，当为彩画匠作中历代沿袭的命名传统。

4.3.7　洋青/大青

在清代文献中，"洋青"一词最早见于康熙五十六年(1717)的一份奏折，其中开列内廷工程所用彩画颜料清单，"洋青"即在其列[①]。此后，洋青作为一种彩画作颜料，也见于雍正《工程做法》，并陆续出现于乾隆、嘉庆、光绪年间的则例，而以乾隆时期所见最频繁。不过，无论在哪一种则例中，洋青的用量都很小。

"洋青"的名称透露出它是一种外来颜料，结合文献和实物两方面的证据(数据实例见 3.3.1 节)，可以确认它就是欧洲进口的钴玻璃颜料，英文名称为 smalt[②]。"洋青"是清代匠作则例中对这种颜料唯一的称谓，在其他文献中，有时也被称为"大青"。

关于这种颜料的定名、应用、生产状况和贸易来源，将在 6.1 节中作详细讨论[③]。

4.3.8　人造群青/佛头青/人造绀青

"人造群青"这个名称是现代汉语中才出现的。在清晚期，就有限的文献记载来看，它曾被称为"佛头青"[④]，此外，在 20 世纪初的中国也曾一度被称为"人造绀青"[⑤]，但这两种名称都没有得到广泛使用。这种化工颜料传入日本后，在日语中被称为"群青"，这个汉字名称也随着日本译著进入中国[⑥]。当代研究者为强调其人工合成属性，称之为"人造群青"，对应于英语

[①]　《内务府总管允裪等奏销养心殿等工程银两折》，康熙五十六年十一月二十二日。见《康熙朝满文朱批奏折全译》，北京：中国社会科学出版社，1996：第 1268 页。

[②]　smalt 的中英文名称对应考证，详见 6.1.3 节。

[③]　由于对进口颜料的研究需要放在清代对外颜料贸易的大背景下讨论，所利用的材料中也包括大量贸易史料，因此需要第 5 章的内容作为讨论基础，故将这部分内容放在第 5 章的后半部分。以下几种进口颜料也是相同的情况。

[④]　见 1902 年中英税则(附录 H-3)。

[⑤]　见《国际贸易情报》1936 年第 1 卷第 26 期。

[⑥]　有关人造群青的中文名称演变的详细考证，见 6.2 节。

中的 synthetic ultramarine 或 artificial ultramarine。

人造群青是在晚期彩画中最常用的青色颜料（详见 3.3.1 节）。有趣的是，在清代匠作则例中，始终没有出现过这种颜料的名目——无论是"佛头青"还是"人造绀青"，都不见于任何匠作则例。即使在壁画、彩画和彩塑中的应用已经十分普遍，却始终是一种名不正言不顺的替代用品。

如果比对清晚期画作则例的用料规定和针对清晚期建筑彩画实物的检测结果，会发现人造群青实际上顶替了匠作则例中天青（包括天大青、天二青、天三青）颜料的位置。这是一个值得注意的现象，反映出匠作则例与工程实践之间可能存在的差异。

有关这种颜料的应用与贸易状况，将在 6.2 节中详细讨论。

4.3.9　普鲁士蓝/洋靛/洋蓝

"普鲁士蓝"一词是现代汉语中对 Prussian blue 的直译。但此词并不见于任何一种清代文献，是很晚出的外来词汇。虽然这种颜料至迟在乾隆年间已经传入中国，但是，和人造群青一样，普鲁士蓝的任何一种中文名称也都没有出现在清代匠作则例当中，很可能也是作为某种替代品而使用的。

就已知的材料看来，普鲁士蓝传入中国的时间大约在乾隆中期，并在清代中晚期被广泛应用于建筑彩画、漆器、壁画、外销画等领域。但是无论在哪一个案例中，都没能取代石青或靛蓝，始终是一种居于次要地位的蓝色颜料。

普鲁士蓝在清代的中文名称是什么，这一问题目前还没有研究者给出答案。在 19 世纪的文献中，普鲁士蓝能够确认的中文名称有二。一是"洋蓝"，见于 1902 年的中英税则，在前文 4.2.2 节中对此已有提及；另一个中文名称是"洋靛"，相关论述参见 6.3.1 节。

有关这种颜料的定名、应用与贸易情况的具体讨论，将在 6.3 节中详细展开。

4.3.10　巴黎绿/漆绿

和人造群青一样，巴黎绿虽然广泛应用于清代晚期的建筑彩画（详见附录 D，数据实例见 3.3.2 节），却并未见诸同时期的任何一种匠作则例，这透露出它在彩画颜料中也是一种非正统的替代性用品。

在清晚期其他类型的文献中，通常以"漆绿"一词作为巴黎绿（Emerald green）的中文名称，多见于海关税则。另外，20 世纪中叶的彩画匠师也将这种颜料称为"洋绿"①，此词也见于光绪三十二年的《酌定奉天通省粮货价值册》，但因为该文献仅以中文刊刻，没有英文对照，因此还无法确认其中的"洋绿"一词所指是否为巴黎绿。

"巴黎绿"一词在中文里最早见于农业科学文献，指的是作为农药的醋酸亚砷酸铜，而用此词来称呼颜料，可能是近几十年才出现的用法（详见6.4.1 节讨论）。总之，作为颜料，巴黎绿在清代的中文名称至少可以确认"漆绿"一种，尚无法确认是否存在其他名称。

有关巴黎绿的名称流变及应用、贸易情况，将在 6.4 节详细讨论。

4.4　金属质颜料

金属质颜料在建筑装饰中的使用由来已久。《营造法式》中对建筑装饰中用金的做法已有记述，但只是记载工艺做法，关于材料，则只将金分为金粉和金箔，并没有针对成色的进一步细分。至于银饰做法，则完全未见于《营造法式》。

到清代，金银质颜料的用法大为丰富，在匠作则例中，有关金银的材料术语多达十余种。但过去的研究中很少有人讨论这些术语的具体内涵，对于清代营造业中用金的情况，往往以当代彩画匠师的认知为准。本节的任务，就是从文献与实物证据出发，试图辨明这些认知是否符合历史上的实际状况。

4.4.1　黄金/红金/赤金/大赤金/大赤/田赤

清代匠作则例中出现的金箔名称，以"黄金"和"红金"为最常见。二者并举，见于雍正年间一直到光绪年间的绝大部分则例。除此之外，则例中的金箔名称还有"赤金""大赤金""大赤""田赤"四种。"赤金""大赤"和"田赤"均见于乾隆三十三年《物料价值则例》的直隶省部分；此外，"赤金"还见于天坛工程做法清册。"大赤"应为"大赤金"的略称，后者亦见于国子监和先农坛两种工程做法清册。

当代建筑彩画从业者和研究者一般都认为，清代官式彩画使用的金箔

---

① 见于非闇对彩画工人刘醒民的访谈（于非闇，1953）。此外，北京市文物工程质量监督站所编写的《实用古建筑工程操作技术》中，提到 1953 年对刘醒民的访谈，谈及彩画用色时，也使用"洋绿"一词。

有赤金和库金两种,库金即清代则例中的"红金",是含金量 98% 的金箔;赤金即则例中的"黄金",是含金量 74% 的金箔①。但这一定义起源于何时,有何依据,却向来未见说明,也没有人举出任何文献证据。实际上,这一观点从字面上就令人生疑,为什么赤金对应的不是"红金",却是"黄金"?从词义上既无法解释,也不见任何文献依据,这种对应关系能否成立,就是很值得商榷的问题。

查考过清代文献,就会发现,以库金与赤金作为两种成色不同的金箔名称,这一提法不见于任何清代档案文献或匠作则例,很可能是老一辈彩画匠师口耳相传的说法。那么,这一说法源自何时,是不是清代匠作的概念,清代画作(及其他各作)工匠使用的金箔是不是这两种?这是本节需要讨论的内容。

1. 赤金与淡金

"赤金"和"淡金"是清代文献中一组常见的相对概念,分别指含金量较高/较低的黄金。

"赤金",顾名思义,即颜色偏赤的高纯度的金。"淡金"的含义,赵匡华(1998)认为是含银 20% 以上的天然金②,也称"黄银",即银金矿(electrum),产于浙江、四川等地。因此,"淡金"一词的外延或许比"黄银"更广,可以泛指成色不足的黄金③。

成书于明末清初的《物理小识》中,载有一则"淡金变赤法":

"淡金变赤法:《龙川志略》曰:扶风开元寺僧传兄子瞻以化金方,曰:得此方有死丧、失官者,公若不为正,当传矣。每淡金分数不足一分,以丹砂一钱益之,杂诸药入甘锅中,煅之。熔即倾出,其色斑斑,当再烹之,色匀乃止。"④

这是引用宋代笔记《龙川略志》中的记载,但原书中没有"淡金变赤法"的题目,是方以智加上去的。抛开这一方法的科学性不论,"淡金变赤"的用语含义却是明确的,就是把纯度较低的金,变为纯度较高的金。

---

① 此观点几乎见于所有清代官式彩画相关著作,例如杜仙洲(1984),赵立德等(1999),边精一(2007),马瑞田(2002)等。

② 赵匡华(1998):第 211 页。

③ 赵匡华(1998)认为这两词同义,是依据《龙泉县志》中"黄银即淡金"一语,但这只是就天然黄金矿物而言。实际上也有人为掺入银的做法。

④ 方以智,《物理小识》,卷七。清光绪宁静堂刻本。

可见"淡金"和"赤金"是两个相对的概念，分别用以指称低纯度和高纯度的黄金。

嘉庆年间的画论《绘事琐言》，在论及绘画使用的金箔时，更加明确地阐述了"淡金"和"赤金"这两个概念：

"金有二种，赤金，色赤，足者打成；田赤金，色淡黄，以淡金打成。"①

需要注意的是，这段文字是紧接着前文"金薄（金箔）"的定义与用法而来的，因此这里说的"金有二种"，指的是作为画材的金箔有两种。这两种金箔分别叫作"赤金"和"田赤金"，前者由足金打造，后者由淡金打造。"足者"即纯金，"足金"一词，在古代和今天都指纯金，"足"为完全、十足之义②。

从《绘事琐言》这条记载中，也可以看出"淡金"和"田赤金"两个概念的区别：淡金指的是作为材料的黄金，田赤金则是加工之后的金箔。前者是一种金属原料，后者是一种美术用品。

以上几例都是民间文献，那么官方语境中情况如何呢？以下就从清宫档案和官修则例来考察清代内廷的相关用语。

清宫对黄金有大量需求，在库存管理上，对黄金的种类和成色有详细统计，档案对此不乏详细记载。乾隆九年一份题为《呈为康熙六十一年至乾隆九年用过银库旧存赤金淡金数目清单》③的奏案中提及，雍正元年（1723）至乾隆九年（1744）九月，宫中共用赤金 43 168 两余，淡金 41 601 两余④。这里也是将"赤金""淡金"作为相对的概念使用的，和前举文献用法完全一致。

内务府造办处档案中也常常出现"淡金"和"赤金"。"赤金"既可以指金箔，例如"做淡泊宁静匾用赤金二千张"⑤；也可以指黄金原料，例如"有盖金碗一件……着用头等赤金打造"⑥"赤金簪环戒指等十一件"⑦。

"淡金"则主要指原料，不指金箔。乾隆四十七年的造办处档案活计清册中记载：

---

① 《绘事琐言》，卷四。清嘉庆刻本。

② 实际上，受提纯技术限制，所谓"纯金"的成色不可能达到100%，通常是在99%左右。

③ 中国第一历史档案馆藏，奏案 05-0065-021。转引自滕德永（2017）。

④ 滕德永（2017）。

⑤ 乾隆三年六月五日，各作成做活计清档。《清宫内务府造办处档案总汇》，第 8 册。北京：人民出版社，2005：第 185 页。

⑥ 雍正四年九月十四日，各作成做活计清档。《清宫内务府造办处档案总汇》，第 2 册。北京：人民出版社，2005：第 261 页。

⑦ 乾隆四十五年十二月十二日，各作成做活计清档。《清宫内务府造办处档案总汇》，第 43 册。北京：人民出版社，2005：第 792 页。

初八日员外郎五德催长大达色等来说太监鄂鲁里交：

淡金镯九对（七成金重二十一两）

淡金扁方六支（八成金重五两五钱）

金条五条（六成金重十七两二钱）

淡金花八支（七成金重三两五钱）

……①

这说明"淡金"可以包括许多不同的成色，从"八成""七成"到"六成"不等。那么，皇家对于赤金和淡金的具体成色是如何规定的呢？

乾隆朝《大清会典则例》载：

"又奏准银库，备用一二三等赤金，如成色不足，呈堂镕炼足色。其九成至四成淡金，如不敷用，准动库金镕对备用。"②

这条记载揭示了赤金和淡金的成色标准：九成以上，称为赤金，且又分"一二三等"；九成及九成以下，统称淡金。

那么，赤金又是按照何种成色标准分为"一二三等"的呢？清代档案文献中对于三等赤金的成色有明确记载：

"其金爵、匙、筋向以三等赤金，系九一二三成色制造，每两按例伤耗八厘，共应需三等赤金二十三两八分……"③

这说明，三等赤金系"九一二三成色"，即含金量在 91%～93%。而一等赤金的成色可以从另一方面，一份造办处收贮清册中找到线索，清册中罗列了各种库贮黄金的数量，头三档分别是"九八色金""二等金""三等金"，其次才是"九成金"，可知此处的"九八色金"即一等赤金。另外，已知清代文物中不乏金箔纯度在 99% 以上的实例，这是古代的黄金提纯技术条件下能够得到的最高纯度，由此可以推断，一等赤金的成色应当在 98%～99%。而二等赤金的含金量显然介乎一等与三等之间，也就是说，二等赤金的纯度约在 95%。

淡金的等级以"成"划分，也就是以 10% 为一档。但也可以有更细的分档，比如"八五成金"。《大清会典则例》的记载中，精确到 5% 的只见到这一

---

① 乾隆四十七年十一月八日，各作承办活计清册。《清宫内务府造办处档案总汇》，第 46 册。北京：人民出版社，2005：第 55 页。

② 乾隆朝《大清会典则例》，卷一百五十九。

③ 《奏为祭器金爵匙箸改用五色金成造事折》，咸丰五年九月初十日。奏销档 666-141，中国第一历史档案馆藏。

档，但从造办处档案来看，实际上清宫库贮黄金的成色档次还要更多，除"八五金"①之外，至少还存在"九五金"②"七五金"③"七四金"④"五五金"⑤以及更细致的"九八色金"⑥和"八六金"⑦等若干档次。

对黄金的成色作如此细致的分类规定，是因为清代皇家对于黄金的应用制定了一套严密的标准，不同成色等级的黄金，均有其规定用途。例如，制造册封后妃、亲王所用的金册时，用料有如下规定：

"皇后金册皆十页，每页高七寸一分阔三寸，用三等赤金十有八两。……皇贵妃金册，十页，每页高七寸一分阔三寸二分，用八成金十有五两。……贵妃金册，十页，用七成金。……嫔金册，四页，用六成金十有四两六钱二分。……亲王世子金册，十页，用五成金，每页十有五两。"⑧

黄金的成色等级对应于礼制，最高级的皇后金册使用三等赤金⑨，以下则依次递减为八成金、七成金、六成金和五成金。

不同成色等级的黄金，有些应用较广，有些则很少用到。从《清会典》中规定的实际用例来看，常用的淡金是五成金和六成金，常用的赤金是三等赤金；而从清代造办处的实际支用情况来看，以六成至九成金最为常用，而赤金中也以三等赤金应用最多（表4.8）。九成以下细分档次如"七五金"等，因出现频率较低，未计入此表。

---

① 造办处行取物料清册，乾隆二十四年。中国第一历史档案馆，香港中文大学：《清宫内务府造办处档案总汇》，第24辑，北京：人民出版社，2005：第796页。

② 各作活计清档，乾隆四十四年十二月二十六日。中国第一历史档案馆，香港中文大学：《清宫内务府造办处档案总汇》，第42辑，北京：人民出版社，2005：第456页。

③ 各作活计清档，乾隆九年十二月十三日。中国第一历史档案馆，香港中文大学：《清宫内务府造办处档案总汇》，第13辑，北京：人民出版社，2005：第76页。

④ 造办处领取物件清册，乾隆二十九年。中国第一历史档案馆，香港中文大学：《清宫内务府造办处档案总汇》，第13辑，北京：人民出版社，2005：第307页。

⑤ 养心殿造办处行取清册，乾隆五年。中国第一历史档案馆，香港中文大学：《清宫内务府造办处档案总汇》，第9辑，北京：人民出版社，2005：第662页。

⑥ 造办处行取物料清册，乾隆九年。中国第一历史档案馆，香港中文大学：《清宫内务府造办处档案总汇》，第13辑，北京：人民出版社，2005：第201页。

⑦ 各作活计清档，乾隆二十五年十一月十七日。中国第一历史档案馆，香港中文大学：《清宫内务府造办处档案总汇》，第25辑，北京：人民出版社，2005：第690页。

⑧ 乾隆朝《大清会典则例》，卷一百三十八。

⑨ 此处没有列出皇太后金册，按嘉庆朝清会典，皇太后金册也用三等赤金。见嘉庆朝钦定《大清会典事例》，卷七百十八。

表 4.8　不同成色等级的黄金在乾隆朝文献中出现频次统计

序号	名目	乾隆朝《大清会典则例》中出现次数	乾隆朝造办处档案中出现次数
1	一等赤金（九八色金）	1	15
2	二等赤金	1	125
3	三等赤金	3	146
4	九成金	0	723
5	八成金	1	741
6	七成金	1	489
7	六成金	3	478
8	五成金	3	194
9	四成金	1	123
10	三成金	0	23
11	二成金	0	44

资料来源：根据中国第一历史档案馆全文数字化《大清五部会典》及《清宫内务府造办处档案总汇》统计整理。

那么，清代有没有"库金"一说呢？这个说法的确存在，但是与金箔的成色无关，仅仅是字面意思，即"库中所贮之金"。例如乾隆十年内务府大臣海望的一份奏案中说：

"查得从前修理宫殿油饰彩画所用飞金，例应支领库金捶造，应用，方能经久。"①

这里"支领库金捶造"一语，即从银库中支领黄金作为原料，再锤造成箔。显然，所谓"库金"，并不是金的名称，而是指银库中贮存的金子。根据前引《呈为康熙六十一年至乾隆九年用过银库旧存赤金淡金数目清单》可知，银库中储备的黄金也包括不同成色，既有赤金，也有淡金。因此，"库金"并不意味着某种具体成色。

进一步考察发现，库中贮存的黄金作为原料，可以捶造出不同成色的成品金箔：

"今修理慈宁宫彩画所用大赤飞金一百四十余块，田赤飞金二百余块，约需赤金一百六十余两，再镀护吻、铜索、檐钉等项，约需金叶二十余两，二共用赤金一百八十余两，捶造工价约需银七百余两，请照宫殿工程之例，向

---

① 《内务府大臣海望奏为钦安殿重华殿等处彩画油饰向广储司支领赤金事》，乾隆十年四月十六日戊午。中国第一历史档案馆藏，奏案 05-0071-009。

内库支领，派员监看，捶造应用。"①

　　也就是说，营造业所用的两色金箔，均以库中的赤金为原料制得，只是田赤飞金在制造过程中需要掺入适量的银②。这进一步证明，"库金"所指仅仅是"库中所贮之金"，其成色可高可低，且其成色与制得金箔的成色也未必相同。因此，以"库金"一词作为某种特定成色金箔的称谓，显然是不恰当的。

2. 大赤与田赤

　　厘清了"赤金"在官方和民间语境中的含义后，再来考察"大赤"③和"田赤"两个词汇。在清宫档案及内廷匠作则例中，"大赤"和"田赤"是一对相对的概念，用来表示高低两种成色的金箔，及其制成的泥金颜料。"大赤"有时也被称为"大赤金颜料"，强调其用途。例如嘉庆十九年的《武英殿镌刻匾额户部颜料价值则例》：

　　"按本殿例合算，匠役工饭银两并买办大赤金颜料等项，通共合领银二百七十两九钱四分九厘五毫。"④

　　清宫造办处档案中，"大赤"和"田赤"的常用语境是用以指称写经、绘画所用的颜材料，其中尤以"大赤飞金"（大赤所制金箔）应用为多。这些"大赤"和"田赤"金箔，通常是用来研磨制作泥金颜料的，而并非用于贴金工艺，因此常和广胶配合使用，在档案中也往往同时出现。例如乾隆七年档案记载：

　　"十二日太监王明贵持来首领郑爱贵图记帖一件，内称为建福宫帖，用磁青纸对二副，用大赤金一千张，广胶八两，记此。"⑤

　　又如乾隆九年裱作成做若干件泥金字斗方及对子的记载：

　　"懋勤殿图记帖一件……同乐园三字对一副，俱用磁青纸填金字，行造

---

　　① 《奏为修理慈宁宫工程支领彩画所需飞金等事折》（乾隆元年五月二十四日），中国第一历史档案馆藏，奏销档 193-270。

　　② 科学检测发现，一些取自文物金箔层的样品中除了金和银，还存在少量铜元素，质量比例分布在 1％～8％之间。这是否说明存在掺入铜的做法，尚待未来研究确证。

　　③ "大赤"即"大赤金"之略称，行文方便起见，下文将其视为同一个名称，不再作特地区分。

　　④ 嘉庆十九年四月。见翁连溪，《清内府刻书档案史料汇编（下）》，扬州：广陵书社，2007：第619页。

　　⑤ 乾隆七年七月十二日。各作成做活计清档。《清宫内务府造办处档案总汇》：第11辑，北京：人民出版社，2005：第142页。

办处大赤飞金一千张，广胶八两，记此。"①

此外，造办处也负责为内廷其他机构置办缮写所用的泥金颜料，如乾隆五十七年为清字经馆准备大赤泥金，以供写经之用：

"掌稿笔帖式和宁持来清字经馆汉字印文一件，内开为咨取事：……造办处作速赶办磁青研羊脑纸张，并写经大赤泥金，绘画经头经尾颜料……"②

以上几则记载都是用大赤金箔制作泥金颜料，是较常见的做法。除此之外，也有用田赤金箔制作颜料的。例如，乾隆五十四年十二月二十一日的活计档记录了清字经馆③的一项工作：将一份原本用墨字缮写的丹书克④经，根据皇帝的要求，用泥金字照样缮写四份：

"奉旨：即照此样缮写泥金字四分，交造办处照白伞盖经装潢，钦此。查此经卷系奉旨持交，事件务须赶紧办理，所有应用磁青研羊脑纸张，计六十页，绘画九龙边线，并用大赤泥金二钱，田赤泥金四钱，颜料等项等因回明……"⑤

这里提到，缮写泥金字需要使用"大赤泥金"和"田赤泥金"两种材料。前引《绘事琐言》已经说明，"田赤金"是纯度较低的淡金所制成的金箔，因此这两种材料在颜色上会有深浅之别。从造办处档案来看，磁青纸写泥金字多用大赤泥金，而此次缮写丹书克经时之所以要用两种不同材料，应当是取其深浅两色，或许是令经书页边的九龙纹饰与正文颜色有所区别。

那么，大赤和田赤的成色差异具体如何，有没有可以查考的标准？

乾隆三十三年的直隶省《物料价值则例》中，记载了大赤和田赤的价格，这就为二者的成色比较提供了可靠的数据。需要指出的是，这套则例的编写是以各州县为单位的，而各县的物料类目不尽相同，并非每个县都有"大赤"和"田赤"这两个条目——实际上绝大部分地区都只有"赤金"。为了能够对比二者的价格，表 4.9 摘选出三个同时记载有大赤和田赤价格的地区，整理了相应的价格数据。从表中可以看到，单张尺寸相同的情况下，在滦

---

① 乾隆九年三月二十五日。各作成做活计清档。《清宫内务府造办处档案总汇》，第 12 辑，北京：人民出版社，2005：第 697 页。

② 乾隆五十七年四月初七日，记事录。见翁连溪，《清内府刻书档案史料汇编（下）》，扬州：广陵书社，2007：第 403 页。

③ 将大藏经译为满洲文字的机构，乾隆年间设立。

④ 丹书克，藏语 zhuig rten 音译，意为"贡折"，即附有礼品之庆祝表文，例于清朝皇帝喜庆典礼之日呈进。见于《东华录》《清实录》。

⑤ 乾隆五十四年十二月二十一日，活计档。见翁连溪，《清内府刻书档案史料汇编（下）》，扬州：广陵书社，2007：第 381 页。

州,大赤的价格是田赤的 16 倍;在迁安,大赤的价格是田赤的 1.33 倍。这说明,"田赤"的成色很可能并无一定之规,因生产者而已,可以在一个较大的范围内取值。

表 4.9　直隶省《物料价值则例》中大赤和田赤的价格

府/州	县/州	大赤				田赤			
		长度/尺	宽度/尺	单位	价格/银两	长度/尺	宽度/尺	单位	价格/银两
永平	卢龙	0.18	0.14	张	缺①	0.18	0.14	张	0.028
永平	滦州	0.18	0.14	张	0.4	0.18	0.14	张	0.025
永平	迁安	0.022	0.22	张	0.4	0.022	0.22	张	0.3

资料来源:根据德国宾根大学汉学系和中国科学院自然科学史研究所制作《物料价值则例》数据库(直隶省)中相关数据整理。

　　另外,在甘肃省、湖南省和云南省的《物料价值则例》中,并未出现"大赤"和"田赤"这两个词语②,或许反映出这两个词汇的使用具有地域特征——主要在京师及直隶省范围内使用。《绘事琐言》的作者迮朗虽然是江苏吴江人氏,但作为乾隆五十四年的顺天府举人,也有较长时期在京师生活的经历,因此他在书中使用"田赤"一词也是合理的。

　　另一份能够提供数据比较的文献,是乾隆五十八年造办处活计档中,一则关于"中正殿为画十八罗汉需用颜料等项事"的记载:

　　"应行买办金青颜料什物,照依军机大臣核减之例,需用大赤金二千零九十七张九分,值银十五两五钱二分四厘;田赤金二千零九十七张九分,值银十三两四钱二分六厘。"③

　　根据这份档案中的数据,可以折算出大赤金和田赤金的价格:大赤金每张七厘四分,田赤金每张六厘四分。大赤金的价格约为田赤金的 1.16倍。这和迁安县的价格比例较为接近。假设金箔成色与价值成线性比例,那么如果大赤金的含金量是 99%,田赤金就大约是 85.6%。当然,这只是一种示意性质的算法,数字未必如此精确,但也不妨认为这组数字能在一定程度上反映出乾隆年间北京地区"大赤"与"田赤"的大致区别。

　　"大赤"和"田赤"的名称及其含义,一直沿用到近现代。于非闇(1955)论及绘画中所用金银时说:

---

① 原数据库中此项标注为"figure missing"。
② 根据《物料价值则例》数据库检索结果。
③ 造办处各作活计清档,乾隆五十八年正月二十三日。中国第一历史档案馆藏。

"金箔……分'大赤''佛赤'两种。'大赤'是金的本色，'佛赤'则是更赤一些。另外还有'田赤'，它是淡黄色。"[1]

从这段话推测，"大赤"应指用赤金制作的金箔，而"田赤"则是含金量较低的金箔。这里的"佛赤"不见于清代文献，应当是晚出的称谓，从字面意思来看，不仅供绘画使用，可能也供佛作贴金用。这也证明金箔的名称和类型都未必是长期稳定不变的。

3. 黄金与红金

"黄金/红金"，在匠作相关文献中，一般是"黄飞金/红飞金"的略称，特指金箔，而不是作为原料的黄金。

黄金和红金的区别在于含金量，红金的含金量更高，颜色较深；黄金的含金量较低，颜色较浅。这可以从档案记载中得到印证。乾隆三十六年办造景阳宫挂屏的活计清档记载：

"该作理应用红金填画活计，始得红润。今所填泥金系用黄金颜色，实属浅淡，且描画不均，皆系管作库掌四德、催长舒兴怠忽所致……"[2]

这说明，红金的颜色更加"红润"，也即含金量较高；而黄金较为"浅淡"，也即含金量较低。

相应地，红金的价格也高于黄金。造办处钱粮库库票显示，乾隆元年内廷采购红金和黄金的价格为"红金四千六百张，银三十三两五钱八分；黄金三千张，银十八两九钱"[3]，折合红金每张单价七厘三毫，黄金每张单价六厘三毫。

近年来，针对清代彩画中金箔成分的科学分析检测，为清代营造业使用的金箔成色提供了更直接的证据。对金箔成色的分析一般使用扫描电镜能谱（SEM-EDS），通过样品金箔表面的点扫或面扫，检测金箔中所含元素及质量比（湿质量百分比）。虽然 SEM 一般被认为是半定量分析手段，但检测金箔样品时，若去除其他不相关元素，仅选取 Au、Ag、Cu 等构成金箔主要成分的金属元素计算质量比，可以认为其中 Au 的质量比（湿质量百分比）基本能够反映金箔的含金量。通过多点测量取平均值的方法，也能获得更准确的数据。这虽然不是完全准确的定量分析，但对本研究而言，这一粗

---

[1]　于非闇，《中国画颜色的研究》，北京：人民美术出版社，1955：第 11 页。

[2]　《各作成做活计清档》（乾隆三十六年五月初九日），中国第一历史档案馆，香港中文大学：《清宫内务府造办处档案总汇》，第 34 辑，北京：人民出版社，2005，第 292 页。

[3]　《各作成做活计清档》（乾隆元年五月初二日），中国第一历史档案馆，香港中文大学：《清宫内务府造办处档案总汇》，第 7 辑，北京：人民出版社，2005，第 407 页。

略的定量方法仍然是有意义的。

已发表文献所见相关检测数据可汇总如表 4.10。其中，重庆大足千手观音的样品无确切年代信息，但该造像遗留有多层修缮痕迹，残片又系从最上层脱落，推测其为清代残迹的可能性很大，因此也将这一案例列入作为参考。

表 4.10　清代建筑彩画中金饰的含金量实测数据

案例	取样位置	分析方法	含金量[①]	其他成分
故宫请神亭彩画[②]	围脊表面贴金	SEM-EDS	75.73%	Ag 24.27%
	上层南桁条云龙纹沥粉贴金	SEM-EDS	79.17%	Ag 20.83%
	栏杆表面贴金	SEM-EDS	81.52%	Ag 18.48%
	望柱头表面贴金	SEM-EDS	88.62%	Ag 11.38%
故宫临溪亭软天花彩画[③]	绿色祥云纹金边	SEM-EDS	16.29%	Pb 56.59% Cu 27.12%
	浅金色凤纹	SEM-EDS	46.45%	Ag 16.67% Pb 36.87%
	深金色凤纹	SEM-EDS	93.65%	Cu 6.35%
	深金色凤纹	SEM-EDS	52.62%	Pb 47.38%
	红色祥云纹金边	SEM-EDS	47.79%	Pb 52.20%
	金色灼火纹样	SEM-EDS	63.89%	Ag 36.11%
北海西天梵境[④]	金龙和玺彩画[⑤]	SEM-EDS	77.69%	Ag 22.31%
重庆大足千手观音[⑥]	腿部表面贴金掉落残片	SEM-EDS	100%	无

资料来源：根据本书作者工作及相关文献整理。

---

①　此项计算方法为：含金量=Au 质量÷金属元素总质量。在同位置检测到的其他元素如 C、O、K、Si 等，属于附近其他材料或杂质，不是金箔成分，故不计入总质量。

②　数据来源：王丹青（2017）。

③　数据来源：本书作者工作。

④　数据来源：黄烘等（2010）。

⑤　关于此样品的取样位置，原文献信息缺失，在此略作讨论。西天梵境为一建筑群，包括钟鼓楼、山门、大慈真如宝殿和东西配殿。原文献中关于取样位置的信息只有"样品取自北京西天梵境殿内脊仿（枋）之上，由北京市考古研究所提供"一句，并未说明样品取自哪座建筑。文中称此样品为"金龙和玺彩画"，但西天梵境建筑群中，钟鼓楼、山门和东西配殿梁枋均做旋子彩画，而大慈真如宝殿用金丝楠木构架，梁枋不施彩绘。也就是说，无论是哪座建筑，脊枋都不是金龙和玺彩画，原文献中关于取样位置的描述显然有误。从文中发表的样品剖面显微照片，可以判断出该样品取自沥粉贴金位置。西天梵境中沥粉贴金做法只有一处，即大慈真如宝殿的天花，做沥粉贴金坐龙图案，因此最可能的推测是，该样品取自大慈真如宝殿天花。

⑥　数据来源：周双林，陈卉丽（2013）。

从表 4.11 中可以看到,金箔的成色远不止 98% 和 74% 两种。含金量最高的金箔成色接近 100%,可以对应一等赤金;其余成色可以约略对应六成金到九成金,这与表 4.9 所见最常用的黄金成色等级是一致的。即使考虑到定量数据的系统误差、仪器误差,以及偷工减料的可能性,这些含金量数据也无法归入 98% 和 74% 两个标准等级。可见,清代皇家营造业及手工业中实际使用的金箔必然不止这两种成色。结合档案记载来看,虽然"黄金/红金"是最常见的两色金组合,但其具体成色很可能因时代、用途、采购批次等因素而存在差异,并非一成不变的 98% 和 74%。

此外,在黄金之外掺入的成分,以银最为多见,也有些掺入铜(如图 4.28 所示,可见 Cu 的特征峰),或同时掺入银和铜。这表明当时的金箔存在不同生产工艺,可能与金箔的产地及制备方法有关。乾隆年间的造办处档案中,曾经提到市面上采买的金箔存在成色不一的情况:"宫殿工程现在用金,俱系行取江南,是以将市买飞金与该工现用飞金较比,其市买金色黄淡,似不如南金色重。……"[①]因此,将金箔的成分、成色和产地通过检测数据积累建立关联,也是未来值得注意的一个研究方向。

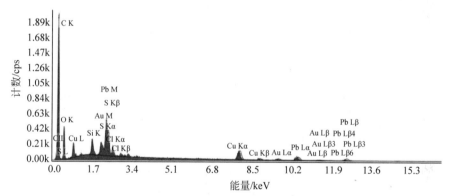

图 4.28   临溪亭天花彩画样品 LXT-05 的 X 射线能谱图

图片来源:本书作者工作,在河南省文物科技保护中心完成。

4. 小结

清代营造业中使用的金箔由黄金锤造而来。制造金箔的黄金原料分为

---

① 各作成做活计清档,乾隆三十二年十一月九日。中国第一历史档案馆,香港中文大学《清宫内务府造办处档案总汇》,第 30 辑,北京:人民出版社,2005:第 577 页。

赤金和淡金两大类，含金量在 90％ 以上者称赤金，含金量在 90％ 以下者称淡金。从档案文献来看，清代用于手工业的黄金至少包括四成到九成以上的 10 个不同成色等级；从实测数据来看，可能还包括含金量更低（约 20％）的种类。在实际应用中，不同成色的黄金用于制造不同等级的器物，而不同成色的金箔则用于彩画、漆器等表面装饰，以取得丰富多变的色彩效果。

将金箔分为库金（98％）和赤金（74％）两种，应当是近现代以来的说法，可能源自近现代某一时期内主要的金箔产地或制造商的产品标准，但这一标准的使用历史显然无法追溯到清代。因此，不宜用"库金/赤金"的二分法来为清代彩画及其他文物中使用的金箔分类，清代实际使用的金箔成色也远不止这两种。

"库金"和"赤金"两个词在清代虽有使用，但含义与今天常见的理解完全不同。在清代，"库金"指的是"内库所贮之金"，与成色无关；"赤金"指的是成色较足的金，在清代官方规定的标准中特指含金量在 90％ 以上的金（而非 74％），与"淡金"相对。

在金箔的名称上，清代并不使用"库金"一词。对于彩画作中最常用的两色金箔，通常使用"黄金/红金"和"大赤/田赤"两组称谓。纯度较高、颜色较深的金箔称为"红金"或"大赤（金）"；含金量较低、颜色较浅的金箔称为"黄金"或"田赤"。但是，这种二分法并无具体的定量规定，综合各方面证据推测，红金、大赤很可能指赤金打造的金箔，含金量在 90％ 以上；黄金、田赤的成色则不固定，从实物证据来看，涵盖了一个较大的区间，在 50％～90％ 之间。各匠作、各时期所用两色金的具体成色很可能存在差异，其具体标准仍然有待更多实测数据的积累和总结。

4.4.2　黄飞金/红飞金

飞金即金箔。《绘事琐言》对清代金箔的规格形态有详细解说：

"皮上置金薄，竹刀切方为八块或四，大者三寸三分，小者一寸一分，夹以白纸，十张为一帖，千帖为一箱，是名金薄，俗呼为飞金。凡漆饰绘画多用之。画家亦有用飞金者。"[①]

上述"金薄"即金箔。飞金作为金箔的俗称，也是一个具有时代特征的用法。清代匠作则例中，"飞金"一词始见于乾隆元年刊行的《九卿议定物料价值》，不过这份档案实际编修是在雍正年间。《红楼梦》里也出现过"大赤

---

① 《绘事琐言》，卷四。清嘉庆刻本。

飞金"一词。更早的则例和其他文献中则使用"金箔"（例如明代《工部厂库须知》），说明这一俗称大约在雍乾时期开始普遍使用，并一直沿用到晚清，光绪年间的匠作则例中仍然使用"红飞金"和"黄飞金"的称谓①。

按照清代早中期的惯例，皇家匠作使用的金箔是从内库领取黄金捶造的。康熙五十六年内务府奏折提及内外诸工程处"锤打飞金由库将备取银"②，4.4.1 节所引乾隆十年内务府大臣海望的奏案也提到"从前修理宫殿油饰彩画所用飞金，例应支领库金捶造"③。可知当时营造所用飞金并非直接采买现成的金箔，而是现用现造。《天工开物》记载金箔的制造方法："凡造金箔，既成薄片后，包入乌金纸内，竭力挥椎打成。打金椎，短柄，约重八斤。"④因此，制造金箔的手工业在清代称为"锤金作"⑤。

关于金箔的尺寸，根据文献记载，明代官方使用的金箔为"见方三寸六分"⑥，清代彩画作则例中记载的金箔则主要是三寸三分和三寸两种（表 4.11）。《绘事琐言》提到当时市售金箔的两种常见尺寸：较大的是三寸三分，较小的是一寸一分⑦。但后者未见于营造业相关匠作则例，这可能是因为画作或油作贴金往往需要覆盖较大的面积。

表 4.11　不同匠作则例中记载的金箔（飞金）尺寸

则例名称	年代	金箔尺寸
工部厂库须知	明万历年间	见方三寸六分
工部工程做法	清雍正二年	见方三寸
九卿议定物料价值	清乾隆元年	见方三寸三分

①　例如《工部工料则例》。

②　《内务府总管允裪等奏销养心殿等工程银两折》，康熙五十六年十一月二十二日。见《康熙朝满文朱批奏折全译》，北京：中国社会科学出版社，1996：第 1268 页。

③　《内务府大臣海望奏为钦安殿重华殿等处彩画油饰向广储司支领赤金事》，乾隆十年四月十六日戊午。长编 60729，中国第一历史档案馆藏。

④　《天工开物》，卷十四。明崇祯十年刊本。

⑤　内务府造办处似乎未设立锤金作，宫中需用金箔是由造办处支领库金后，送去外面的锤金作坊定制。清代官方文献中未见有关锤金作的记载，只有一些晚清人物在回忆录中作过介绍，此外，清代小说《济公传》中也提到了临安、镇江一带的锤金作。参见齐如山《北京三百六十行》，宝文堂书店，1989：第 36 页。王永斌《耄耋老人回忆旧北京》，北京：中国时代经济出版社，2009：第 71页。后一种文献中提到清宫造办处是锤金作的主要主顾，这一情况似乎也与锤金作不见于官方文献记载相吻合。

⑥　《工部厂库须知》，卷三："金箔九千贴，各见方三寸六分，每贴银四分五厘。"明万历林如楚刻本。

⑦　"金薄……大者三寸三分，小者一寸一分。"《绘事琐言》，卷四。清嘉庆刻本。

续表

则例名称	年代	金箔尺寸
户部颜料价值则例	清乾隆六年	大：见方三寸三分 小：见方三寸
圆明园内工杂项价值则例	清乾隆年间	见方三寸三分
工部杂项核定价值则例	无年代	见方三寸三分

资料来源：根据相关则例内容整理。

4.4.3　黄泥金/红泥金

泥金是金箔研磨而成的金粉，可用作颜料。

从则例记载可以得知，黄泥金和红泥金分别是由黄飞金和红飞金研磨而来的，区别在于含金量不同，因此颜色也不同，红泥金的颜色要比黄泥金更深，黄泥金的颜色偏浅、偏白。

《工部杂项核定价值则例》中，红泥金的价格旁边有小字备注："飞金一千张得泥金四钱"，这一旁注提供了飞金和泥金的换算关系。此种则例中的飞金（金箔）尺寸是"见方三寸三分"，也就是说，一千张见方三寸三分的金箔，研磨后可以得到四钱泥金。见方三寸三分，按清代营造尺 320 mm 计算，即边长为 105.6 mm 的正方形，单张面积为 111.51 cm^2；四钱，即 0.4 两，按清代库平 1 两为 37.3 g[①] 计算，四钱约合 14.92 g。一千张金箔的面积是 11.1510 m^2，研磨后得到 14.92 g 泥金，由此可以计算得到飞金和泥金的换算关系：1 g 泥金折合 0.7474 m^2 飞金。

4.4.4　鱼子金

"鱼子金"一词见于《工段营造录》《圆明园内工则例》等多种清代则例，是彩画所用金饰材料之一。

"鱼子金"一词的用例，除了年代不明的文献之外，所有已知年代的用例都集中在乾隆时期，表明此词的使用可能限于特定时代。这里值得一提的是，蒙府本《红楼梦》第四十二回的颜料单子里也提到了"鱼子金"："大赤飞金二百帖，青金二百帖，鱼子金二百帖"[②]，但庚辰本、戚序本、俄藏本及程高本中，都只有"大赤飞金二百帖，青金二百帖"，而没有鱼子金一项[③]。这也

---

①　丘光明（1991）：第 129 页。

②　《石头记》，第四十二回。蒙古王府本。北京图书馆，2007。

③　其他早期抄本中，甲戌本、己卯本无此回。蒙府本似乎是唯一一个出现"鱼子金"的本子。

许可以佐证"鱼子金"是一个使用时间范围相当有限的词汇①。

有研究者将鱼子金和扫金、贴金、打金等词语并列，认为是一种施金技法②，不确。"鱼子金"在清代文献中均作材料名，通常都带有量词"帖"或"张"，并没有动词用法。将"鱼子金"作为技法的论述，最早见于现代画家于非闇(1889—1959)对中国画的论述：

"'打金'分'雨金''鱼子金''冷金'等，只苏州有此专家。"③

现当代工艺美术家将鱼子金视为技法，可能是晚近时期与日本美术界交流中，受到日本金工技法"魚々子(ななこ)"影响而产生的汉语新词。"魚々子"是一种在金箔表面的细密小颗粒，如鱼籽状，也写作"魚子打工"④。这种工艺在日本的传承历史相当久远，日本文献中最早见于天平宝字四年(760)的《造金堂所解》⑤，而未见载于中国古代文献，因此其是否是由中国传入日本尚难确定。但无论如何，这种工艺与清代文献中的"鱼子金"并无关联，不应混为一谈。

鱼子金的定义，没有任何文献直接给出解释。只能从文献内容中推测。《武英殿造办处写刻刷印工价并颜料纸张定例》载：

"填一寸字，用青一分，碌二分；泥填，大赤金用二张，鱼子金三张。"⑥

这是填涂文字所用颜料的定量信息：填涂一寸见方的字，如填青绿色，则用青色颜料一分，或绿色颜料二分；如填金泥，则用大赤金二张，或鱼子金三张。由此可见，鱼子金的成色是低于大赤金的。在《武英殿修书处写刻刷印工价并颜料纸张定例清册》中，鱼子金的价格是每帖银五毫，而大赤金的价格是"每张价六厘二毫，于三十九年五月内增价银二厘三毫"⑦，按一帖为十张计算，二者的价格相去百余倍。当然，这里缺失尺寸信息，存在二者单张尺寸不等的可能，但尺寸的差异应该不会达到十倍以上。也就是说，鱼

---

① 关于此词被删的原因，可能是后人删订时由于不解其意而删去，也可能是某时期内鱼子金的供应使用相当普遍，因而作者在修改时增入。蒙府本的年代和真伪一直有争议，此处文字或许对其版本研究有意义，录此备考。

② 例如王定理、王书杰，《中央美院中国画传统色彩教学》，长春：吉林美术出版社，2005：第81页。

③ 于非闇，《工笔花鸟画论》，上海：上海人民美术出版社，2014：第113页。

④ 参见小学馆《日本大百科全书(ニッポニカ)》，"魚々子"条。

⑤ 平凡社，《世界大百科事典》，第二版，"魚々子"条。

⑥ 《武英殿造办处写刻刷印工价并颜料纸张定例》，见陶湘《书目丛刊》，沈阳：辽宁教育出版社，2000。

⑦ 无年代，见翁连溪，《清内府刻书档案史料汇编(下)》，扬州：广陵书社，2007：第675页。

子金的成色不仅低于大赤金，而且是低得多。

　　从价格来看，各种则例中鱼子金的定价均属于金箔中较低者。除了《武英殿造办处写刻刷印工价并颜料纸张定例》中仅为"每帖银五毫"[①]，其他几种则例的单价在一两至二两之间（表 4.12）。这一显著差距可能是由于单张鱼子金的尺寸差异造成的。作为对比，《圆明园内工杂项价值则例》记载的红金价格为七两二钱，黄金为六两二钱，是鱼子金的五到六倍，反映出金箔成色和成本的区别。如果按照价格比例大致推算，鱼子金的含金量大约不到 16%。

表 4.12　鱼子金在清代匠作则例中的价格

则例名称	年代	单位	价格（银）	价格/两
武英殿造办处写刻刷印工价并颜料纸张定例	不详	每帖	五毫	0.0005
圆明园内工杂项价值则例	乾隆年间	每块	一两二钱	1.20
户部颜料价值则例	乾隆六年	每块	一两八钱	1.80
工部杂项价值核定则例	不详	每块	一两八钱	1.80
户工部物料价值则例	不详	每块	一两八钱	1.80

　　资料来源：根据相关则例内容整理。

　　鱼子金除了见于油作和画作则例之外，也见于漆作，例如《圆明园漆活彩漆扬金定例》：

　　"平面画彩漆穿花凤、番花、博古、龙草、金钱菊，勾泥金，七扣净，每尺用严生漆三钱，笼罩漆三钱，石黄一钱，广花一钱，潮脑一钱，漆朱一钱，朱砂一钱，雄黄一钱，南轻粉一钱，赭石一钱，红花水一钱，鱼子金五张，红金八帖一张。"[②]

　　这一记载中同时用到了鱼子金和红金两种金箔，推测可能是两色金的做法。这也说明鱼子金和红金在色泽上有明显差异。

　　总之，从已知的文献材料来看，鱼子金是一种含金量很低的金箔，颜色也较浅。这个词汇的使用具有明显的时代特征，集中出现在乾隆年间，或许是因为这种成色的金箔只在这段时期才有生产。

----

　　① 帖是金箔的计量单位，比张更高一级。《绘事琐言》："十张为一帖，千帖为一箱。"今天对金箔的计数仍然沿用这一单位。

　　② 转引自王世襄，《髹饰录解说》，北京：生活·读书·新知三联书店，2015。

4.4.5 银箔/银粉/飞银

银饰工艺在漆作中发展之成熟并不亚于金饰，但是，在清代官式建筑中，银饰的应用则远不及金饰之广，无论是油作还是画作，实例都很少。与之相应的是，银箔和银粉在则例中也只有相当有限的记载。

1. 银箔

"银箔"见于《工部厂库须知》，属于"御用监年例雕填钱粮"中交付丁字库的物料："召买……银箔六千贴，每贴银一分，该银六十两。"[①]但这些银箔的用途未必是建筑营造，例如书中也提到"内官监成造御用器皿如彩膳盒托盒之类，及备用油、银砾、金箔、银箔等项"[①]，说明这些银箔至少有一部分是用于满足内廷制作器物的需求。

不过仍有证据表明，银箔在明代属于营造物料之一。在《大明会典》中"内官监修理年例月例家火物料"的清单里，就出现了银箔，与金箔及其他颜料并列：

"金箔九千贴，天大青十二斤，天二青十二斤，天三青十二斤……石黄二百斤，墨煤一百斤，锡箔二百贴，银箔一百贴，无名异一千三百斤，绵胭脂五百个。"[②]

清代档案中，也有皇家采买银箔的记录，且采买银数量巨大。这是因为银箔在清代的一大用途是制作佛花、银锞等祭品，用于皇室的祭祀活动。《大清会典则例》载：

"每年三陵应用及赏喇嘛虎尔哈库尔喀等：蟒段十五疋，妆段十疋……纸六千二百张，金银箔十万张，茶叶八百六十斤，银砾五十斤，移户部取给。"[③]

也就是说，每年的祭祀要用金银箔十万张，用量十分可观。

除此之外，银箔也用于制作日用器物。银箔在清代档案中通常称为"飞银"，与"飞金"相对。清宫造办处档案的买办库票中，有关"飞银"的记载不少，用量也较大。其用途相当广泛，有明确记载的用例包括"画黑退光漆彩

---

① 《工部厂库须知》，卷九。明万历林如楚刻本。

② 《大清会典则例》，卷二百七。工部二十七。明万历内府刻本。

③ 《大清会典则例》，卷一百三十九。清文渊阁四库全书本。

漆宝座"①"做盛扇子楠木胎黑漆画金云龙匣子"②"画楠木边栢木心玻璃天圆地方围屏式拾扇"③"漆黑退光漆火盆架一件再画红黄二色泥金夔龙牙子四块"④，等等。

从造办处记载中可以看出，飞银作为装饰材料，通常用于精细家具或器物，且多为描金画漆做法，而很少见到单独的"描银"或"贴银"做法⑤。例如，乾隆元年，油作成做"黑漆画金罩套箱十四件"所用的物料清单中，就同时包括"三寸一分红金二万三千二百四十七张""黄金八百六十一张"和"飞银一万一千一百九十三张"⑥。由此推测，这些飞银多用于泥金银做法，与金粉调和，获得深浅多变的视觉效果。

就实物遗存中所见，银箔在建筑装饰上的应用实例，较典型的是故宫请神亭的沥粉贴银装饰。该银饰表面已因严重积垢而变黑，无法判断原有色彩，但仍不难看出是盘龙图案的沥粉装饰（图 4.29）。剖面显微分析显示该样品确实是沥粉工艺，但不易观察到表面的金属层（图 4.30）。

在扫描电子显微镜背散射像中可以看到，样品剖面上呈现一条明显的亮色线条，表示此处确实有金属箔存在（图 4.31）。SEM-EDS 能谱分析结果显示，该位置主要元素是 Ag（66.07%）和 O（16.37%）⑦，可以判断这是一层已经出现氧化现象的银箔。也就是说，请神亭龙柱装饰的做法是沥粉贴银。

2. 银粉

"银粉"一词，仅见于乾隆《物料价值则例》的山西省部分，无法确证是否用于彩画作，也有可能是为其他营造工种而采办的物料。

---

①　造办处买办杂项库票，雍正十一年五月十七日。《清宫内务府造办处档案总汇》，第 6 册，北京：人民出版社，2005：第 88 页。

②　造办处买办杂项库票，乾隆元年八月十二日。《清宫内务府造办处档案总汇》，第 7 册，北京：人民出版社，2005：第 507 页。

③　造办处买办杂项库票，乾隆元年五月二十一日。《清宫内务府造办处档案总汇》，第 7 册，北京：人民出版社，2005：第 422 页。

④　造办处买办杂项库票，乾隆元年十一月八日。《清宫内务府造办处档案总汇》，第 7 册，北京：人民出版社，2005：第 541 页。

⑤　罕见的一例是乾隆二十三年十二月十六日的活计清档所载："着照样做高二尺、上宽三尺五寸、下宽二尺五寸贴金斗一件，贴银斗一件，周围不要花纹，四面要火焰元光。"

⑥　造办处买办杂项库票，乾隆元年八月十一日。《清宫内务府造办处档案总汇》，第 7 册，北京：人民出版社，2005：第 505 页。

⑦　王丹青（2017）。

图 4.29　故宫请神亭西南柱上的
沥粉装饰

图片来源：王丹青(2017)。

图 4.30　故宫请神亭西南柱上沥粉
装饰样品的剖面显微照片
(可见光下,100×)

图片来源：王丹青(2017)。

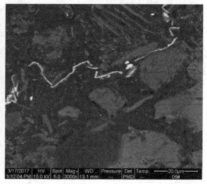

图 4.31　请神亭沥粉装饰样品在扫描电镜下的背散射像(左图：500×,右图：3000×)
图片来源：王丹青(2017)。

　　银粉通常是由银箔研碎而制得的。雍正十年的造办处活计清档中有"将飞银二千张做成泥银,分为二碟"①的记载,说明泥银(调胶后的银粉)是由银箔(飞银)再加工所得。相对泥金而言,泥银是较为少见的做法。雍正十二年的活计清档中记载有一件"泥银黑漆地平"②,是一个罕见的用例,更常见的做法则是将银粉与金粉共同使用。

①　各作成做活计清档,雍正十年十二月十二日。《清宫内务府造办处档案总汇》,第 5 册,北京：人民出版社,2005：第 426 页。
②　各作成做活计清档,雍正十二年一月七日。《清宫内务府造办处档案总汇》,第 6 册,北京：人民出版社,2005：第 533 页。

银粉在清代建筑装饰上的应用未见报道，一个可能的实例是故宫慈宁宫花园临溪亭天花彩画上的描金银装饰（图4.32）。在扫描电子显微镜二次电子像中，该位置表面呈现明显凸凹颗粒状，并有笔刷痕迹，不符合金属箔表面形态特征，而像是粉状颜料涂刷的结果。SEM-EDS能谱检测到 Au和 Ag 两种主要元素，推断其很可能是描金银做法或泥金银做法，即金粉和银粉混合后调胶绘制①。不过，这个例子中银粉只是用来调制浅金色的辅助用料，最终呈现的视觉效果仍然是金色。

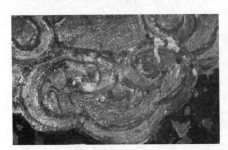

图 4.32　故宫慈宁宫花园临溪亭天花彩画上的描金银装饰

4.5　胶料和辅料

胶料和辅料的定义，已经在3.3.8节中有过叙述。需要说明的是，这两个词汇并非清代文献中使用的专门术语，清代匠作则例中也没有这样的归类，本节只是用以统称那些在则例中被列入颜料类目，但严格意义上并不属于颜料的物料。这些材料中，有些属于胶结剂（binding media），有些属于黏结剂（adhisive），还有一些则是用于制作打底层（preparation layer）及其他用途的材料。

4.5.1　水胶/广胶

根据清代匠作则例的记载，用于彩画作的胶料主要有两种，即水胶和广胶。此外，《三处汇同杂项价值现行则例》等若干价值类则例中还记载了一种"鹿胶"，山西省《物料价值则例》中则提及"皮胶"，但这两个名目从未见于画作类则例，可能是用于其他工种的胶料，故在此不作讨论。

---

① 此处工艺尚不明确，根据造办处档案中类似做法的记载，推断是用金箔和银箔分别研磨成粉并调和使用，但也不能排除另一种可能，即直接研磨含有一定比例 Ag 的金箔而得到浅金色金粉。

　　水胶也称黄明胶，其成分是牛皮胶，可用作胶结材料，这在明清医书和画论中都有记载。《本草纲目》："黄明胶，即今水胶，乃牛皮所作，其色黄明，非白胶也。"[①]《绘事琐言》则说："牛胶者，黄明胶也，一名水胶，一名海犀胶。"[②]综观各种画作做法则例，几乎每种彩画类型所需的物料中都包含水胶，可见水胶在彩画施工中是最常用的胶结材料。

　　《绘事琐言》中也记载了制备水胶的方法：

　　"作胶宜用黄牛之革，法取生皮，碎而切之，水浸四五日，洗刮洁净，入釜熬煮，时时搅之，添水至烂。滤取上清之汁，澄弃下浊之底，熬炼成胶，晶光莹澈，如琥珀蜜蜡，斯为黄明，斯为上品，盖胶出自制佳矣。"[②]

　　也就是说，制备水胶的原材料是黄牛皮。将切碎的黄牛皮加水熬炼，滤取上层清液，以晶莹透明者为佳。"黄明胶"这一名称，也是对其性状的恰当描述。

　　广胶是在则例中出现频率仅次于水胶的一种胶料。"广"字指其产地。于非闇认为广胶是产自广东、广西的黄明胶，"是用牛马的皮筋骨角制成的"[③]。不过，按清代规制，广胶完全归广东省采办："广东布政使司应解……广胶千斤"[④]，广西并不采办广胶[⑤]。因此，不管广胶是否在广西也有出产，至少清代官方建筑工程中所用的广胶应当是来自广东的。

　　广胶也是用牛皮熬制的。《景岳全书》载"火龙膏"药方："生姜，八两，取汁；乳香，为末；……真牛皮广胶，二两。"[⑥]这里"真牛皮广胶"一语也揭示出当时可能存在其他原材料熬胶而冒充广胶（牛皮胶）的现象。

　　那么，广胶和水胶有没有区别呢？

　　多数本草书认为广胶和水胶是同一种东西，但价值类则例中往往将水胶和广胶并列，广胶的价格要比水胶高得多，往往是水胶价格的两倍，甚至高达四倍（表 4.13）。这说明广胶和水胶并不是完全等同的概念，其区别可能不在成分而在于品质。

①　《本草纲目》，卷五十下。清文渊阁四库全书本。
②　《绘事琐言》，卷五。清嘉庆刻本。
③　于非闇（1955）。
④　乾隆朝《大清会典则例》，卷三十八，户部。清文渊阁四库全书本。
⑤　广西一度负责采办另一种"鱼线胶"，康熙三十二年停解。见雍正朝《清会典》卷四十七。
⑥　《景岳全书》，卷六十四。清文渊阁四库全书本。

表 4.13　明清文献中水胶和广胶的价格比较

单位：银两/斤

文献名称	水胶价格	广胶价格
工部厂库须知	一分七厘	二分五厘
圆明园内工杂项价值则例	一分七厘	六分八厘
户部颜料价值则例	三分	六分
武英殿镌刻匾额户部颜料价值则例	三分	一钱五分
户工部物料价值则例	三分	六分
工部杂项价值核定则例	三分	六分

广胶和水胶一样，也可以用作胶料。《武英殿镌刻匾额户部颜料价值则例》记载："广胶：每金百张用四钱。"[1]这里记载的是广胶用于制作泥金颜料时的用量[2]，其作用也是胶结材料，和调颜料的用途相同。

清代皇家对胶料的贮存和制取有专门规定：

"以库内存贮朽皮每年熬煮水胶，鹿角胶尽用熬煮，鱼鳔、广胶酌量。所用奏请由户部支取，乌喇捕牲人所得鳣鱼鳔交送贮库。"[3]

这段文字提及了数种清代常见胶料：水胶、鹿角胶、鱼鳔、广胶。其中透露出若干重要信息：①"以库内存贮朽皮每年熬煮水胶"明确指出了水胶的制备原材料，同时也说明水胶是最常用、需求量最大的胶料；②水胶和广胶并不是同一回事，总体而言广胶的用量少于水胶；③清代内廷工程中使用的鱼鳔胶是用来自东北的鲟鱼[4]鱼鳔制作的。

从已知的科学检测案例中可以看到，用作颜料胶结材料的主要是动物胶，但具体成分则不明确（图 4.33），仅有一个案例在苏南地区无地仗彩画中检测出骨胶[5]，另外，故宫景福宫彩画使用的也可能是骨胶[6]。

4.5.2　贴金油

清代画作则例中，对于贴金使用的胶结剂通常称为"贴金油"，没有说明其具体成分。在价值类则例中，"贴金油"常与"桐油""熟桐油""白煎油""香

---

① 《武英殿镌刻匾额户部颜料价值则例》。嘉庆十九年抄本。
② 将金箔研碎后，调入广胶，即得膏状泥金，用于绘制泥金花纹或缮写泥金字。
③ 《大清会典则例》。卷一百六十八。
④ 鳣，同"鲟"。
⑤ 何伟俊（2009）。
⑥ 宋路易（2017）。

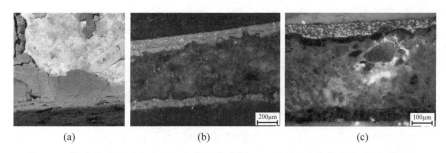

图 4.33　故宫钦安殿须弥座彩画中使用的胶料（UV 下呈明亮白色荧光，见文前彩图）
（a）取样位置；（b）剖面显微照片，可见光下，100×；（c）剖面显微照片，UV 光下，100×
图片来源：本书作者工作，在故宫博物院古建部 CRAFT 文保实验室完成。

油"等并列，价格各不相同，因此其成分应当与这几种物料有所区别。

现今一般认为传统的贴金油是以桐油为主要成分，加入苏子油和白铅粉等辅料熬制而成。但是，从实际检测案例来看，清代建筑彩画贴金使用的胶结剂可能不止一种。例如故宫临溪亭天花彩画，几处不同位置的金箔层之下，金胶油层呈现各不相同的荧光反应，这很可能是经历过多次修缮，各时期使用不同成分的金胶油所致（图 4.34）。

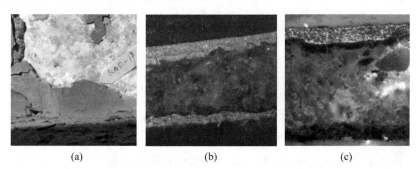

图 4.34　故宫慈宁宫花园临溪亭天花彩画三个不同样品中荧光反应各异的金胶油层
（a）样品 LXT-14，浅黄色荧光，UV 光下，100×；（b）样品 LXT-21，亮白色荧光，UV 光下，200×；（c）样品 LXT-05，无明显荧光，UV 光下，200×
图片来源：本书作者工作，在故宫博物院古建部 CRAFT 实验室完成。

目前，针对建筑彩画贴金油的专门分析检测尚未积累足够数据量，清代彩画贴金油的成分问题仍然有待进一步研究揭示。

4.5.3　青粉

"青粉"一词，见诸绝大多数清代画作则例，是清代彩画的常用材料之一。除了画作之外，也用于佛作。例如《工段营造录》中有关佛作做法的记载，就提及"天衣风带描泥金做法"需用"广胶、白矾、青粉、土粉"①等材料。有医书将"青粉"作为一味药材记载，但非常少见②，与画作中的青粉是否为同一物，暂时还难以判断。

关于青粉这种材料究竟是什么，在彩画中作何用途，尚未见到任何研究述及，本节对此试作推测性解释。

画作则例并未直接说明青粉的用途，但仔细分析各种画作做法类则例，不难发现，几乎任何一种彩画做法的用料，都以水胶、白矾、青粉、定粉四种材料开头（见附录 F）。这提示了上述四种材料的通用性质。而能够在各种彩画类型中通用的材料，最大的可能性，显然是用作打底。

则例文本中有两条线索能够证实这一推测。第一条线索是，《三处汇同画作则例》中在"画火腿鸭子色"一条的末尾，有这样的附注：

"如遇粘补零星，除水胶、白矾、青粉、画匠外，量其颜色，加减合算。"③

也就是说，对于零星粘补的画活，水胶、白矾、青粉这三种材料以及用工量（画匠）是固定不变的，其余的颜料则根据具体需求酌量合算。这可以说明青粉和水胶、白矾一样，属于打底层使用的辅料，和纹饰色彩的设计无关。

第二条，同样来自《三处汇同画作则例》：

凡各样画活，如过色见新，减去

青粉土粉广花

油黄二绿

新做例准给③

这一则补充说明性质的文字很有价值：同样的彩画纹饰，如果是过色见新（只重做彩绘层，不用重做打底层），则不需要以上五种颜料；如果是新做，就要相应准给这五种颜料。这条记载中透露出的信息和前一条类似，而更加明确，充分证明青粉只用于打底，而与彩绘层无关。

明确了青粉作为打底材料的性质，接下来则需要讨论它的具体用法。《三处汇同画作则例》中记载了 13 种包含"刷青粉胶"的做法，摘录若干则如下：

---

① 《扬州画舫录》，卷四。清乾隆六十年自然盦刻本。

② 如清代胡青崑辑，《跌打损伤回生集》载："搽髻头方：搽疮屡验大枫子，花椒青黛与枯矾，青粉黄丹黄柏和。"清咸丰六年刻本。

③ 《三处汇同画作则例》，见《圆明园、万寿山、内庭三处汇同则例》，《清代匠作则例·贰》，第461页。

　　如刷青粉胶做水绿色亮粉每尺用

　　　广胶三钱五分　黄蜡三钱五分

　　　香油一钱五分　青粉九钱

　　　石大绿一两二钱　石黄三钱

　　　每六尺六寸画匠一工

　　如刷青粉胶做粉红色亮油每尺用

　　　广胶三钱五分　黄蜡三钱五分

　　　香油一钱五分　青粉九钱

　　　定粉一两二钱　朱砂三钱

　　　每六尺六寸画匠一工

　　如刷青粉胶做月白色亮粉每尺用

　　　广胶三钱五分　黄蜡三钱五分

　　　香油一钱五分　青粉九钱

　　　定粉一两二钱　广花三钱

　　　每六尺六寸画匠一工

　　　……①

　　虽然这些做法的具体含义尚不十分明确，但是归纳前引文本，不难发现，这些做法都是在"刷青粉胶"的基础之上，做出颜色各异的罩面。各种做法的用料均含广胶、青粉、黄蜡、香油四种，用量也都相同；在此之外，根据罩面颜色的不同，再加入相应颜料。这说明，"刷青粉胶"是一个通用的打底做法，其使用的材料是广胶、青粉、黄蜡、香油。与一般画作做法中常见的打底材料——水胶、青粉、白矾、广胶相比，水胶和广胶的性质都是胶结剂，黄蜡、香油和白矾的性质则近于隔离层，而青粉则是其中唯一也是共同的颜料。

　　那么，"刷青粉胶"是一种什么样的做法呢？虽然画作则例中没有详细记载，但是佛作则例中记载的壁画做法提供了有用的参考信息。在《圆明园佛殿画廊则例》中，对于画廊壁画的打底做法有这样的说明：

　　画廊墙落矾胶，刷青粉三遍，糊西纸二层，彩画五方佛……每尺用：广胶五钱，白矾三分，青粉五钱，土粉一钱五分……②

　　这里明确地提到了"刷青粉三遍"。而同一则例的"佛像装銮"类目下也

①　《三处汇同画作则例》，见王世襄（2000b）：第 461 页。

②　王世襄（2002）：第 160 页，佛 902。

有一条针对"悬山彩画"做法的记载：

"山后大殿悬山彩画雪山式，刷青粉、定粉胶二道勾墨。每尺用：水胶四钱，青粉一两五钱，定粉五钱，香墨五分，每二十尺画匠一工，勾墨匠一工"。[1]

以上两则记载的文义十分明确，说明壁画和悬山彩画的做法，都是先刷青粉两遍或三遍作为打底层。后一则引文中，"刷青粉、定粉胶"应为"刷青粉胶、刷定粉胶"的略语。由此看来，这一打底做法用到的材料应当包括青粉和胶矾水。这与前引《工段营造录》中的佛作做法也是相符的。

就已知的清代官式彩画做法而言，胶矾水的用法，是在已经涂刷了地色的表面上，满刷一遍胶矾水，作为隔离层，使上色更加均匀顺畅，常见于苏画中的白活。但是目前尚未见到清式彩画相关著述中提及青粉打底的用法。值得参考的是，根据当代匠师口述，山西地方彩画做法中，有"胶矾水灰青衬地"的做法，其工序是先刷一道胶矾水，再刷一道由墨汁与白土混合而成的"灰青"[2]。

从一般意义上说，山西地方彩画的许多做法都受到官式彩画影响，而且可能保留了更多早期官式彩画的做法特征。"胶矾水灰青衬地"的做法，显然与《营造法式》彩画作制度中的衬地做法存在联系："碾玉装或青绿棱间者，候胶水干，用青淀和荼土刷之。"[3]

这种先刷胶，再刷一遍青淀、荼土混合物的做法，和清代彩画作则例中用胶矾和青粉、定粉打底的记载有明显的相似性，有理由推测，清代官修画作则例中记载的打底做法正是继承自宋代以来的官式彩画做法传统，并且很可能对应于清代早中期的彩画实际做法。

综合上述分析，能够初步得到这样的结论：在水胶、青粉、白矾、定粉这一组常见的打底材料中，水胶与白矾用于调制胶矾水，而青粉和定粉则用于制作一个打底的颜料层，其性质约等于《营造法式》所说的衬地。

那么，这一推测能否在清代早中期的彩画实例中得到证实呢？

在许多案例中，清代建筑彩画样品的打底层中都检测出了靛蓝颜料（图 4.35）。研究者通常认为，靛蓝即清代匠作则例中的"靛花"或"广靛花"，因此还没有人讨论过这一打底层材料是青粉的可能性。

---

① 王世襄（2002）：第 151 页，佛 851。
② 张昕（2008）：第 226 页。
③ 《营造法式》，卷十三。清文渊阁四库全书本。

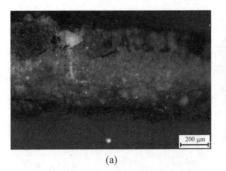 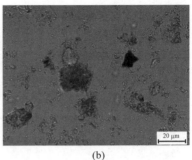

(a)　　　　　　　　　　　　　　　(b)

图 4.35　故宫咸福宫后殿明间脊枋彩画样品的剖面显微照片（示打底层做法）

（a）样品剖面显微照片，可见光下，200×；（b）样品中的靛蓝颜料，单偏光下，630×

靛花应当就是今天所说的靛蓝，这一点并无疑问；但是，靛蓝必定就是靛花吗？这个"现代术语与清代术语存在一一对应关系"的隐含前提，其实并不成立。以靛蓝为主要成分的清代彩画颜料，未必只有靛花一种。

实际上，在清代彩画中充当打底层的这种靛蓝质颜料，应当并不是匠作则例中的"靛花"或"广靛花"，而是青粉；考虑到前引《三处汇同画作则例》中"凡过色见新减去青粉土粉广花"的记载，也可能是在青粉中掺有少量广靛花。这一推测理由有三：

第一，用量。从多个清代官式彩画样品的分析结果来看，这个打底层有相当厚度，相当于一个大色的颜料层。例如故宫乾隆时期彩画样品中，这一打底层的厚度在 30～50 μm（图 4.36），因此对打底材料的耗费也不会太小，至少应该相当于地色所用颜料的消耗量。那么，则例中所记载的广花用量显然是不够的。不同的画作类型中，广靛花的用量往往每丈只有几钱，而且不是每种彩画都会用到。相比之下，青粉的应用范围要广泛得多，用量也较大，一般都在一两到三两，而以三两为最常见。

第二，成本。从价值则例的记载来看，青粉是一种相当廉价的材料，有据可查的价格在 2 厘 8 毫～6 厘。而靛蓝的价格就高得多，广靛花（应为靛花中质优者）的价格高达 4～5 钱。如果全部用广靛花打底，从成本上说显然是不划算的，也与画作则例中记载的广靛花实际用量不符。更加合理的做法，显然是选用青粉作为打底材料，如前所述，至多将少量广靛花掺入青粉使用。

第三，从已有的分析检测实例来看，许多清代早中期的彩画样品中，这

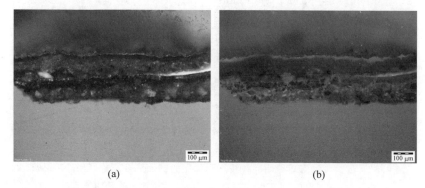

(a)　　　　　　　　　　　　　　(b)

图 4.36　故宫宁寿宫花园云光楼彩画样品的剖面显微照片（示靛蓝打底做法）①

(a) 可见光下,100×；(b) UV 光下,100×

个打底层在显微镜下呈现为蓝色颜料和白色颜料混合的状态,这与彩画作则例的记载相符,即青粉与定粉的混合(图 4.37～图 4.39)。定粉在 4.3.6 节中已有论述,即碱式碳酸铅；而青粉则应当就是其中的蓝色颜料。SEM-EDS 检测结果表明,这种蓝色颜料是一种有机质物质；偏光显微分析表明,其光学特征与形态符合靛蓝(indigo)颜料的一般特征。

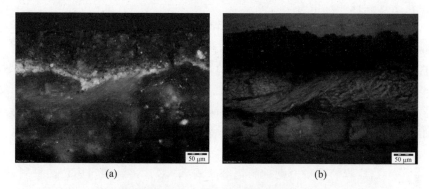

(a)　　　　　　　　　　　　　　(b)

图 4.37　故宫承乾宫软天花彩画样品的剖面显微照片（示打底层做法）

(a) 可见光下,200×；(b) UV 光下,200×

图片来源：本书作者工作,在故宫博物院古建部 CRAFT 文保实验室完成。

---

① 此分析由故宫-WMF 文物保护项目学员在 2018 年的显微分析课程上完成,实验地点为故宫博物院古建部 CRAFT 实验室。

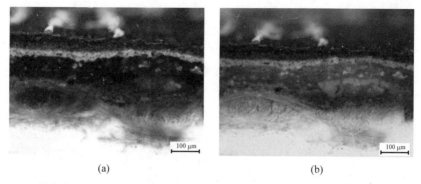

(a)　　　　　　　　　　　　　　(b)

图 4.38　故宫慈宁宫花园临溪亭天花彩画样品的剖面显微照片（示打底层做法，见文前彩图）

(a) 可见光下，100×；(b) UV 光下，100×

图片来源：本书作者工作，在故宫博物院古建部 CRAFT 文保实验室完成。

(a)　　　　　　　　　　　　　　(b)

图 4.39　故宫钦安殿正殿须弥座下层彩画样品的剖面显微照片（示打底层做法）

(a) 可见光下，100×；(b) UV 光下，100×

图片来源：本书作者工作，在故宫博物院古建部 CRAFT 文保实验室完成。

　　青粉的成分究竟是什么，尚未有人作出过明确解释。曾有研究者推测青粉可能是 smalt①，从上述分析来看，这一推断恐难成立，一来 smalt 价格太高，二来 smalt 在则例中另有其名，三来既有显微分析中也未能观察到 smalt 颗粒。因此基本上可以排除这种推测。

　　综合上述分析，不难从清代彩画样品的检测结果反推青粉的成分——这些样品的打底层中，与定粉（铅白）混用的蓝色颜料，很可能就是青粉，从

---

① 这一推测见于刘畅等（2013），但并非基于确凿证据的论断，其出发点主要在于推测 smalt 在匠作则例中的名称，而青粉是匠作则例中一种成分未知的蓝色颜料。

今天的颜料分类学角度来看，它的主要成分是靛蓝。也就是说，青粉和匠作则例中的"靛花"及"广靛花"具有相似的化学成分。

青粉和靛花的关系，可以从元人画论中找到佐证。《六如居士画谱》引元人王思善"衬绢色式"："大青，螺青粉或靛花青粉。"[1]结合前后文，这句话的意思是，在大青着色的区域，须以螺青粉或靛花青粉先作衬地，以衬托其色泽。这里"靛花青粉"一语，与"螺青粉"相对，说明这种颜料是以靛花为原料制取的；能够用来衬托大青，则说明这是一种蓝色颜料。在这里，用于绢上绘画的靛花青粉，其功用也和画作则例中如出一辙——用来制作打底层。显然，这一用途是由其性状、颜色和成本而决定的。

综上，青粉是一种价格低、用量大的蓝色彩画颜料，从现代科学角度说，其成分与靛蓝类似，是从蓼蓝等植物中提取的植物质颜料。它与靛花的具体区别，还有待更深入、更专门的科学检测揭示。目前看来，其主要区别很可能在于加工精度和提炼纯度：靛花是精制的靛蓝颜料，质量优良，可直接用于绘画；青粉则是较粗糙的颜料，在彩画里只用于打底。

在以雍正《工程做法》为代表的清代官式彩画制度中，青粉作为一种打底用的颜料，普遍用于绝大多数彩画类型当中，属于一种特定的衬地做法。其工序是先刷青粉（可能掺入少量靛花），再刷胶矾水。而在清中晚期的彩画样品中，很少再见到这种明确的青粉打底层。也就是说，这种上承《营造法式》的衬地做法，在清早期的彩画中尚有应用，而到清中晚期则逐渐消失。

4.5.4　轻粉

轻粉是明清匠作则例中常见的一种物料，尤其多见于清代早中期则例。《圆明园画作则例》和《三处会同画作先行则例》中，将轻粉明确列入画作用料。这说明轻粉很可能在清代早中期的彩画中有所应用。

"轻粉"一词在古代文献中有许多记载。其中时代最早的是晋代《肘后备急方》，言其药用，可治疗疥癣："松胶香研细，约酌入少轻粉，衮令匀。凡疥癣上，先用油涂了，擦末一日便干。顽者三两度。"[2]作为药材的轻粉，在唐代以来的各种本草书中都频繁出现。

明代李诞《医书入门》中对轻粉的性状和功用作了最为精简的概括：

---

① 《六如居士画谱》，卷三。清光绪五年啸园刻本。
② 《肘后备急方》，卷五。清文渊阁四库全书本。

"轻粉辛冷自水银,疮癣风痒外敷频",又说它"体轻色白如粉,又名腻粉,有毒"[1]。"自水银"一语提示了轻粉的成分中含有汞。

《本草纲目》中记载了轻粉的制备方法,其方出自《嘉祐本草》,原料是水银、白矾和食盐。《医药入门》中也记录有类似的制备方法:

"造轻粉法:食盐、明矾各等分,同放锅中煮令黄色,取起为末,名曰黄曲。以此曲一两,入水银二两,多则曲一斤,水银二斤,同入瓦罐内。上用铁灯盏盖定,外用黄泥如法固济,勿令泄气,候干,用炭火旋旋烧上,频频以水滴铁灯盏内,候罐通红,则内药尽升上罐口,候冷拆开,即成轻粉。"[1]

经现代实验验证,这一配方可以生成纯净的氯化亚汞[2]。由此可知,轻粉的化学成分是氯化亚汞(Hg_2Cl_2),俗称甘汞,为白色针状结晶。

水花硃,又名水花银朱,有些医药书认为水花硃即轻粉[3]。但也有不少医药书将水花硃和轻粉视为两种药物,例如有单方用"轻粉、水花银朱各五分"[4],显然是指两种不同的药材。水花硃呈红色,推测其成分应当是硫化汞,与轻粉应当有所区别。

方以智《物理小识》中记载了水花硃和轻粉的制备方法,明确指出水花硃和轻粉是两种物质:

"汞成银硃轻粉法:胡演《秘诀》:用石亭脂二斤,新锅镕化,以汞一斤,炒作青砂头,不见星,研末,罐盛,石板盖之,铁线缚之,盐泥固济,大火煅之,取出,贴罐为银硃,贴口为丹砂。又见一法,用白铅二两,汞五两,硫黄二两,火硝两半,伏龙肝三钱,共研细末,入罐封固,升五炷香,冷定取出,擂碎,即水花硃。其用汞、盐、白矾,矾倍之者,升为轻粉。"[5]

从这段文字看来,水花硃和轻粉的制备原料相似,但配比不同,生成产物应当也在成分上有所区别。但二者的性状和成分显然有相似之处,药用效果很可能也近似,因此有时被混为一谈。

轻粉不仅是一味药材,也是一种颜料。轻粉用作颜料的历史至少可以追溯到唐代,《酉阳杂俎》中著名的染牡丹花故事里,就用轻粉和紫矿、朱红

---

① 《医学入门》,卷二。本草分类,治疮门。
② 赵匡华,吴琅宇(1983)。
③ 例如《东医宝鉴》:"水花硃即轻粉也"。
④ 《古今图书集成》,医部全录,卷一四九。目门。清雍正四年内府铜活字印本。
⑤ 《物理小识》,卷七。金石类,炸炉法。

一起浇染牡丹花根①。虽然这个故事不足为信，但至少可以说明轻粉在当时是一种颜料。

明代，轻粉也是营造业所用颜料之一，《工部厂库须知》中，轻粉和石黄、朱砂、水和炭等一并出现在丁字库的采买清单中②。

清代，作为颜料的"轻粉"最早见于康熙年间的文献记载。在一份康熙二年四月三十日内务府总管费扬古的满文奏折（今藏沈阳故宫）中，开列了"油饰清宁宫后部添造之二十七间房子"所需的物料清单，其中就包括"轻粉130斤"③。从用量来看，轻粉应该是作为颜料使用的。

清宫造办处档案中，雍正十一年的买办库票里也有采买轻粉的记录，以供油作"画香色洋漆供碗托十二件"使用④。此外，乾隆元年也曾采买"轻粉一斤"，用于"做彩漆炕桌四张"⑤。

从匠作则例的情况来看，"轻粉"常见于雍乾年间的彩画作则例，而在更晚的则例中不再出现。这或许在一定程度上提示了这种颜料的应用年代。限于清代早期彩画分析案例的数量，轻粉的使用实例尚未发现，有待日后的检测工作予以补充。

4.5.5　松香

松香，也称松脂⑥，由松树的天然树脂加工而成，其主要成分为树脂酸，室温下为透明的结晶体，呈浅黄、橙黄到黄棕色。松香有防潮、防腐、绝缘、黏结性佳等特点，在工业和手工业中是一种广泛使用的原料。

在西方，松香是常用的表面清漆（vanish）材料，经常作为透明防护涂层涂刷在绘画和彩绘器物表面，因此也为文物保护工作者所熟知。但是，松香在中国古代文物中的应用，尚未见到有研究者作出讨论。本节从匠作则例

---

① 书中所载染牡丹花法："乃竖箔曲尺遮牡丹丛，不令人窥。掘窠四面，深及其根，宽容一座。唯贲紫矿、轻粉、朱红，且暮治其根。"见《酉阳杂俎》，卷十九。崇文书局丛书本。

② 《工部厂库须知》，卷九。明万历林如楚刻本。

③ 支运亭《清前历史文化：清前期国际学术研讨会文集》，沈阳：辽宁大学出版社，1998：第334-335页。原档案为满文，引文为关家禄译，佟永功校。

④ 雍正十一年五月二十八日。杂项买办库票。《清宫内务府造办处档案总汇》，第6册，北京：人民出版社，2005：第94页。

⑤ 乾隆元年四月十二日，买办库票。《清宫内务府造办处档案总汇》，第7册，北京：人民出版社，2005：第299页。

⑥ 严格地说，松树的天然树脂称为松脂，而加工提取后所得产物称为松香。但多数文献并未对此加以区分。

的记载出发,提供一些线索和推测。

从清代匠作则例的记载来看,松香常见于锡作等金属加工工种,用于固定金属板,这是一种传统工艺。值得注意的是,松香也曾出现在油饰彩画的物料清单中,虽然没有记载其具体用途,但用作彩画物料是确定无疑的。

明代的《工部厂库须知》中,一份"内官监成造修理皇极等殿乾清等宫一应什物家伙"的油饰彩画物料清单里,就包括"松香一百斤,每斤银二分,该银二两"[1]。这证明松香在明代就是一种应用于油饰彩画的材料。

清代匠作则例中也多处见到有关松香的记载。有关颜料价值的则例中,提及松香的有五种:雍正六年的《户部会同九卿议定价值例》[2]、乾隆年间的《三处会同杂项价值则例》以及《圆明园内工杂项价值则例》、乾隆六年的《户部颜料价值则例》,还有一种年代不详的《户工部颜料价值则例》。这五种则例均把松香列入"颜料"类下,所记载的价格也十分近似(表 4.14)。按照价值则例的一般编纂规律(类聚以功能,而非材质),可以推断,松香是与颜料配合使用的一种辅料。

表 4.14   清代颜料价值则例中记载的松香价格

单位:银两/斤

则例名称	年代	价格
户部会同九卿议定价值例	雍正六年	三分
三处会同杂项价值则例	乾隆年间	三分
圆明园内工杂项价值则例	乾隆年间	二分五厘
户部颜料价值则例	乾隆六年	三分
户工部颜料价值则例	不详	三分

资料来源:根据相关则例内容整理。

从则例记载的松香价格可知,松香是一种相当廉价的物料,与水胶的价格基本一致,比其他胶料的成本低得多。作为比较,同样在乾隆年间,鱼胶的价格是 1~2 钱/斤,广胶的价格是 6~8 分/斤。

同样成书于乾隆年间的《工段营造录》,也在有关画作用料的段落中提及了松香:"画作以墨、金为主,诸色辅之……用料则水胶、广胶、白矾……鸡蛋、松香、硼砂……红黄泥金诸料物。"[3]这里明确地指出,松香是画作用料之一种。

---

① 《工部厂库须知》。明万历林如楚刻本。
② 此种则例已佚,但其中颜料部分收录在乾隆元年的《九卿价值则例》附卷"颜料"类目下。
③ 李斗,《工段营造录》。中国营造学社 1931 年刊本。

　　综上，清代建筑彩画中确实使用松香，这一点是无疑的。但是，已知的文献记载都没有言明松香在彩画施工中的具体用途。从松香的特性和价格推测，最有可能的用途是作为胶结材料。

　　就实物证据而言，故宫宁寿宫花园玉粹轩壁纸中分析出松香作为胶结材料（详见 3.3 节）；此外，故宫承乾宫软天花彩画样品的检测发现，颜料层中存在碳水化合物，且在 UV 光下的荧光反应符合天然树脂特征，提示其使用的颜料胶结剂也可能是松香或含有松香（图 4.40）。由于此前研究者未能注意到松香在建筑彩画中的功用，有针对性的分析数据还十分缺乏，松香是否在清代建筑彩画中用作胶结剂，还有待未来更多材料的揭示。

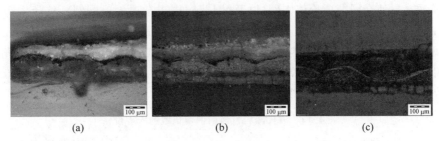

(a)　　　　　　　　　(b)　　　　　　　　　(c)

图 4.40　故宫承乾宫软天花彩画样品中的颜料层

（a）可见光下，100×；（b）UV 光下，TTC 染色前，100×；（c）UV 光下，TTC 染色后，100×

图片来源：本书作者工作，在故宫博物院古建部 CRAFT 实验室完成。

　　此外，松香在清代画作则例中的记载集中出现在雍正、乾隆时期，这提示了松香可能是该时期一种具有时代特征的用料。如果这个假设能够得到确证，将对清代彩画的认知与断代有所助益。

4.5.6　硇砂/碙砂/黑滷砂

　　硇砂是天然矿物，其主要成分为氯化铵。《本草纲目》述其性状："硇砂亦消石之类，乃硇液所结……与月华相生而射，状如盐块，以白净者为良。""消石"一词历代含义不同，明代大体指火硝，成分为硝酸钾[①]。其性状和药效与硇砂类似，故有此说。

　　"硇砂"一词始见于唐，最早的文献是显庆四年（659）的《新修本草》。谢弗认为这个词是一个印欧语系的名称，可能来自粟特语，与波斯文 nausadir

---

有关①。考虑到此词不见于唐以前的任何文献，唐代文献又将其作为西戎贡物记载，这一看法是值得考虑的。

砌砂一词在各种文献中有若干不同写法，如"硇砂""瀂砂"。其正字应为"硇"。硇，音 náo，《玉篇》注为女交切，《集韵》注为尼交切。《康熙字典》释义："硇砂，药石。"②硵（硵），音 lǔ，实为另一字，《集韻》："硵，笼五切，音鲁。砂也。"③但因与硇字形近，常常误用，故一些字典也将其收录为硇字的异体写法。《清稗类钞》"硇砂"条目就说："硇，或作硵。"④"瀂（卤）"字也属形近借用，《九卿物料价值则例》中用此字。当代化学和医药书籍中也常常写作"卤砂"⑤。实则各种写法意义均同，这一点向无异议。

关于其产地，苏恭《唐本草》说"硇砂出西戎"⑥，《本草图经》则提到"西凉夏国及河东、陕西近边州郡亦有之"④，但以西戎所产为最优。硇砂最著名的产地在高昌北庭山，因此又名"北庭砂"⑦。《通典》载："安西都护府贡硇砂五十斤"⑧，可见安西亦有出产。

《清稗类钞》中对硇砂的化学性质已经有了充分认识："硇砂，成分为绿化铔，常为树皮形之块，或为粗末，色白，间带红黄色，得水易溶，热则径变为气体，多产于火山旁及烧过之石灰坑中，亦可由阿摩尼亚气与盐酸气直接化合而成。"⑨同时也言及产地："吾国所产硇砂，出库车，其山无名，唐时呼为大鹊山。……惟白色成块者不化，乃其下等也，然可及远，内地所谓硇砂者此耳。"⑨"阿摩尼亚气"即氨气。可见西域输送到内地的硇砂以白色为主。

"黑瀂砂"一词仅见于《九卿议定物料价值》，其义不明，疑即紫硇砂。紫硇砂是氯化物石盐族矿物紫色石盐的结晶体，呈暗紫或紫红色，赵匡华（1998）指出其显紫色的原因是含有铁质⑩。因与硇砂同为氯化物类矿物，

---

① 谢弗（1995），第 475 页。

② 《康熙字典》，午集下，石部。

③ 关于"消石"历代涵义的演变，参见任艳玲，《〈神农本草经〉理论与实践》，北京：中国中医药出版社，2015：第 53-54 页.

④ 《清稗类钞》，矿物类。上海：商务印书馆，1916。

⑤ 《汉语大字典》"硇砂"词条："也作卤砂。"（2001 版：第 7 卷，1045 页）因此在现代汉语中"卤砂"的写法也可以认为是正确的。

⑥ 转引自《本草纲目》，卷十一。明万历刻本。

⑦ 此别称最早见于唐代《四声本草》。

⑧ 《通典》，卷六，食货六。清武英殿刻本。

⑨ 《清稗类钞》，矿物类。上海：商务印书馆，1916。

⑩ 赵匡华（1998）：第 358 页。

物理性质也近似，所以采用了相同的命名，而以"紫硇砂"区别于传统的"白硇砂"①。

4.5.7　刭草/锉草

此词见于《户工部物料价值则例》（内务府抄本，无年代）中的"颜料"类目。

刭草，实际应当写作"锉草"。清代许多匠作术语都无定字，手抄本则例中多有俗写或误写的情况。"刭"字本是动词，《说文》："刭，折伤也。"刭草即铡草，如"刭荐供马"，即指铡碎草垫。后来"刭草"演变为名词，指作饲料的草。例如《金史》中说："大定初，讨窝斡，望之主军食，给与有节，凡省粮三十万石，省刭草五十万石。帅府以捷入告。"②显然这里"刭草"已作名词使用，指喂马的草料。

而《户工部物料价值则例》中的刭草，所指并非草料，而是锉草，是一种植物的名称。从现代植物学角度说，锉草是木贼科植物木贼（*Equisetum hiemale* L.）的地上部分③，别名木贼草、节骨草、无心草。锉草可入药，常见于各种本草书。

锉草并非颜料，只是因为应用于油漆彩画施工中，按照则例编纂中普遍使用的功能分类原则，一并归入颜料类目。锉草在油作和画作中的作用相当于今天的细砂纸，因其茎面糙涩，质地坚韧，而本身硬度低，不致在器物表面留下划痕，是理想的天然打磨材料。

锉草除了应用于营造业，也用于漆器、木器、佛作等各种手工业。《工段营造录》载："烫蜡物料，用黄蜡、锉草、白布、黑炭、桃仁、松仁有差。"④《清会典》中关于内务府成造朱墨的物料清单中，也有"打锉做细用锉草一斤"⑤的记载。其中"打锉做细"四个字，明确表达了锉草的用途。

传统古建筑油作工艺的地仗做法中，在做好地仗后，要刮腻子二道，然后用锉草打磨至光滑，之后再蘸栀子水或槐子水满刷一道⑥。彩画的地仗

---

① 程超骅（2013）。
② 脱脱，《金史》，北京：中华书局，1975：第1184页。
③ 李广勋，《中药药理毒理与临床》，天津：天津科技翻译出版公司，1992：第28页。
④ 《扬州画舫录》，卷十七。清乾隆六十年自然盦刻本。
⑤ 嘉庆朝《钦定大清会典事例二》，卷九百六。
⑥ 赖院生，陈远吉，《建筑油漆工实用技术》，长沙：湖南科技出版社，2013：第183页。

工艺也是如此①。清代彩画的地仗部分例由油作匠师负责,制作完成后,交由画匠绘制彩画。因此地仗做法不见载于画作则例,只见于油作;而"剗草"一词也只见于物料价值则例,未见于画作工料则例。

4.6 小 结

本章的核心任务,是将匠作则例中的颜料名目和彩画实物中所见颜料比对,以解决颜料的名实对应问题,并对每种颜料的性状、成分、用法、来源等状况作出考释。共涉及则例中的 99 个颜料名目,以现代科学视角下的材料种类划分,又可以归为 43 种。

由于学界对各种颜料的既有认识水平不同,因此,本章对每种颜料的研究范围和深度也不尽一致。归纳起来,大致分为三类:

(1) 对于过去完全不可解或理解错误的颜料名目,着重辨析其名实,在此基础上进一步辨明其用途、来源等状况,例如梅花青、铜青、硇砂绿、紫艳青、赤金、水花碌、包金土、青粉等;

(2) 对于过去已有一定认识的颜料,则不再重复综述既有知识,而着重针对既有认知中的错漏和不足提出补正,例如密陀僧的来源问题、黄金与红金的成色问题,朱砂与银朱的用途区别问题等;

(3) 对于过去虽有一定认识,却无法对应于清代匠作则例记载的颜料,则着重探讨其对应问题,例如铅丹、朱砂、铅白、青金石等。

需要特别指出的是,正如第 3 章所说,当代研究者所习用的西方科学知识体系与清代匠作知识体系具有根本性的差异。作为一项以清代彩画作颜料为对象的历史研究,对于颜料的分类与命名,不宜像早期西方博物学家那样,完全立足于西方的认识论来处理中文文本材料,而忽视匠作知识体系自身的逻辑传统。因此,本章的各个小节虽然将现代科学意义上成分相同的颜料名目并列,以方便讨论,但并不意味着这几种名目可以被视为同义词,而应当格外注意对这些词义在匠作知识体系中的区别。理解清代匠作知识的逻辑传统与分类体系,正是建筑史研究者需要完成的基础性课题之一。

---

① 清代彩画的地仗例由油作负责,制作完成后才交由画匠绘制彩画。因此地仗做法不见载于画作则例,只见于油作。

第 5 章　彩画颜料的生产与贸易版图：1644—1902

> 洋颜料庄,贩运各种外国颜料发售,但大多数都是由天津运来,因西洋人都直接运津也。
>
> ——齐如山,1941

> 近以洋绿价廉,竟如朱夺于紫,是邦毛绿盖已鲜矣。
>
> ——李昌时,1885

　　颜料的选择,从来都是经济、文化和技术三者博弈的结果。在既有的建筑史和艺术史研究中,色彩的文化意义已经得到了相当充分的探讨。中国人从儒家礼仪制度中建立起一套独特的色彩观念,历代传承,影响到社会日常生活的方方面面,建筑装饰也不例外。

　　但是,将色彩观念外化于物质载体,却是一个充满变数的传达过程。这是因为色彩与颜料之间从来都不存在明确的对应关系。如何将一个表示颜色的语词翻译为对应的色料? 可能的策略永远是多重的。这就为各种因素的介入留下了相当的余地。其中,经济和贸易因素常常扮演着最重要的角色。

　　本章要讨论的问题,正是经济和贸易史视角下颜料的生产与流通: 不同的颜料产地之间如何实现贸易互通; 颜料如何从此地运往彼地; 以及,新的颜料如何取代旧的颜料。

5.1　从胭脂红到洋青：西方颜料进入中国

　　与其他商品一样,颜料的进出口贸易在中国由来已久。既有研究证明,在克孜尔石窟和敦煌石窟早期壁画彩塑中广为使用的青金石,是由遥远的阿富汗运输到中国来的。谢弗（Edward H. Schafer）在《撒马尔罕的金桃：唐代舶来品研究》（*The Golden Peaches of Samarkand : A Study of Tang*

Exotics）中，专辟一章"颜料"，罗列出十余种外来颜料，包括从安南进口的紫胶、从扶南和林邑进口的苏木、从波斯进口的青黛，等等[①]。这几种颜料的进口贸易历代始终不衰，甚至一直延续到今天。此外，雄黄也是有着悠久进口历史的传统颜料，有据可查的进口贸易记录至少不晚于唐。有论者认为明代万历年间曾鲸所绘的肖像画中已经使用了西洋红（胭脂虫红），虽然这一论点尚待科学检测证实，但考虑到明朝与东南亚国家海上贸易的兴盛，这种可能性确也存在。如果把讨论的范围从绘画颜料稍稍扩大而旁及陶瓷色料的话，元明两代的青花瓷所使用的大都是进口青料，"回青""苏麻离青""苏渤泥青"这些名字，本身就昭示了它们的外来属性。与中国古代美术史相伴相生的，是一部颜料贸易的历史。贸易通道上来来往往的商人与货物，以并不引人瞩目的方式，影响着不同时代中每件艺术品的色彩。

5.1.1　贸易档案中的进口颜料

今天说到西方颜料进入中国，人们第一时间想起的必定是清晚期大批化工颜料进口所带来彩画颜料的大变革。这一变革并不孤立，和许多其他品类的商品一样，清代中晚期的颜料也经历了被洋货剧烈冲击和替代的过程。这其中每一项变革，都与近代以来通商口岸的开放与贸易量的急剧增长息息相关。

但是，清代中国与其他国家进行颜料贸易的历史并不是从鸦片战争以后才开始的。清初短暂的海禁之后，以广州为中心的对外贸易通路逐步打开，中国与西方国家之间的颜料交易，实际可以追溯到康熙年间。粤海关税则记录的形形色色的颜料名目，表明广州的对外颜料贸易在清代早中期就已经相当活跃[②]。而来自贸易另一方的信息——西方国家的档案史料中，有关对华颜料贸易的记载，为这一贸易活动提供了更为直接、也更为具体的证据。

英国东印度公司档案中，有一份 1764 年的《广州外国商船进口表》（*Imports of Foreign Ships at Canton*，1764）[③]，是一份来自荷兰、法国、丹麦和瑞典的商船所运载的货物清单，清单中就包括若干种从欧洲运往广州的颜料（表 5.1）。这份清单证明，胭脂虫红至迟在乾隆年间已经进口到中

---

① 谢弗（1995）：第 456-464 页。该中译本的书名与原书略有区别。

② 有关粤海关税则中的进口颜料，5.1.2 节中将有详细叙述。

③ Hosea Ballou Morse（1926）：第 120-122 页。

国。清单中的蓝色颜料没有说明具体种类，但根据 1764 年欧洲的颜料生产和使用情况，可以推断，这种颜料应该是 smalt 或者普鲁士蓝。

表 5.1　英国东印度公司档案中 1764 年的颜料进口记录

来　源　国	货　　物	数量/担
荷兰	藤黄（Gambodia）①	3.23
法国	胭脂虫红（Cochineal）	5.55
	蓝色颜料（Blue）	37.62
丹麦	胭脂虫红（Cochineal）	5.52

资料来源：根据马士《东印度公司对华编年史》第 5 卷［CII 1764］相关内容整理。

　　关于各种西方颜料进入中国的时间、规模和途径，长期以来只能作出"清代晚期大量涌入"这样模糊的描述，而极少见到有关具体颜料贸易活动的考察，因此也难以获知特定颜料进入中国的准确时间。要探究这些信息，就必须从贸易史料中挖掘线索。

　　有关 19 世纪西方国家对华贸易的具体商品情况，最重要也最系统的一份史料，是中国旧海关（China Maritime Costom）各年度的贸易统计册。

　　海关的设立古已有之，但有确切海关贸易统计的历史，则是从西方人在中国设立近代海关才开始的。这些海关在档案中的名称通常叫作"中国旧海关"（China Maritime Costom），更确切的名称实际上是"洋关"或"近代海关"，指的是近代以来在各条约港口设立的新式海关。

　　1858 年，英、美、法三国与清政府签订的《通商章程善后条约：海关税则》，确立了西方人在中国海关的管理权②。自 1859 年至 1948 年，各口海关和海关总税务司署造册处持续编辑出版《进出口贸易报告》《贸易统计报告》《中国各条约口岸贸易统计报告》等海关出版物，系统完整地记录了大量社会经济、军事、司法、文教等调查资料，是重要的社会经济史资料。海关出版物中的贸易统计报告（Returns of Trade at the Treaty Ports in China），是中国近代保留下来最完整的一项贸易统计资料，向来受到近代社会经济史学界的重视。自 20 世纪一二十年代起，即有学者不断对这宗庞大的资料进行整理、编译和研究，迄今已经取得了大量学术成果③。

---

①　Gambodia 一词意义不明，"藤黄"系根据《东印度公司对华贸易编年史》的中译本译出（区宗华译，中山大学出版社，1991）。

②　陈高华，陈尚胜（2017）：第 241 页。

③　关于近百年来海关贸易报告的整理汇编成果和研究成果，可参见梁庆欢，《〈中国旧海关史料（1849—1948）〉文本解读》的绪论部分。

　　对于颜料及其他小宗商品的进出口情况，可资利用的材料少且零散。而近代海关贸易统计报告作为一份相对全面的档案，能够为 1859 年以来对外贸易活动中的具体交易问题提出较可靠的补充证据。例如，曹振宇在对中国染料工业的考察中，探讨过西方合成染料传入中国的经过[1]，认为最早传入中国的合成染料是人造靛蓝，时间约在 1887 年[2]。但是从海关贸易统计报告来看，早在 1859 年，天津、上海、宁波等通商口岸均已有从国外进口人造靛蓝的记录[3]。因此，要勾画出近代进口颜料贸易的时间线，对贸易统计数据的挖掘是一条颇具价值的研究路径。

　　颜料作为小宗商品，在早期的海关贸易统计报告中未受重视，没有专门的统计数据。1867 年起，近代中国海关开始出版全国贸易统计年刊，其中一项主要内容就是全国范围内的各类商品进出口总额分类统计。但在 1867—1869 年的全国贸易统计中，商品分类统计部分的体例还没有形成统一规范，颜料类商品的分类尚不清晰。例如 1867 年的统计年刊中，含有"各色油漆"和"绿色油漆"两个类目，此外，群青（Ultramarine）又单列为一类。

　　随着海关贸易统计年刊体例的不断规范，贸易年刊的内容也日趋完善。1870 年起，全国贸易统计中的商品开始有了"油漆"（paints）这一固定类目[4]，后来又有了染料（dyes）和颜料（colours）的类目。从 1882 年起，海关年报将全国对外贸易报告及统计辑要（Report on the Trade of China and Abstract of Statistics）纳入年度贸易统计（Returns of Trade at the Treaty Ports and Trade Reports for the Year），同时，从本年度起，在海关年报中加入了中文本《通商各关华洋贸易总册》，实际上就是年度贸易统计的中文译本，附在年报之末。这一体例自 1882 年实施至 1912 年止[5]。因此下文中的中文引语均出自《通商各关华洋贸易总册》，英文则来自对应的贸易统计文本。

---

① 曹振宇（2009a），第二章《合成染料的发明及传入我国》。

② 曹振宇（2009b），第 41 页。

③ 实际上，人造靛蓝的进口记录早在 1859 年开始就出现在贸易统计册中，此后几乎没有中断。但因为 1864 年之前海关贸易统计只区分各港口的 import 和 export，也就是从该港口运入/运出的商品，并不区分来自国内或国外（除少量记录会注明来源地），因此 1859—1863 年间的人造靛蓝进口记录不能直接作为从国外进口的充分证据。但合理的推断是，1859—1863 年间的人造靛蓝进口很可能也是来自国外。

④ 之所以译为"油漆"而不是颜料或其他，是因为 1882 年海关统计册开始提供中英对照文本，根据价格数据的对应，可准确得知 paints 一词对应于中文文本中的"油漆"一项。

⑤ 梁庆欢（2007）。

　　1882—1912 年的年度贸易统计报告中,对各种洋货和土货的进出口总量及价值做了分类统计。在"洋货进口花色价值"(foreign goods exported 待核对)类目下,统计了进口洋货的商品种类、数量和总价值;"洋货转运出洋花色价值"(foreign goods exported 待核对)类目下则统计了复出口的洋货商品种类、数量和总价值。这一统计将进出口商品分为若干大类,如"棉布类"(cotton goods)、"绒毛布类"(wool goods)、"铜铁类"(iron)……每一类之下详列具体商品。其中,"杂货类"之下,包含"颜料"(colours)和"油漆"(paints)两类商品[①]。兹将其中颜料部分的数据整理统计如表 5.2。

表 5.2　旧海关各年度洋货颜料进口及转运出口总额统计(1870—1902)[②]

年份	进口总量 /斤		进口总价值 /海关两		转运出口总量 /斤		转运出口总价值 /海关两	
	颜料	油漆	颜料	油漆	颜料	油漆	颜料	油漆
同治九年 (1870)	无	424 337	无	75 311	无	129 915	无	13 615
同治十年 (1871)	无	219 905.5	无	57 503	无	74 102	无	6875
同治十一年 (1872)	无	—	无	52 522	无	—	无	9060
同治十二年 (1873)	无	—	无	120 465	无	—	无	12 387
同治十三年 (1874)	无	282 860	无	32 284	无	8476	无	848
光绪元年 (1875)	无	471 380	无	38 854	无	75 334	无	4491
光绪二年 (1876)	无	409 151	无	90 088	无	101 628	无	6742
光绪三年 (1877)	无	668 516	无	58 844	无	107 153	无	8153

　　①　综观历年海关报告的用词状况,对颜料类商品有三个分类:染料(dyes),颜料(colours),油漆(paints)。在贸易量较小的年份,年度贸易统计中会将这些商品归为一个类目统计,称为"dyes,colours and paints",只统计其总数;但随着交易量的逐年增加,从 1887 年起,年度统计中开始将 dyes、colours 和 paints 分别作为单独的类目统计。
　　②　"无"表示原表格中不存在此项。"—"表示原表格中虽然有此项,但数据空缺。

续表

年份	进口总量 /斤		进口总价值 /海关两		转运出口总量 /斤		转运出口总价值 /海关两	
	颜料	油漆	颜料	油漆	颜料	油漆	颜料	油漆
光绪四年 (1877)	无	766 134	无	58 943	无	17 938	无	1194
光绪五年 (1879)	无	837 836	无	62 344	无	13 917	无	929
光绪六年 (1880)	无	1 210 432	无	119 258	无	27 999	无	3469
光绪七年 (1881)	无	1 386 486	无	88 004	无	21 195	无	1280
光绪八年 (1882)	无	856 003	无	57 185	无	20 690	无	1240
光绪九年 (1883)	无	860 966	无	63 841	无	56 515	无	3592
光绪十年 (1884)	无	660 563	无	52 762	无	11 522	无	764
光绪十一年 (1885)	无	1 125 038	无	91 618	无	12 361	无	857
光绪十二年 (1886)	无	1 276 133	无	112 261	无	24 219	无	3183
光绪十三年 (1887)	1 020 068	952 566	42 181	120 763	39 683	18 867	2205	1449
光绪十四年 (1888)	1 467 686	832 710	85 662	122 950	46 546	29 283	2885	2531
光绪十五年 (1889)	1 178 871	932 664	48 422	141 436	18 800	28 426	2190	2636
光绪十六年 (1890)	1 558 344	1 097 281	70 372	120 744	7300	14 940	360	1166
光绪十七年 (1891)	1 522 537	1 097 281	93 567	159 023	5886	57 719	875	3610
光绪十八年 (1892)	1 411 323	2 290 359	69 535	337 462	7303	15 256	308	1420
光绪十九年 (1893)	1 513 335	4 138 338	66 072	640 127	—	32 606	—	9711

续表

年份	进口总量/斤		进口总价值/海关两		转运出口总量/斤		转运出口总价值/海关两	
	颜料	油漆	颜料	油漆	颜料	油漆	颜料	油漆
光绪二十年(1894)	2 530 097	3 349 698	161 052	511 484	17 900	56 928	3774	15 487
光绪二十一年(1895)	4 425 900	1 212 700	153 177	525 173	237 700	68 500	22 831	6882
光绪二十二年(1896)	5 216 700	—	288 234	771 223	52 600	—	9801	14 735
光绪二十三年(1897)	3 532 600	—	192 671	635 560	—	—	11 914	22 216
光绪二十四年(1898)	—	—	186 227	733 798	—	—	8400	21 452
光绪二十五年(1899)	—	—	288 844	795 261	—	—	10 955	31 121
光绪二十六年(1900)	—	—	295 500	535 118	—	—	6314	18 232
光绪二十七年(1901)	—	—	249 094	725 425	—	—	6089	9902
光绪二十八年(1902)	—	—	485 447	855 211	—	—	4133	5217

　　资料来源：据海关各年度贸易统计表整理。《中国旧海关史料》，第 1～33 册。北京：京华出版社，2001 年。

　　从这份统计中，可以看到，1870—1902 年间，西洋油漆和颜料的进口总量呈显著增长趋势，尤其是在 1890 年之后，出现了急速增长的现象（图 5.1，图 5.2）。显然，这一现象与 19 世纪末清代中国通商口岸的不断增开及贸易规模的不断扩大有关。

　　另外，中国本土矿产资源丰富，颜料生产向来并不匮乏，并不像日本那样很大程度上需要依靠进口颜料来满足国内需求。因此，西洋颜料进入中国之后，也需要一段适应期，让中国民众逐渐完成对洋颜料的心理接受过程，从而逐步实现对本土颜料的取代。关于这一点，将在下一节中详细讨论。

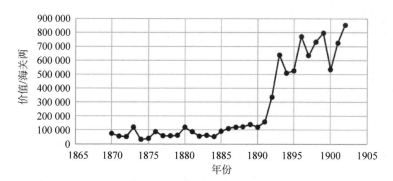

图 5.1　1870—1902 年间中国海关进口油漆总价值

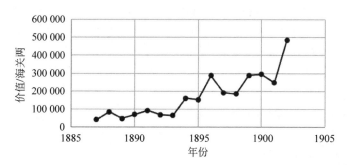

图 5.2　1887—1902 年间中国海关进口颜料总价值

5.1.2　宫廷与民间对西洋颜料的接纳

　　清宫对西洋绘画的接纳始自康熙年间，这位对西方科技与艺术充满兴趣的皇帝，曾主动通过耶稣会传教士招徕欧洲画家到清宫供职。最早应邀进入清宫的画家是杰凡尼·热拉蒂尼（Giovanni Gheradini），他将油画技术引进了内廷，并且颇得皇帝青睐①。康熙四十年（1701），清宫设立"油画房"，隶属内务府造办处，是油画创作的专门机构。雍正、乾隆时这一机构仍然存在，西洋画师供职其中，不仅承担宫廷绘画装饰的任务，而且培养出不少中国学生。

　　不过，从清宫内务府造办处档案中油画房的买办清单来看，当时油画房使用的虽然是西洋绘画技术，画材却完全是本土产品：纸是"画绢"和"绵榜纸"，笔是"大着色笔""须眉笔""白描笔"，颜料则是石绿、广靛花、雄黄、胭

---

① 刘辉（2013）。

脂、定粉、朱砂、梅花青等，和中国传统绘画的颜材料并无二致[①]。这无疑是本土画材获取较为便利之故。实际上，在 19 世纪以前，中国和欧洲使用的天然颜料种类和性质差别并不很大，对欧洲画家来说，除名称问题之外，中国颜料适应起来并不困难，故无必要大费周章地从欧洲采买西洋颜料。因此，虽然西洋美术很早就进入清宫，而且在宫廷建筑装饰中应用颇广，西洋绘画颜料（以及画具、纸张）却并没有立刻随之进入紫禁城。

　　接纳西洋绘画，而排斥西洋画材，这一半开放半保守的态度，在宫廷与上层社会中一直延续到清末，导致专为欧洲画家生产的专业绘画颜料很难进入清代中国的画材市场[②]。一则有趣的史料能够充分证实这一状况：1903 年，海关总税务司赫德（Robert Hart）仍然需要写信给远在欧洲的金登干（James Duncan Campbell），请求他寄给自己一套油画颜料和油画布，供给当时居住在清宫中为慈禧工作的女画师凯瑟琳·卡尔（Katharine A. Carl）使用[③]："柯姑娘[④]急需颜料，她现有的很快即将用完。她在宫里会有用处。"[⑤]金登干在伦敦订购了油画颜料并寄往北京，不料颜料在邮路中遗失，因此金登干不得不重新订购一套寄去[⑥]。

　　由此可见，直到 1903 年，也就是光绪年间，欧洲生产的油画颜料在中国的供应仍然短缺，即使在清宫中也不易得。中国的画家仍然坚守自己的传统，习惯于购买或自己动手制作传统矿物与植物颜料。于非闇认为进口颜料在中国画家当中的普及发生在 1920 年前后，此时，市售"化青"颜料的成分从靛蓝变成了普鲁士蓝[⑦]。当然，即使到了这个时候，中国画家们仍然可

[①]　以上画材名目摘自雍正十一年九月九日和九月十八日的两份油画房杂项买办库票。油画房历次采买物料内容大体相近，主要就是这些基本材料。见中国第一历史档案馆、香港中文大学文物馆编，《清宫内务府造办处档案总汇》，第 6 册，北京：人民出版社，2005：第 200 页，第 219 页。

[②]　这里需要注意的是，前节中提到的进口颜料贸易，是大规模生产的工业和手工业用颜料，而与专供架上绘画（easel painting）使用的专业绘画颜料商品有所不同。这一区别到今天仍然存在。

[③]　Katharine Augusta Carl（1865—1938），美国画家，作家。1903 年，她经美国公使夫人 Sarah Pike Conger 推荐，来到北京，在清宫中居住了九个月，为慈禧绘制了四幅油画肖像。根据赫德信中的记载，"慈禧太后——实际上是整个宫廷，对她极为友好和关怀"。回到美国后，她将这段经历写成了 *With the Empress Dowager* 一书，于 1905 年在纽约出版。

[④]　凯瑟琳在清宫中被称为"柯姑娘"。赫德信中也使用这一中文称呼。

[⑤]　1903 年 12 月 6 日，赫德致金登干：第 3210 号函件（原编号 Z/994）。陈霞飞（1995）：第 602 页。

[⑥]　1903 年 12 月 7 日，金登干致赫德：第 3212 号函件（原编号 Z/1403）。陈霞飞（1995）：第 604 页。

[⑦]　于非闇（2013）：第 45 页。

以选择以传统方式自制颜料，而不一定要向市售的进口颜料妥协[1]。

　　但是，在文人画家的世界之外，19 世纪末 20 世纪初，西洋颜料和染料开始大规模地冲击中国市场，进口数量急剧上升。当时《泰晤士报》的一位驻华记者描述了这一状况：

　　"尽管中国人很保守，但现在也渐渐用起了外国货。洋钟、洋表、洋火、洋灯、红毯这些东西不仅在口岸城市和沿海地区随处可见，而且已经延伸到了内陆地区。"[2]

　　除了士大夫阶层中那些出于艺术追求而坚持使用传统颜料的画家之外，民间对于这些价廉物美、颜色鲜明的舶来品显示出了明确的欢迎态度，并迅速抛弃了他们习惯的本土产品。一个典型的例证是，广州的外销画师很早就接触到了西方的颜料，并大量使用普鲁士蓝、巴黎绿等[3]。1879 年的海关贸易报告中特别提及了这一状况：

　　"尽管 1878 年进口的外国染料和颜料减少了，而 1879 年进口的数量却在迅速地增加，这证明这种染料和颜料由于颜色鲜明而比土产染料优越得多，因而在中国也就越来越广泛地受到欢迎。"[4]

　　1884 年的海关贸易报告中再次谈道："进口染料比去年增加，并将继续增长，因为它比土产染料受欢迎得多，土产染料显得很衰落了。"[5]造成这一现象的原因非常明确："外国染料和颜料……色泽虽不及土产染料耐久，但比土产染料鲜明，同时价格仅为土产染料的五分之一。"[6]

　　海关贸易报告是海关贸易统计部门对当年年度贸易状况的综述，通常只提及重要的大宗商品。颜料类商品在此之前几乎从未出现在海关贸易报告之中，这几年间却屡受关注，其中透露出的信息是：颜料贸易在这一时期出现了前所未有的增长。

---

　　① 　于非闇（2013）：第 45 页。

　　② 　原文："Though the Chinese are conservative, foreign articles are creeping into use. Clocks, watches, matches, lamps, red blankets are now seen, not only everywhere in the seaport towns, and near the coasts, but far inland." 见 A. R. Colquhoun. The opening of China: Six letters reprinted from The Times on the present condition and future prospects of China. London, Field & Tuer, 1884: p. 39. 引文为本书作者翻译。

　　③ 　详见 5.2.2 节。

　　④ 　Trade Reports：1879 年，pp. 44-48。转引自《中国近代对外贸易史资料》第三册，第 1396 页。

　　⑤ 　Trade Reports, 1884 年，温州，p. 223。转引自《中国近代对外贸易史资料》第三册，第 1396 页。

　　⑥ 　Commercial Reports, 1883 年，牛庄，p. 215。转引自《中国近代对外贸易史资料》第三册，第 1398 页。

　　这一增长不仅令海关瞩目,同一时期,国内人士也观察到了西洋颜料对本地同类商品造成的威胁:"按毛绿煮山木皮为之,其色艳而耐久,故能南北通行,亦小民一利源也;近以洋绿价廉,竟如朱夺于紫,是邦毛绿盖已鲜矣。"①同样受到冲击的土产颜料还有靛蓝:"我国颜料,自古产有土靛。自舶来颜料输入之后,土靛生产日减。"②这是因为,虽然几乎世界各地均有本地植物可以用于提取制备靛蓝类颜料,但所得的色料质量却千差万别;而人工合成靛蓝在 19 世纪 80 年代问世后,因其优异的稳固性,更是迅速取代了天然靛蓝,遑论原先品质就难称优良的国产土靛。

　　"朱夺于紫"的说法,显然包含了强烈的价值判断。包括郑观应、柯来泰在内的一批主张商战论的思想家,都对洋货大规模侵占市场的现状充满担忧:"洋人心计甚工,除洋布大宗之外,一切日用,皆能体华人之心,仿华人之制,如药材、颜料、瓶盎、针、钮、肥皂……悉心讲求,贩运来华,虽僻陋市集,靡所不至。"③然而,这些言论并不能抵制洋货涌入中国市场的汹汹来势。"朱夺于紫"的潮流一旦开始,就再也不可逆转。质优与价廉两大特点,使得这些西洋颜料在中国市场上无往不利,迅速进入了民间染织、印刷、绘画、建筑等各个手工业行当。

　　与民间贸易相对应的,是清宫对外来颜料的逐步接纳。

　　清宫与外国保持贸易交通的途径有两条:一是朝贡贸易,主要来自与清朝建立朝贡关系的藩属国,如朝鲜、琉球、安南、缅甸等;二是海关贸易。在清前期以粤海关为中心的贸易体制下,清廷通过粤海关监督和广州建立紧密的贸易联系;到 1840 年后,通商口岸逐步增加,清宫的对外贸易渠道也就更加顺畅。朝贡贸易和海关贸易输入清宫的商品中,都包括了一定数量的颜料④。和其他更为人熟知的西洋物件(科学仪器、钟表、西洋纺织品、装饰器物等)一样,这些西洋颜料也循着相同的贸易途径陆续抵达紫禁城,并且逐渐获得内廷匠作的认可。

　　乾隆年间,造办处档案中开始出现西洋进口颜料的名目。乾隆四年五月十五日的各作成做活计清档中提到:

---

　　① 李昌时,《玉田县志》,卷五,第 20-21 页。转引自《中国近代对外贸易史资料》第三册,第 1396 页。

　　② 《潍县志》稿,卷二十四。《实业志》《工业志》,民国三十年铅印本。转引自戴鞍钢,黄苇,《中国地方志经济资料汇编》,上海:汉语大词典出版社,1999:第 473 页。

　　③ 柯来泰,《救商十议》,见陈忠倚辑《皇朝经世文三编》,卷 31,第 3 页。

　　④ 对于这一点,后文将给出具体的材料和讨论。

十五日催总白世秀将年裕恭进：

西洋青色一封（重六十两）

西洋紫粉一封（重三十二两）

西洋莲黄一封（重七十两）

西洋绿色一封（重四十八两）

西洋黄包金土一封（重十两）

西洋银朱一封（重十三两）

西洋阴黄一封（重四十八两）

西洋莲红一封（重五十七两）

俱持进交太监毛团胡世杰呈进，奉旨着交造办处有用处用。[①]

这些西洋颜料的名称显然是根据中国人的用语习惯随意命名的，究竟是什么，很难查考。能够确定的是，这些颜料是交给造办处备用的，虽然没有透露具体用途，但毫无疑问，它们将被用于制作清宫使用的器物或内檐装修。

从第 3 章的数据统计来看，清代中晚期，西方进口颜料已经出现在紫禁城里的建筑彩画和内檐装修装饰中。这一现象大约从乾隆年间开始，一直持续到宣统年间。其应用规模也不断扩大，到同光年间，巴黎绿和人造群青几乎已经成为彩画中最主要的两种颜料。

就建筑彩画而言，这一变化是悄然发生的，很难在清宫档案和匠作则例中找到可资印证的线索。清晚期的官修匠作则例中，青绿颜料的名目仍然和雍正年间颁布的则例如出一辙。这也揭示了外来颜料的尴尬地位：一方面官方对这些西洋颜料的合法地位不予承认，另一方面，匠师和采办人员不肯轻易放过这些价廉物美的替代品。清晚期已经疏于对价值则例的重新编修，嘉庆年间的物料价值则例一直沿用到清末，可以想见，那些价格一直在上涨的矿物颜料已经面临难以维持的境地，唯一的解决方案是降低颜料品质，但这又意味着要承担工程验收时质量不合格的风险。于是，西洋颜料的出现为解决这个难题提供了一个绝佳的方案——它们价格低廉而着色鲜艳，在施工效果上完全能够代替矿物颜料，而成本又比官定的价格更低。

一个有趣的例证是清代样式房的烫样，这个为皇家建筑工程承担设计任务的机构，在制作呈览的烫样时，也开始使用西洋颜料。故宫藏样式房万方安和烫样与清华大学建筑学院藏清代陵寝烫样，均使用人造群青与白色颜料

---

①　香港中文大学，中国第一历史档案馆《清宫内务府造办处档案总汇》，第 8 册，北京：人民出版社，2005：第 759 页。

调和，来涂饰大面积的淡蓝色(图5.3，图5.4)。可见，这些颜料不仅在建筑实际施工中发挥作用，也已经普遍应用于圆明园样式房和工程处样式房。

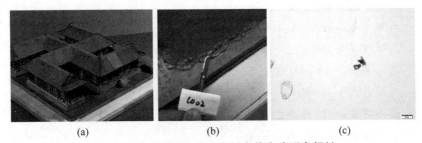

(a)　　　　　　　(b)　　　　　　　(c)

图5.3　样式房万方安和烫样中的人造群青颜料

(a) 故宫藏样式房万方安和烫样；(b) 取样位置；(c) 蓝色颜料偏光显微照片(单偏光下，200×)

图片来源：本书作者工作，实验在故宫博物院古建部 CRAFT 实验室完成。

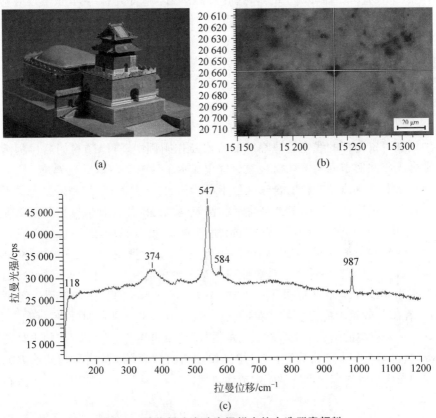

(a)　　　　　　　　　　　　　　　(b)

(c)

图5.4　清代样式房陵寝烫样中的人造群青颜料

(a) 烫样外观；(b) 烫样城墙垛口部位蓝色颜料的显微照片；(c) 城墙垛口部位蓝色颜料的 Raman 谱图

图片来源：本书作者工作，在河南省文物科技保护中心完成。

　　同样需要述及的是新兴化工颜料在中国的生产。西方的人工合成颜料进入中国后，在相当长的时期内占据着此类商品贸易的垄断地位。中国近代民族工业起步较迟，国产化工颜料从 20 世纪 20 年代起才开始出现，且在较长时段内工厂数量很少，难以与洋货竞争。虽然一些民族企业家认识到自行创办化工颜料厂的必要性，也为此付出了不少努力[①]，但终因技术鸿沟难以跨越，所获成果颇为有限。民国时期一份针对民族工业的调查研究称：

　　"据民国 20 年调查，上海方面专门之染色整理工厂约十余家，印花厂仅3 家而已。……所用之染料及药品几全属外国货，尤以染料为最，国货染料可谓绝无。惟民国 11 年山东济南有于耀西氏等创办裕兴化学颜料厂，是为国人设立染料厂之始；民国 13 年丛良弼氏等又设鲁裕颜料股份有限公司于山东潍县；二厂专制硫化青（即硫化蓝）。上海方面，民国 22 年始有申乐山氏等创办大中染料厂；23 年王鹏程氏又设立中孚染料厂；制品皆以硫化原（即硫化黑）为主。聊聊数家，所出不过硫化染料之蓝黑二色，以与万紫千红之染料界相较，奚啻霄壤。"[②]

　　由此可见，当时国内能够自主生产的染料只有硫化黑和硫化蓝[③]两种，民族化工颜料产业远远不能与德孚洋行[④]等一批西方国家在华设立的颜料公司抗衡。普鲁士蓝的国内生产在 19 世纪后半叶昙花一现[⑤]；晚至 20 世纪 30 年代，中国化学家才能够合成人造群青[⑥]，然而距离工业化生产还有很长的路要走。1936 年，"中华民国"实业部发行的期刊《国际贸易情报》报道："我国颜料市场近年来为德英二国所垄断"[⑦]，而日本颜料公司也开始在

---

　　①　例如吴善庆（1872—1922），早年供职于上海礼和洋行，1904 年自办公和公司经营颜料，1914 年赴日本研究颜料配方技术，回国后成为上海的"颜料大王"。见单锦珩《浙江古今人物大辞典》，南昌：江西人民出版社，1998：第 309 页。

　　②　谭勤余，《民国以来之纺织染工程》，《纺织染季刊》，第二卷，第三期，1941 年 4 月。转引自陈真（1961）：第 332 页。

　　③　硫化蓝（sulphur blue）是一种蓝色的硫化染料，外观呈蓝灰色粉末，主要用于棉麻纤维染色。参见：上海市纺织工业局《染料应用手册》编写组《染料应用手册第 8 分册硫化染料与缩聚染料》，北京：纺织工业出版社，1985：第 37 页。

　　④　德孚洋行（Deutsche Farben Handelsgesellschaft Waibel & Co.），1924 年成立于上海，总理经销德国颜料和染料，一度垄断靛蓝和阴丹士林染料市场，是当时中国进口颜料行业内最重要的经营者之一。

　　⑤　详见 6.3 节。

　　⑥　详见 6.2 节。

　　⑦　中国驻日商务参事报告，题为《日本在沪发展颜料事业》。见《国际贸易情报》，1937 年第 1卷第 20 期：第 13 页。

上海设厂，意图"恢复在中国颜料市场之地位"①。可见直至此时，中国自产的化工颜料尚未在国内市场上占据一席之地。

　　西洋颜料经由海关进入中国，沿着种种贸易渠道，逐步为宫廷和民间的手工业从业者所接纳。虽然在宫廷和上层社会里，西洋颜料的应用始终没有在官修则例中得到正式承认，但就实际情况而言，其应用规模却呈现出显著的增长态势。从清早期到民国年间，进口颜料以其越来越低廉的市场价格，在营造业和手工业领域占据了越来越大的席位。

5.2　清前期的颜料贸易：以广州和东印度公司为中心

　　经济和贸易史学家通常把清军入关至第一次鸦片战争之间的时段称为"清前期"，即 1644—1840 年②。与文化史习惯的早中晚分期不同，这一分界点主要着眼于经济结构和商业形态的根本性变化。本章主要讨论贸易问题，因此也采取这一分期法，对清前期和 1840 年之后的颜料贸易情况分别论述。

5.2.1　粤海关、十三行与西洋颜料

　　顺治年间颁行海禁政策，导致清代初年的对外贸易一直处在停滞状态，其间只与少数几个国家维持着朝贡贸易。康熙二十三年（1684），清政府解除海禁，开放粤海关、闽海关、浙海关和江海关。虽然开海令仍然附加着诸多限制，但是西方国家的商船纷纷开往中国。由于地理、军事、气候等种种因素，来华贸易的西方商船逐渐集中于广州③。

　　1757 年，清政府正式实行将外国来华商船集中到广州一口的政策，只留下粤海关一口通商，这使得很多研究将 1757 年作为清前期贸易史的一个分水岭；但实际上，早在 18 世纪初期，广州已经成为实质上的对外贸易中心，这一状况在 1757 年前后并没有发生太大变化④。

　　今天的学者将 1700—1842 年这个时期的对外贸易模式称为"广州体

---

①　中国驻日商务参事报告，题为《日本在沪发展颜料事业》。见《国际贸易情报》，1937 年第 1 卷第 20 期：第 13 页。

②　也有一些学者使用的起始年份是 1636 年，但本书不拟讨论清朝入关之前的情况。

③　此时期另一个重要的对外贸易港口是厦门，但贸易范围主要面向南洋诸国。

④　《广州贸易：中国沿海的生活与事业（1700—1845）》，江滢河、黄超，译。北京：社会科学文献出版社，2018：第 2-5 页。

制"。在鸦片战争之前，广州是清代官方认定的对外贸易中心，实行一整套特殊的贸易模式：在粤海关监督下，通过引水人、通事、行商、买办等各级工作人员，对来华外商及其贸易活动实行严格的限制和管理。其中，行商担任着外商在华贸易的垄断性中介角色。这些行商今天通常被称为"广州十三行"。

"十三行"的名称由来，学者有不同看法，始终未能定论。但可以确定的是，十三行并不是一个确数，其数目历年均有变动。广州一口通商时期，十三行负责为清宫采办洋货，是进口商品输入清廷的重要渠道。同时，这里也是广东省内的重要物流集散地，洋货从十三行货栈进口，再从此销往全国各地。西洋颜料也在这些商品之列。宣统《番禺县续志》记载清初广州有七十二行，其中就包括颜料行[1]。这些颜料行的货品，一方面进入贸易渠道流通各地，另一方面也供应本地需求。十三行街区不仅是繁华的贸易街区，也是重要的手工业生产区，汇集了漆器、油画、玻璃制品、刺绣等大量手工作坊，并和清宫内务府造办处关系密切，常有人才和技术的直接交流。这些手工作坊借近水楼台之便，往往成为进口美术材料最早的使用者，例如下一节中将要详细讨论的外销画，就是其中典型的例子。

在广州体制下，粤海关的重要性不言而喻。从 1757 年到 1840 年，粤海关管理下的广州十三行总揽了全国的进出口贸易。和其他海关不同，历任粤海关监督均由清宫内务府直接派遣人员充任，这不仅保证了粤海关进口的外国商品能够直接供应清廷的需求，更重要的是，粤海关的税金直接收归内务府，这才让广州体制下的十三行有了"天子南库"之称。因此，对粤海关关税的管理，就成为一项不可轻忽的工作。

粤海关税则的制定，可以追溯到康熙二十三年(1684)："海洋贸易创收税课，若不定例，恐为商贾累，当照关差例，差部院贤能司官前往酌定则例。"[2]康熙二十五年(1686)，正式建立了粤海关税则："来广省本地兴贩，一切落地货物，分别住税报单，皆投金丝行，赴税货司纳税。其外洋贩来货物及出海贸易货物，分为行税报单，皆投洋货行，俟出海时，洋商自赴关部纳税。"[3]

粤海关的关税包括三方面：船舶税、货物税和附加税[4]。船舶税是根据船只梁头的宽度按尺征税，而货物税一般按照货物的数量来计算税额，"各

---

① 宣统《番禺县续志》，卷一二。转引自黄滨(2013)：第 131 页。

② 《清实录》，北京：中华书局，1985 年影印本。卷 115，康熙二十三年六月己亥。

③ 李士桢，《抚粤政略》，台北：近代中国史料丛刊本：第 55 页。

④ 李金明(1995)。

按其物，分别贵贱征收"①，因此税则中对每种货物的税额均有详细规定。

粤海关税则制定后，历代均有修改订补。《粤海关志》由多位两广总督、粤海关监督先后参加编纂，其史实至道光十八年止，其税则六卷，实际上收录了康熙二十三年(1684)至道光十三年(1833)有关税务的档案材料。所开列税则与税额，当为历经修订后，道光年间实际执行的税则。

作为反映粤海关对外贸易状况的一手史料，这六卷税则是相当重要的，不仅记载了康熙至道光年间有关税务的奏案和上谕，也记录了各港口对于各种货物征收的税额明细——由此也就保存了一份详细的粤海关进出口商品名录。这份名录中出现了不少有关颜料的信息，从中可以了解当时对外颜料贸易的主要品类。兹将粤海关税则中涉及颜料的内容摘录如下：

药料、杂贩一切药材：

牙兰米……每百斤各税一两。

颜料：

朱砂每百斤税二两四钱。

碗青每百斤税一两六钱。

藤黄每百斤税一两五钱。

洋红每斤，各色洋颜料、气砂、银朱每百斤，各税一两二钱。

石绿每百斤税八钱。

土朱每百斤税六钱。

徽墨、靛花每百斤各税三钱。

铜绿、黄丹、好低苏木每百斤各税二钱。

土墨、土粉、乌烟每百斤，泥金末每二斤，各税一钱。

大青每斤税六分三厘。

猩猩红每斤税五分。

二青每斤税三分一厘。

染靛每百斤税三分。

杂色纸料：

大青金石片每斤税八分。

小青金石片每片税四分。

---

① 《钦定大清会典事例》，卷三三五。

颜料：

红土、石粉、紫粉，每百斤各税一钱。

油胭脂每斤税三分一厘。

绵胭脂每十斤税二分二厘。

船料：

右正税

猩猩红：每斤比番花五斤，每百斤一两。

洋红：每斤比朱砂十斤，每百斤二两四钱。

各色洋颜料：比水银例，每百斤一两二钱。

右比例①

朱砂、金银版纸、水银、牙兰米、气砂、硼砂各每百斤，以上估银三十五两。

象牙、白蜡、大二青：各每百斤，以上估银二十五两。

雄黄、红花、绵胭脂……藤黄各每百斤……以上估银十两。

石绿、灯草、石黄、夏布、鱼胶漆、力木器、紫粉……颜料、靛花蓝……铅粉……各每百斤，以上估银五两。

白铅每百斤，以上估银四两四钱。

铜绿……各每百斤……以上估银四两。

黄丹每百斤，以上估银三两五钱。②

其中提到的颜料名目可以整理总结如表 5.3。

表 5.3　粤海关税则中涉及的进出口颜料名目

类　　型	颜　料　名　称
红色颜料	朱砂、土硃、银硃、红花、油胭脂、绵胭脂、牙兰米、洋红、红土、黄丹、苏木、猩猩红

---

① 即用作参照的商品。

② 以上税则节引自《粤海关志》，卷九，税则二，清道光广东刻本。广州：广东人民出版社，2014：第 193-198 页。

续表

类　　型	颜 料 名 称
白色颜料	白铅、铅粉
蓝色颜料	大青、二青、碗青①、染靛、靛花蓝
绿色颜料	石绿、铜绿
黄色颜料	藤黄、雄黄、石黄
黑色颜料	徽墨、乌烟、土墨
金属颜料	泥金末
其他颜料	紫粉、土粉、"各色洋颜料"

资料来源：根据《粤海关志》中税则相关内容整理。

　　这份名单反映出清代早中期颜料贸易的主要内容，同时包括了进口颜料和出口颜料。其中品类最丰富的是红色颜料（也包括染料）。这些红色颜料的名称与匠作则例的颜料高度重合（只有"猩猩红""洋红"和"牙兰米"三项较为特异），均为当时建筑和手工业中大量应用的颜料②。

　　上述记录的意义并不仅仅在于提供一份颜料名单，税额中也透露出值得注意的信息。绝大部分颜料类商品用以计税的质量单位都是"每百斤"，这是因为一般而言，颜料属于廉价商品，如果按每斤计税，则税额只能以毫、厘，甚至丝来计量，单位过小，会造成计数不便。但其中有几种颜料却是例外——大青、二青、洋红和猩猩红，这几种颜料的计税单位是"每斤"。结合《大清会典则例》中"各按其物，分别贵贱征收"③的征税原则，即越贵重的商品征税越高，可知这几种颜料的价值格外高昂。

　　以大青为例：在粤海关税则中，大青的税额是"每斤税六分三厘"，折算下来，就是每百斤税六两三钱，若与其他颜料比较，则相当于红土的 63 倍，铜绿的 31 倍，石绿的 8 倍，染靛的 210 倍。这其中的石绿是以孔雀石研磨而成的天然矿物颜料，已经算是颜料中相当贵重的种类，但还是远远不能和大青相比。

---

　　①　这里的碗青具体指何材料尚待考证。从字义上看，"碗青"应指陶瓷青料，金门所产的一种青料即以"碗青"之名输往日本（参见表 5.12）。但晚期的近代海关贸易统计册中也以碗青一词对译 smalt，如 1948 年海关贸易统计年刊（中英对照）中，smalt 对应的中文是"大青或碗青"。由于粤海关税则中同时出现大青和碗青，且税率不同，可见所指并非一物。

　　②　清代文献中使用"颜料"一词时，并不仅仅指彩绘颜料，而是包括了染料和陶瓷色料。这份表格中的颜料范围也是如此。

　　③　乾隆朝《大清会典则例》，卷四十七，户部。

　　"大青"一词在清代指的是进口颜料 smalt[1]，而按照颜料的一般命名规律，二青与大青应当属于同一种物质，区别只是颜料的粒径大小，以及由此造成的色度差异。从税额来看，粤海关税则中的二青每斤税三分一厘，差不多是大青的一半，这也符合颜料的一般价格规律。

5.2.2　广州外销画中的颜料

　　不难想象，清代的广州居民是最早接触到洋货，在心理上也最容易接受洋货的一个群体。因此，当西洋美术材料进口到中国，广州本地的画师出于天然优势，自然而然地担负起将西洋画材与本土技法相互结合的开拓性任务[2]。因此本节将要讨论这一类特殊的商品——18—19 世纪广州生产而行销国外的大量工艺美术品。这类作品如今被统称为"外销画"，它们并非艺术创作，其性质更近于插画和工艺品，通常被用作装饰品或者旅游纪念品。长期以来，广州外销画作为东西方美术交流和晚清广州社会生活的重要物证，为美术史和社会经济史研究者所瞩目。而外销画中蕴藏的颜料信息，无疑也在这个西方颜料进入中国市场的关键时间节点上，提供了一份格外重要的历史物证。

　　18 世纪广州外销画中时间最早、地位最重要的品种并不是后来广为人知的通草画，而是玻璃画。早期的玻璃画是画在镜子背面的，晚些时候才出现画在平板玻璃上的做法。有趣的是，18 世纪的广州工匠还不能生产镜子，须从欧洲进口。但这些镜子经由画师绘制加工之后，就变成了一种"中国制造"的工艺品，又销往欧洲，被欧洲人视为中国特产。清末收藏家赵汝珍所著《古玩指南》一书，即专辟一章论此，称其为"油画"："本章所称之油画，乃中国之油画，并非今日之西洋油画也。在西洋油画尚未来华之前，中国人有在玻璃后面以彩色作画者，当时即名之为油画，与今日西洋油画完全不同。"[3]又说："乡村妇女不知其名称者多称之为玻璃画。"[3]也就是说，这种玻璃画在诞生之初，因其使用油性胶合剂，与本土用胶调颜料的惯常做法

---

①　详细考证见 6.1 节。

②　清代宫廷中的西洋画师如郎世宁等，完成的是另外一项任务——采用西洋技法与本土材料结合。这其中一个重要因素，是受到西洋绘画材料在宫中不易采买的限制。

③　赵汝珍，《古玩指南》，青岛：青岛出版社，2014：第 346 页。

不同，而被命名为"油画"，俗称"玻璃画"；直到西洋油画传入中国。①

1780 年之后，玻璃画逐渐消失，让位于水彩画、水粉画和布面油画。题材上，继早期的风景画之后，肖像画和风俗画也发展起来，同时也有不少仿照西洋名画的作品。一些来华的西方学者（尤其是博物学家）会雇佣中国画师为其著作绘制水彩插图，使得科学绘画同样成为外销画的一个重要品类。

外销画的市场在 19 世纪已经相当成熟，一些画师会在作品上署名，因此这一时期出现了史贝霖（Spoilum）②、东呱（Tonqua）③、蒲呱（Pu-qua）等一批有名姓可考的画师，而以史贝霖为其中集大成者。1825 年，英国画家乔治·钱纳利（George Chinnery）来华旅居，并培养了自己的中国学生和助手关乔昌——其更为人知的名字是他经常签在画作上的林呱（Lam Qua）。无疑，钱纳利带来的西方绘画技艺与材料，也对中国外销画市场产生了推动式的影响，甚至有学者认为他和关乔昌一起改变了中国外销画的发展进程④。

那么，这些画家当时使用的是何种绘画工具与材料呢？

虽然缺乏系统记载，但史料中仍然可以找到蛛丝马迹。曾经游历广州的法国人 M. de la Vollée 在他的游记中，描述了林呱（图 5.5）的画室，其中关于颜料有这样的记述："林呱手边放着一个分格的调色盒，里面按顺序排列着大约二十种颜料，都是已经调制好的，盛在小瓷杯里。在一个抽屉里放着很多小玻璃瓶（phial），装着粉末状的颜料，每个瓶子一种颜色。"⑤

林呱的弟弟庭呱（Ting Qua）也是一位外销画家，与钱纳利也有往来。一幅外销画描绘了庭呱的画室内景（图 5.6）⑥，是现存唯一一张同类题材作

①　为了论证玻璃画实属中国本土艺术，赵汝珍还在传统工艺美术中找到了渊源，认为它脱胎于中国的漆画，本极普通，直到玻璃生产普及，仿效西洋画法的风潮兴起后，才改用西洋写生技巧而得到世人重视。但是欧洲学者一般认为这种工艺本来是欧洲的传统，只是到 18 世纪已经中断，却由法国传教士王致诚在中国得以恢复。

②　史贝霖是画家英文签名的音译，其中文姓名无考。有人认为他就是《南海县志》所载的画家关作霖，也有人认为关作霖和史贝霖并非一人。

③　外销画家的英文签名多以 Qua 结尾，有人认为是广东话的"官"。

④　龚之允，《图像与范式——早期中西绘画交流史：1514—1885》，北京：商务印书馆，2014。

⑤　M. de la Vollée. "Art in China." Bulletin of the American Art Union(October 1850). 转引自 Carl L. Crossman, The Decorative Arts of the China Trade. Suffolk, the Antique Collector's Club Ltd. 1991: p. 89. 引文为本书作者翻译。

⑥　这张画有多个版本，显然是一件多次复制的畅销商品。这些版本大多为水彩画，但 Crossman 在其著作中也引用过一张水粉画的版本。研究者普遍将其视为反映外销画画师工作状况的图像资料里最重要的一张。

品——虽然许多表现十三行的画作里都出现过外销画家的画室，却都只限于外景，没有如此展示过画室之内的景象。从这张画中所表现的绘画工具、作画方式、持笔姿势来看，当时的外销画家仍然在使用相当传统的绘画方法与绘画材料。

图 5.5　正在作画的林呱

John Thomson（1837—1921）摄，图片来源：Beinecke Rare Book & Manuscript Library 馆藏。

图 5.6　庭呱画室

19 世纪中叶广州外销画，图片来源：香港艺术博物馆（Hong Kong Museum of Art）馆藏。

实际上，西洋美术传入中国，是风格和技法先行，材料的更新则是晚一步的事。赵汝珍曾提及早期的"油画"是用本土颜料绘制："惟彼时西洋油画之油墨尚未传来，国人遂参照国产之各种颜色，配以粉料，和以桐油，于玻璃上作画。"[1]针对外销水彩画的科学研究也证明，至少早期的广州外销画所使用的主要是中国传统颜料。英国 V&A 博物馆的一项 XRF 分析结果显示，早期外销水彩画上使用的蓝色和绿色颜料都是有机质颜料（而非矿物颜料），红色颜料是银朱，黄色可能是赭石一类的颜料，而白色颜料则是铅白[2]。

但是，这一状况在 19 世纪逐渐发生了变化。针对 Winterthur 博物馆馆藏的 14 件中国外销画所作 XRF 分析表明，这一时期，一些传统矿物和植物颜料仍在使用，但普鲁士蓝、巴黎绿等西洋合成颜料也已经悄然进入广州外销画家的调色盘（表 5.4，表 5.5）。

---

[1] 赵汝珍，《古玩指南》，青岛：青岛出版社，2014：第 347 页。

[2] Craig Clunas（1984）。

表 5.4　Winterthur 馆藏中国外销画 XRF 分析结果：暖色系颜料

藏品编号①	年代②	红色颜料	粉色颜料	黄色颜料	橙色颜料
Box 11，No. 56	19 世纪前期	银朱	有机质染料＋铅白③	密陀僧或藤黄④	铅丹
Box 14，No. 82	1820—1840 年	银朱	有机质染料＋铅白	密陀僧	密陀僧
Box 13，No. 67	19 世纪中期	银朱	N/A⑤	密陀僧	N/A
Box 3，No. 9	18 世纪 90 年代—19 世纪 20 年代	银朱	银朱＋铅白	密陀僧	铅丹
Box 4，No. 14	18 世纪 90 年代—19 世纪 20 年代	氧化铁红	氧化铁红＋铅白	密陀僧	N/A
Box 5，No. 19	18 世纪 90 年代—19 世纪 20 年代	氧化铁红	N/A	密陀僧	N/A
Box 1-A Folder 1	1849 年	银朱	有机质红色＋铅白	密陀僧	铅丹
Box 2 Folder 1	1840—1860 年	银朱	N/A	密陀僧	铅丹
1956.0038.127	1800—1810 年	银朱	有机质红色＋铅白	N/A	N/A
1963.0509A	1795—1805 年	银朱；氧化铁红	银朱＋铅白	雌黄	密陀僧
1963.0018A	不详	银朱	有机质红色＋铅白	雌黄	N/A
2003.0047.014.008	1810—1820 年	银朱；氧化铁红	银朱＋铅白	N/A	N/A
Box 2 Folder 2	约 1850—1860 年	银朱	有机质红色＋铅白	密陀僧	密陀僧⑥
Col. 111	约 1840—1860 年	银朱＋铅丹	有机质染料＋铅白	藤黄	N/A

资料来源：本书作者工作，实验在 Winterthur 博物馆 SRAL 实验室完成。

---

①　此为文物馆藏编号。

②　摘录自博物馆藏品目录中的年代信息。此年代应系博物馆研究人员结合风格样式、收藏状况及其他信息所作的判断。

③　表中用"＋"连接的两种颜料，表示两种颜料在同一位置同时存在；用"；"分隔的两种颜料，表示在不同位置同时存在，并未混合。下表同。

④　严格说来 XRF 无法确认藤黄的存在，只能判断其为有机质黄色颜料。藤黄是结合经验的推断结果，因藤黄是已知的中国古代颜料中唯一一种有机质黄色颜料。

⑤　N/A 表示该幅画作中不含此种颜色。

⑥　也可能是有机质颜料，铅来自铅白，无法完全确定。

　　上表 5.4 中检测到的红黄色系颜料——银朱、铅丹、密陀僧、藤黄、雌黄——几乎全都是传统中国画家和彩绘匠人使用的材料。这几种颜料稳定、鲜艳、易得且成本不高，完全能够满足大量生产的外销画所需。画家们也沿用传统做法，将铅白和红色颜料调和得到粉色。但冷色系的颜料（表 5.5）就已经发生了相当明显的变化，集中体现在蓝色和绿色两种颜料上。这和发生在建筑彩画中的颜料变化情况几乎完全一致。

表 5.5　**Winterthur 馆藏中国外销画 XRF 分析结果：冷色系及白色颜料**

藏品编号	年代[①]	蓝色颜料	绿色颜料	白色颜料	紫色颜料
Box 11, No. 56	19 世纪前期	N/A[②]	未检出	铅白	石青
Box 14, No. 82	1820—1840	石青＋铅白	未检出	铅白	普鲁士蓝
Box 13, No. 67	19 世纪中期	石青 普鲁士蓝	含铜颜料	铅白	石青
Box 3, No. 9	18 世纪 90 年代—19 世纪 20 年代	石青	含铜颜料	铅白	N/A
Box 4, No. 14	18 世纪 90 年代—19 世纪 20 年代	石青	含铜颜料	铅白	N/A
Box 5, No. 19	18 世纪 90 年代—19 世纪 20 年代	N/A	含铜颜料	N/A	N/A
Box 1-A Folder 1	1849	普鲁士蓝；石青	巴黎绿；氯铜矿	铅白	疑为有机质
Box 2 Folder 1	1840—1860	石青；普鲁士蓝	氯铜矿	铅白	石青＋氧化铁红
1956.0038.127	1800—1810	石青；普鲁士蓝	氯铜矿	铅白	有机质＋铅白
1963.0509A	1795—1805	普鲁士蓝	普鲁士蓝＋密陀僧	铅白	N/A
1963.0018A	不详	普鲁士蓝；石青	巴黎绿	铅白	N/A
2003.0047.014.008	1810—1820	石青；普鲁士蓝	氯铜矿	铅白	氧化铁红＋石青
Box 2 Folder 2	约 1850—1860	石青＋普鲁士蓝	氯铜矿	铅白	石青＋有机红色
Col. 111	约 1840—1860	石青；普鲁士蓝	氯铜矿	铅白	未检出

　　资料来源：本书作者工作，实验在 Winterthu 博物馆 SRAL 实验室完成。

---

①　摘录自 Winterthur 博物馆藏品目录中的年代信息。

②　N/A 表示该幅画作中不含此种颜色。

　　表 5.5 中的分析结果显示，从 19 世纪初期开始，普鲁士蓝就越来越多
地出现在外销画里，有时和石青并用，有时则单独使用。最有趣的是，一幅
编号为 1963.0509A 的外销油画（图 5.7）里，绿色颜料的 XRF 检测结果表
明其主要元素为 Fe 和 Pb，提示了这种绿色并不是单一的绿色颜料，而是由
普鲁士蓝（含 Fe）和黄色的密陀僧（含 Pb）两种颜料调配而成的（图 5.8）。
与之相似的案例还有一件清代外销油画《镇海楼》，分析检测发现，画家使用
了普鲁士蓝和雄黄两种颜料来调配绿色[①]。这一做法未见于中国传统绘画
或彩绘文物，显然是受到西洋影响之后产生的新技法。

图 5.7　Winterthur 博物馆所藏中国外销油画（藏品编号 1963.0509A）

(a)　　　　　　　　　　　　　　　(b)

图 5.8　1963.0509A 油画中绿色颜料的 XRF 数据

（a）深绿色检测点；（b）浅绿色检测点；（c）XRF 谱图

图片来源：本书作者工作，实验在 Winterthur 博物馆 SRAL 实验室完成。

---

① 王斌（2017）。

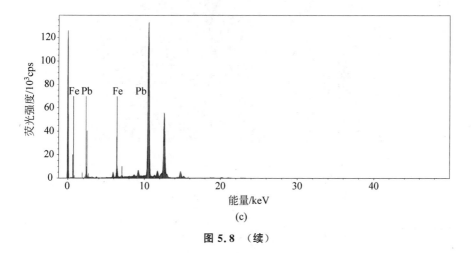

图 5.8　（续）

　　到 19 世纪中叶，来自欧洲的颜料巴黎绿也出现在外销画家的调色盘上。在一本以中国女性为题材的通草画图册中，一位坐在绣床旁边刺绣的女子身着明艳的绿色上衣（图 5.9）。对该绿色区域的 XRF 检测发现了 Cu 和 As 两种标志性元素[①]，证明这种绿色颜料极可能是巴黎绿[②]，其成分为醋酸亚砷酸铜。然而，就在同一本画册中，另一位正在纺线的少女同样身着绿色上衣，这一区域却是使用铜绿颜料着色的（图 5.10）。正如图中细节照片所示，纺线少女的上衣颜色没有刺绣女子的上衣那么鲜艳，而是稍显素淡，与鲜明的黑地蓝花绲边形成对比，反映出画家在用色上的审美考量。显然，选择色相不同的绿色颜料来描绘不同的人物，是画家有意为之的。这样做是为了能够在这一系列题材、构图、人物都很类似的画页中尽力避免重复的视觉效果[③]。

　　对 Winterthur 馆藏的其他 18—19 世纪中国外销工艺品的分析检测[④]，也为这一时期的颜料使用状况提供了更多证据（表 5.6）。

---

　　① 此位置也检出了 Pb 的存在，可能来自打底用的铅白。因为通草纸本身是半透明的，画家经常用铅白作为衬底，以使色彩更加鲜明。

　　② 严格来说，含有 Cu 和 As 的绿色颜料还有墨绿砷铜矿等（参见成小林，2015），但结合外销画的时代和地域考虑，此处最有可能使用的颜料仍是巴黎绿。

　　③ 尽管这些人物的服饰式样大体相同，但能够看出绘画者还是在其间努力寻求变化，例如为每个人物设计不同的发型，尽量错开每个人物的衣着配色等。

　　④ 这些检测工作是历年来由不同研究者和分析人员在 SRAL 实验室完成的，绝大部分是出于修复保护工作所需，仅作为数据存档，未经正式发表。经实验室允许在本书中征引使用。

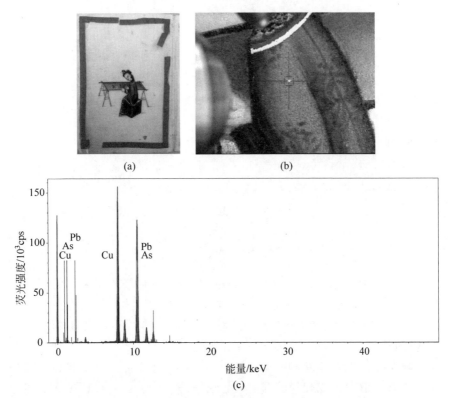

(a) (b)

(c)

图 5.9 19 世纪外销通草画中使用的巴黎绿颜料（见文前彩图）

（a）所检测画页；（b）XRF 检测位置；（c）XRF 谱图

图片来源：本书作者工作，实验在 Winterthur 博物馆 SRAL 实验室完成。

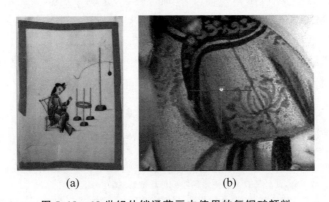

(a) (b)

图 5.10 19 世纪外销通草画中使用的氯铜矿颜料

（a）所检测画页；（b）XRF 检测位置；（c）XRF 谱图

图片来源：本书作者工作，实验在 Winterthur 博物馆 SRAL 实验室完成。

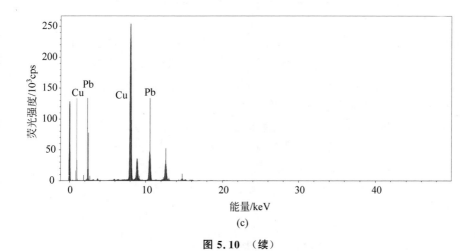

图 5.10　（续）

表 5.6　部分 Winterthur 馆藏 18—19 世纪中国外销工艺品的颜料分析数据

文物名称①	年代②	白色颜料	蓝色颜料		红色颜料	黄色颜料	绿色颜料
hand-painted white silk gown	1700—1800 年	铅白	普鲁士蓝；靛蓝	茜素；铅丹	N/A③	N/A
wall paper	1750—1775 年	铅白；高岭土	石青	N/A	N/A	石绿
Tea caddy	1750—1800 年	铅白	未检出	银朱	未检出	氯铜矿
pith watercolor	1825 年	铅白	石青；普鲁士蓝	银朱	密陀僧	含铜（但不是巴黎绿）
wall paper	1931 年	铅白	含铜颜料	氧化铁红	N/A	N/A
pith watercolor Painting	不详	铅白	普鲁士蓝	N/A	藤黄	巴黎绿

资料来源：Winterthur 博物馆 SRAL 实验室数据库。

将表 5.6 汇总的数据与表 5.4 及表 5.5 对比，不难发现，其中反映出的

①　为避免信息损失，这里使用博物馆文物档案中的原始英文名称，未翻译成中文。
②　摘录自博物馆文物档案中的年代信息。
③　表示该件文物中不含此种颜色。

颜料信息是基本一致的。表 5.6 中格外值得注意的是一件断代为 18 世纪的彩绘丝质长袍（hand-painted white silk gown），其中检测到了普鲁士蓝和靛蓝。如果数据无误，这件文物可能是普鲁士蓝在中国的已知应用中最早的一例。另外一个重要信息是，一张 1825 年的通草画中同时使用了石青和普鲁士蓝两种蓝色颜料，证明普鲁士蓝进入中国市场之后并未取代石青，而是至少有一个时期和石青并存。由于二者呈色的差异，中国画师很可能将其视为一种新的用色选项，而不是石青的替代品。

　　综上，18—19 世纪广州外销画使用颜料的变化情况，可以初步归纳如图 5.11 所示。虽然只是粗略的时段描述，但也能够看出，相对于铅白作为白色颜料的稳定使用状况，蓝色和绿色颜料的种类变化是相当明显的。

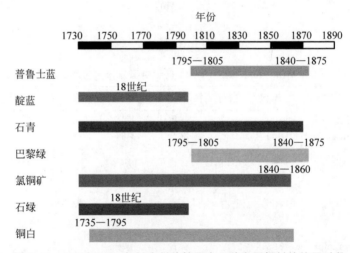

图 5.11　1730—1890 年间广州外销画中几种主要颜料的使用时段

资料来源：根据表 5.4～表 5.6 中的数据整理绘制。

　　此外，值得一提的是，广州外销画中的纸本作品还使用了从英国进口的水彩纸。其中一些来自英国著名的造纸商 Whatman，纸张边缘带有公司名称水印。Whatman 的水彩纸一度大量进口到广州用于绘制外销画，1790—1820 年间在广州是一种相当常见的商品[1]。在针对外销水彩画的 XRF 分析中，专门挑选出其中 7 件绘制在西洋水彩纸上的作品，对其空白纸张区域作了元素分布检测，所得结果如图 5.12 所示。

　　图 5.12 中 AL6277 曲线所示为英国进口 Whatman 水彩纸（有水印标

---

① Craig Clunas(1984)：第 45 页。

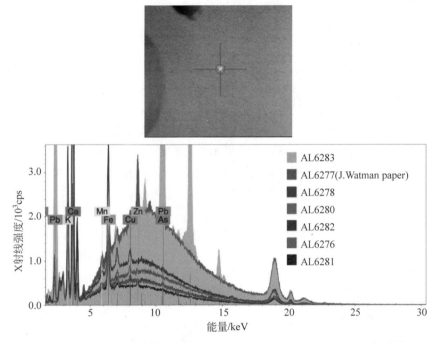

图 5.12　针对 7 件 Winterthur 馆藏外销水彩画用纸的 XRF 分析数据，图中纵坐标为 X 射线强度，横坐标为能量

资料来源：本书作者工作，实验在 Winterthu 博物馆 SRAL 实验室完成。

识），另外一种（AL6283）波形与之高度吻合，表明这件水彩画作品很可能使用了同样的纸张。而另外 5 件样品的谱图与 Whatman 水彩纸有显著差异，但彼此之间高度近似，甚至有两条曲线（AL6282 和 AL6276）几乎完全重合，说明它们可能是同一来源的纸张。和 Whatman 纸张样品比对，二者的特征峰仍然相当近似，说明另外 5 件样品很可能也产自欧洲。可见，19世纪的广州市场已经为外销画家们提供了相当充裕的选择：既有传统颜料，也不乏进口颜料和纸张的供应。

　　对 18—19 世纪中国外销画的分析揭示了这样一个事实：西洋绘画材料（包括颜料、纸张和玻璃）通过海上贸易到达广州，在当地由十三行的外销画室购入，画家们以中西结合的技法与材料描绘中国的风土人情，制成一系列独具特色的美术品，这些作品或者由商船成批运往海外，销往欧洲和美国的市场；或者直接在广州出售，由西方来华的旅行者购买之后带回家乡，作为珍贵的纪念品保存或馈赠亲友。这是一条完整的贸易和产业链，在 19 世纪的东西方两个世界之间运转不息。

5.2.3 英国东印度公司的对华颜料贸易(1635—1834)

地理大发现之后,欧洲的贸易中心由地中海转向大西洋沿岸,英国获得了前所未有的地理优势,加之伊丽莎白时代对重商主义政策的全面推行,海外贸易和殖民扩张得到迅速发展。17世纪远东地区的贸易市场虽然仍由荷兰东印度公司掌控,但英国已经开始在海外贸易之路上奋起直追。17世纪后半叶,英国的海外贸易经历了根本性变化,在通过一系列战争排挤了荷兰与法国的势力之后,英国夺取了海上霸主的地位,成为清前期欧洲对华贸易第一大国。1600年成立的英国东印度公司在这一过程中扮演了最为重要的角色。

英国早期的对外贸易活动大多以贸易公司的形式进行。1600年,伊丽莎白一世正式批准成立东印度公司,全称为 The Governor and Company of Merchants of London, Trading to the East Indies。所谓"East Indies",不仅包括印度本土,也包括孟加拉湾、马六甲、香料群岛、暹罗、爪哇,以及东亚地区的中国和日本。

英国东印度公司长期享有对华贸易垄断权,因此,从17世纪初到19世纪30年代的中英贸易史,实际就是一部英国东印度公司的对华贸易史。本节旨在探讨清前期的中英颜料贸易,实际上也就是东印度公司对华贸易活动中有关颜料的部分。

英国东印度公司保存了相当完整的对华贸易档案,对于17—19世纪中西贸易史研究而言,无疑是弥足珍贵的一手资料。但是查阅原始档案的机会对多数研究者来说并不易得,因此,19世纪英国学者马士(Hosea Ballou Morse)所著的五卷本《东印度公司对华贸易编年史》[①](*The Chronicles of the East India Company Trading to China*, 1635—1834,以下简称《编年史》)就成为最具价值的一部参考资料。马士在中国海关任职34年,晚年回到英国从事有关中国近代经济和政治史的研究著述。《编年史》是他以一己之力完成的浩大学术工程,"一部根据东印度公司档案浓缩而成的优秀著作"(费正清语)。

---

① 此书中译本由区宗华先生翻译,先由中山大学出版社于1991年出版,后由广东人民出版社修订出版于2016年。本书作者研究中参考了这一中译本。译者为翻译此书付出的心力人所共见,但由于颜料名称和译名的复杂性,翻译混淆和不准确之处在所难免。因此本书主要以该书1926年Oxford英文版为依据,翻译引文时,一定程度上参考了区宗华先生的中译本。

　　《编年史》以编年体体例通述 1635—1834 年间以英国为中心的欧洲对华贸易状况，包括大量开列商品名目的贸易清单，因此也就保存了有关当时贸易商品具体种类的丰富信息。季羡林先生就藉由摘录此书中的蔗糖贸易记录，阐释了蔗糖在清代中国对外贸易中所占的地位[①]。

　　通检全书，提及的颜料类商品共 11 种（详见表 5.7），其中既有欧洲从中国进口的颜料，也有欧洲出口到中国的颜料。当然，原始贸易清单中并未标明这些商品的用途——绝大多数清单并不是按照商品功能或其他属性分类编排的，尤其是一些私人贸易清单，其商品种类往往多而杂，食物、布料、茶叶、香料等诸多商品无序地（或按照字母顺序）简单罗列在一起。因此，很难确定无疑地宣称这 11 种商品是作为颜料进行贸易的。但是，这些物品通常的确是以颜料或染料作为主要用途的，虽然在中国，其中一些物品作为药用的价值甚至大于作为颜料的价值，但当它们出口到国外时，用作颜料或染料是可能性最大的一种推测。

表 5.7　《东印度公司对华贸易编年史》中涉及的颜料贸易信息

颜料名称	成分	进出口类型	贸易时段[②]	价格
银朱 (Vermilion)	合成硫化汞	从中国进口	1722—1723 年	42 两/担（1722—1723 年）
朱砂 (Cinnabar native)	天然硫化汞矿	从中国进口	1733—1774 年	120 两/担（1764 年）
树脂红 (Dragon's blood)	有机物	从中国进口	1733—1774 年	12 两/担（1764 年，一级品）
胭脂虫红 (Cochineal)	有机物	出口到中国	1764—1818 年	上等 5 两/斤，中等 3 两/斤（1764 年）
铅丹[③] (Lead, red)	Pb_3O_4	出口到中国	1774 年	不详（"无销路"[④]）

---

　　① 季羡林，蔗糖在明末清中期中外贸易中的地位——读《东印度公司对华贸易编年史》札记，《北京大学学报》（哲学社会科学版），1995 年第 1 期。

　　② 这一栏中列出的起讫时间，是书中最早一次和最晚一次出现的时间点。但这并不意味着该商品的贸易仅仅在该时段内存在（因本书并不涵盖东印度公司全部档案内容），同样也不代表该时段内存在持续不断的贸易。

　　③ 此条见于 Price current of goods at Canton, 1774。铅丹，"Lead, red"亦多见于中国旧海关贸易统计册中，指铅丹，常与铅白、铅黄并列出现。

　　④ 原文为"unsaleable"。

续表

颜料名称	成　分	进出口类型	贸易时段	价　格
藤黄 (Gamboge)	有机物	从中国进口	1759— 1774 年	30～32 两/担(1764 年) 150 两/担(1774 年)
黄砷① (Yellow Arsenic)	AsS 或 As$_2$S$_3$	从中国进口	1764— 1774 年	9 两/担(1764 年) 11 两/担(1774 年)
洋青 (Smalt)	钴玻璃	出口到中国	1774— 1792 年	一级 100 两/担 二级 24 两/担(1774 年) 11 两/担(1792 年)
蓝颜料 (Blue)	不明	出口到中国	1764 年	不详
靛蓝 (Indigo)	有机物	从孟加拉运 往英格兰	1820— 1830 年	不详
虫胶 (Sticklac)	有机物	从中国进口	1759 年	不详

资料来源：根据 *The Chronicles of the East India Company Trade to China* 一书中内容整理。

从表 5.7 可以看出,1635—1834 年,通过英国东印度公司出口到中国的颜料包括：胭脂红、洋红、大青、蓝颜料；同时,欧洲也从中国进口下列颜料：朱砂、树脂红、藤黄、黄砷、虫胶。另外提到靛蓝,产自孟加拉,而运往英格兰销售,可能属于在中国进行的转口贸易。需要指出的是,《编年史》一书是利用东印度公司对华贸易档案材料编纂的,其内容并未覆盖东印度公司对华贸易的全部档案,因此这份表格中的信息并不能展现这一贸易的全貌,只是为了解东印度公司对华颜料贸易提供了若干线索。例如,对于 smalt 这种颜料的贸易,《编年史》中有明确记录的年份仅限于 1774—1792 年,然而已经有西方学者根据更完整的档案指出,smalt 从欧洲出口到中国的贸易活动覆盖了几乎整个 18 世纪并延续到 19 世纪②。

《编年史》一书通篇没有提及普鲁士蓝,可能是由于这种颜料的交易量较小,未受重视。实际上,普鲁士蓝作为一种商品也在英国东印度公司对华贸易的经营范围内。近年有英国学者根据东印度公司的原始档案及史料笔记指出,1775 年,英国东印度公司已经将这种颜料出口到广州。此后,普鲁士蓝的贸易活动记录在 1815—1824 年间始终持续,然而,大约从 1827/

---

① 原文直译为黄砷,指的可能是雌黄,也可能是雄黄。
② Rita Giannini,et al. (2017)。

1828 贸易年度开始,这种颜料就从英国出口货物清单上消失了[①]。有关普鲁士蓝的具体情况,将在后文进一步详细讨论。

值得一提的是,英国东印度公司早期的贸易活动不仅为中国带来了洋青和普鲁士蓝,也将中国本土出产的颜料贩运到海外销售。后者的历史甚至更加悠久。根据东印度公司对华贸易档案,早在 18 世纪初期(也就是康熙年间),已经有大量银朱(Vermilion)屡屡出现在东印度公司向中国订货的清单上。1733 年,"温德姆号"(Wyndham)船长私人贸易(从中国出口)的清单中,包括了树脂红(Dragon's blood)和朱砂(Cinnabar native)两种颜料。实际上,东西方之间的颜料贸易从来都是双向的,英国东印度公司的贸易活动正是这一现象的缩影。

5.3 1840 年以来的颜料贸易：通商条约、海关与沿岸贸易

1840 年之后,广州一口通商的局面有所改变,清政府不断增开对外贸易口岸,对外贸易规模连年扩大。此时,欧洲已经成为世界经济贸易中心,英国则成为最大的资本主义国家,亟须开拓资本输出市场。被迫洞开国门的中国成为西方国家的最大目标市场,一时间,西方商品大量涌入中国,掀起倾销狂潮。

作为工业原料和日用品的颜料,也在这一时期的对华贸易商品之中。早在 1840 年之前,以英国为首的欧洲国家和美国已经在华积极进行颜料贸易,鸦片战争以后,颜料贸易更是得到显著发展,在数量和种类上都呈现快速上升的趋势。

本节的讨论重点仍然是 1840 年以来欧美国家的对华颜料贸易(包括输入颜料和输出颜料两种情况)。中国和亚洲国家之间的颜料贸易将在 5.4 节中叙述。

5.3.1 19 世纪欧洲的对华颜料贸易

要把颜料贸易从欧洲对华贸易中单独摘选出来加以叙述,并不是一件容易的事。无疑,既有研究和著作已经勾画出 19 世纪欧洲对华贸易的整体状况,但如果要想将颜料贸易这个小题目单独放大审视,就必须回到一手史料中去寻找琐碎的线索。

---

① Bailey K(2012)。

本章开头已经提到，对颜料贸易研究而言，中国近代海关（China Maritime Custom）的贸易档案是一份不可替代的重要史料，其中编修翔实的进出口货物统计档案，为追溯每一种颜料的贸易情况提供了可能。但近代海关的贸易统计册是从 1859 年开始出版的，到 1864 年才实现体例的规范化，而无论哪一阶段的体例，都不保证能明确记录每种商品的进口来源地（多数情况下只笼统记为"国外"），所以仅凭这套档案，仍然无法解决特定颜料的进口来源问题。因此，本节将要列举的是另外一类重要材料——中国与西方国家签订的一系列不平等条约和协定海关税则。

从第一次鸦片战争开始，中国在西方国家的胁迫下陆续签订了大量不平等协议。这些协议的重要目的之一是降低海关税率，因此大都附有协定的海关税则作为附件。这些海关税则需要具体规定每一类商品的从量税则，随着时间推移，税则往往还需要根据市场变化再次改订。因此，这些税则在客观上保留了一份 19 世纪后半叶西方国家对华贸易的主要商品清单，其中也包括颜料。

1. 1843 年中英税则

1842 年，清政府在第一次鸦片战争中战败，与英国政府签订《南京条约》。条约的重要内容之一，即协议关税："英国商民居住通商之广州等五处，应纳进口出口货税饷费，均宜秉公议定，则例由部颁发晓示，以便英商按例缴纳。今又议定，英国货物自在某港按例纳税后，即准由中国商人遍运天下，而路所经过税关，不得加重税例，只可按估价则例若干，每两加税，不过分。"①

《南京条约》中的内容只是纲领性的规定，并没有具体的海关税则。次年，即道光二十三年（1843），中英订定五关出进口应完税则，以中文和英文两种版本颁布。这份税则有时也被作为虎门条约的附件。其中详细规定了各种进出口商品的相应税率，客观上反映出 19 世纪中期英国对华贸易的主要商品品类。

在西方国家与中国订立的一系列条约附加税则中，这份中英税则是最早的，因此对后续税则具有示范性意义。此后德国、日本、瑞典、挪威等国与清政府签订条约时，作为附件的海关税则，基本上都是原样照抄了这份

---

① Treaty of Nanking, 1842. China Maritime Customs. Treaties between China and Foreign States，第 355 页。

1843 年的中英海关税则。

值得一提的是，这份关税税则的起草者是 Robert Thom（1807—1846），中文名罗伯聃。罗伯聃是英格兰人，长期生活在中国，供职于怡和洋行，同时也是一位翻译家，是当时为数不多的精通中文的西方学者。在1843 年的中英谈判中，当时担任英方全权代表的璞鼎查委派罗伯聃拟定了这份税则[1]，他对中英两种语言的精通，保证了这份文本的用语准确性。

这份税则罗列了上百种商品名目，其中包括若干种欧洲进口颜料。现将其英文版和中文版分别摘录如下[2]：

Tariff of Duties on the Foreign Trade with China（1843）[3]

Exports

T. M. C. C.

Gamboge per 100 catties 　 0 1 0 0

Lead(White Lead)

Lead(Red Lead)

Vermilion

Imports

T. M. C. C.

Cochineal per 100 catties 5 0 0 0

Smalt 　　 per 100 catties 4 0 0 0

Sapanwood

Chinese Version of the Tariff of Duties on the Foreign Trade with China

As published in 1843 with the General Regulations for British Trade

今将广州福州厦门宁波上海各关英国出进口货物议定应完税则分类开列于后

---

① 参见叶松年(1991)。

② 引文据 China Maritime Customs. Treaties, conventions, etc. between China and Foreign States. Shanghai：The Statistical Department of the Inspectorate General of Customs,1917。英文版见该书第 359 页,中文版见第 369 页。

③ 以下仅摘抄颜料相关内容,非税则全文。

计开

······

出口颜料胶漆纸札类

藤黄　每百斤二两

红丹原例作黄丹　每百斤五钱

银朱　每百斤三两

铅粉　每百斤二钱五分

进口颜料胶漆纸札类

呀嚙米　　　每百斤五两

洋青即大青　每百斤四两

苏木　　　　每百斤一钱

······

　　税则中一共提到七种颜料：藤黄、红丹、银朱、铅粉、呀嚙米[1]、洋青[2]、苏木。这里的中文版和英文版内容是完全对应的，但顺序不尽相同，英文版的商品按照字母表顺序排列，中文则按照中国传统习惯按照商品类目排列。

　　不难注意到，这份税则在商品名称之下，往往有小字加注。这些小字注释是中文版特有的，不见于英文版。这一体例实际上是对则例传统格式的沿袭，在清代匠作则例中也常常见到这种情况，对需要注释的名词，以小字加注；对旧有则例进行增补修订时，以小字注明与旧有则例的关系。

　　如果通篇考察 1843 年税则中的小字注释，就会发现，这些注释是遵循一定规范的。具体说来，小字注释包括以下三种情况：

　　(1) 对于新增税目，小字注明"原例并未赅载"。例如八角油、桂子等条目下即有此注。这里提到的"原例"，即指粤海关旧税则。

　　(2) 对于旧例中用词不确切者，直接在正文条目中予以变更，并以小字加注旧例用词。例如：

蓪纸花　原例作纸蓪花[3]

玻璃片玻璃镜烧料等物　原例作土琉璃

　　"土琉璃"是粤海关旧税则中对国产玻璃制品的称呼，1843 年税则中改

---

①　即胭脂红。详见 6.5 节。

②　即 smalt。详见 6.1 节。

③　"蓪纸"又称通草纸(Pith paper)，是通脱木的茎髓切割而成的通草片，可以代纸之用。蓪纸花即用蓪纸制作的假花，比旧有则例中的命名"纸蓪花"更合理。

为更准确的用词。

（3）对于同物异名的情况，或旧命名虽然无误，但名称不够通行或其他有必要加以解释的情况，1843 年税则在保留旧例命名的前提下，以小字加注其他命名。例如：

冷饭头　即土茯苓

杂木器　即家内所用器物

海珠壳器　即云木壳器

上等丁香　即子丁香

下等丁香　即母丁香

信石　即矾石，一名人言，又名砒霜

特地花费篇幅来辨明这一体例，是因为这些中英文对照的税则文本为研究 19 世纪进口颜料的中文名称提供了关键性证据，而 1844 年中英税则在诸种税则中又是尤其重要的一份，它的体例乃至内容，都成为此后各国订立条约税则的蓝本。因此，理解 1844 年中英税则中这些注释小字的意义，对后文的讨论将有重要作用。

2. 1858 年中英税则

咸丰八年（1858），英国为了进一步降低关税税率，再次与中方协定税则。此税则也对其他国家协定关税产生示范性影响，例如 1858 年比利时与中国协定之税则即与这份中英税则内容全同，唯细节处略有增补。

English Text of Tariff Annexed to British Treaty of Tientsin of 1858[1]

Tariff on Imports　　T. M. C. C.

Cochineal	per 100 catties	5000
Gamboge	per 100 catties	1000
Indigo	per 100 catties	0180
Sapanwood	per 100 catties	0100
Smalt	per 100 catties	1500
Sticklac	per 100 catties	0300

---

[1]　引文据 China Maritime Customs. Treaties, conventions, etc. between China and Foreign States. Shanghai: The Statistical Department of the Inspectorate General of Customs. 1917：第 435-443 页。

Tariff on Exports   T. M. C. C.

Cinnabar   per 100 catties   0750

Dye, Green   per catty   0800

Indigo

Lead Red（Minium）   per 100 catties   0350

Lead, White（Ceruse）   per 100 catties   0350

Lead, Yellow（Massicot）   per 100 catties   0350

Paint, Green   per 100 catties   0450

Vermilion   per 100 catties   2500

Oyster-shells, Sea-shells per 100 catties   0090

Chinese Text of Tariff Annexed to British Treaty of Tientsin of 1858[①]

进口颜料胶漆纸札类

呀嘣米   每百斤五两

大青   每百斤一两五钱

苏木   每百斤一钱

紫梗[②]   每百斤三钱

水靛   每百斤一钱八分

藤黄   每百斤一两

出口颜料胶漆纸札类

红丹   每百斤三钱五分

银朱   每百斤二两五钱

铅粉   每百斤三钱五分

黄丹   每百斤三钱五分

朱砂   每百斤七钱五分

漆绿   每百斤四钱五分

绿胶[③]   每斤八钱

---

① 引文据 China Maritime Customs. Treaties, conventions, etc. between China and Foreign States. Shanghai: The Statistical Department of the Inspectorate General of Customs, 1917。第 444-466 页。

② 由税率对应可知，紫梗即英文版中 Sticklac。

③ 绿胶即英文版中 Dye Green。

蛎壳　　　　每百斤九分

土靛　　　　每百斤一两坑砂①　　　每百斤九分

这份税则中提及的颜料种类比 1843 年中英税则中更丰富，包括进口颜料 6 种：呀嘲米、大青、苏木、紫梗、水靛、藤黄；出口颜料 9 种：红丹、银朱、铅粉、黄丹、朱砂、漆绿、绿胶、蛎壳、土靛。其中漆绿和绿胶两种进口的绿色颜料，是值得注意的重要线索。

3. 1902 年中英税则

光绪二十八年（1902），英国再次修订对华进口税则，改为 17 类，640 税目。这份税则也有中英文两份文本，商品名称均按类目排列。颜料类商品，在英文文本中属于"Dyes，Colours and Paints"类目，而中文文本则归入"颜料胶漆纸札类"。值得指出的是，中英文文本的分类方法不尽相同，因此并非一一对应。从类目名称即可看出，中文版的"颜料胶漆纸札类"包含商品种类多于英文版的"Dyes，Colours and Paints"。英文版共计 20 种，而中文版则有 41 种。

表 5.8 摘录了中文版的颜料类商品，并根据税率的对应关系确认其与英文中对应的商品名称，整理到表中。

表 5.8　1902 年中英税则中文版"颜料胶漆纸札类"内容

商品名称	英文名称	税	率
哑喇伯胶		每百斤	一两
栲皮		每百斤	七分三厘
梅树皮		每百斤	一钱二分
桑树皮		每值百两	抽税五两
黄柏皮		每值百两	抽税五两
品蓝②		每值百两	抽税五两
洋蓝	Blue，Prussian③	每百斤	一两五钱

① 坑砂是朱砂的一种。《本草纲目》："丹砂以辰、锦者为最。色紫不染纸者，为旧坑砂，为上品；色鲜染纸者，为新坑砂，次之。"但英文版中未见对应项目。

② 品蓝在英文版中的对应名称不详，可能归入"Paint，Unclassed"一类。英文版税则中规定"Paint，Unclassed"一律按 5％收税。中文版无此条目。

③ 英文版中还有另一条目"Blue，Paris"，税率与之相同。按 Paris Blue 为 Prussian Blue 之别名，此处虽列两名，实为一物。中文版仅"洋蓝"一条，不存在异名。

续表

商 品 名 称	英 文 名 称	税　　率	
铜金粉	Bronze Powder	每百斤	二两二钱
漂白粉		每百斤	三钱
硃砂	Cinnabar	每百斤	一两七钱五分
印字墨		每值百两	抽税五两
呀嚸色		每值百两	抽税五两
泥金色	Chrome Yellow	每值百两	抽税五两
藤黄	Gamboge	每百斤	二两七钱
松香胶		每百斤	二两五钱
松节油		每加仑	三分六厘
松香		每百斤	一钱八分七厘
黑松香		每百斤	一钱二分五厘
漆绿	Green, Emerald①	每百斤	一两
红花		每百斤	五钱二分五厘
干靛		每值百两	抽税五两
制成水靛	Indigo, Liquid, Artificial	每百斤	二两二分五厘
生成水靛	Indigo, Liquid, Natural	每百斤	二钱一分五厘
靛膏	Indigo, Paste, Aritificial	每百斤	二两二分五厘
红丹	Lead, Red, Dry or mixed with Oil	每百斤	四钱五分
铅粉	Lead, White	每百斤	四钱五分
黄丹	Lead, Yellow	每百斤	四钱五分
苏木		每百斤	一钱一分二厘
苏木膏	Logwood② Extract	每百斤	六钱

---

① 英文版中还有一条"Green, Schweinfurt, or Imitation"，税率相同，也是异名同物。
② 中文名洋苏木。

续表

商 品 名 称	英 文 名 称	税 率	
赭色	Ochre	每百斤	六钱
大青	Smalt	每百斤	一两六钱
佛头青	Ultramarine	每百斤	五钱
豆蔻红	Carthamin	每值百两	抽税五两
漆		每值百两	抽税五两
白铅粉①	White Zinc	每值百两	抽税五两
银朱	Vermilion	每百斤	四两
假银朱	Vermilion Imitation	每值百两	抽税五两
薯莨②		每百斤	一钱五分
鱼胶		每百斤	四两
皮胶		每百斤	八钱三分
紫梗		每百斤	七钱

资料来源：《通商进口税则目录》，*China Maritime Customs*. Treaties, conventions, etc. between China and Foreign States. The Statistical Department of the Inspectorate General of Customs. 1917, pp. 595-640.

以上选取的是几份较为重要、有代表性的税则，其余还有一些重要性不高的条约税则，限于篇幅，不再一一列举。

如果将 1844—1865 年间的税则中所涉及进出口颜料名目全部整理汇总，就可以大致认识这一时期内颜料进出口贸易的概况。这些名目如表 5.9 所示。

表 5.9 近代中外关税税则中的进出口颜料名目

年份	国 别	进口颜料	出口颜料
1844	英国③	呀嘛米（Cochineal）、洋藤黄、红丹、银朱、铅粉青（smalt）、苏木	
1844	法国④	呀嘛米、洋青、苏木	藤黄、红丹、银朱、铅粉

① 白铅是锌的俗称。从税率也可证实，白铅粉并非铅白（Lead, White，税率是每百斤四钱五分），而是锌白，即 ZnO。

② 薯莨，学名 *Dioscorea cirrhosa*，藤本植物，因其汁液中富含单宁，是香云纱染色的原料。将薯莨块茎捣碎，用其汁液浸染，染色后织物呈浅红棕色。

③《中英五口通商章程：海关税则》（*Tariff of Duties on the Foreign Trade with China*），1843 年 10 月 8 日，虎门。

④《中法五口贸易章程：海关税则》。也称黄埔条约（Treaty of Whampoa），1844 年 10 月 24 日，黄埔。

续表

年份	国　别	进口颜料	出口颜料
1847	瑞典、挪威①	呀嘣米、洋青、苏木	藤黄、红丹、银朱、铅粉
1858	英国②	呀嘣米、藤黄、血竭、水靛、白铅、大青、苏木	硃砂、藤黄、石黄、土靛、红丹、铅粉、黄丹、银朱、漆绿、绿胶、蛎壳、绿皮、土靛、坑砂
1858	法国③	大青（smalt）	无
1861	德国④	呀嘣米、洋青、苏木	藤黄、红丹、银朱、铅粉
1865	比利时⑤	大青（Bleu d'azur）⑥	无

资料来源：*China Maritime Customs*. Treaties，conventions，etc. between China and Foreign States. The Statistical Department of the Inspectorate General of Customs，1917.

表 5.9 大致勾勒出了 19 世纪前半叶欧洲各国对华颜料贸易的品类分布。从表中不难看出，呀嘣米（Cochineal）、洋青（smalt）和苏木是进口颜料中排名前三的重要品类，这也在一定程度上代表了 1844—1865 年间进口颜料在中国的使用情况。当然，与 1902 年中英税则提供的信息相比，这一阶段中国从欧洲进口颜料的种类还较为有限，除了对中国出口历史已经长达百年以上的 smalt 之外，其他人工合成颜料此时都还没有涌入中国。

19 世纪后半叶的颜料贸易情况，则可以从表 5.8 以及《中国旧海关档案》（附录 J）中的贸易统计数据中反映出来。这一阶段，进口颜料种类大幅增加，品种也有了变化，呀嘣米和苏木的进口量明显下降（附录 K-4），人造群青的贸易量逐年上升，一跃成为进口颜料中最大宗的品类（附录 K-2）；与此同时，包括巴黎绿在内的绿色颜料进口额也令人瞩目（附录 K-5）。另外，中国向欧洲出口的颜料品种在整个 19 世纪都没有太大变化，交易量最大的始终是铅丹（红丹）、铅粉、朱砂这几种传统颜料。

如果同时考虑颜料贸易的商品种类和贸易额，19 世纪欧洲各国之中，颜料贸易的两大巨头是德国和英国。英国作为老牌海上霸主延续了 17 世纪以来的传统贸易优势，而德国则借助化工颜料研发和工业制造的优势后

---

① 《广州条约》（*Treaty of Canton*）。

② 《中英天津条约》（*Tariff Annexed to British Treaty of Tientsin*），1858 年 6 月 26 日，天津。

③ 《中法和约章程》（*Tariff Appended to the French Treaty*），也称《中法天津条约》，1858 年 6 月 27 日，天津。

④ 《通商章程善后条约：海关税则》，1861 年 9 月 2 日，天津。

⑤ 《通商章程：海关税则》，1865 年 11 月 2 日，北京。

⑥ 此税则无英文版，仅有中文和法文版。Bleu d'azur 即 smalt。

来居上。一份 1916 年刊载于《科学》杂志[①]的报道，将德国称为"世界人造颜料专卖商"：

　　"人造颜料，德产最多，销行遍五洲。大战之前，输入中国者亦不知其几十万。自欧洲风云起，来源遽绝，世界各中立国莫不感其痛苦。"[②]

　　"1913 年德国人造颜料出口者值 56 700 000 美元……骎骎然几为世界人造颜料专卖商者，盖有故也。"[③]

　　另一份报道则集中描述了汉口一地的典型情况：

　　"德国颜料，最能行销于汉口，所有在汉口之各国颜料，均不及德国行销之多。日前海关方面所报到德国颜料，竟达八千余件，近又到四千余件，洵发达也。"[④]

　　这两则材料所描述的实际也是从 19 世纪晚期一直延续至 20 世纪前半叶的状况。从 20 世纪前半叶的彩画匠师口述情况来看，各种西洋进口的合成颜料在民国年间仍然是彩画作用料的首选。造成这一状况的原因，一来是由于德国和英国在颜料生产上确有优势，二来也与中国民族化工工业兴起较迟有关。

5.3.2　19 世纪美国的对华颜料贸易

　　美国政府自来重视对华贸易。1783 年美国刚刚独立，一艘名为"Harriet"的商船就从波士顿启航前往中国，可惜由于英国作梗未能成功抵达。次年，"中国皇后"（Empress of China）号成为第一艘抵达中国的美国商船，由此开启了中美之间日益频繁的海上贸易往来。只用几年时间，美国在贸易规模上就超过荷兰等国，成为仅次于英国的西方对华贸易第二大国[⑤]。

　　1843 年以前，美国商船运来中国的大宗商品包括人参、棉花、纺织品等，中国对美国出口的商品和对其他西方国家相似，以茶叶、土布、生丝、陶瓷和工艺品为主。但颜料进出口的记载仍然零星见于各种贸易史料。一本叙述 1784—1843 年间中美贸易的著作中提到，美国很早就开始向中国出口胭脂虫红（Cochineal），中国人买来之后往往用它染丝，之后再将红色生丝

---

①　《科学》，月刊，由任鸿隽创办于 1915 年，是我国最早的综合型科学杂志。
②　德国与人造颜料，作者不详，见《科学》，1916 年第 2 卷，第 6 期：第 714 页。
③　前揭：第 715 页。
④　德国洋靛涌到，见《银行杂志》，1924 年第 1 卷，第 6 期：第 6 页。
⑤　陈高华，陈尚胜（2017）：第 233 页。

或绸缎售回美国①。此外，美国还在中国出售一种产于法国的紫色色料cudbear②，以及一种叫作 cutch③ 的褐色色料。

　　1843 年之后中美之间的颜料贸易仍然持续，并且在数量和种类上都持续增长。这一时期的颜料贸易的首要证据，仍然是中美间的一系列协定海关税则，其中以 1844 年的海关税则最具代表性。

　　1844 年，耆英和美国代表顾盛（Caleb Cushing）签订中美《望厦条约》。虽然中国人更熟悉《望厦条约》这个名称，但这份文件的官方名称实际是《中美五口贸易章程》，并附海关税则（The Tariff of Duties to be Levied on Imported and Exported Merchandise at the Five Ports）。这份税则反映出当时中美间的主要进出口贸易商品种类。其中有关颜料的部分摘录如下：

Exports

……

Gamboge

Red Lead

Vermilion

White Lead

……

Imports

……

Cochineal　　　per 100 catties 500

Smalts④　　　　per 100 catties 400

Sapanwood　　per 100 catties 010

……⑤

也就是说，当时美国向中国出口胭脂虫红（"Cochineal"）、洋青（"Smalts"）

---

　　①　Francis Ross Carpenter. The old China trade：Americans in Canton，1784—1843. New York：Coward，McCann & Geoghegan，1976：第 75 页。

　　②　Cudbear 是一种从苔藓中提取的植物性染料，中文尚无规范译名，或称之为"苔色素"或"地衣紫"。

　　③　Cutch 是以木材提取物为原料制造的一种褐色染料，原产于印度，自古即有使用。中文尚无规范译名。

　　④　即 smalt，这里采用原文表述"Smalts"，后文同。

　　⑤　以上英文引文摘录自《中美五口贸易章程》所附税则的英文版。见 China Maritime Customs. Treaties，conventions，etc. between China and Foreign States. Shanghai：The Statistical Department of the Inspectorate General of Customs，1917.

和苏木①（"Sapanwood"），并从中国进口藤黄（"Gamboge"）、铅丹（"Red lead"）、银朱（"Vermilion"）和铅白（"White lead"）。当然，这份清单可能并不完全，但对于 1859 年之前美国对华颜料贸易而言，这是一份最为珍贵的确凿记载。

　　1859 年之后的中美颜料贸易状况，同样可以从旧海关贸易统计档案中得到信息。1868 年之后的海关贸易统计档案对于贸易来源地不再注明具体国家，仅以国内、国外和香港三类情况区别；但 1868 年及之前的档案中，则有一些颜料贸易记载可以明确来自美国（表 5.10）。例如，1861 年的旧海关贸易统计册中，11 艘美国船将 113 斤 smalt 运抵广州港②。同年，宁波港则有 2790 斤普鲁士蓝由美国进口。

表 5.10　1859—1868 年间旧海关贸易档案中的美国进口颜料记录

进口时间	港口	货物	来源	数量/斤	价　　值
half-year ended 31th December 1860	Canton	paint, Ultramarine	in 25 American Vessels	1500	631.5 dollars③
from 22nd May to 9th December 1861	Ningpo	paint, Prussian blue	in 70 American Vessels	2790	1060.0 taels
for the half-year ended 31st December,1861	Canton	cochineal	in 11 American Vessels	5191	5907.4 dollars④
for the half-year ended 30th June,1861	Canton	smalts	in 11 American Vessels	113	62.5dollars④
from the 1st July to 30th December,1862	Foochow	smalts	in 16 American Vessels	357	178.5 dollars④

资料来源：根据《中国旧海关史料》1859—1868 年间相关贸易数据统计。

---

　　① 苏木是南美洲特产，可能是美国的转口贸易商品。美国中部出产一种类似的树木 logwood，中文名"洋苏木"，也是美国对华贸易商品。

　　② 《中国旧海关史料》，1861 年贸易统计册，Port of Canton。

　　③ 非原始数字，系由 ultramarine 总进口量、总价值和美国进口量计算得到。

　　④ 非原始数字，系由 smalt 总进口量、总价值和美国进口量计算得到。

早期海关贸易统计的体例在不同港口和不同年份间颇有参差，即使1868 年之前，也并非所有港口的统计商品都包括来源地的信息，因此表 5.10 中的内容可能并非美国在这一时期内对华颜料贸易活动的完整反映。但是，这些记录已经涵盖了当时美国出口到中国的主要颜料品类：洋青（smalt）、胭脂虫红（cochineal）、普鲁士蓝（Prussian blue）和人造群青（ultramarine）。这与同时期欧洲对华颜料贸易的商品种类是一致的，但在进口量上则显著低于欧洲国家。

总体而言，19 世纪美国的对华颜料贸易所占份额并不大，远在德国和英国两个颜料出口大国之下。但美国向中国出口颜料的活动也始终没有停止，一直持续到 20 世纪。1946 年《国际贸易》曾报道"大批美国颜料正在运华途中"，这批颜料共 5 万吨，包括红、绿、青、褐等 7 种颜色，由纽约运至上海①。可见，美国的对华颜料贸易很可能在 20 世纪呈现后来居上的态势。

5.3.3　近代进出口颜料贸易路线与重要集散地

从清初解除海禁到 1840 年之前，广州一直是清朝的对外贸易中心。第一次鸦片战争之后，清政府开放广州、厦门、福州、宁波、上海五处通商口岸，这些港口在中外贸易活动中迅速承担起重要角色。

从近代海关的贸易统计册来看，各个通商口岸的颜料贸易并不平均，尤其是国外进口颜料，表现出明显的集中倾向。1859—1902 年间，最重要的几个颜料集散港口包括天津、芝罘、上海、宁波、广州。其中，天津是北方最重要的贸易集散地。正如齐如山在回忆北平的洋颜料庄时所说："（洋颜料）大多数都是由天津运来，因西洋人都直接运津也。"②

此外，在南方，福州和汕头的颜料贸易也比较活跃。在 1850—1870 年，镇江和牛庄也有颜料贸易记录，但在 19 世纪 70 年代之后就消失了。而另外一些通商口岸，例如重庆、苏州、基隆等，几乎始终没有见到颜料贸易活动的证据③。这表明，这一时段内，国内的颜料对外贸易呈现以几个商业中心为主要集散地的基本格局。

梳理 1859—1871 年间的贸易统计数据（原始数据见附录Ⅰ），可以看到，19 世纪后半叶中国的颜料贸易由对外贸易（foreign trade）和沿岸贸易（coast trade）两部分组成。

对外贸易以欧洲向中国输入西洋颜料为主，种类繁多，包括 smalt、胭

---

① 见中国进出口贸易协会编辑发行《国际贸易》，1946 年第 1 卷第 6 期，第 30 页。

② 齐如山（2017）。

③ 当然这里不能排除存在无据可查的走私贸易。

脂虫红（cochineal）、人造群青（ultramarine）、藤黄（gamboge）、朱砂（cinnabar）、靛蓝（indigo）等，以及其他一些未记载具体成分和名称的涂料（paint）或染料（dyes）；同时也存在大量中国本土颜料的对外输出，较常见的种类有银朱（vermilion）、铅白（lead，white）、铅黄（lead，yellow）、铅丹（lead，red）以及红土（earth red），大都是生产历史悠久的传统颜料。值得注意的是，中国出口和进口的颜料种类存在不少重合，例如靛蓝、铅白、银朱，都多次同时出现在进口洋货和出口土货的清单当中。这揭示出当时的颜料贸易状况比通常想象中更为复杂，并不仅仅是互通有无：即使是靛蓝、朱砂等本土大量出产的颜料，也可能同时需要从国外进口。这或许与今天的情况类似：即使颜料制造工业已经遍布全球，画家和手工艺人仍然愿意专门购买来自特定国家和制造商的颜料，以满足特定的需求。

　　沿岸贸易指的是国内各港口之间的颜料贸易往来，其中既包括本土颜料，也包括西洋颜料。一方面，西洋颜料运抵沿海贸易口岸之后，一部分在本地销售，另一部分从这些港口再次起运，输往国内其他地区；另一方面，各地出产的本土颜料也会通过海路在各个贸易港口之间运输，实现本国范围之内的商品流通。

　　无论对外颜料贸易还是沿岸颜料贸易，都以若干规模最大的港口为核心集散地。南方是广州、香港、宁波和上海；北方则是天津和芝罘。从海关贸易统计看来，这些港口承担了最频繁、最大量的颜料贸易。在此之外，还有一些地位也较重要的港口，构成了次一级的集散中心，包括福州、汕头、厦门、汉口以及台湾的基隆和淡水港，还有北方中俄边境的贸易口岸恰克图[1]。另外一些较小的港口，如镇江、牛庄等，也零星参与颜料贸易，但缺乏长期持续的贸易记录。

　　图 5.13 标注了上述港口的位置，以不同图例表示港口的重要程度，虚线则示意颜料类商品在各个港口之间的流动方向。图中信息都是基于海关贸易统计册中有明确记载的内容标注的，由于贸易统计册并不一定记录所有货物的来源和去向，因此这份示意图的内容可能不尽全面，但至少能够反映一个时期内的大致状况。

　　需要注意的是，图中虚线只表示颜料的运输方向，并不代表运输的实际路线。各港口之间的货运有可能通过海路，也可能走陆路或水路。从海关档案的记载无法判断货物的具体运输路线，但从贸易统计册中频繁出现的

---

　　[1]　1727 年，中俄签订《恰克图条约》，确立了恰克图在中俄边境贸易中的核心地位，成为北部边疆商品流通的重要据点。

vessels、river steamers 和 lorchars[①] 字样来看，水运方式大约在颜料贸易中占据较大比重。根据贸易统计册中的记载，这些船舶中以英国船（British vessels）和美国船（American vessels）居多，其他来源的船只较少。

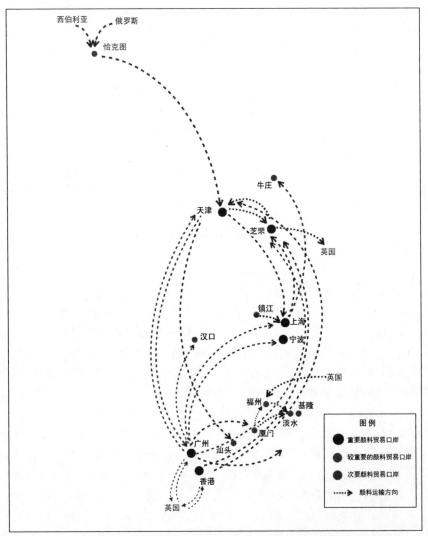

图 5.13　近代中国进出口颜料贸易重要港口与贸易路线示意图（见文前彩图）

资料来源：根据近代海关 1859—1871 年间贸易统计数据绘制。

---

① 老闸船，是一种融合了中国与欧洲造船技术的帆船。西方通常称为 lorcha，即"老闸"之音译。也有"鸭屁股""白鳌船""划艇"等名称。

除了上述通商口岸之外，佛山也是有文献可征的颜料集散地。清代的广东商帮从事国内长途贩运批发业务，他们从省内外地区收购货物，贩运到广州和佛山等商业中心，在这里批发给零售商，或者再通过牙行批发给外商。当时佛山的汾流大街，就是颜料批发商行的所在地[①]。在这里，一部分颜料被批发给国内的零售商，另一部分则转运到澳门，通过澳门运销海外[②]。由此可见，佛山虽然不是通商口岸，却也在颜料的国内外贸易中承担了一个重要角色。类似的内陆集散地应当还有不少，它们和通商口岸一起，构建起 19 世纪中国的颜料贸易网络，同时也成为 19 世纪世界海上贸易体系中的一个环节。

5.4　清朝与亚洲国家之间的颜料贸易

本章的叙述重点集中于几个特定的西方国家，是缘于本书对近代化工颜料的特别关注。但同样不应忽略的是，清朝也与其他国家（特别是亚洲国家）之间有着活跃的贸易往来。五口通商以来，欧美国家在华的商业活动成为贸易史研究的关注重点，与此同时，中国沿海地区民众仍然延续着长期以来的海上贸易传统，通过东海和南海与周边的亚洲国家进行广泛的商品交换。

5.4.1　与日本间的颜料贸易

日本本土矿藏资源有限，因此矿物颜料（日语称为"岩绘具"）多依赖进口，而中国则是其最重要的进口来源地。据平安时代的《新猿乐记》一书（成书时间约在 1065—1068 年）记载，当时由中国输入日本的颜料包括"雄黄、铜黄、绀青、﨟脂、绿青、空青、丹、朱砂、胡粉"[③]。根据日本学者的研究，这里的"绀青"指的是蓝铜矿，也就是天然石青[④]。

镰仓时代，日本的颜料仍然主要依赖海外贸易，除继续从中国进口之外，与东南亚国家间的颜料贸易也有很大发展。江户时代，日本继续从中国

① 黄启臣，明清广东商帮的形成及其经营方式//明清广东省社会经济研究会编《十四世纪以来广东社会经济的发展》，广州：广东高等教育出版社，1992：第 134 页。
② 这并不是针对颜料的特殊贸易路线，实际上澳门当时是广州和佛山的外港城市，广东的商品均以澳门为国际贸易中转港。《粤海关志》："澳门地方货殖均由省镇、佛山各处市镇转运到澳售卖。"卷二九，清道光刻本。
③ 藤原明衡（1983）。
④ 鹤田荣一（2002）。

进口朱砂、铅丹、石绿、石青等多种颜料，以及陶瓷青料（表 5.11）。宽文八年幕府曾经一度禁止"丹土"这种颜料的进口，可能是为了保护这种颜料的国内生产①。

表 5.11   江户时代日本从中国进口的颜料

颜　　料	出　产　地
朱砂	山西、四川、广东、广西、贵州、南京等地
绿青	南京
石绿	山西、湖广、云南
石青	河南、湖南、云南、四川
雄黄	陕西、广西、贵州、四川
大赭石	北京
青黛	北京
黄丹（铅丹）	山东
茶碗药（陶瓷青料）	山东
金银箔	浙江

资料来源：根据鹤田荣一（2002）"江户时代に長崎へ輸入された顔料"表格中内容翻译整理。

康熙二十三年（1684）清朝取消海禁，准许民众出海贸易。此时日本仅开长崎一港，中国船只遂成为长崎港的贸易主力，每年都有唐船来航，一直持续到 1861 年②。这其中的颜料贸易主要是中国向日本出口。例如，1757年从上海航行到长崎的一艘商船，所载货物就有朱砂、银朱、碗青③等颜料在内（表 5.12）。

表 5.12   1757 年开往长崎的中国船载货物中的颜料

货 物 名 称	数　　量	
朱砂	630 斤	计 6 件
银朱	600 斤	计 5 箱
碗青	3000 斤	计 27 件

资料来源：析出自宝历七年（1757）"丑五号"南京船船载货物目录，松浦章《清代海外贸易史研究》，pp. 365-367。

---

① 鹤田荣一（2002）。
② 松浦章（2016）：第 10 页。
③ 这里所说的碗青是一种陶瓷用青料，产于金门岛。《金门县志》"碗青"条载："生金门地中，平林、后湖等乡各有之，居民穴地采取，用以染画磁器。大如碗，小如弹，佳者百斤值银数十两，下者数两。"

　　近代以来西方颜料进入中国，也催生了对日本的颜料复出口贸易。普鲁士蓝即为其中一例。既有研究表明，中国商人将普鲁士蓝贩往日本的最早记录可以追溯到 1782 年①。虽然这种颜料早在 1763 年之前已经由荷兰人运到长崎②，但是从 1782 年直到 19 世纪初，中国海商都在向日本复出口普鲁士蓝③。

　　Smith Henry D.（2005）统计了 1782—1862 年间中国和荷兰向日本出口普鲁士蓝的数量与价格，发现约从 1825 年起，中国向日本复出口的普鲁士蓝开始急剧增加，并远远超过了荷兰直接出口到日本的数量，也就是说，到 19 世纪 20 年代，中国已经取代荷兰，成为日本最大的普鲁士蓝供应商。

　　此外，根据近代海关贸易统计，中国也向日本出口人造群青。最早的贸易记录见于 1864 年的上海，出口量为 4050 斤，此后连续数年，这项贸易均稳定存在（表 5.13）。

表 5.13　中国向日本出口人造群青的贸易记录（1864—1867 年）

年　份	出　口　港	数量/斤	价值/海关两
1864	上海	4050	870
1865	上海	700	170
1866	上海	6500	1950
1867	上海	1680	340

资料来源：根据近代海关 1864—1867 年贸易统计数据整理。

　　表中数据只统计到 1867 年，这是因为 1868 年之后的贸易统计册对于出口去向只注明"国外"（foreign countries），不再注明具体国家，因此只有 1864—1867 年间的数据能够明确是出口到日本。但 1867 年之后，人造群青仍然几乎每年都有出口到国外的记录，其中应该也包括了对日本的贸易。

　　虽然 Smith Henry D.（2005）的统计只到 1862 年，无法就同一年份两种颜料的出口量作直接比较，但综观两份数据，大致可以得到这样的结论：中国向日本出口普鲁士蓝的数量从 1825 年开始急剧上升，在 1830—1850 年达到最高峰，此后开始呈现逐年下降的趋势，与此同时，中国开始向日本出口人造群青。这也从侧面反映出这两种蓝色颜料此消彼长的应用趋势：

---

①　Screech（2000，203-4）。转引自 FitzHugh E W，Leona M，Winter J（2003）：第 58 页。

②　平贺源内《物类品骘》（1763）卷三："ヘ゛レインフ゛ラーウ"条："紅毛人持来ル。"

③　FitzHugh E W，Leona M，Winter J（2003）：第 58-59 页。

人造群青的兴起，在一定程度上对应了普鲁士蓝的衰落。

5.4.2　与朝鲜间的颜料贸易

　　清朝与朝鲜始终保持宗藩贸易关系。近代海关建立之前，两国之间的贸易活动缺乏完整档案，但对于贸易货品的名目，也可以从一些零星史料中觅得端倪。

　　就已知的材料来看，朝鲜和清朝的贸易中的确存在颜料和染料的交易。一份康熙年间由朝鲜官员撰写的贸易文献中透露，朝鲜向清朝输出的颜料类商品品类颇丰，包括朱红、桃黄、石紫黄、二青、三青、泥金、泥银、朱砂[①]、石雄黄、黄丹、密陀僧和轻粉[②]。另外，朝鲜还向清朝出口丹木和槐花两种染料[③]，而清朝向朝鲜出口的颜料类商品则包括朱红、铜绿、洋红、洋青和苏木[④]。

　　近代海关建立之后，中国与朝鲜之间的贸易有了比较可靠的系统性记录。1883 年之前，中朝贸易主要集中在上海、烟台、天津和牛庄四个通商口岸。但是由于烟台和朝鲜之间的走私贸易盛行，甚至以走私贸易为主[⑤]，因此这两个港口的海关贸易统计数据也未必能完全反映这一时期的贸易实际情况。但无论如何，这几个港口进出的颜料类商品，有一部分可能输送到了朝鲜[⑥]。

　　从 1885 年开始，海关年报将朝鲜的仁川、釜山、元山三个海关纳入统计范围，并在附录中增加朝鲜贸易统计报告（Report on Trade of Corea and Abstract of Statistics），为当时中朝之间的贸易往来提供了更多信息。仁川、釜山、元山三关的贸易品中也包括少量的颜料和染料，海关统计没有

---

　　① 　由于缺乏进一步的资料，这里无法确定朱砂和雄黄是作为颜料还是药材出口。

　　② 　苏斗山"杂物折价"表。转引自张存武(2015)：第 245 页。这里提到的"桃黄"和"石紫黄"两种颜料名称值得注意。由于该表大致按照商品类别排序，"桃黄"和"石紫黄"位于其他颜料名目当中，推断其同属于颜料的可能性很大。但同时期的中文文献中尚未见到这两个词汇，这两种颜料究竟是什么，有待进一步考证。

　　③ 　张存武(2015)：第 115 页。

　　④ 　张存武(2015)：第 143-146 页。

　　⑤ 　刘畅(2014)：第 27 页。

　　⑥ 　旧海关贸易统计中只有极个别的记录会注明出口的具体目的地，目前尚未见到明确标注输往朝鲜的颜料。

记录具体种类，但以苯胺染料为主[①]，应当也是来自西方国家的转口贸易品。

5.4.3　与琉球间的颜料贸易

琉球和中国贸易的历史始自明代，以朝贡贸易为主，也有封贡贸易和私人贸易。这些贸易往来，留下了大量的贸易档案记录，包括《历代宝案》《琉球冠船记录》等在内的史料，记载了大量琉球船的进出口贸易品。从现存的清宫档案中能够查到的贸易货品名目多达一千余种[②]。

谢必震(2004)对清代中国输往琉球的商品种类做了整理辑录，根据他的统计，当时中国输往琉球的商品中，也有不少中国土产颜料，包括辰砂、槐花、石青、石黄、砂青、佛头青、轻粉、淡底、米砂、大青、大绿等数十种[③]。

一份康熙五十八年中国册封琉球船贸易货物清册中，记录了中方船员114 人携带的 1054 件货物名目，其中就包括了"大青四斤、石黄六斤、大绿八斤、沙绿五斤"以及"佛头青四斤"[④]。这里的"大青"值得注意，结合另一份档案来看，乾隆四十二年一月十三日，中国向琉球输出的商品中包括 150斤洋青[⑤]，因此康熙五十八年贸易清册中的"大青"可能也是洋青，即 smalt。这说明早在清代早中期，中国不仅从欧洲进口 smalt，而且已经成为 smalt的出口国。

另外，琉球出口到中国的商品中，颜料虽然不多，但苏木却是颇为重要的一种大宗商品。不过，苏木并非琉球本地出产，而是从东南亚贩运到中国的。

此外，靛花也是中国和琉球之间有据可查的贸易商品。虽然数量不大，但却很有趣，是一种双向贸易的商品，既从琉球输入中国，也从中国运往琉球(表 5.14)。

---

① 贸易统计册原文中表述为 Dyes and Colours (chiefly Aniline)。资料来源：《中国旧海关史料》，1885 年之后部分。

② 谢必震,胡昕(2010)：第 27 页。

③ 谢必震(2004)：第 98 页。

④ 《历代宝案》载清康熙五十八年海宝、徐葆光使琉球船贸易品。转引自谢必震(2004)：第116-133 页。

⑤ 谢必震(2004)，附录三：第 236 页。

表 5.14　　清代中国与琉球贸易文献中有关靛花的记录

时　　间	贸易方向	数量/斤	税银/两
乾隆四十三年一月十一日①	中国输往琉球	550	2.375
道光元年十一月至十二月②	琉球输往中国	75	0.263
道光二年四月二十九日③	中国输往琉球	40	0.14

资料来源：根据中国第一历史档案馆《清代中琉关系档案选编》及谢必震《明清中琉航海贸易研究》中相关内容整理。

5.4.4　与东南亚诸国间的颜料贸易

东南亚诸国与清朝也保持着官方与民间的双重贸易往来。一些国家与清朝有朝贡关系："凡四夷朝贡之国，东曰朝鲜，东南曰琉球、苏禄；南曰安南、暹罗；西南曰西洋、缅甸、南掌。"④朝贡之外，清朝与安南、葛喇巴（巴达维亚）、柬埔寨、暹罗、吕宋、苏禄、婆罗洲岛也均有民间贸易往来，既出口中国商品，也将当地物产运回中国。颜料类商品也在其中。

中国从东南亚国家进口颜料的传统相当悠久。自唐代以降，紫胶、苏木等东南亚物产，一直源源不断地输入中国。即使在清初海禁期间，沿海居民仍然不惜冒犯禁令私自前往东南亚贸易，有据可查的一例是顺治十五年（1658）被捕的两名海商李楚和杨奎，他们都是福建泉州府人士，驾船前往暹罗贸易，去时贩售夏布、瓷器等物，返航时则带回当地物产，其中苏木可算大宗商品，李楚的船上有 1500 担，杨奎的船上则有 1129 担⑤。

清代前期，清朝与北方黎朝和广南国⑥之间均有贸易往来。据越南文献记载，当时中国向广南国出口的商品里就包括"各色颜料"⑦，而广南也向中国出口苏木⑦。一份朝鲜史料记载了康熙二十六年（1687）间一艘越南商船所载的货物清单，其中也有一些颜料，包括朱砂 2 斤、黑墨 25 斤、大五色

---

①　中国第一历史档案馆《清代中琉关系档案选编》：第 193-194 页。这份奏折记载了两艘船只的货物，其中一号船载靛蓝 300 斤，二号船载靛蓝 250 斤。

②　中国第一历史档案馆《清代中琉关系档案选编》：第 552 页。

③　谢必震（2004），附录三：第 236 页。

④　乾隆朝《大清会典则例》，卷五十六，礼部。

⑤　《明清史料》己编第 5 本：第 407 页。转引自松浦章（2016）：第 442 页。

⑥　16—18 世纪，安南分裂为南北两个割据政权，其中的北方政权在中文文献中称"安南国"，西方文献中称"Tonkin"；南方阮氏政权在中文文献中称为"广南国"，西方文献中则称"Cochinchina"。

⑦　黎贵淳，抚边杂录，卷四。转引自廖大珂（2014）：第 438 页。

墨 17 匣和小五色墨 120 匣[①]。

　　清朝与缅甸之间也由水陆和陆路两条贸易通路进行通商贸易。1886年英国占领缅甸后，清朝仍与英属缅甸往来通商。其中，石黄始终是中缅贸易中的大宗出口商品[②]。

　　清朝与暹罗之间也长期保持朝贡贸易往来，一般情况下，暹罗从海路至广州，再走驿路往返北京[③]。根据清朝方面的档案文献记载，从康熙初年到咸丰初年，暹罗的例贡物品中，属于颜料类的物品主要包括苏木、紫梗、藤黄[④]；而清朝的颁赏物品主要是瓷器、织物和文化用品，除了少量的墨锭[⑤]之外，没有见到颜料[⑥]。在朝贡贸易之外，清朝与暹罗也有通商贸易，其中涉及的颜料主要也是苏木，是暹罗向中国出口的大宗商品之一[⑦]。

　　19 世纪中后期，清朝通过云南边境的腾越关、蒙自关和思茅关三个对外贸易口岸，与缅甸、老挝、越南等东南亚国家开展贸易。从旧海关史料中的蒙自关贸易统计来看，历年洋货交易目录里的颜料类商品主要是苏木，也包括"各色颜料"（paints assorted）；土货交易目录里则包括银朱（vermilion）和染料（dyestuff）[⑧]。而思茅关的贸易统计中，颜料类商品主要是靛蓝。

5.5　小　　结

　　本章从大量中外贸易档案史料和协定税则中爬梳线索，初步勾勒了清代中国对外颜料贸易的总体情况。1840 年以前，欧洲对中国的颜料出口贸易以英国东印度公司为中心，最重要的贸易集散地在广州，因此这些西洋颜

---

① 朝鲜《同文汇考》，卷 70。转引自松浦章（2016）：第 12 页。

② 王巨新（2015）：第 289-290 页。

③ 王巨新（2018）：第 166 页。

④ 暹罗的贡物信息，系依据王巨新所整理的"清代暹罗贡物表"，见王巨新（2018）：第 172-181 页。

⑤ 例如乾隆六十年，赐暹罗正使朱墨 10 锭。事见乾隆朝上谕档。转引自王巨新（2018）：第 205 页。

⑥ 清朝颁赏物品信息，系依据王巨新所整理的"清朝赐予暹罗物品表"，见王巨新（2018）：第 201-211 页。

⑦ 参见王巨新（2018）：第七章。

⑧ 蒙自关于光绪十五年（1889）设立，从 1889 年开始，海关贸易统计册中增录蒙自关，体例与此时期其他海关的贸易统计报告相同，将商品交易分为洋货和土货两大类分别统计。引自《中国旧海关史料》：第 15 册之后部分。

料也在广州本地的手工业界最早得以应用。1840年以后，随着通商口岸的逐步开放，西洋颜料的来源愈加丰富，法国、德国等欧洲国家纷纷加入对华颜料贸易的行列，美国也呈现后来居上的态势，进口颜料的种类和数量都有了大幅度的提升，在很大程度上冲击了中国传统颜料市场，对国产颜料形成压倒性优势。这一状况一直持续到清末乃至民国时期。

另外，清代中国与亚洲国家之间也始终有颜料互市，从东南亚国家获得当地所产的苏木、藤黄等颜料，同时也向这些国家输出中国本土出产的颜料和来自欧洲的进口颜料。

虽然本章讨论的重点在于西方颜料输入中国的情况，但是同样值得注意的事实是，中国不仅从其他国家进口颜料，也始终在向国外出口自产的颜料；同时还存在大量复出口贸易。东西方之间的颜料贸易从来都是双向的，颜料作为经济与文化交流的载体，成为东西方两个世界之间一条特殊的沟通渠道。

第6章 几种重要的进口颜料：
来源、贸易与应用

《天工开物》所说的佛头青即是花绀青（ハナコンジャウ），这东西是从欧洲传来的，用粗砂石研磨成细末，比绘画颜料里用的扁青质地要差。先辈也有将其称为"玻璃屑"的。

——平贺源内，1763

他们过去使用的原料是自产的钴料，但现在有大量的 smalt 从欧洲运送给他们；同时近来普鲁士蓝也已经进口到中国，能得到更纯更深的蓝色。

——Dr. Gillan，1793—1794

梳理 18—19 世纪庞杂的颜料贸易史料，会发现有几种颜料在其中扮演了格外重要的角色。作为商品，它们的名字频繁出现在贸易档案中；作为物料，它们逐渐渗入营造与手工业领域，在工匠与画师的调色盘上，悄然取代了一种又一种传统颜料的地位。

在回顾了整个清代中国对外颜料贸易的总体状况之后，本节将着重考释这几种重要颜料的具体来源、贸易和应用情况。其中，人造群青和巴黎绿在晚清至民国这一时段的建筑彩画中发挥了不可小觑的作用，已经成为具有时代标志性的颜料；而普鲁士蓝在建筑彩画中的使用，仍需引起研究者和科技分析工作者的进一步关注。

这些进口颜料以何种名称，在什么时间进入中国？进入中国之后，曾得到哪些方面的应用，在多大范围内发生影响？又在什么时间实现国产化？本章尝试对这些问题逐一作出回答。

6.1 "取彼水晶，和以回青"：smalt

Smalt 是一种钴玻璃质颜料。在欧洲美术史上，smalt 一度是非常重要的蓝色绘画颜料，直到人造群青发明之前，它都被视为石青和青金石唯一的人造替代品。自从雷勇（2010）在故宫建福宫彩画中发现 smalt 以来，这种颜料也日益引起中国研究者的重视。这种颜料在清代中国曾得到相当规模的应用，已成为学界共识。

西方学者对 smalt 的历史已有充分研究，但关于这种颜料在清代中国的贸易及应用状况，国内外学界至今还未有明确认识。其中一个重要的原因是，研究者尚不清楚其在清代使用的中文名称，也就难以开展第一步的文献查考工作。而在近现代中文文献中，smalt 的命名状况也不无混乱，以致常常与其他若干颜料混淆。因此，以正名工作为基础，对 smalt 这种颜料在清代中国的源流与应用状况作一梳理，无疑是一项必要的学术课题。

本节尝试厘清的，是以下几个重要问题：①smalt 在清代的中文名称是什么？②smalt 何时进入中国？③有无明确的应用时段？④smalt 的来源与贸易渠道？⑤在清代的具体应用状况如何？⑥是否存在本土生产的可能性？对这些问题的解答，也即意味着对这一颜料的历史研究迈出了第一步。

6.1.1 Smalt、钴玻璃、钴蓝釉和钴青料

Smalt 属于钴显色材料的一种。Co^{2+} 溶解在玻璃态硅酸盐中呈现蓝色，从而为制造玻璃、釉料和颜料提供可能。讨论 smalt 的来龙去脉，就不可避免地涉及其他材料，因此有必要先将这几个密切相关的概念作一辨析。

狭义上的"青料"一词，特指青花瓷所用的绘画颜料，但从广义上说，"青料"泛指以钴为着色元素的蓝色色料，用于制造玻璃和釉[①]。钴青料的显色成分是氧化钴，其含量直接决定了最终呈色的色度；此外也常含有其他成分，具体组成则因钴矿来源而异。由于钴青料并不是某种特定的物质，而是一类色料的统称，因此在不同时代往往有不同称谓，同一时期内也常有多种称谓并存[②]，所指代的具体材料也不止一种。国内外针对元、明、清瓷釉的

[①] 就化学本质而言，釉和玻璃并无不同，釉就是覆盖在瓷器或金属器等坯体表面的玻璃薄层。二者的制备过程稍有区别：釉是将原料涂刷在陶瓷坯体表面，入窑煅烧，高温下熔融为液体，凝固之后形成玻璃。而玻璃的制造则是直接将原料熔融成液态，然后做成各种器皿。

[②] 汪庆正（1982）曾经总结了明清两代文献中各种青料的称谓。

大量科学检测数据已经证明，其中既包括进口青料，也有国产青料[1]。各种青料与其名称的准确对应关系，学界虽然讨论多年，但至今尚未得到明确统一的结论。本节的讨论范围则限于清代制造玻璃和瓷器用的钴显色青料。在清代文献中，这些进口青料被称为"回青"或"洋青"。

钴玻璃是用钴青料、石英和助熔剂（通常是碳酸钾）制成的蓝色玻璃。钴玻璃的用途很广泛，在古代西方和东方都被视为类宝石，用于制作装饰品、器皿和其他生活用品。古代中国有许多钴玻璃制品出土，其来源既有本地生产，也有国外输入[2]。

钴蓝釉是以钴青料发色的蓝色釉，其实质也是一种钴玻璃。中国古代的钴蓝釉最早见于唐三彩，属于低温蓝釉；元代出现高温钴蓝釉，明代永宣年间进一步发展，出现霁蓝釉[3]、洒蓝釉[4]等名色。低温蓝釉在明清年间也继续生产，称为孔雀蓝。

Smalt 是钴玻璃研磨成的粉末，根据钴玻璃的具体元素组成和含量[5]，呈现从浅蓝到深蓝乃至蓝紫色的不同色彩。在欧洲，作为蓝色颜料的 smalt 广泛应用于 16—18 世纪的各类美术品，包括水彩画、油画、壁画及雕塑表面彩绘。但 smalt 并不是一种稳定的颜料，由于 Co^{2+} 的配位数变化，它会随着时间推移而逐渐失去蓝色，变得发灰或者透明[6]。

有学者认为钴玻璃和 smalt 是原料和成品的关系[7]，这种说法容易令人误会颜料工匠是购进现成的钴玻璃作为原料，对其进行加工。实际上，smalt 通常是直接以钴土矿或 zaffre[8] 为原料生产的，但是制造的中间产物确实是钴玻璃——在得到钴玻璃之后，再进入最后一步工序：将其研磨为

---

[1]　对青料来源的判断，是以青料的具体元素组分与各地钴矿的元素组分比对作为依据。中国和日本出产的青料通常有较高的 Mn 含量，而欧洲青料则含有 As、Bi、Ba 等 。这一点在下文还有述及。

[2]　干福熹等（2005）。

[3]　又称霁青、祭蓝、天蓝、宝石蓝等。

[4]　又称鱼子蓝、雪花蓝等。《南窑笔记》中认为洒蓝釉（吹青）为"本朝所出"，但实际上是清代仿宣德瓷的做法，只是工艺在康熙年间又有进一步发展。

[5]　其中最重要的是钴元素的含量，决定了蓝色的深浅。其他元素如镍、砷、铁等，也会影响到最终显色，例如含镍较多时则呈色偏向于紫。

[6]　有关 smalt 褪色的机理，详见 Robinet, et al.（2011）。

[7]　周国信（2012）。

[8]　Zaffre 是一种通过焙烧钴矿石获得的深蓝色物质，其成分是不纯的氧化钴或不纯的砷酸钴。在维多利亚时代，zaffre 是制备 smalt 和制造蓝色玻璃的原料，但也有直接将 zaffre 用作颜料的记载。见 Eastaugh N（2008）：第 409 页。

细粉,得到 smalt。

综上,这几个概念之间的相互关系,可以用图 6.1 来表示。

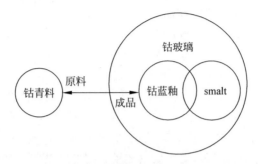

图 6.1　smalt、钴玻璃、钴蓝釉和钴青料几个概念的相互关系

6.1.2　科学检测案例所见的 smalt

近年来,经由科学检测在中国古代文物中发现 smalt 的案例不断见诸报道,涵盖建筑彩画、壁画、彩塑、彩绘器物、家具、石刻等多种文物类型,在漆器中也有应用①。故宫和清西陵的多个建筑彩画案例表明,这种颜料在清代皇家营造工程中有稳定使用。

将目前已知的案例汇总,就可以初步勾勒出 smalt 的应用范围和时间、地域分布(表 6.1)。表格纵向顺序大致按案例年代排列。

表 6.1　科学分析所见中国古代 smalt 应用实例

序号	文物名称	载体类型	年　　代	分析方法	文献来源
1	莫高窟北魏 243 窟	不明	不明②	XRF	周国信(2012)
2	北京智化寺壁画	壁画	明正统八年（1443）或更晚	XRF,XRD,SEM	夏寅(2009)

---

① 有文献提到 Julie Chang 在一件清代中国漆器中分析出了欧洲生产的 smalt,但该结论尚未正式发表。

② 原文献中称样品取自 243 窟"高处一个龛眉上的蓝绿色",无详细信息。按莫高窟第 243 窟北魏开凿,宋代重修,将底层的北魏壁画覆盖重绘,并在窟内增修了用土坯砌成的甬道。后甬道塌毁,露出原先的北魏壁画。后代修缮及重绘的情况不详。参见《伯希和敦煌图录》,The Cave-Temples of Tun-huang：vol. 4/Page 89.后代修缮及重绘的情况不详。此外,该样品分析方法为 XRF,仅检出 Fe、Co、Ni 三种元素,严格说来,能否判定为 smalt 仍略存疑问。

续表

序号	文物名称	载体类型	年　　代	分析方法	文献来源
3	辽宁义县奉国寺大殿壁画	壁画	明嘉靖十五年(1536)或更晚①	PLM,SEM,Raman	Yin Xia,et al.(2019)
4	故宫养心殿西夹道围房	建筑彩画	明代或更晚	PLM	本书作者工作
5	天水麦积山石窟51窟	壁画	明代或更晚	XRD	周国信(2012)
6	常熟彩衣堂等若干苏南地区明代古建筑	建筑彩画	明代或更晚	Raman,XRF,XRD,SEM	何伟俊(2009)
7	山西长治长子县崇庆寺	彩绘泥塑	明代或更晚	PLM	夏寅(2009)
8	浙东婚床表面彩绘	彩绘家具	明代至清代	PLM	包媛迪(2013)
9	营造学社旧藏三大士像	彩绘木雕	明代至清代	PLM,Raman	本书作者工作
10	故宫寿康宫正殿	建筑彩画	清早期	PLM,SEM,Raman	本书作者工作
11	北京先农坛庆成宫	建筑彩画	清早期	PLM,SEM,Raman	Yin Xia,et al.(2019)
12	陕西洛川县水路道场画	纺织品彩绘	清康熙三十年(1691)	PLM,SEM,Raman	Yin Xia,et al.(2019)
13	清泰陵方城明楼内庙号碑石质碑座彩绘	彩绘石雕	清乾隆元年(1736)或更晚	PLM,XRD	本书作者工作
14	故宫建福宫建筑群	建筑彩画	清乾隆五年(1740)或更晚	PLM,Raman,SEM	雷勇(2010)
15	清泰东陵隆恩殿	建筑彩画	清乾隆八年(1743)或更晚	PLM,SEM,Raman	本书作者工作

---

　　① 原文献中将此样品年代标注为 1536 年，并注明参考了张晓东《奉国寺大雄殿的元、明壁画》一文中的断代信息。但是，此文中用于推测该壁画绘制年代的证据(明代常见的"一码三箭"直棂窗和明代嘉靖十五年重修壁画碑记)并不能确凿指向明代，因此种直棂窗样式在清代亦有沿用，而嘉靖十五年碑记又无明确证据能与该处壁画建立联系。也就是说，无法排除壁画成于清代(或重绘于清代)的可能性。因此谨慎起见，将该壁画的年代标注为"明嘉靖十五年(1536)或更晚"。

续表

序号	文物名称	载体类型	年　代	分析方法	文献来源
16	清西陵永福寺	建筑彩画	清乾隆三十八年（1773）或更晚	PLM，SEM，Raman	本书作者工作
17	故宫宁寿宫花园符望阁	建筑彩画	清乾隆时期	PLM	Buck（2010）
18	清昌陵隆恩殿	建筑彩画	清嘉庆八年（1803）或更晚	PLM，SEM，Raman	本书作者工作
19	清昌陵妃园寝正殿	建筑彩画	清嘉庆八年（1803）或更晚	PLM，SEM，Raman	本书作者工作
20	清昌陵隆恩殿内香炉	彩绘器物	清嘉庆八年（1803）或更晚	PLM	本书作者工作
21	陕西安康紫阳北五省会馆壁画	壁画	清道光二十八年（1848）	Raman，XRF，XRD，SEM，PLM	胡可佳（2013）
22	故宫请神位龙亭	彩绘器物	清代中晚期	PLM，SEM	王丹青（2017）
23	山西平遥镇国寺万佛殿	建筑彩画	清代中晚期	PLM，SEM	刘畅等（2013）
24	西安周至胡家堡关帝庙壁画	壁画	光绪七年（1881）	XRF，PLM	赵凤燕等（2017）
25	故宫长春宫	建筑彩画	清代	PLM	本书作者工作
26	故宫慈宁宫	建筑彩画	清代	PLM	Yin Xia，et al.（2019）
27	四川广元千佛崖251窟	壁画	不详	PLM，SEM，Raman	Yin Xia，et al.（2019）
28	内蒙古大昭寺	壁画	不详	PLM，SEM，Raman	Yin Xia，et al.（2019）
29	山西晋城玉皇庙三清殿	建筑彩画	不详	PLM，SEM，Raman	Yin Xia，et al.（2019）
30	山西太谷净信寺	彩绘泥塑	不详	PLM，SEM，Raman	Yin Xia，et al.（2019）
31	山西太山龙泉寺	彩绘泥塑	不详	PLM，SEM，Raman	Yin Xia，et al.（2019）

序号	文物名称	载体类型	年　代	分析方法	文献来源
32	四川广元千佛崖 251 窟	壁画	不详	PLM，SEM，Raman	Yin Xia，et al.（2019）
33	山西繁峙三圣寺	壁画	不详	PLM，SEM，Raman	Yin Xia，et al.（2019）

由表 6.1 可知，作为颜料的 smalt 应用范围相当广泛，涵盖了建筑彩画、壁画、彩塑、彩绘器物、家具、石雕等多种类型的文物，此外，在清代的漆器中也有应用[①]。故宫和清西陵中发现的多个案例表明，这种颜料在清代对皇家营造工程有着稳定供应。

就时间范围而言，表 6.1 中除了一个存疑的北魏案例之外[②]，考虑到建筑和壁画重修（及局部过色见新）的可能性，能够明确其年代的应用案例主要集中在清代中后期，也有少量来自清早期。目前尚未发现能够明确断代为明代或明代以前的案例[③]。就地域范围而言，Xia Yin 等（2019）已经总结了 smalt 的地域分布，主要在华北、西北和华东地区，同时也有一些案例来自西南地区，反映出的情况与此基本一致。

值得注意的是，由于既有分析检测工作主要集中在近年来若干最重要的文化遗产保护工程，上述样本并非随机抽取，取样本身在时代和地域上并非均匀分布，无法充分代表总体状况。因此，就以上案例判断 smalt 应用的时代和地域范围，仍然是不够全面的。但是，目前至少可以得到这样的结论：清代中后期的北方地区，smalt 作为彩绘颜料曾经得到较为广泛的应用，且已知的时间上限不晚于乾隆初年。

6.1.3　Smalt 的中文名称及其变迁

目前，国内研究者均直接使用 smalt 一词指称这种进口颜料，而清代的

---

　　① 　Rita Giannini，et al.（2017）提到 Julie Chang 在一件清代中国漆器中分析出了欧洲生产的 smalt，但这一结论尚未正式发表。此外，Rijks Museum 的一项分析研究也在一件中国漆箱（Coromandel Lacquer Chest）的表面彩绘中发现了 smalt。

　　② 　此案例未见原始分析检测数据发表，也没有关于样品的详细信息。虽然不排除这一案例有可能是 smalt 或与之类似的物质，但在作出结论之前，仍然需要更多证据和分析讨论。

　　③ 　表格中标注年代为"明代或更晚"的几个案例，其断代均为上限，取样彩绘层的具体制作年代均无证据作出确凿判断。

中国人到底如何称呼 smalt，向来是一个悬而未决的问题。对其中文名称的讨论和确认，是获取其相关史料的首要条件，也是对这种颜料展开历史研究的第一步。

周国信（2012）提出了一种较有影响的观点，以万希章《矿物颜料》一书中的用词为依据，认为"花绀青是中国人自己给它的名称"，并倡议恢复这一"历史上的中国名称"，同时指出"花绀青不能叫大青"①。

那么，"花绀青"一词是不是 smalt 在清代的中文名称呢？

清代匠作则例中有数量可观的彩画作工料及价值则例，既然 smalt 作为建筑彩画颜料在清代皇家营建工程中有大量应用，就必然会出现在当时针对这些营建工程而编修的则例里。但是，"花绀青"一词却并未见于存世的任何一种则例——实际上，有关颜料的种种清代笔记、奏案、方志以及其他史料中，也都未曾出现过"花绀青"一词。此词甚至未见于任何现存的中国古代文献。

古代汉语中只有"绀青"一词，而这个词仅仅用于表示颜色，并不用作颜料的名称。《辞源》对"绀"字的解释是"天青色，深青透红之色"②。"绀青"一词多见于佛教文献，形容佛之发色③，例如唐代释法琳《辨正论》："如来身长丈六，方正不倾。圆光七尺，照诸幽冥。顶有肉发，其发绀青。"又如《八闽通志》④："上巳日，取南烛木茎叶捣碎，渍米为饭，染成绀青之色，谓日进一合，可以延年。"《广清凉传》⑤："少顷，二龙出于石间，一为金色，一为绀青。"

"花绀青是 smalt 的历史名称"这一观点，唯一的依据，就是万希章的《矿物颜料》一书。但此书出版于 1936 年，并不能证明清代的情况；而即使在民国文献中，花绀青也并非 smalt 的通行称谓。1911 年出版的许传音⑥编译的《汉译麦费孙罕迭生化学》中，已经提到了 smalt："钴之化合物，若与玻璃融合，则令之现极蓝色。此种玻璃若系粉屑，则可用为一种颜料，名曰

　①　周国信（2012）。

　②　《辞源》修订本，卷 3。商务印书馆，1918：第 2412 页。

　③　佛教传说如来毛发为绀琉璃色，即深青透红之色。《佛说弥勒上生下生经》："三十二相，八十种好皆具足，顶上肉髻，发绀琉璃色。"敦煌唐代写本，日本东京都书道博物馆藏。

　④　《八闽通志》，福建省地方志，黄仲昭纂，成书于明成化二十一年（1485），刊行于弘治三年（1490）。

　⑤　《广清凉传》三卷，五台山志书，宋仁宗嘉祐五年（1060），妙济大师延一编。

　⑥　许传音（1884—1971），安徽贵池人。1915 年获庚子赔款留学基金资助，赴美国伊利诺伊州立大学读书，在该校获经济学博士学位。1919 年学成回国，先后在燕京大学、清华大学等校任教。1928 年起，任北洋政府铁道部司长。抗战期间任南京红十字会副会长，为南京大屠杀重要证人。

洋青(smalt)，钴盐之晶体。"此书初版于 1911 年 6 月[①]，系由英文直译。译者将 smalt 译为"洋青"而非花绀青。

那么，万希章书中的"花绀青"这一名称从何而来呢？

实际上，"花绀青"是一个日文词汇。这个词来自日文中更古老的"绀青"一词。日文"绀青"词义与中文不尽相同，在日文中，它可以指深蓝色，也可以指深蓝色颜料[②]。平安时代的《新猿乐记》中，有一则从中国进口颜料的记录，其中就包括"绀青"[③]。

但日文中的"绀青"并不指某种特定成分的蓝色颜料。江户中期的绘画文献《画筌(がせん)》中有这样的记载："绀青……颗粒磨细就制成了群青（「绀青…これを摺(す)って群青を出す」)"，说明绀青和群青的命名不是依据成分的区别，而是色度的差异，二者的区别类似于"大青"和"二青"。江户以来，由西方传入日本的几种蓝色颜料——smalt、普鲁士蓝，乃至更晚出的化工颜料钴蓝(cobalt blue)，在日语中都有过被称作"绀青"的情况，这显然是因色相而命名颜料的做法。

Smalt 作为蓝色颜料在江户时代由荷兰人带到日本 ，其日语命名一度并未统一，出现过"绀青""花绀青""花绀蓝""澄绀青"等种种称谓。这种颜料最早见载于江户时代的《物类品骘》，该书对其性状作了准确描述：

"花绀青……是从欧洲传来的，比起绘画颜料里使用的扁青，质地有所不及，前人有称其为'硝子屑'的，原因不详。"[④]

从这段文字的描述，可以确凿无疑地判断这种颜料就是 smalt。直到更晚些时候，随着现代化学工程术语的规范化，花绀青这一译名才最终在日语中固定下来，成为和 smalt 一词完全对应的日语词汇 。

---

① 见《汉译麦费孙罕迭生化学》一书 1917 年版版权页："辛亥年六月初版，中华民国六年三月五版。"许传音，编译；王兼善，陈学郢，校订；[美]吉布(G. Gibb)重订。《汉译麦费孙罕迭生化学》，北京：商务印书馆，1917。

② 近代以来，日文中"绀青"一词指称颜料时，通常特指普鲁士蓝。例如水津嘉之一郎《化学集成》中，就明确说："绀青(Prussian blue, Berlin blue)，亦称普鲁士蓝。"日英词典一般也都将 Prussian blue 解释为"绀青"。但这显然是晚出的语义，因为普鲁士蓝 1782 年前后才传入日本。

③ 《新猿乐记》中记载由中国输入日本的颜料包括"雄黄、铜黄、绀青、嘑脂、绿青、空青、丹、朱砂、胡粉"。见藤原明衡著，川口久雄识，《新猿乐记》，东洋文库，平凡社，1983。根据鹤田荣一(2002)的研究，这里的"绀青"指的是蓝铜矿，也就是天然石青。日本本土矿藏资源有限，因此矿物颜料多依赖进口。

④ 平贺源内（1763）。

1895 年刊行①的黄遵宪著作《日本国志》，很可能是最早使用"绀青"一词指称颜料（而非色彩）的中文语例："长门国物产：……岩白绿青、岩绀青、岩空青、岩白空青……"②"岩绀青"也是一个日文词汇，指的是天然石青颜料（即蓝铜矿）③。作为最早将现代日本书籍和文化译介到中国的先觉者，黄遵宪在此书中大量使用了日语借词，以表达当时中文里尚不存在的诸多名词概念，是早期日语词汇进入中文的最重要文献源流之一④。

明治维新以来，由于日本学者大量研读和翻译西方著作，日语词汇发展迅速，积累了巨大的新词词库。19 世纪末 20 世纪初，以康有为、梁启超为代表的中国进步学者大力提倡向日本学习维新经验，大批中国人赴日留学，同时大量日语著作得以译介到中国。得益于汉字文化圈内的知识共享便利，近代西方知识体系和日语中的新词一同迅速进入中国，汉语因而在这一时期内大量吸收了日语借词，尤其是和西方知识有关的新词汇。作为颜料名称的"花绀青"，很可能就是这一时期进入中文的日语外来词。

对于这一猜想，可兹佐证的文献之一，是 1930 年译介到中国的日文著作，水津嘉之一郎的《化学集成》。此书第五编的第六章"颜料"，谈及各种化工颜料的合成方法，其中就包括"花绀青"：

"花绀青（Smalt）：将纯粹之砂及钾与氧化钴共置于炉（与玻璃窑相似）中而熔融之，则得一种类似玻璃之物，粉碎之，即为花绀青。"⑤

这是目前所知日文中译书籍中提到花绀青的最早案例⑥。值得注意的是，原书在"花绀青"一词之后加注了英文原名，说明当时在日文中，花绀青也仍是一个以西文为语源的新词汇。此外，1936 年商务印书馆出版的日文译著《最新化学工业大全》中，在"蓝色颜料"一节，也提到了"smalt"，并将其称为"花绀蓝"⑦。这也反映出 smalt 的日文名称当时尚未完全固定。

因此，"花绀青"一词很可能是随着《化学集成》等一批日文科学书籍的译介而进入中文的。尽管当时汉语中对 smalt 已自有称呼，但是，和其他很

---

① 此书初稿著成于 1882 年，修订稿完成于 1887 年，刊行于 1895 年。

② 长门国，日本古代令制国之一，在今山口县。

③ 山崎一雄（1950）。"岩白绿青"即浅色石绿。

④ 沈国威（2010），第 329-333 页。

⑤ 水津嘉之一郎（1929）。

⑥ 但并不表示花绀青一词最早是随着这本书的译介而进入中文的。实际上，1915 年出版的《工业药品集成》中已经使用了这一词汇，说明一定存在出版时间更早的日文译著，具体书目有待进一步研究揭示。

⑦ 酒见恒太郎，等，黄开绳，等，译，《最新化学工业大全》，第 9 册，北京：商务印书馆，1936。

多同时期进入中文的日语借词一样，在这个动荡的语言环境里，这些日源外来词仍然暂时在中文里得到一席之地，与种种其他译名并存。这也是 20 世纪汉语吸收日语外来词的典型过程：一些日语借词经过长时间的淘漉，最终在汉语系统中作为规范词汇固定下来，以致今日的汉语使用者已经很难意识到其外来语的属性[1]；另一些存在了一段时间之后被其他译名取代而退出了汉语系统[2]。"花绀青"的情况属于后者，但又略有特殊——因为 smalt 这种颜料本身很快就退出了历史舞台，导致花绀青这一译名来不及完整经历汉语系统对外来词的选择过程，就成为一个被遗忘的历史词汇，只留存在民国时期的极少量文献之中。

因此，"花绀青"这个产生并消亡于 20 世纪的日语词汇，与清代中国人对 smalt 的称呼并无关系。要探讨 smalt 在清代的中文名称，还是应当回到清代文献中去寻找证据。

要解决 smalt 中文名称的问题，一种可能的途径是，找到一件和则例存在明确对应关系的文物，将实物的材料检测结果和则例中的工料清单逐一比对。但由于建筑彩画往往历经多次重缮，这种实例极为罕见；此外，则例记载的可靠性也仍然存疑。[3]

幸运的是，一份清代道光年间的中英文对照文本，为这一问题提供了最直接的答案。这一文本就是 1843 年中英签订的《五口通商章程》所附关税税则。如前文所述，这份税则规定了英国对华贸易中 48 种主要进口商品的关税税率，其中就包括 smalt——由于税则以中英文两个版本同时发布，smalt 的中文名称也就得以记录在这份文件之中。

这份税则中与 smalt 相关的中英文内容如下：

Tariff of Duties on the Foreign Trade with China

T. M. C. C. [4]

Imports

......

Smalt　per 100 catties　4000

......

---

① 例如"社会""政治""科学""建筑"等词汇。

② 例如"邮便局"（邮局）"论理学"（逻辑学）"代议士"（代表）等词汇。

③ 则例作为一种官修文本，在历代传抄之后，很可能已经与实际状况脱节，这一现象已有研究者作过论述。参见刘畅，刘梦雨（2018）。

④ 这一栏是价值计量单位，四位数分别代表两、钱、分、厘（T-Tael，M-Mace，C-Candareen，C-Cash），货币为银两。

Chinese Version of the Tariff of Duties on the Foreign Trade with China

As published in 1843 with the General Regulations for British Trade

今将广州福州厦门宁波上海各关英国出进口货物议定应完税则分类开列于后

计开

……

进口颜料胶漆纸札类

……

洋青即大青每百斤四两

……

这份税则中开列的颜料类商品并不多，而蓝色颜料只有 smalt 一种，加之税率数额的对应，确凿无疑地证实，当时 smalt 在中国被称为"洋青"或"大青"。

这份关税税则的起草者是罗伯聃（Robert Thom），英格兰人，长期生活在中国，供职于怡和洋行，是当时为数不多的精通中文的西方学者。在 1843 年的中英谈判中，担任英方全权代表的璞鼎查委派罗伯聃拟定了这份税则①，他对中英两种语言的精通，保证了这份文本的用语准确性。

"洋青"这一名称，屡见于清代彩画作则例，其中年代最早的是雍正十二年的工部颁行的《工程做法》，之后也见于乾隆、嘉庆、光绪年间的若干种则例。此前已有研究者注意到，乾隆三十三年（1769）各省《物料价值则例》中记载的洋青价格，与 1774 年英国东印度公司档案中 smalt 在广州的市场价格相当吻合②。这一命名的逻辑并不费解，smalt 作为较早从外洋进口到中国的蓝色颜料，其呈色和形态较为接近传统矿物颜料石青，因此很自然地被称作"洋青"。

这一译名在清前期最重要的对外贸易官方文献《粤海关志》中也得到了

---

① 叶松年（1991）。

② 刘畅，刘梦雨（2017）。

印证。收录在《粤海关志》中的六卷《税则》，记载了当时从广州进口到国内的各种洋货税额，也即为研究者提供了一份康熙至道光年间进口商品的详细名目。其中"颜料"类目下记载：

"大青每斤税六分三厘。……二青每斤税三分一厘。"①

按照古代颜料命名的一般规律，"大青"和"二青"是两种成分相同、颗粒粗细有别的颜料。考虑到《粤海关志》编修于道光年间，这两种进口蓝色颜料只可能是 smalt②。

1843 年以来，清政府与西方国家签订了一系列不平等条约，这些条约大都附有协定税则，并且同时以两国文字的版本颁布。这就为 smalt 的中文译名提供了一系列来自各个时期的语料证据。此外，清代来华传教士编纂的英汉辞典及其他著作，也是有价值的参考资料。这些传教士长期在华生活，熟悉中国人当时实际使用的语汇，加上兼通西方语言文化的优势，使得他们的著作成为 19 世纪汉语及外来词研究中较重要的文献证据。兹将上述材料整理如表 6.2。

表 6.2　smalt 在不同时期文献中的中文名称

名　　称	文　献　名　称	著/译者	出版时间/年
大青	《粤海关志》	梁廷枏	1839③
洋青、大青	中英协定税则（Tariff of Duties on the Foreign Trade with China，1843）	［英］罗伯聃（Robert Thom）	1843
洋青、大青	中国、瑞典、挪威《广州条约》协定税则（Tariff of Duties to be Levied on Imported and Exported Merchandise at Five Ports）	不详	1847
大青	中英《天津条约》协定税则（Tariff Annexed to British Treaty of Tientsin of 1858 ）	不详	1858
大青	中法协定税则（Tarif sur les Importations，1858）	不详	1858

---

① 《粤海关志》，卷九，税则二。清道光刻本。

② 另一种当时可能存在的进口颜料普鲁士蓝的色彩及形态更接近靛蓝，不大可能被译为"青"，也很难分出两种颗粒度。实际上它在光绪年间被译为"洋蓝"。

③ 此书刊刻时间不详，这一年份是编纂完成的时间。据陈恩维（2009）研究，梁廷枏 1838 年开始编修此书，至 1839 年完稿。

续表

名　　称	文 献 名 称	著/译者	出版时间/年
洋青、大青	中日《天津条约》协定税则（Tariff Annexed to Treaty of Tientsin）	不详	1874
大青	《通商约章类纂》卷十六	张开运等	1886
大青、洋青	《英汉上海方言词典》	上海基督教方言学会	1901
大青	1902年中英通商进口税则目录税则（Import Tariff,1902）	中国海关总税务司	1902
洋青	重订苏省水卡捐章	外务省通商局	1903
洋青	《汉译麦费孙罕迭生化学》	[美]吉布（G. Gibb）著,许传音编译	1911
花绀青、撒逊青、陶绀青	《工业药品大全》	胡超然	1915
大青、洋青、藤紫、花绀青、桃花青、玻璃蓝色料（颜料名）	《新订英汉辞典》	不详	1922
花绀青	《矿物颜料》	万希章	1935
洋青	《化学史通考》	丁绪贤	1936

资料来源：根据表格中涉及出版物内容及版权页信息整理。

表6.2为smalt在19—20世纪这一时段内的中文名称变迁描画了一个大致清晰的脉络：有清一代,smalt始终被称为"洋青"或"大青"；民国初年,随着大量科技类外文著作译介到国内,"花绀青"等种种新译名进入中文,曾短暂出现多名并存的混乱状况,但其中仍然包括"洋青"这个沿袭自清代的传统名称。

6.1.4　Smalt的进口贸易

从研究者初次在中国文物中发现smalt开始,人们就习惯性地认为smalt是一种进口自欧洲的钴玻璃颜料。然而,在中国文物中发现的smalt是否来自欧洲,实际上是一个需要论证的问题。因为钴矿在世界范围内有相当广泛的分布,包括中国和日本在内的许多国家和地区同样具备生产钴玻璃和smalt的条件。因此,在讨论其贸易历史之前,用科学检测方法探析中国文物中smalt的元素含量比例,以辨析其产地,就成为一项必要的工作。

Rita Giannini等(2017)针对中国瓷器中smalt的分析研究证实,18世纪中国瓷器中作为钴蓝釉料使用的 smalt 的确来自欧洲——根据 LA-ICPMS 分析结果，其组分特征（高 Ni，高 As，低 Mn）与德国萨克逊州 Erzgebirge 的钴矿一致，而与中国钴源的元素特点（高 Mn，低 Ni）不符。

对于作为颜料使用的 smalt，同样可以用元素分析的方法揭示其矿产来源。Yin Xia 等（2019）的研究中，对 21 件分布在不同时代和地域的中国古代 smalt 样品的检测结果表明，其主要元素成分和质量百分含量都与欧洲 smalt 颜料非常相似。针对故宫临溪亭天花彩画 smalt 样品的检测发现其元素分布也符合这一结论（图 6.2）。这些实验数据都揭示了清代中国很可能曾经从欧洲进口 smalt。

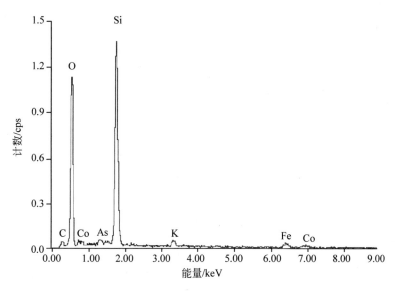

元素	Wt/%	At/%
CK	3.54	6.37
OK	43.40	58.66
AsL	2.10	0.61
SiK	37.46	28.84
KK	2.29	1.26
FeK	6.73	2.61
CoK	4.48	1.64

图 6.2　故宫慈宁宫花园临溪亭天花中 smalt 样品的 SEM-EDS 数据

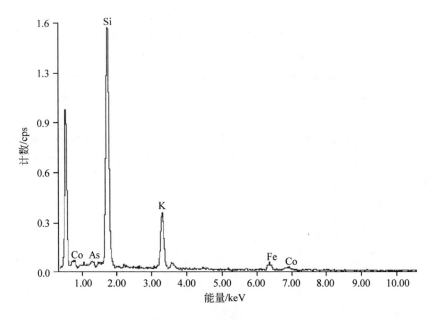

元素	Wt/%	At/%
OK	37.87	56.56
AsL	1.41	0.45
SiK	34.39	29.26
KK	14.08	8.60
FeK	7.38	3.16
CoK	4.87	1.97

图 6.2 （续）

　　之所以说"很可能"，是因为上述分析数据能够证实的只是钴矿来源地，而非颜料产地——虽然在矿产地对原料进行加工制造是常见的现象，但另一种可能性是矿产地直接出口矿石，而在其他地区完成加工制造。这种可能性在 6.1.6 节中还会进一步分析。

　　因此，钴矿来源的分析只是一个线索，要确认 smalt 进口贸易的存在，还有一系列问题需要解决：smalt 的进口贸易活动始自何时？从哪些国家进口？具体贸易路线是什么？贸易量和贸易价格如何？只有通过查考贸易档案和相关文献，还原清代中国的 smalt 进口贸易概况，才能对上述问题作出切实的回答。

英国是清前期[1]西方对华贸易的第一大国，因此，要探寻 smalt 的早期进口情况，英国东印度公司的对华贸易档案就显得尤为重要。这种颜料显然不是英国东印度公司的大宗贸易商品，但在东印度公司早期的档案中，仍然能发现若干有关 smalt 的零星记载。

根据《东印度公司对华贸易档案》(*The Chronicles of the East India Company Trade to China*)[2]一书，在 1635—1834 年间的档案里，smalt 最早出现在 1774 年的广州进口货物价格表(price current of goods at canton/imports)中，分为一级品和二级品，价格分别是 100 两/担和 24 两/担[3]。在 smalt 进口到中国的记录中，这是时间最早的一份文献证据[4]。此外，1792 年的一份贸易清单上，记录了 smalt 的一次具体交易，是一艘丹麦船所载的货物，进口价格为 11 两/担，总价值 2228 两[5]。

这里值得注意的是 smalt 在 1774—1792 年间的价格变化。短短 18 年间，smalt 的价格出现了大幅下降。这可能与贸易量的增加有关，从侧面反映出该时期内 smalt 在中国的需求和应用范围在不断扩大。

虽然记录不多，但 smalt 并不是贸易量很少的稀见商品，这可以从另外一则材料中得到证明——有研究者根据东印度公司档案指出，从 1778 到 1795 年，英国东印度公司一直将 smalt 从伦敦大量运往中国，出口量之大，竟至于在 1795 年前后造成了英格兰本土的原料短缺[6]。也有学者指出，在 18 世纪的大部分时间内，smalt 都从伦敦运往中国，这一贸易活动一直延续到 19 世纪[7]。清政府为了限制散商在广州的活动，曾经颁布过一张货物表，限定表中货物只能由行商进口/出口，散商不得经营[8]。这张表中，限制

---

[1]　本书中"清前期"这一概念指 1644—1840 年这一时间段。

[2]　中译名根据广东人民出版社 2016 年版，区宗华译。以下引文根据该书 1926 年 Oxford 英文版。

[3]　Hosea(1926)．第 5 卷：第 195 页。

[4]　本章开头已经述及，该书中一份 1764 年的贸易清单上，有一种蓝色颜料(blue)由 4 艘法国船运送到中国，但未指明具体颜料种类。这种颜料有可能是 smalt，但也有可能是普鲁士蓝，后者进口到中国的已知最早时间是 1775 年前后。

[5]　Hosea(1926)．第 2 卷：第 202 页。

[6]　Bernard Watney(1963)。

[7]　Rita Giannini，et al．(2017)。

[8]　John Phipps(1836)：第 148 页。

进口的货物里就包括 smalt[①]。

此外，19 世纪的美国也通过贸易渠道向清代中国出口 smalt。1844 年签订的《中美五口贸易章程》附有一份海关税则（the tariff of duties to be levied on imported and exported merchandise at the five ports）。这份税则反映出当时中美间的主要进出口贸易商品种类，而 smalt 就出现在其中的进口商品清单中：

Imports

……

Cochineal per 100 catties 500

Smalts per 100 catties 400

……[②]

1840 年之后，随着清朝对外贸易规模连年增长，smalt 的贸易量也逐步增加，需求渐趋旺盛。这一点可以从越来越多的贸易档案中得到证明。

1843 年中英签订《五口通商章程》，所附的协定税则中已经包括 smalt[③]。此后，在 1844 年中美协定税则、1844 年中法协定税则、1858 年中英协定税则、1858 年中法协定税则、1902 年中英协定税则等一系列海关税则中，均包含了 smalt 的税率，说明 smalt 在 1844—1902 年期间始终是一种稳定存在的对华贸易商品。

1859 年起，中国近代海关开始编制出版贸易统计册，对各个港口具体商品的进出口数量和价格有了详细记录。从历年的海关贸易统计中可以看到，smalt 从 1859 年起就出现在进口商品的统计清单里，并从此年年持续不断，屡见于上海、天津、宁波、福州、广州、厦门、香港、淡水等诸多通商口岸的贸易统计册中。其年度交易量持续增长，从数千至数万斤不等，量大时可达 9 万余斤（1899 年天津进口记录）[④]。

表 6.3 中摘录了 1859—1865 年海关贸易统计中 smalt 的进口交易数据。从中不难看出，在当时，smalt 作为一种进口商品的贸易是相当活跃的，除了大量的进口贸易，也存在相当规模的复出口和转口贸易，在各种进口颜料类商品中，是贸易持续时间较长、交易量也较大的一种。在此期间，

---

① 但这个规定和其他很多贸易限令一样难以彻底执行。

② China Maritime Customs(1917)。

③ 这份税则中有对 smalt 税率的具体规定，英文文本为：Smalt per 100 catties 4000。中文文本为：洋青（即大青）每百斤四两。

④ 《中国旧海关史料》，第 30 册，1899 年贸易统计，Port of Tientsin。

其进口价格大体保持平稳，反映出稳定的供求关系。

表 6.3　1859—1865 年旧海关贸易统计册中 smalt 的进口贸易记录

年份	港口	来源地	出口地	数量/斤	价值	货币单位
1859	上海	英国		630	126	海关两
		多国		330	66	海关两
1860	上海	英国		1160	278.4	海关两
	广州		不详	54	54	美元
1861	宁波	多国		1951	877.9	海关两
			英国	920	414	海关两
	广州	英国及其他		10 846	7169	美元
		不详		4389	2339	美元
		美国及其他		698	386	美元
1862	宁波	英国		424	254	墨西哥元
	福州	英国		270	135	美元
		英国和美国		550	275	美元
1863	天津	英国及其他		22 364	10 286	海关两
	芝罘	英国		140	42	海关两
		多国		310	77.5	海关两
1864	牛庄	多国		800	240	海关两
	天津	香港		11 463	5062	海关两
		广州		6329	2215	海关两
		汕头		321	112	海关两
		上海		7644	2675	海关两
		芝罘		4000	1400	海关两
	上海	英国		5000	800	海关两
		香港		232	60	海关两
	福州	香港		2568	1798	美元
	汕头	香港		1200	300	美元
		英国属地		700	175	美元
		天津		300	75	美元
	广州	香港		31 480	11 333	美元
			上海	1727	622	美元
			汉口	1015	365	美元
			福州	1737	625	美元
			厦门	127	46	美元
			宁波	172	62	美元
			台湾	26	9	美元

年份	港口	来源地	出口地	数量/斤	价值	货币单位
1864	广州		天津	13 845	4984	美元
			芝罘	5842	2103	美元
1865	汕头	英国		1500	750	美元
	广州	香港		23 717	8538	美元
			汉口	1115	446	美元
			厦门	192	77	美元
			宁波	259	104	美元
			天津	2352	940	美元
			芝罘	1252	501	美元
	淡水	厦门		62	99	美元
	牛庄	上海		1000	300	海关两

资料来源：根据《中国旧海关史料》1859—1868 年贸易统计册中相关数据统计整理。①

6.1.5　Smalt 在清代中国的应用历史

"洋青"这一名称的确认，使得基于中文文献史料的考察变为可能。对于 smalt 在中国长达数百年的应用历史，需要研究的内容很多，本节仅就其概况作一初步探讨。

Smalt 传入中国之后，有两方面的应用，一是作为颜料，二是作为釉料。

1. 作为颜料的应用

Smalt 用作颜料的实际案例前文已经罗列，但由于实际案例的彩绘颜料层很难精确断代，要判断 smalt 进入中国的时间，仍然需要从文献记载来考察。

清代档案史料中，有关"洋青"应用的最早记录，是康熙五十六年（1717）的一份奏折，开列了"养心殿、营造司等各工程处所用"的颜料清单：

"……洋青二斤五两，此以每斤各二两八钱计，银为六两四钱七分五厘。"②

这里洋青的价格相当昂贵，是每斤二两八钱，结合后文统计可知，比清代中晚期的价格高得多；而用量仅为二斤五两，是这份清单中用量最少的几种颜料之一，可见洋青当时还是一种稀见的进口颜料。但毫无疑问，在康

---

① 海关贸易统计册原文为英文，为方便阅读，整理制表时将内容一律翻译为中文。

② 《内务府总管允裪等奏销养心殿等工程银两折》，康熙五十六年十一月二十二日。见《康熙朝满文朱批奏折全译》，北京：中国社会科学出版社，1996：第 1268 页。

熙年间,这种颜料已经进入中国,并应用于建筑彩画。

清代匠作则例中有关洋青的记载,也反映出 smalt 在古建筑油漆彩画中的应用状况。雍正年间颁布的《工程做法》,作为官方规范性质的工程专书,已经将洋青列入画作颜料,在多种彩画类型中均有使用。例如:

"鲜花天花:洋青圆光,三绿岔角……"①

"苏式五墨锦白粉地仗方椽头:见方二寸五分,每十个用……洋青四分……"①

"洋青菱杆米色地仗方椽头:见方二寸五分,每十个用……洋青四分……"①

此后,"洋青"一词见于雍正年间到光绪年间的多种则例,而集中于清代中后期(表 6.4)。一些价值则例还记录了洋青的价格。

表 6.4　清代匠作则例中关于洋青的记载

则例名称	年代	价格
工程做法	雍正十二年	—
户部颜料价值则例	乾隆六年	每斤七钱
工段营造录	乾隆二十九年—六十年	—
物料价值则例(直隶)	乾隆三十三年	每斤八钱;每斤二两②
物料价值则例(山西)③	乾隆三十三年	每斤一两九钱二分;每斤一两
钦定工部续增则例	嘉庆二十年	—
酌定奉天通省粮货价值册	光绪三十二年	每百斤二十四两(折算每斤二钱四分)
工部画作则例	清晚期	
工部现行用工料则例	清晚期	—
工部现行则例	清晚期	—
工部油画裱作核定则例	不详	—
工部杂项价值核定则例	不详	无标价

资料来源:除单独出注者外,其余根据王世襄主编《清代匠作则例》及《中国科学技术典籍通汇》中所录影印本内容整理。

表 6.4 提供了几则关键信息:

(1)洋青在则例中不仅应用于彩画作,也用于油作和装修中,后两类应用尚未发现实例,值得关注。

---

①　《工程做法》,卷五十八,画作用料。清雍正十二年刻本。
②　在不同地区有不同价格。下同。
③　乾隆三十三年刊本。东京大学东洋文化研究所藏。

（2）乾隆时期的则例中出现"洋青"次数最多，而科学检测案例中，也有相当数量的乾隆时期彩画案例。结合前文所引日本最早记载 smalt 的《物类品骘》一书（成书时间为 1763 年，即乾隆二十八年），可知乾隆时期 smalt 已经传入日本，且有相当规模的应用。由此可见，乾隆年间是 smalt 应用的兴盛时期。

（3）虽然则例中的物价与实际市场价格未必完全一致，但从表 6.4 仍可大致判断，从清早期到清晚期，洋青价格呈现明显下降趋势。康熙年间还相当昂贵的洋青，到乾隆年间，价格已大幅下降。不难推知，清中期以来，其进口与应用规模都在快速增长。

关于 smalt 作为颜料的应用状况，还有一点需要说明：从前有研究者认为 smalt 作为玻璃质颜料颜色较浅，且容易褪色，因此必须与其他颜料混合使用，这一看法是不全面的。实际上，smalt 的呈色由其中 Co 和其他金属元素的含量比例决定，除了淡蓝色，也可能呈现相当深沉的蓝色，甚至蓝紫色。就实例所见，smalt 的确存在单独使用的情况；就保存状况而言，历经数百年而色泽仍然鲜艳的样品也不在少数。

就已知中国彩绘文物案例的情况来看，smalt 的用法共有三种：与其他颜料混用，作衬色打底用，单独施用。

第一种用法相当常见，即与其他蓝色颜料混用，见于故宫建福宫彩画等诸多案例。例如泰东陵隆恩殿内檐彩画的样品中（图 6.3），smalt 和石青呈混合状出现在同一个颜料层中，可以确定为 smalt 和石青混合施用。南方地区的案例中，常熟彩衣堂的 smalt 和石青并用，可能也属于此种做法[①]。

第二种作为衬色的用法，尚未见到研究者述及。这种用法与混用的区别在于，后者是将 smalt 与其他颜料均匀混合后涂刷，而衬色做法则是先刷一层 smalt 作为衬底，其上再涂刷一层其他蓝色颜料。故宫慈宁宫临溪亭天花彩画的样品中，同时检测出 smalt 和青金石[②]，但二者并非均匀混合，而是分为两层：smalt 相对集中在下层，青金石则集中在表层，在临界处相互略有渗透（图 6.4）。此种做法在欧洲油画中相当常见，即先用 smalt 打底，上层再涂刷较昂贵的石青或青金石，一来降低总成本，二来下层的衬色能使上层颜料显得饱和度更高，色泽更加沉稳。

---

① 何伟俊（2016）。

② 对这一样品采用的分析方法是偏光显微分析和 SEM-EDS，两种检测手段均发现了 smalt 和青金石的存在。

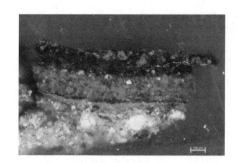

图 6.3　泰东陵隆恩殿内檐彩画样品剖面，
　　　　smalt 与石青混合颜料层，可见光
　　　　下，100×

图 6.4　慈宁宫临溪亭天花彩画样品剖面，
　　　　smalt 与青金石混合颜料层，可见
　　　　光下，200×

　　除了以上两种做法之外，smalt 也可以单独使用。清华大学中国营造学社纪念馆藏有一组清代木胎彩绘三大士像（图 6.5）[①]，所使用的蓝色颜料就是单一的 smalt，多处颜料取样和剖面显微照片均证实并无其他蓝色颜料混杂其中，由剖面及偏光显微照片可以看到，这里使用的 smalt 颗粒平均饱和度较高，呈现相当鲜艳的深蓝色（图 6.6）。

图 6.5　中国营造学社纪念馆藏清代木胎彩绘三大士像
图片来源：清华大学资料室提供。

　　值得指出的是，这组小雕像并非贵重文物，造型与用料均非上乘，其用途也近于家庭日用品，而这恰恰反映出一个重要事实：smalt 在民间的应用曾经相当普遍，并不是皇家工程或高等级佛教建筑才能够使用的罕异舶来品。

———————————

　　①　这组雕像是营造学社旧藏文物。木胎彩绘，三件，单件尺寸 200 mm×110 mm×220 mm。年代及来源不详，从样式风格上判断为清代作品，原先可能供奉于家中小型神龛。从样品剖面显微照片上看，存在一次以上修缮重绘的痕迹。

图 6.6　彩绘三大士像中文殊菩萨坐骑表面蓝色彩绘位置样品的显微照片

(a) 剖面显微照片,可见光下,50×；(b) 单偏光下显微照片,200×

Smalt 在晚清和民国时期的应用状况,从 1932 年出版的《矿物颜料》一书中的描述,可以窥得一二：

"花绀青为美丽青色颜料。群青人造方法未发明以前,亦颇盛行,自人造群青价廉产出后,始嫌其价值昂贵,被覆力小,用途渐少。"[①]

可见直到晚清人造群青大量应用之前,smalt 在中国仍然有一个"颇盛行"的阶段,除了自用,也往日本出口[②]。日本的情况与中国相似,1933—1934 年出版于东京的《最新化学工业大系》中也提到了"花绀青"："此物往昔之用途虽广,惟自人工制造群青以来,销路大减,现时仅供给绘画颜料之用。"[③]这一描述也提示我们,花绀青（smalt）不仅能够用作绘画颜料,还存在其他更广泛的用途。

2. 作为釉料的应用

Smalt 在欧洲除了用作绘画颜料,也被用作给玻璃上彩的釉料[④]。这一做法至迟在乾隆年间已经传入中国。马戛尔尼使团的随队医生基朗（Dr. Gillan）有一篇记录中国医学、外科和化学的笔记,后与马戛尔尼日记一同出版,题为 *Dr. Gillan's Observations on the state on Medicine, Surgery and Chemistry in China*,文中谈及了瓷器的釉料：

"我被告知,他们过去使用的原料是自产的钴料,但现在有大量的

① 万希章(1936)：第 52 页。

② 加藤悦三,金冈繁人(1987)。

③ 酒见恒太郎(1936)。

④ O. Schalm, et al. Enamels in stained glass windows: Preparation, chemical composition, microstructure and causes of deterioration. / Spectrochimica Acta Part B 64 (2009) 812-820.

smalt（是一种玻璃粉末，以一份商业上称为 zaffre 的钴矿灰和两份火石粉混合并熔融而制成）从欧洲运送给他们；同时近来普鲁士蓝也已经进口到中国，能得到更纯更深的蓝色。"①

而更早些时候，景德镇的制瓷工人很可能已经懂得利用这种材料。1712 年 9 月 1 日法国的耶稣会传教士殷弘绪②神父写给耶稣会中国和印度传教会巡阅使奥里（Orry）神父的一封信中，提到了制备青料的方法：

"青料的处理方法：首先把它埋入窑内深半尺多的砂砾层里连续煅烧二十四小时，然后研磨成极微细的粉末。和其他色料不同，钴料不是在石板上研磨的，而是在一个没有上釉的大陶钵里用瓷杵捣碎。"③

虽然殷弘绪原文中没有明确使用 smalt 或其他词汇称呼这种青料④，但这里描述的工艺与 smalt 的制备工艺完全吻合。这里使用的原材料应该是氧化钴，在和砂砾（二氧化硅、碳酸钾）混合煅烧后，生成钴玻璃。

成书于乾隆年间的《南窑笔记》⑤关于吹釉⑥的记载中，提到了各种低温釉色："吹洋红、吹矾红……吹洋青、吹油绿、吹古铜等色，皆系炉内颜色"⑦，其中蓝色者有"吹青""吹粉青""吹洋青"三种，根据文义可以推知，其区别在于釉料不同。结合前文的讨论，其中的"洋青"很可能就是 smalt。

匠作则例中也记载了洋青作为釉料的做法。营造学社旧藏的一份《宁寿宫照金塔式样成造珐琅塔一座销算底册》，据王世襄先生研究，是乾隆三十九年（1774）"制造宁寿宫后梵华楼内五座珐琅塔中左起第一座的工料则

---

①　原文见 George Macartney Macartney Earl. An embassy to China；being the journal kept by Lord Macartney during hisembassy to the Emperor Ch'ien-lung，1793—1794. Longmans，1962：p. 298.引文为本书作者翻译。

②　殷弘绪（Père Francois Xavier d'Entrecolles，1664—1741 年），天主教耶稣会法国籍传教士，殷弘绪是其汉名。他这两封信详细地介绍了景德镇瓷器的原材料和制作方法，从而在法国实现了仿制。

③　原文为法语，引文系本书作者由英文转译。英译本见于 William Burton. Porcelain，It's Art and Manufacture，B. T. Batsford，London，1906。

④　英译本只将这种青料称为 blue，法文原文未经查核，推测很可能只是用 bleu 一词表示蓝色色料。

⑤　此书为抄本，著者和成书时间不详，内容为有关景德镇窑瓷器业的札记，是陶瓷工艺学的重要史料。近年有学者考证认为此书由清代学者张九钺编撰而成，初稿于乾隆四十二年。见陈宁《〈南窑笔记〉著者之秘探析》，中国文化报，2017-11-02（006）。

⑥　陶瓷施釉工艺之一，一般认为与洒釉同义，做法是将釉料均匀喷洒在釉地上。"炉内颜色"，即低温釉内炉烧成的颜色，区别于高温窑烧。

⑦　《南窑笔记》，桂林：广西师大出版社，2012。

例"[①]。则例中记录了各种颜色釉料的配方，以及需用物料价格。用来配制青色珐琅的原料之一就是"洋青"：

配青色七斤八两每斤用

顶元子[②]二两　　计十五两

洋青二两　　　计十五两

……

买办

洋青一斤十四两　　　计银一两一钱二分五厘

顶元子十五两　　　　计银三两一钱八分七厘

值得注意的是，这里的洋青指的是釉料，而不是釉下彩料。近年内西方学者一项针对112件清代瓷器进行的科学研究表明，当时的瓷器同时使用两种不同的青料：釉下彩普遍使用中国国产钴青料，而蓝釉则使用欧洲进口的 smalt[③]，推测这是因两种青料的不同性质和发色特征而决定的。

这里附带对"苏麻离青是不是 smalt"的问题作一辨析。明代文献中出现的"苏麻离青"一词，作为一种烧造青花用的进口釉料，其成分和来源长期以来众说纷纭。有不少研究者因其发音与 smalt 一词近似，而断定二者是同一种物质，甚至往往在中文文献中将 smalt 直接翻译为"苏麻离青"。但这种望文生义的简单理解，在没有任何相关论据支持的情况下并不能成为一种科学的结论，而要将"苏麻离"三字认为是 smalt 一词的译音也过于牵强。近年已有学者对这一误会加以辨正[④]，指出15世纪初欧洲尚未开始生产 smalt，苏麻离青作为永宣时期已在应用的青料，就不可能是 smalt。目前许多研究者倾向认为苏麻离青是一种来自西亚地区的青料，经由苏门答腊、爪哇或吐鲁番中转贸易而到达中原。这一青料在明朝中期以后很可能受海禁政策影响而不再输入中国[⑤]，工匠们越来越多地改用国产钴青料——在清代有顶元子、碗青和石子青等种种称谓——作为釉下青花的颜料。而 smalt 进口到中国之后，在瓷器制造业中主要用于调制蓝色色釉。

至于 smalt 和苏麻离青在发音上的些许近似，从语源学的角度来看，与其猜测二者是同一词汇，远不如猜测它们是两个同源的词汇更为合理。实

---

① 王世襄（1986）。

② 顶元子为国产氧化钴青料，又名顶圆紫、顶圆子。

③ Rita Giannini, et al.（2017）。

④ 参见温睿（2017）。

⑤ 清代梁同书《古窑器考·明窑合评》："至成化其色已尽，只用平等青料。"

际上，早在 1936 年，已有日本学者指出，"苏麻离青""苏渤泥青""撒卜泥青"及 smalt 等词汇可能都是来自一个同源词的不同形式[①]。Smalt 这一词汇在英语中出现得很晚，只能追溯到 1558 年，是意大利语中的 smaltino 的借词[②]。而西方的颜料史学者早已指出，不应简单地将意大利语中 smaltino 一词的所指等同于 smalt，来自 smaltare 这一词源（意为"熔融"）的一系列词汇指称的实际是多种不同的玻璃质颜料[③]。欧洲和西亚的历史上都曾出现过若干种含钴的蓝色颜料或玻璃，最早的可以追溯到古罗马时代。但 smalt 一词的所指是有限的，它特指一种从 16 世纪开始兴起，在欧洲得到广泛应用并逐渐对外传播的人造钴玻璃颜料。不能因为成分相似或相同，就将历史上出现过的所有钴玻璃质的蓝色颜料一概归入 smalt 名下。

历史颜料的分类和命名，本就是一个需要放在历史语境下考察的问题。一种颜料的定义，必然与成分、工艺、时代和地域等诸多因素同时相关。如果以化学成分作为甄别古代颜料种类的唯一标准，就落入了现代思维的误区，这是历史和考古学者应当竭力避免的。

6.1.6　Smalt 的本土生产

6.1.4 节已经讨论了清代 smalt 的贸易来源问题，大量文献证据和海关贸易统计数据证实了清代中国曾经大量存在 smalt 的进口贸易。然而，一个值得注意的现象是，海关贸易统计册中的 smalt 并不都是从国外进口的洋货。

1864 年之后的海关贸易统计册采取了更加规范的体例，将洋货（foreign goods）和土货（chinese produce/native produce）分开统计，smalt 不仅作为一种进口洋货出现在进口和复出口贸易统计中，许多年份的土货进出口贸易统计里同样出现了 smalt，例如在 1866 年，芝罘分别从汕头和广州进口了 350 斤和 738 斤作为土货的 smalt；同年，上海向镇江出口了 126 183 斤土货 smalt，这一数字相当可观。这些记载充分说明，"土产洋青"这种货物，并非统计册中的偶然错讹，而是的确存在且数量庞大的一类

---

① 这一观点参见：中尾万三，支那陶瓷的青料考，《陶瓷讲座》第 9 卷，1936；第 1-81 页。中尾在文中还补充说，这一观点是他的前辈学者盐田力藏提出的。转引自杨连陞为约翰·亚历山大·波普《阿得比尔寺藏中国瓷器》一书所撰写的英文书评，载于《哈佛亚洲学报》第 21 卷第 3、4 期合刊，1958 年。

② 见 Oxford English Dictionary. Smalt 词条。

③ Eastaugh N(2004)：第 352 页。

商品。

清代中国是否曾经实现 smalt 生产的本土化？"土产洋青"何时出现，在当时的市场上占有多大的贸易份额？本节将对上述问题试作初步探讨。

近代海关贸易统计册中的"土货贸易（native produce）"类目下出现的 smalt，提示了这种颜料在中国本土生产的可能性。实际上，很早就有西方学者认为 smalt 在古代中国也有生产制造[1]。

可以明确的是，20 世纪初期，中国人已经完全掌握了 smalt 的制备技术。1935 年出版的万希章《矿物颜料》一书中，谈及各种化工颜料的合成方法，其中就包括 smalt：

"将矿石碎为小片，于反射炉中赤热之……经上焙烧之矿石，加炭酸钠或炭酸钾及硅石，入于坩埚中，置反射炉中加热，熔融成一种青色玻璃质。因配合分量各异，制品因有浓淡之别。……所生花绀青浮于上部，取出，即投于水中……以挽臼粉碎，用水簸法收集其细者而干燥之。"[2]

但是这一技术是近代西方工业传入中国的结果，还是中国本土早已有之的传统，万希章在书中并未说明。那么，清代的中国工匠是否掌握了这一生产技术呢？

要讨论这一问题，需要先对 smalt 的生产工艺稍作了解。生产 smalt 的矿物原料是砷钴矿（smaltite）或辉砷钴矿（cobaltite），化学式写作 $CoAs_{3-x}$（$x \leqslant 1$）。将这种含钴的矿石煅烧之后，生成一种以氧化钴为主要成分的产物（即 zaffre[3]），再混合以含硅原料（如石英）和含碳酸钾的原料（如草木灰），一起烧制得到蓝色玻璃，再研磨成粉末状，即得到 smalt（图 6.7）。

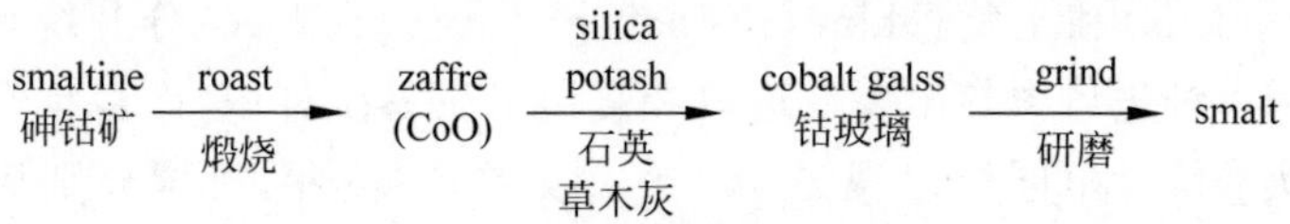

图 6.7　Smalt 的生产制备工艺

也就是说，其生产工艺的重点在于烧制钴玻璃，之后只需加以研磨即可。那么，清代的中国工匠是否掌握了生产钴玻璃的技术呢？

①　Coffignier C. Couleurs et Peintures J-B Baillière et Fils(1924)。

②　万希章(1935)：第 52-53 页。

③　见 6.1.1 节注。

　　答案是肯定的。清初孙廷铨《颜山杂记》①一书中，"琉璃"一节有这样的记载："琉璃之贵者为青帘。取彼水晶，和以回青。如箸斯条，如水斯冰。纬为幌薄，傅于朱棂。"②这里记载的实际就是蓝色钴玻璃的烧制方法：将水晶（即石英）和回青③放在一起烧炼，即可得到最名贵的蓝色玻璃。

　　博山县自元代以来就有玻璃制造业的传统，至明清两代，更是北方玻璃生产的重镇，其产品远销全国各地，也包括向宫廷提供玻璃贡品④。同治九年（1870），英国传教士威廉臣（A. Williamson）曾如此记录过博山县的琉璃制造业：

　　"山东制造业中玻璃制造值得特别注意。……当地土著从事此业已有多年。……他们能染成很美丽的彩色玻璃，在这方面操作达到了高度技巧，很多成品都做得很精美。"⑤

　　结合《颜山杂记》中的记载，不难得出这样的结论：清代的玻璃匠人已经完全掌握了钴玻璃的生产技术。而钴玻璃只要以普通方式加以研磨，就能得到 smalt，工艺上并不存在难以逾越的障碍。既然 smalt 在 19 世纪的中国已经成为一种贸易量相当大的营造业及手工业原料，则国内必然存在自行生产的需求和动力。

　　那么，这一事实是否存在呢？这仍然需要回到贸易档案中去寻找证据。

　　前文已经提到，smalt 在近代海关贸易统计中多次作为土货出现（具体数据详见附录 K-1）。这显然不是统计的疏忽或失误，因为在这些年份的贸易统计中，同样也可以见到 smalt 作为洋货的记录，可知作为洋货的 smalt 和作为土货的 smalt 的确是有意分开统计的两项数据。

　　附录 K-1 中这项统计数据到 1868 年为止，这是因为 1868 年之后，作为土货的 smalt 就从海关贸易统计档案中消失了。其中透露出的信息是，smalt 的国内生产或许在该时间点附近趋于停滞。其原因不明，最有可能的推测是受到钴矿来源的限制——国产原料可能在矿源开采和运输上出现

---

　　①　孙廷铨是一位清朝官员，本人即颜山人氏，此书是他退休回乡之后的著述，实际上是一部颜山的地方志，也是有关颜山（博山）玻璃制造业最重要的史料。乾隆年间此篇文字即被单独提出，冠名《琉璃志》，辑入《昭代丛书续集》。

　　②　《颜山杂记》，卷四。钦定四库全书本。

　　③　有关"回青"的具体含义、成分和来源，学界一直有各种看法，尚无定论，但总体上有两点是无疑的：第一，这是一种进口的青色釉料；第二，其主要成分是氧化钴。

　　④　干福熹等（2005）：第 161 页。

　　⑤　彭泽益（1957）：第 131 页。

问题，而进口原料会受到贸易局势影响，明成化年间进口青料断绝的情况即是一例。

如果清代确实存在 smalt 的本土生产，随之而来的问题就是：中国工匠使用的生产原料从何而来？是国产钴矿，还是进口钴矿？

后一种可能性似乎匪夷所思，但实际上，从国外进口矿石作为工业原料，是中国历史上很常见的情况。一些外来矿石补充了中国本土缺乏的矿产品类；另外，即使本国也有同类矿石出产，外来的矿石仍然被认为更具效用，唐朝大量从域外进口雄黄和明矾就是典型的例子[①]。

一些材料表明，早在清早中期，中国已经从欧洲进口砷钴矿石。《粤海关志》中的记载，就是对这一问题最有力的证明。

粤海关税则正式制定于康熙二十五年（1686）[②]，此后历代均有修改订补。如前文所述，成书于道光年间的《粤海关志》中的"税则"部分记录了对各类进口货物征收的税额，实际也记录了康熙至道光年间的进出口商品种类。其中，"各色石料"类目下有这样一条：

"玛瑙珠每斤，洋花石、洋青石、洋花石片每二斤，各税一钱。"[③]

这里的"洋青石"，就是砷钴矿（smaltine）在清代的中文名称。这一称谓的由来显而易见，即"制取洋青所用的矿石"。商务印书馆 1922 年版《新订英汉辞典》中有如下词条：

"Smaltine n. 金信石，洋青石（矿物名）。"

"金信石"是德国传教士罗存德（Wilhelm Lobscheid）在 1866 年版《英华辞典》中对 Cobalt 一词的翻译[④]，当时化学元素尚无中文名称，"钴"这个译名是数年之后才由徐寿和傅兰雅在其译著中创制的[④]。这也可以从侧面佐证"金信石"及"洋青石"两词与砷钴矿之间的联系。

云南是我国主要的砷钴矿产地。1873 年法国派往印度支那考察的探险家 D. 拉格莱[⑤]和 F. 安邺[⑥]记述见闻的《柬埔寨以北探路记》一书中提及："云南平原产谷食甚多，亦有牧地。……山下多大石脉，兼产洋青石。"[⑦]这

① 谢弗（1995）：第 472 页。

② 李士桢，《抚粤政略》，台北：近代中国史料丛刊本，第 55 页。

③ 《粤海关志》，卷九，税则二。清道光刻本。

④ 沈国威（2012）：第 309 页。

⑤ Doudart de Lagrée（1823—1868），法国军官，湄公河探险队队长。

⑥ François Garnier（1839—1873），法国军官，湄公河探险队副队长。

⑦ 晃西士加尼，《柬埔寨以北探路记》卷六，中华文史丛书，台北：华文书局，1968 年影印本：第 471 页。

一引文出自光绪初年的中译本①，可知洋青石这一名称在光绪年间即已通行，并且很可能是由道光年间甚至更早的时候沿用下来的。需要注意，这里的"洋青石"一词是法文回译的结果，其原文应当是法文的 Skuttérudite（砷钴矿）②，译者用"洋青石"一词翻译，并不表示这是一种进口矿石（显然这是云南本地矿产），更可能是因为这种矿石当时在云南本地的名称就是"洋青石"，与粤海关进口的洋青石是同一种物产。

至于为什么本地的矿产却被命名为"洋青石"，并不难作出解释：在 smalt 作为进口釉料和颜料得到大量应用之后，"洋青"一词已经成为通行名称，因此，当本土的匠人开始利用本地所产钴矿加工制造洋青后，就遵循功能命名逻辑，自然而然地将这种用来制造洋青的矿石原料称为"洋青石"。

回到《粤海关志》的记载，既然 17—19 世纪中国已经从欧洲进口砷钴矿（这也与欧洲大量开采砷钴矿的时间段相吻合），那么清代的玻璃工匠很可能就是用这种原料来生产加工钴玻璃和 smalt 的，其产品可能用作颜料，也可能用作釉料。

也就是说，6.1.4 节中提及的基于元素特征检测作出的发现——一些中国文物中使用的 smalt 符合欧洲钴源特征——实际上并不能直接指向"这些文物使用了进口 smalt"这一结论。事实上，这些文物中的 smalt 同样有可能是本土制造的产品，只是加工原料使用了欧洲进口的钴矿石。当然，直接使用进口 smalt 颜料（或釉料）的情况也的确存在，因此要判别特定案例中的颜料究竟是进口还是本土生产，单凭元素特征尚无法定论，还要结合更多其他的具体文献证据，才有可能作出判断。

最后，仍需探讨前文提到的另一种可能性：既然中国国内也有钴矿出产，那么，清代中国的工匠是否也以国内钴矿为原料生产 smalt？

这种可能性目前尚未见到实物分析检测数据的支持，因为既有的（数量有限的）元素分析数据均与国产钴源不相吻合。另一个值得考虑的角度是经济成本，采用国产钴料和进口钴料制造 smalt，何者更经济？如前文所引《宁寿宫照金塔式样成造珐琅塔一座销算底册》，国产钴料（顶元子）的价格数倍于进口钴料（洋青）③，其成本差距相当明显。如果采用国产钴料生产

---

① 光绪初年，原江西巡抚丁日昌命人将此书译成中文，于光绪十年（1884）刊刻。译者姓名不详。

② 未核查原文，仅根据词义回译。

③ 则例中提到"洋青一斤十四两，计银一两一钱二分五厘；顶元子十五两，计银三两一钱八分七厘"，据此折算价格：洋青每斤银六钱，顶元子每斤银三两四钱。

smalt，意味着较高昂的生产成本，也就必然导致其价格理应明显高于直接从欧洲进口的 smalt；但从旧海关贸易档案记录的价格来看，较长时期内，土货 smalt 的价格和洋货 smalt 的价格基本持平，并无显著差异。虽然国产钴料在清晚期的价格水平比起清中期可能有变，但该时段内洋青的价格也一直在下降。因此，就目前已知的材料看来，无论是钴矿元素检测数据，还是价值则例史料，都还未能明确支持以国内钴矿为原料生产 smalt 的可能性。

6.1.7   本节小结

通过对已知科学检测实例的总结，以及对贸易史、档案史料及其他文献证据的综合查考，对于本节开头提出的几个问题，可以作出如下回答：

（1）Smalt 在清代中国被普遍称为"洋青"或"大青"，整个清代并无变化。民国时期曾短暂出现若干其他译名，其中"花绀青"一词影响较大，但此词实为 20 世纪初才进入中文的日语借词，清代并无使用。

（2）就文献史料和科学检测案例所见，smalt 的应用仅限于有清一代，尚未发现年代更早的案例。因此，smalt 很可能是一种具有特定应用时段的颜料。目前看来，smalt 最早通过贸易渠道进入中国的时间当在清初，至迟不会晚于康熙五十六年（1717）。此后整个清代均有应用，一直延续到民国时期。其应用时段无明确下限，但不早于 20 世纪 40 年代。

（3）Smalt 在中国已知最早的应用实例是康熙年间的养心殿建筑彩画工程，雍正年间，"洋青"已经作为彩画颜料进入官方规范性质的《工程做法》，但用量较小，并非作为主要颜料使用。根据各时期物料价值则例的记载，康熙以降，洋青的价格明显呈现逐步降低的趋势，在一定程度上反映出其进口数量和应用规模的不断增长。

（4）科学检测所见中国文物中 smalt 的钴料元素分布特征与欧洲钴源相符，而对贸易档案的考察也证实了清代中国曾经从国外大量进口 smalt。这一贸易活动有确切文献记载的时间上限不晚于 1774 年，进口来源地包括英国、美国、丹麦及法国等多个国家。从 18 世纪到 19 世纪下半叶，smalt 的进口贸易始终活跃，规模迅速发展，且存在大量转口和复出口贸易，反映出当时中国市场对这一商品的稳定需求。

（5）实物和文献两方面的证据都表明，smalt 在中国不仅作为颜料用于建筑彩画、壁画、彩塑和器物彩绘，也作为釉料，用于瓷器、珐琅等手工业制品。作为一种供应稳定、价格低廉的蓝色颜料，无论在皇家营造工程还是民间手工业中，其应用都曾兴盛一时。

（6）清代中国除了从欧洲、美国等地大量进口 smalt 之外，同样很可能已经实现 smalt 的国产化。从钴矿元素分布特征和经济成本两方面因素可以推断，这一生产主要使用欧洲进口的砷钴矿为原料，在国内加工成 smalt。19 世纪的中国旧海关档案中同时存在 smalt 作为洋货和土货的贸易记录，从长时段来看，二者的价格差异并不显著，这也支持了国内使用进口钴矿生产 smalt 的推断。而作为土货的 smalt 贸易记录在 1868 年之后不再出现，表明其国内生产可能由于钴矿来源断绝或其他原因而出现断档，这也与国内钴玻璃生产在清末民初的一段空白期相吻合。

6.2　再造青金石：人造群青（synthetic ultramarine）

1787 年，正在意大利游历的诗人歌德偶然发现当地人将石灰窑中的一种蓝色沉积物当作颜料使用，以之代替昂贵的青金石[1]。这一鼓舞人心的线索，为人工合成青金石的漫长探索揭开了序幕。1806 年，法国的两位化学家探明了天然青金石的化学成分；1814 年，另一位法国化学家确认了玻璃厂苏打窑中的蓝色物质与青金石的化学成分颇为相似[2]。

1824 年，法国的民族工业促进协会（Société d'Encouragement Pour l'Industrie Nationale）于是悬赏 6000 法郎，征集人造群青的合成方案。最终，这笔奖金为法国的一位颜料商——Jean Baptiste Guimety 赢得。几乎同时，一位德国化学家 C. G. Gmelin 也宣布自己独立发现了人造群青的合成路线，与 Guimety 的方法略有不同。

人造群青制造厂很快就在法国和德国遍地开花，并迅速扩散到其他欧洲国家，甚至美国。这种合成颜料的成分与天然青金石完全相同，而价格仅仅是天然青金石的百分之一甚至千分之一[3]。到 19 世纪，这种颜料已经成为欧洲画家的新宠，自然也随着海外贸易的扩张进入了东亚市场。

6.2.1　人造群青的中文名称及其语源

人造群青在欧洲诞生之初曾有过许多令人眼花缭乱的名称，例如法国

① Auden and Mayer，1962，转引自 Joyce Plesters(1993)。
② Joyce Plesters(1993)。
③ 19 世纪 30 年代初期，天然群青在英国的价格是每盎司 8 Guine，而人造群青则是每磅 1～25 先令。数据来源：Philip Ball(2003)。

群青（French ultramarine）、德国群青（German ultramarine）、石灰蓝（lime blue）、东方蓝（oriental blue）、永久蓝（permanent blue），等等，不一而足。不过，如今在英语中只有 ultramarine 一词被保留下来，成为这种颜料的通用名称，在必要时，加上 synthetic 或 artificial 以示与天然群青的区别。

今天的中国人已经相当习惯于将"群青"视为这种颜料在中文里唯一的名字。但是，有必要指出，"群青"一词是相当晚出的外来词，并不见于清代匠作则例或其他清代文献资料。目前所见语例中，时间最早的一则，是1917 年《申报》上刊载的三和合牌群青颜料的广告（图 6.8）。这则广告在当年的《申报》上连续刊载数十期。从广告内容来看，这种颜料系日本产品，由日比野洋行①经销，是"日本名厂最新发明"。虽然人造群青此时在欧洲已经问世近百年，但在日本，人造群青的研发生产始自 1909 年②，因此确实还称得上一项新型产品。

既然此时"群青"作为商品名称已经可以不加解释地出现在广告里，说明中国人在此时大约已经对这个名词有所耳闻。因此这则广告恐怕并非中文里使用"群青"的最早语例。但无论如何，这是目前所知最早的一则，而且很可能反映出了这个词汇进入中文的渠道③。

图 6.8　1917 年《申报》上的三和合牌群青颜料广告

图片来源：中华民国六年三月十日《申报》第三版。

在此后的中文出版物里，作为一种重要的工业颜料，"群青"一词屡见于相关著作，例如 1921 年出版的《工业药品大全》④，1927 年刊载于《清华周

---

①　日比野洋行，总行设在日本歧阜县，在上海设有分行，专营陶瓷输华业务。见：上海社会科学院经济研究所，上海市国际贸易学术委员会（1989）：第 519 页。

②　鹤田荣一（2002）：第 197 页。

③　关于这一点，下文会有详细讨论。

④　胡超然（1922）：第 37 页。

刊》的《无机颜料》[①]和 1935 年出版的《矿物颜料》[②]。以上各书在谈及"群青"时，均以英文"ultramarine"加注，由是可知其确指。

20 世纪早期的中文语境中，"群青"主要指人工合成的群青颜料，但袁中一（1927）也指出"群青有天产的和人造的两种"，因此不难发现，"群青"一词的内涵和外延完全对应于"ultramarine"一词。当代中文文献中也常常使用"人造群青"和"天然群青"两个不同表述，以体现二者的区别。天然群青——也即青金石颜料——在中国古代早有应用，但在 20 世纪之前，中文文献里从未将其称为"群青"或"天然群青"，可知"天然群青"这一称呼，是随着"人造群青"一起传入中文的。在中国，天然群青到元代之后的应用就几乎断绝，其名称久已不为人知，因此上述 20 世纪初的各种中文著作并未提及此种颜料在古代汉语中的旧有名称，而径直沿用了"ultramarine"一词在英语中的义项，用这个外来词统称天然和人造两种形式的群青颜料。

那么，中文里的"群青"一词从何而来呢？

虽然尚未发现确凿的语料证据，但是综合种种已知材料，不难推测，中文"群青"一词的语源，应当和"花绀青"一样来自日文。

"群青"一词完全不见于中国古代文献[③]，但在日语中则是一个由来已久的词汇，至少可以追溯到 18 世纪，语例就是 6.1.3 节曾经征引过的《画筌（がせん）》[④]："绀青……颗粒磨细就制成了群青。"但是，由文义不难推知，此处"群青"是作为表示颜色的名词使用的，意为淡蓝色，和青金石颜料并无关系。

19 世纪末人造群青从欧洲传入日本，日语即以"群青"一词翻译其名称。すゝき（1920）综述日本颜料的论文中已有"群青 ultramarine"条目，并指出："天然群青の原料は青金石たるも，高價たるを以て多くは人工品を使用す（天然群青的原料是青金石，但因为它价格高，多用人工制品）。"可见此时日语中"群青"作为颜料名称，也可以兼指天然群青，其义项完全对应英文"ultramarine"一词。这在日语中也属于借用既有词汇翻译外来词的做法。

1930 年商务印书馆出版的日文译著，水津嘉之一郎《化学集成》第五编也谈及群青及其制法，中文版径用原书汉字写法，译为"群青"。当然，20 世

---

① 袁中一（1927）。

② 万希章（1935）：第 34 页。

③ 据中国基本古籍库等现有古籍数据库搜索结果。

④ 《画筌（がせん）》。日本江户时期画法书。林守笃编，六卷。刊行于 1721 年。

纪 20 年代"群青"一词已经出现在中文里，显然其并非因《化学集成》一书译介而引进，而是另有其源；但"ultramarine"一词系由日文译为"群青"，再原样进入中文，这一语词形成路径应是无疑的。结合前文所引《申报》广告，这个词汇的输入途径，很可能就来自贸易渠道——日本生产的群青颜料，连同它的汉字名称一起，在 20 世纪初进入中国。

"群青"作为一个外来词，和同时期的其他诸多外来词一样，在中文里经历了一个长时段的筛选过滤之后，才固定下来，成为中文的规范语汇。在此期间，正如 smalt 曾有过多种译名，工业颜料 ultramarine 也曾经出现过其他中文译法。例如"人造绀青"，1936 年的实业部《国际贸易情报》里有一篇题为《国外关税规则：罗马尼亚增加人造绀青之比额税》的短讯，其中就使用了"人造绀青"一词，并用小字注明"ultramarine"（图 6.9）[①]。又如"佛头青"，这一译名见于 1902 年中英税则[②]；"云青"，见于近代海关贸易统计年刊里中英文对照的《中国对外贸易：进口货物类编》[③]。"佛头青"是古代汉语中既有的语汇，原先用来指深蓝色，后来引申为蓝色颜料名称[④]，尤指浓艳的深蓝色颜料。税则中的用法，也是移用既有词汇翻译外来词。"云青"一词尚未在古代文献中发现语源，推测其当属为翻译外来词而新创的组合词汇。另外，一些文献中还有"佛青""伏青"的别名，实际上都是"佛头青"的简称及音转。

至此，可以对这一颜料中文名称的产生与流变作一总结：古代中国虽然使用青金石颜料，但古代汉语中并无"群青"一词。"群青"实际上是日语外来词，约在 20 世纪初，随着日本生产的人造群青颜料输入中国（其时间节点不晚于 1917 年，但也不会早于 1909 年）。在此之后，天然青金石颜料才被相应称为"群青"或"天然群青"。

19 世纪，人造群青进口到中国后，曾经有过多种译名，包括佛头青、云青、人造绀青，等等。但最后只有"群青"一词在语用中固定下来，成为这种颜料沿用至今的中文名称。

---

① 《国际贸易情报》，1936 年第 1 卷第 26 期：第 63 页。

② 具体记载如下：英文版：Ultramarine 1,600 Hk Tls. per picul. 中文版：佛头青，每百斤五钱。见 China Maritime Customs(1917)：第 595-640 页。

③ 此处中文表述为"佛头青或云青"，英文为 Ultramarine。

④ "佛头青"一词在历史上也曾用来指其他蓝色颜料，如《天工开物》："回青，西域大青也……美者亦名佛头青。"《绘事琐言》："今货石青者，有天青、大青、回回青、佛头青、种种不同、而佛头青尤贵。"

图 6.9　《国际贸易情报》中的"人造绀青"语例

图片来源：《国际贸易情报》1936 年，第 1 卷，第 26 期，第 63 页。

6.2.2　人造群青的进口贸易

迄今已知人造群青进口到中国的最早记录，来自 1860 年的粤海关贸易统计册。这一年，粤海关从美国等地进口了 2050 斤人造群青，总价值 863 美元。而此后的贸易记录中，人造群青就在多个港口频繁出现，在 1860—1902 年间始终未曾中断。表 6.5 列出了 1859—1865 年六年内人造群青的贸易数据统计[①]，可见在 19 世纪后半叶，这种颜料的交易已经相当普遍。

---

①　人造群青 1859—1902 年间完整的贸易统计数据见本书附表。因篇幅所限，这里只列出六年的数据。

表 6.5　人造群青的海关进出口贸易数据统计：1859—1865 年

年份	港口	来源地	出口地①	数量/斤	价值	货币单位	折算单价	折算美元单价②
1859	无	—	—	—	—	—	—	—
1860	广州	美国及其他		2050	863	美元	0.421	0.421
1861	广州		国外	837	309	美元	0.369	0.369
		不详		2225	608	美元	0.273	0.273
			不详	1209	566	美元	0.468	0.468
1862	福州	英国		376	150	美元	0.399	0.399
1863	天津	英国及其他		1565	720	海关两	0.460	0.713
	芝罘	英国		139	34.7	海关两	0.250	0.387
1864	天津	香港		10 317	3095	海关两	0.300	0.465
		广州		7447	2234	海关两	0.300	0.465
	汉口	上海		1	30	海关两	30.000	46.500
	上海	英国		14 250	4275	海关两	0.300	0.465
		香港		1850	855	海关两	0.462	0.716
			日本	4050	870	海关两	0.215	0.333
		宁波		500	150	海关两	0.300	0.465
	福州	香港		3092	1701	美元	0.550	0.550
	广州	英国		4000	970	美元	0.243	0.243
		香港		20 477	6178	美元	0.302	0.302
			上海	34	11	美元	0.324	0.324
			福州	6	2	美元	0.333	0.333
			宁波	206	72	美元	0.350	0.350
			天津	1795	650	美元	0.362	0.362
			芝罘	4421	1124	美元	0.254	0.254
	芝罘	上海		3500	1680	海关两	0.480	0.744
1865	上海	英国		1676	419	海关两	0.250	0.388
		欧洲		500	150	海关两	0.300	0.465
			日本	700	170	海关两	0.243	0.376
			芝罘	3500	1240	海关两	0.354	0.549
			天津	840	200	海关两	0.238	0.369
	宁波	香港		2000	280	海关两	0.140	0.217
	福州	香港		2860	858	美元	0.300	0.300
	广州	香港		4300	1204	美元	0.280	0.280

资料来源：1859—1865 年近代海关贸易统计册，《中国旧海关史料》。

① 含复出口。
② 按 1868—1878 年间平均汇率计算，1 海关两＝1.55 美元。

　　虽然 ultramarine 一词在英语中既可以指天然青金石，也可以指人造群青，但是在海关贸易记录中，这个词所指的商品都是人造群青。这一点可以从进口数量及价格两方面得到证实。人造群青在 1859—1902 年间的平均进口价格是 0.194 海关两/斤，约合 0.216 美元/斤，在进口颜料中是价格最低的一种。相应地，人造群青的贸易量也非常可观：19 世纪 70 年代以来，年贸易量往往在十几万至几十万斤；1881 年，仅上海一处港口就从国外进口群青 317 300 斤[①]。

　　人造群青的贸易在 1859—1902 年间始终呈增长态势，覆盖的港口也越来越多。仅以 1902 年为例，这一年中，人造群青的总交易量为 298 500 斤，总价值 34 932 海关两。天津、汉口、镇江、上海、福州、厦门、汕头、广州、北海等港口均有人造群青的进口交易记录，汉口和上海还存在复出口记录。

　　在 19 世纪后半叶直至 20 世纪 30 年代的一个长时段内，中国对人造群青的需求完全依赖进口。群青的制备方法作为一种商业秘密，并没有像普鲁士蓝那样戏剧性地早早传入中国而又消失；欧洲之外的科学家不得不自己重新研发这一生产技术。日本自主生产群青始自明治四十二年（1909）[②]，而中国则要更晚。前述 20 世纪 20 年代的种种颜料相关论著中，已经对群青的基本制备原理有所阐述，但显然和真正工业化的合成制造尚有距离。

　　20 世纪二三十年代是中国民族化学工业的起步时期，中国的化学家积极探索各种工业染料的合成方法，人造群青的制备也是其中的重要课题，在 1936 年前后已为任宝通和戴安邦等科学家所关注[③]。1937 年这一研究初见成果，戴安邦、凌鼎钟发表了《群青之制备及性质》，利用四川彭县所产的高岭土，以及彭山所产的硫酸钠或碳酸钠作为原料，探讨了其适宜配方与生产方法[④]。

　　人造群青的生产技术何时在国内得到大规模的应用和推广，仍然缺乏足够的线索。但从海关贸易史料来看，人造群青的进口始终没有停止，一直延续到 1948 年，也即近代海关存在的最后一年。当年的贸易统计年刊中"进口货物类编"中仍有 ultramarine 一项（对应的中文表述为"佛头青或云青"）。这份年刊统计了各类货物 1946—1948 年的进口情况。统计表明，这三年内，中国进口的人造群青来源地包括澳洲、比利时、加拿大、捷克、安南、

---

① 1868 年海关贸易统计册，Port of Shanghai. 见《中国旧海关史料》。

② 由名为"多治见群青"的公司生产。见鹤田荣一（2002）。

③ 赵匡华（2003），第 293 页。

④ 戴安邦，凌鼎钟（1937）。

德国、英国、香港、印度、日本、美国等多个国家和地区，1948 年的总进口量为 67 008 千克，价值 98 074 千圆[①]，1947 年的数据则是 189 379 千克，价值 2 519 635 千圆。从交易量来看，比 19 世纪 90 年代的进口量有较大幅度下降，这很可能是因为此时国内自行生产的群青已经能够满足相当一部分市场需求。

6.2.3　人造群青在清代中国的应用

　　作为价格低廉而色彩鲜艳的蓝色颜料，人造群青恰好迎合了中国建筑彩画对青色颜料的庞大需求。这个市场规模之大，也许是整个欧洲绘画界加起来都难以企及的。比起普鲁士蓝，人造群青的色调显然更适合中国人对建筑装饰的审美。19 世纪晚期开始，中国工匠大量将人造群青应用于建筑彩画，同时也用于彩塑和壁画，以及其他更多类型的彩绘器物（表 6.6）。

表 6.6　人造群青在中国文物中已知的应用案例

文物名称	载体类型	样品位置	样品年代	分析方法
浙东婚床表面彩绘[②]	其他	LB028 号床浮雕花板及锦屏板	清中期	PLM
西安周至胡家堡关帝庙壁画[③]	壁画	正殿及献殿壁画	清光绪七年（1881）	XRF，PLM
清泰陵[①]	建筑彩画	隆恩殿内檐西山明间额枋	清乾隆元年（1737）或更晚	PLM
山西平遥镇国寺万佛殿[④]	建筑彩画	内檐及外檐多处彩画	清代中晚期	PLM，SEM-EDS
山西平遥镇国寺天王殿[⑤]	建筑彩画	内檐及外檐多处彩画	清代中晚期	PLM，SEM-EDS
故宫请神亭[⑥]	建筑彩画	多处	清代中晚期	PLM，SEM-EDS
故宫大高玄殿建筑群[⑦]	建筑彩画	大高玄殿外檐垫栱板、大高玄门外檐额枋等多处	不详	Raman，PLM，SEM-EDS

---

① 货币单位为中华民国发行的国币。
② 数据来源：包媛迪（2013）。
③ 数据来源：赵凤燕等（2017）。
④ 数据来源：本书作者工作。
⑤ 数据来源：刘梦雨，刘畅（2015）。
⑥ 数据来源：王丹青（2017）。
⑦ 数据来源：雷中宾等（2017）。

续表

文物名称	载体类型	样品位置	样品年代	分析方法
清代样式房定东陵烫样[1]	其他	宝城（掉落垛口残片）	清光绪年间	Raman,PLM
清崇陵地宫夹棺石[1]	其他	表面群青及红色彩绘云纹	1909—1915	Raman,XRD,PLM
清代样式房万方安和烫样[2]	其他	表面彩绘（多处）	清同治年间	PLM
故宫长春宫院落体元殿[1]	建筑彩画	外檐彩画	清代	PLM
故宫长春宫院落东北角游廊[1]	建筑彩画	外檐彩画	清代	PLM
清泰陵[1]	建筑彩画	隆恩殿外檐东山南次间额枋箍头	清乾隆元年(1737)或更晚	PLM
北京孚王府正殿[1]	建筑彩画	内檐梁	清雍正年间或更晚	Raman,PLM,SEM-EDS
故宫景福宫建筑彩画[3]	建筑彩画	多处	光绪二十九年(1903)	Raman,FTIR,XRF
成都武侯祠泥塑彩绘[4]	彩塑	不详	康熙十一年至道光二十九年(1672—1849)	Raman,SEM-EDS
广西富川百柱庙[5]	建筑彩画	不详	清康熙十五年(1676)或更晚	XRD,EPMA
清昌陵[1]	建筑彩画	隆恩殿内东侧香炉	清嘉庆元年(1796)至嘉庆八年(1803)或更晚	Raman,PLM
清昌妃陵[1]	建筑彩画	大殿内檐东山北次间额枋	清嘉庆元年(1796)至嘉庆八年(1803)或更晚	Raman,PLM

---

① 数据来源：本书作者工作。
② 数据来源：刘仁皓(2015)。
③ 数据来源：宋路易(2017)。
④ 数据来源：王玉等(2015)。
⑤ 数据来源：郭宏等(2003)。

续表

文物名称	载体类型	样品位置	样品年代	分析方法
山西陵川南吉祥寺中央殿[①]	建筑彩画	内檐斗拱彩画	清晚期	PLM
西藏大昭寺转经廊壁画[②]	壁画	不详	清晚期	Raman，XRD，XRF，SEM-EDS，PLM，FTIR
河南武陟嘉应观彩画[②]	建筑彩画	内檐、外檐分别取样	清雍正四年（1727）或更晚	PLM

资料来源：根据本书作者工作和相关文献整理（出处详见脚注）。

　　表6.6中的案例数量虽然不少，但显然还远远不能反映这种颜料在19世纪应用之广泛。一个主要的原因是，清晚期的建筑彩画和其他彩绘文物因其艺术和历史价值相对不高，往往并非科学研究的首选对象，导致报道案例的数量在比例上远远小于实际案例所占比例。但即使如此，表6.6覆盖的地域范围足以证明，这种颜料当时已经普遍传播到了中国的各个地区。即使对于最重要的皇家建筑工程，工匠们在修缮时也乐意使用这种新型蓝色颜料来代替原先的石青和洋青。

　　除了在彩画作中的普遍应用之外，壁画、内檐装修和家具上同样有人造群青出现。而其中最有趣的是，这种颜料不仅涂刷在真实的建筑表面，也被用来涂饰清宫样式房制作的建筑烫样。从这个意义上，似乎可以说，人造群青在19世纪后期全面"接管"了中国建筑中的蓝色。

6.2.4　本节小结

　　人工合成的群青颜料大约在19世纪中叶进入中国，并出现了"佛头青""云青""人造绀青"等多种并用的中文名称。随着日本生产的群青颜料出口到中国，源自日语的"群青"一词也逐渐进入中文，并最终成为这种颜料在中文里的通用名称，沿用至今，以至于历史上的天然青金石颜料也被相应赋予"天然群青"的称谓。但需要注意的是，"群青"一词在中文里是相当晚出的，是一个近现代词汇，并不是天然青金石颜料在历史上曾经使用过的名称。

　　晚清民国时期，人造群青的进口贸易量相当可观，来源地除了欧洲、美国之外，也进口日本自产的人造群青。这些进口的人造群青颜料在营造业

[①]　数据来源：刘梦雨（2013）。
[②]　数据来源：中国文化遗产研究院（2015）。

和手工业中得到广泛使用，成为 19 世纪后期中国工艺美术品中最重要的蓝色颜料，取代了传统颜料石青的地位。直到 20 世纪三四十年代，人造群青才在中国国内实现了自主生产，进口贸易量随之降低，但这项贸易始终没有停止。

6.3　来自德国的"中国蓝"：普鲁士蓝（Prussian blue）

普鲁士蓝诞生于 18 世纪初期的德国，被称为"第一种现代颜料"[①]，主要成分是亚铁氰化铁，有时也含有其他元素。由于制备工艺的差异，其呈色和物理化学性质也可能略有区别。

6.3.1　普鲁士蓝的中文名称

"普鲁士蓝"这个名称是 Prussian blue 的直译，也是今天的市售绘画颜料仍然习用的名称。今天，无论是在化学领域、工业领域还是艺术领域，各种中文文献都将 Prussian blue 译为"普鲁士蓝"。

这个明显带有近代色彩的译名在中文中出现得很晚，比这种颜料进入中国的时间晚得多。迄今所见最早出现"普鲁士蓝"一词的中文文献，是 1935 年商务印书馆出版的《重编日用百科全书》。这是一部通俗百科全书，分总类、哲学、理化博物、文学等 30 编。在"化学工艺·颜料类"的分类下，有"普鲁士蓝制法"的条目：

"蓝色，用途颇广。其原料为黄血盐与硫酸铁等化合而成。法用明矾末二分，以水少许化开，再用硫酸铁一分，亦以清水少许化开。二液混合，用黄血盐七厘至八厘，以清水融化为液，加入之。充分搅拌后，再加一二滴硝酸，其色更浓厚。加清水七八两，稀释之。静置以待其沉淀。将上澄液倾去，收取沉淀蓝，滤过。干后，研为粉末。"[②]

而 1936 年商务印书馆出版的译著《最新化学工业大全》（酒见恒太郎等著，黄开绳等译）中，在"蓝色颜料"一节，同样将 Prussian blue 译为"普鲁士蓝"。所载制备方法和前书略同。

以上二书不仅证明 20 世纪 30 年代的中国人已经充分掌握了普鲁士蓝的制备方法，且无论哪一本书中都未对"普鲁士蓝"专作解释或辅以别名，说

---

① Feller, et al. (1997)：第 191 页。中文为本书作者翻译。

② 黄绍绪，江铁，《重编日用百科全书：下》，第二十三编，北京：商务印书馆，1935：第 4702 页。

明"普鲁士蓝"当时在国内也已经是通行的名称。

应当指出的是，普鲁士蓝进入中国后，也曾有过其他中文译名。水津嘉之一郎在《化学集成》第五编中，将 Prussian blue 称为"绀青"，这是日语中对深蓝色颜料的通用命名[①]。和"花绀青"一样，这个词也曾经短暂地从日文进入中文，例如万希章 1936 年出版的《矿物颜料》一书就将 Prussian blue 径呼为"绀青"[②]，但这一名称最终并没有在中文里得到推广。

稍早些时候，Prussian blue 在中国还曾被称为"柏林青"或者"柏林蓝"。1901 年《普通学报》的一篇《有机物原质之鉴别法》，就提到用"柏林青"来检验氮气的存在[③]。这个名字源自英文中的 Berlin blue，因为普鲁士蓝最早是由德国化学家 Diesbach 在柏林合成的。1922 年的《工业药品大全》中则写作"伯林青"[④]，用字略有差别。Berlin blue 一词也曾进入日文，一些日文文献称普鲁士蓝为"ベレインブラーウ"[⑤]。因此"柏林蓝"或"柏林青"也有可能是从日语转口的外来词。

无论"绀青"还是"柏林蓝"，使用范围和时段都相当有限，最终成为这种颜料通行名称的，仍然是"普鲁士蓝"，这一名称从 20 世纪 30 年代开始一直沿用至今。

然而，"普鲁士蓝"一词并不见于清代官方文献，虽然大量证据表明这种颜料早在清中期就已传入中国[⑥]。也就是说，这种颜料在清代一定另有其名。那么，清代人如何称呼这种颜料呢？

文献中能够查考的中文名称至少有两个：一个是"洋蓝"，另一个是"洋靛"。

光绪二十八年（1902）以中英两种文字颁行的中英进口税则表明，光绪年间，Prussian blue 对应的中文官方名称是"洋蓝"，税率为每 100 斤 1.5 海关两[⑦]。同样地，"洋蓝"一词也用于近代海关贸易统计册的中文版本，并与

---

　　①　在古代日本，石青也被称为绀青。显然，这是一种以颜色（而非材料）为依据的命名方式。

　　②　万希章（1935）：第 29 页。

　　③　《普通学报》，1901 年第 1 期，第 51-52 页。

　　④　胡超然（1922）：第 32 页。

　　⑤　日文中对普鲁士蓝的称谓除了"绀青"和"ベレインブラーウ"，还有"ベレンス"和"ベル"。见鹤田荣一（2002）。

　　⑥　详见 6.3.2 节。

　　⑦　1902 年中英进口税则（Import Tariff），英文版："Blue Prussian, 1.5 HK. Tls. per Picul"，中文版："洋蓝，每百斤一两五钱。"见 China Maritime Customs（1917）：第 569-591 页。

Prussian blue 一词存在对应关系[①]。上述官方文本可以说明，"洋蓝"至少是普鲁士蓝在清代中国曾经通行的名称之一。

普鲁士蓝在清代中国曾经使用的另一个名称是"洋靛"。这个名字并非见于中文文献，而是见于一位英国旅行者 Sampson 出版于 1882 年的笔记。此书虽以英文写成，但所描述的是作者在中国的见闻，因此，述及普鲁士蓝在中国的生产状况时，Sampson 在行文中附注了这个词的中文写法，即"洋靛"，原文如下：

"An establishment for the manufacture of Prussian Blue 洋靛 has existed for many year outside the North Gate of Canton; this is referred to in Notes and Queries on China and Japan, vol. 4, p. 47 and p. 79."[②]

这里特地插入的"洋靛"两个汉字，作为 Prussian blue 一词的旁注，无疑是 Sampson 所见到的普鲁士蓝的中文名称。这很可能是一般民众日常生活中所用的称谓。再晚些时候，民国年间的报刊中也能见到这个词的使用，如 1924 年《银行杂志》就曾刊载一篇题为《德国洋靛涌到》[③]的报道。虽然从字面意义上看，"洋靛"很容易被理解为进口靛蓝——而清代中国也的确从国外进口天然和人工合成的靛蓝——但目前尚未见到以"洋靛"称呼进口靛蓝的明确证据。

不过，光绪三十二年（1906）的《酌定奉天通省粮货价值册》和 1903 年《重订苏省水卡捐章》中，同时出现了"洋靛"和"洋蓝"，且税率相差悬殊，显然指的是两种不同的颜料。在《重订苏省水卡捐章》中，"洋蓝每斤捐钱四十四文"，而"洋靛每斤捐钱一千八百文"[④]。由于这两种税则仅以中文印行，无法确知这其中的"洋靛"和"洋蓝"哪个才是普鲁士蓝。若假设这些地方性税则与 1902 年的中英税则存在某种程度上的用语一致性——也就是说，以"洋蓝"一词指称 Prussian blue——那么，"洋靛"一词，的确有可能是指进口的靛蓝。

值得注意的是，无论"洋靛"还是"洋蓝"，都没有出现在任何已知的清代

---

①　例如以中英两种文字对照刊行的 1948 年《海关中外贸易统计年刊》卷二。"中国对外贸易：进口货物类编"中，就出现了普鲁士蓝，英文写作"Blue, Prussian"，中文写作"洋蓝"。

②　Sampson(1882)。

③　《德国洋靛涌到》，见《银行杂志》1924 年第 1 卷第 6 期：第 6 页。

④　外务省通商局纂，《清国商况视察复命书》，第 399-418 页，1903 年。转引自滨下武志(2006)：第 560-561 页。

匠作则例里。这与科学检测分析所见清代文物遗存的实际情况并不相符，实际上，19世纪的中国匠人——包括彩画匠和其他行业的工作者——已经相当广泛地使用了普鲁士蓝(表6.7)。这一差异揭示了则例规范和工程实践之间的距离。正如5.1.2节中谈到的，则例作为一种官方颁行的规范，在执行层面始终难以完全落实，越到晚期越是如此，因为偷换材料的可能性为谋求利润提供了很大空间。

表 6.7   普鲁士蓝在中国文物中已知的使用案例[①]

年 代	文 物	存在位置	检 测 方 法
1700—1800 年	白色手绘丝质长袍[②]	表面彩绘	不详
乾隆三十八年至三十九年 (1773—1774)	故宫宁寿宫花园萃赏楼内落地罩[③]	蓝色髹漆	PLM,FTIR
1795—1805 年	描绘港口景象的外销油画[④]	绿色颜料	XRF
乾隆二年至八年(1737—1743)或更晚	清泰东陵隆恩殿内檐彩画[④]	蓝色颜料	PLM,Raman
	清昌陵隆恩殿内檐彩画[④]	蓝色颜料	PLM,Raman,SEM
嘉庆元年至八年(1796—1803)	清昌陵妃园寝正殿内檐彩画[④]	蓝色颜料	PLM,Raman
道光二十八年(1848)	陕西安康紫阳北五省会馆壁画[⑤]	蓝色颜料	PLM,Raman,SEM-EDS
光绪二十一年至二十三年 (1895—1897)	山西平遥镇国寺天王殿外檐彩画[⑥]	蓝色颜料	PLM
光绪三十四年(1908)	清代蟠龙邮票[⑦]	蓝色印刷油墨	Raman
19 世纪	西藏唐卡	蓝色和浅蓝色颜料	Raman

① 胡可佳等(2013)提及过一些未正式发表的疑似案例,例如金代寺庙壁画、北京先农坛明清彩画、河南周口关帝庙飨殿彩画等。但因为未见到分析数据,无法确证其结论,故未列入本表统计。

② 数据来源：Winterthur Museum,SRAL 数据库。

③ 数据来源：Susan Buck(2018)。

④ 数据来源：本书作者工作,2017。

⑤ 数据来源：胡可佳(2013)。

⑥ 数据来源：刘梦雨,刘畅(2015)。

⑦ 数据来源：甘清等(2016)。

续表

年　代	文　物	存在位置	检 测 方 法
清代	故宫长春宫体元殿外檐	蓝色颜料	PLM
清代	云冈石窟第 6 窟彩塑重缮部分①	蓝色颜料	XRD，PLM，SEM-EDS，
清代	清宫钟表玻璃画②	蓝色颜料	XRF，PLM，FTIR
清晚期	外销油画《镇海楼》③	绿色颜料	XRF，FTIR

资料来源：根据本书作者工作及相关文献整理。

清西陵的案例中，几处普鲁士蓝均和 smalt 混用，提示了二者在使用上的密切关系。这种混用做法的原因尚难推断，其中一种可能的原因也许是，普鲁士蓝作为同样来自西洋却更廉价的蓝色颜料，掺入洋青之后可以有效降低总成本——虽然没有乾嘉年间普鲁士蓝的价格数据，但是乾隆年间 smalt 的官方价格是每斤二两八钱④，在颜料里称得上相当昂贵。而从 19 世纪 60 年代的价格数据来看，普鲁士蓝的价格一直不高，普遍低于同时代的 smalt。

6.3.2　普鲁士蓝进入中国的时间与渠道

就已知的材料来看，普鲁士蓝进入中国的时间，大约在 18 世纪 70 年代，或者至少不晚于 18 世纪 70 年代。核心文献证据来自大英图书馆馆藏的英国东印度公司档案，实物证据则包括一件故宫宁寿宫花园内制作于 1773—1774 年的落地罩，以及其他若干相近的文物实例⑤。

东印度公司的档案记录显示，早在 1775 年，英国商人已经将普鲁士蓝贩往中国⑥。1815—1816 贸易年度，11 艘装载普鲁士蓝的商船抵达广州，此后，普鲁士蓝的贸易稳定持续了十余年，之后却在 1827—1828 贸易年度

---

① 数据来源：Francesca Piqué(1997)。
② 数据来源：杨波等(2017)。
③ 数据来源：王斌等(2017)。
④ 乾隆六年，《户部颜料价值则例》。见《清代匠作则例》，卷六：第 1002 页。
⑤ 详见 6.3.3 节。
⑥ Pritchard E H. Private Trade between England and China in the Eighteenth Century (1680—1833). Journal of the Economic and Social History of the Orient，1957(1)：第 108-137 页，Table I. 转引自 Bailey K(2012)：第 116-121 页。

消失,此后的档案中不再出现[①]。关于消失的原因,Bailey(2012)认为是此时中国已经能够自行生产普鲁士蓝并满足国内需求[②]。而且,大约从 1824年起,中国自行生产的普鲁士蓝还销往日本,1829—1840 年,已经完全掌控了普鲁士蓝对日出口贸易[③]。根据西方学者的研究,这一贸易一直持续到1862 年[④]。

对于普鲁士蓝何时进入中国这一问题,应当放在欧洲与远东地区贸易的大背景下考察。在这个意义上,值得参照的是普鲁士蓝输入日本的时间节点。有研究者认为日本的普鲁士蓝最早是由中国的中介商在 1782 年输入的,1789 年荷兰人才开始向日本出口普鲁士蓝[⑤];更有学者将 1782—1797 年视为日本普鲁士蓝进口贸易的第一阶段,认为这一阶段进口的普鲁士蓝来自中国[⑥]。但这样的观点却与贸易史上众所周知的事实有所冲突:荷兰东印度公司早在 17 世纪初已经占据我国台湾作为东亚地区的贸易据点,荷兰商船早在 1600 年已经进入长崎,并很快就垄断了长崎贸易,那么中国商人的转口贸易如何能抢在荷兰之先呢?

实际上,1782 年的转口贸易即使存在,也并非普鲁士蓝进入日本的最早时间。更早的记载见于江户中期的博物学著作《物类品骘》,此书刊行于宝历十三年(1763),书中有“ベレインブラーウ”条目,即普鲁士蓝[⑦],明确记载此种颜料为“红毛人持来”,比石青更鲜艳,而质量较轻[⑧]。日本学者将这一条目视为日本有关普鲁士蓝最早的文献记载[⑨]。这一记载充分说明荷兰人早在 1763 年之前已经将这种颜料运到了长崎。

考虑到当时荷兰东印度公司以我国台湾为据点,同时经营对中国、日本、朝鲜半岛和东南亚的贸易,那么,普鲁士蓝输入日本的同时,很可能也进

---

① Bailey K(2012):第 118 页。

② Kate Bailey 在论文中引述若干 19 世纪欧洲的笔记和新闻报道,这些材料共同提到了一个故事,据称当时有一位中国水手扮演了“间谍”的角色,他在英国学习了普鲁士蓝的制备技术之后,回国开办了大量工厂,能够生产出质量很好的普鲁士蓝。虽然这个故事的真实性待考,但普鲁士蓝的国产化可能确有其事,下文还将进一步谈及。

③ FitzHugh E W,Leona M,Winter J(2003)。

④ Smith,Henry D(1998)。

⑤ Screech(2000)。转引自 FitzHugh E W,Leona M,Winter J(2003):第 58 页。

⑥ Smith(1998)。转引自 FitzHugh E W,Leona M,Winter J(2003):第 58 页。

⑦ ベレインブラーウ即 Berlin blue(柏林蓝)一词的片假名音译,是普鲁士蓝传入日本之初的名称。

⑧ 平贺源内,《物类品骘》,卷三,日本国立国会图书馆藏。

⑨ 鹤田荣一(2002)。

入了中国，只是未能在中国同时期的文献中留下记载。由此看来，普鲁士蓝
最早进入中国的时间，当在乾隆中期——18 世纪 60 年代，或更早一些。

6.3.3　普鲁士蓝在清代中国的应用

1793—1794 年，随马戛尔尼使团访华的医生基朗（Doctor Gilan）在一
篇记录中国医学、外科和化学的笔记中提到：

"近来普鲁士蓝也已经进口到中国，因此（瓷器）能得到更纯更深的
蓝色。"[1]

也就是说，普鲁士蓝进入中国的时间比马戛尔尼使团早，这和 1775 年
的文献证据是相符的。而 Gilan 能够从自己在华的实际见闻（而不是东印
度公司的贸易记录）中发现普鲁士蓝的使用，说明在 1793 年，普鲁士蓝在中
国的应用已经有相当规模了。不过，考虑到马戛尔尼使团在赴京之前先抵
广州，离开中国前又曾经游历了东部的杭州等多地，这则材料并不足以确认
当时普鲁士蓝的应用范围已经扩大到宫廷或京城。

较早期的文献证据透露了一个更有趣的事实：19 世纪的中国人不仅
将普鲁士蓝用于染织和美术品，还发展出一个创造性的用途——给茶叶染
色[2]。许多西方旅行者的笔记中都提及了这个令他们震惊的观察。其中最
早的一份记载来自 1801 年一位美国商人 Sullivan Dorr 的笔记，他去广州
买茶时注意到了这一现象：

"有时候他们会把普鲁士蓝吹进或者撒进绿茶里，好给茶叶染上颜色；
最近他们用这种办法来作弊，尤其是对于那些陈茶。"[3]

这段话中的"最近"（of late）一词说明这种做法出现未久。类似的记载
也见于其他一些时间更晚的书籍，例如 1836 年 Phipps 的 *A Practical
Treatise on the China and Eastern Trade* 等，可见这种做法延续的时间相
当长，并不是一时一地的偶然现象。因此 1801 年的这份记录或许确实能够

---

①　原文："…… of late Prussian blue has been imported for them，which still gives a finer and
deeper colour."见 George Macartney(1962)：第 298 页。引文系本书作者翻译。

②　需要指出的是，给茶叶染色并不一定要使用普鲁士蓝，事实上染茶做法的出现可能比普鲁
士蓝的输入要早。早在 1757 年，已经有来华旅行的英国人记录了这一做法，当时使用的染料是
铜绿。见 Hanway J(1757)：第 7-8 页。

③　原文："…… sometimes Prussian blue is blown or dusted into green teas to give them a
colour，it is of late they do it with the view of cheating，particularly，in old green Teas."见"Canton，
China，May 2 1801，" Dorr's 1801 Canton，China Memo. Book in Sullivan Dorr Papers，1799-1852，
Microfilm，Call No. HF3128. D7，Rhode Island Historical Society。引文系本书作者翻译。

说明用普鲁士蓝染茶这一做法的大略时间上限。

有关染茶问题最翔实可靠的一份文献，出自著名的"茶叶大盗"——福钧（Robert Fortune）之手①。1848—1851 年间，福钧在中国考察制茶工艺并谋求茶种。此前他已经注意到染茶现象的存在，而在徽州考察绿茶作坊时，他终于亲眼观察到了中国工人染茶的全过程，并在笔记中作了详细记载：

"工头亲自掌控染色的工序。他把一定比例的普鲁士蓝倒进一个瓷碗里，有点像化学家用的研钵，然后碾成很细的粉末。……把石膏和普鲁士蓝以 4∶3 的比例混合在一起，就得到一种淡蓝色的粉末备用。"②

这种淡蓝色的粉末会在"炒青"的步骤中被添加到茶叶里：

"在出锅前五分钟，工头用一把瓷勺将这种色粉洒进每一锅茶叶里，工人们随即用双手快速翻动茶叶，好让颜色均匀弥散。"③

福钧还提到，一位英国绅士在和茶农的谈话中得知，中国人自己并不饮用这种染了色的茶——他们完全明白没有添加剂的茶是更好的，但他们认为，外国人更偏爱用普鲁士蓝染过色的茶叶，因为颜色更均一，更好看。

"既然这种配料足够便宜，中国人没理由不这么做，况且这种染过色的茶通常能卖出更高的价格。"④

"足够便宜"是一个重要信息，它提示了 19 世纪 40 年代，普鲁士蓝在中国已经成为相当廉价的商品，而不是昂贵的洋货。这与 Bailey（2012）关于

---

① Robert Fortune（1812—1880）是一位苏格兰植物学家，1842 年受英国东印度公司委派来华，目的是"获取和运输茶树、茶种"。这一行动取得了成功，福钧将中国的茶种和茶叶生产技术引入印度并种植成功，从此结束了中国垄断茶叶生产的历史。

② 原文："The superintendent of the workmen managed the colouring part of the process himself. Having procured a portion of Prussian blue, he threw it into a porcelain bowl, not unlike a chemist's mortar, and crushed it into a very fine powder…These two substances, having been thus prepared, were then mixed together in the proportion of four parts of gypsum to three parts of Prussian blue, and formed a light-blue powder, which was then ready for use."见 Robert Fortune（1852）：第 92-93 页。引文系本书作者翻译。

③ 原文："About five minutes before the tea was removed from the pans…the superintendent took a small porcelain spoon, and with it he scattered a portion of the colouring matter over the leaves in each pan. The workmen then turned the leaves rapidly round with both hands, in order that the colour might be equally diffused."见 Robert Fortune（1852）：第 93 页。引文系本书作者翻译。

④ 原文："…as these ingredients were cheap enough, the Chinese had no objection to supply them, especially as such teas always fetched a higher price!"见 Robert Fortune（1852）：第 94 页。引文系本书作者翻译。

普鲁士蓝在 1827 年前后已经实现国产化的观点是相符的。

福钧的笔记也为国产化问题提供了新的佐证。在中国，福钧注意到制茶工人使用的普鲁士蓝有两种，一种是他常见的普鲁士蓝，另一种他只在中国北方地区[①]见过，质量比前者轻，颜色也更浅[②]。为了弄清楚这到底是什么，福钧设法从制茶作坊里弄到了一些样品寄回英国，请化学家 Warrington 检验其成分。根据 Warrington 的研究，这种染茶色料的成分是纤维石膏（fibrous gypsum，calcined）、姜黄（turmeric root）和普鲁士蓝（Prussian blue），而浅蓝色是因为其中有氧化铝成分，可能是加入了高岭土或者滑石之故[③]。这一结论进一步印证了"中国自行生产普鲁士蓝"观点的可靠性。因为只有在国内生产的普鲁士蓝才有可能将高岭土和姜黄[④]这两种本地特产作为原料。

1935 年出版的万希章《矿物颜料》一书佐证了这一配方。书中提道："近来市品中，有所谓普鲁士蓝者，即绀青中加硫酸钡、黏土、石膏等无害之材料为体质剂而制之者"[⑤]，并记载了制备方法：在硫酸钡溶液中加入绿矾[⑥]，再加入黄血盐[⑦]搅拌，生成的沉淀再加以氧化。万希章还提到，"制品色泽之浓淡，可随加减体质剂而变更之"[⑧]。所谓"体质剂"，即"body pigment"，今多译为"填料"。这解释了高岭土在配方中的作用，也与 Warrington 的分析研究结论一致。

此外，还有一个有趣的小线索可以一提——普鲁士蓝在西方还有一个

[①] 实际上福钧并未到过通常意义上的中国北方地区，他这里说的北方地区指的就是安徽。

[②] 原文："Two kinds of Prussian blue are used by the tea-manufacturers—one is the kind commonly met with, the other I have seen only in the north of China. It is less heavy than common Prussian blue, of a bright pale tint, and very beautiful."

[③] Warrington 论文中的相关内容如下："Mr. Fortune has forwarded from the north of China, for the Industrial Exhibition, specimens of these materials (tea dyes), which, from their appearance, there can be no hesitation in stating are fibrous gypsum (calcined), turmeric root, and Prussian blue; the latter of a bright pale tint, most likely from admixture with alumina or porcelain-clay, which admixture may account for the alumina and silica found as stated in my previous paper, and the presence of which was then attributed possibly to the employment of kaolin or agalmatolite." 见 Robert Fortune(1852)：第 95 页。

[④] 姜黄是亚洲地区的人工培育作物，主要见于中国、越南和西印度地区。

[⑤] 万希章(1935)：第 31 页。

[⑥] 即硫酸亚铁的水合物，分子式 $FeSO_4 \cdot 7H_2O$。

[⑦] 即亚铁氰化钾，分子式 $K_4Fe(CN)_6 \cdot 3H_2O$。

[⑧] 万希章(1935)：第 31 页。

别称"中国蓝（Chinese blue）"，这一名称尤指高品质的普鲁士蓝（Berrie，1997）[1]。不过，由于"Chinese blue"一词也用来指称中国秦汉时期的硅酸铜钡颜料（也称汉蓝），西方学者提倡停止这种容易造成混淆的称谓[2]，因此这一名称现在已经不再使用。但是这个历史上曾经出现过的名字，仍然提示了普鲁士蓝曾经和中国有某种独特的联系。福钧的描述中特别提到了中国自产的普鲁士蓝"非常美丽"，这似乎也与 Berrie（1997）有关"高品质"的说法遥相呼应，证实了中国人不仅从英国引进了普鲁士蓝生产技术（Bailey，2012），而且还有某种程度上的改良。

近年来的科学分析工作也为普鲁士蓝在清代的应用积累了一些实物证据。目前已知的案例信息可以汇总如表 6.7 所示，其中年代最早的案例可能是一件 18 世纪丝质长袍上使用的普鲁士蓝（见 5.2.2 节）。据 Winterthur 博物馆馆藏信息，该文物断代在 1700—1800 年之间，但是没有确切纪年。另一件 1795—1805 年间的油画也是已知年代较早的案例。而年代最明确的一例来自故宫宁寿宫花园的内檐装修，清代档案史料清楚地显示此处内檐装修制作于乾隆三十八年至乾隆三十九年间（1773—1774），这与普鲁士蓝已知最早的文献证据——东印度公司档案中记载的 1775 年——大体吻合。当然，考虑到保存至今的文献和实物证据都必定不完整，普鲁士蓝实际最早进入中国的时间，应当比 1773 年或者 1775 年都更早一些。

到 19 世纪初，普鲁士蓝的应用就更加广泛，如图 5.11 和表 5.5、表 5.6 所示，19 世纪的广州外销画中普鲁士蓝已经屡见不鲜。普鲁士蓝也从沿海口岸迅速传播到内陆地区，甚至已经用在西藏等地区的唐卡中。

与此同时，普鲁士蓝也进入了彩画工匠的视野。在清代皇家陵寝中，泰东陵、昌陵和昌妃陵的内檐彩画中都检出了普鲁士蓝[3]，紫禁城中，体元殿外檐彩画也使用了普鲁士蓝（图 6.10）[4]。虽然这些彩画难以判明准确的营缮时间（表 6.5 中列出了建筑的始建时间，但也有可能存在晚期的彩画重缮），但观察其形貌与保存状况，和同一建筑群中确知为清晚期重缮的彩画相比，尚有显著差别，因此即使不是原始彩画，年代应当也不会太晚，较合理的推测仍然是清中期前后。此外，山西地区的清代彩画中也有一例普鲁士

① 转引自 Eastaugh N(2008)：第 100 页。
② Eastaugh N(2008)：第 42 页。
③ 本书作者工作，在清华大学建筑学院 MSRICA 文保实验室和河南省科技文物保护中心完成。
④ 本书作者工作，在故宫博物院文保科技部实验室完成。

蓝的应用,虽然尚需进一步分析确认[1],但也提示了这种颜料在更广泛地域内应用的可能性。

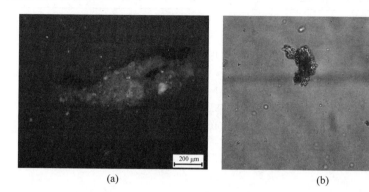

(a)　　　　　　　　　　　　　　(b)

图 6.10　故宫体元殿外檐彩画中的普鲁士蓝颜料

（a）体元殿外檐彩画蓝色样品剖面显微照片,可见光下,100×；（b）体元殿外檐彩画中的普鲁士蓝颜料颗粒,单偏光下,400×

图片来源：本书作者工作,在故宫博物院科技部实验室完成。

6.3.4　普鲁士蓝的进口贸易

　　1859 年,旧海关贸易统计册开始编辑出版,因此普鲁士蓝在 1859 年之后的详细贸易状况也得到了持续稳定的档案记录（表 6.8）。头两年的海关贸易统计册里没有这种颜料,但 1861 年宁波港的统计数据中,就初次出现了普鲁士蓝从美国进口的记录。此后普鲁士蓝的身影在贸易统计中时隐时现,一直到 1894 年,终于迎来了稳定持续的贸易期,复出口和转口贸易也随之发展起来。

表 6.8　普鲁士蓝的海关进出口贸易数据统计：1859—1902 年

年份	港口	来源地	出口地[2]	数量/斤	价值	货币单位	折算单价	折算美元单价[3]
1859	无	—	—	—	—	—	—	—
1860	无	—	—	—	—	—	—	—

---

　　① 此样品仅经 PLM 检测,而 PLM 镜下普鲁士蓝特征与靛蓝十分近似,因此存在误判可能。但仅就此样品的显微照片来看,的确与同时期、同地域彩画中所使用的靛蓝颜料样品在形态和色彩上有明显差异。

　　② 含复出口。

　　③ 按照 1868—1878 年间平均汇率计算,1 海关两＝1.55 美元。

续表

年份	港口	来源地	出口地	数量/斤	价值	货币单位	折算单价	折算美元单价
1861	宁波	美国		2790	1060	海关两	0.380	0.589
1862	无							
1863	天津	英国		1740	800	海关两	0.460	0.713
	九江	不详		18 281	7312.4	海关两	0.400	0.620
1864	汉口	上海		320	64	海关两	0.200	0.310
	九江	上海		12 393	2478.6	海关两	0.200	0.310
	福州	香港		700	490	美元	0.700	0.700
1865	无	—	—	—	—	—	—	—
1866	无	—	—	—	—	—	—	—
1867	无	—	—	—	—	—	—	—
1868	汉口	不详		未记载①	未记载	—	—	—
1869	无	—	—	—	—	—	—	—
1870	无	—	—	—	—	—	—	—
1871	无	—	—	—	—	—	—	—
1872	无	—	—	—	—	—	—	—
1873	无	—	—	—	—	—	—	—
1874	无	—	—	—	—	—	—	—
1875	无	—	—	—	—	—	—	—
1876	无	—	—	—	—	—	—	—
1877	无	—	—	—	—	—	—	—
1878	无	—	—	—	—	—	—	—
1879	无	—	—	—	—	—	—	—
1880	无	—	—	—	—	—	—	—
1881	无	—	—	—	—	—	—	—
1882	无	—	—	—	—	—	—	—
1883	无	—	—	—	—	—	—	—
1884	无	—	—	—	—	—	—	—
1885	无	—	—	—	—	—	—	—
1886	无	—	—	—	—	—	—	—
1887	无	—	—	—	—	—	—	—
1888	无	—	—	—	—	—	—	—

① 1868年汉口港的贸易统计册中，在进口洋货清单里确有普鲁士蓝一项，但未记载具体数量和价值。

续表

年份	港口	来源地	出口地	数量/斤	价值	货币单位	折算单价	折算美元单价
1889	广州	香港及其他国内港口		798	279	海关两	0.350	0.350
1890	无	—	—	—	—	—	—	—
1891	无	—	—	—	—	—	—	—
1892	无	—	—	—	—	—	—	—
1893	无	—	—	—	—	—	—	—
1894	天津	国内港口		18 100	4585	海关两	0.253	0.393
	上海	香港及国外港口		122 446	28 995	海关两	0.237	0.367
1895	天津	国内港口		12 400	3915	海关两	0.316	0.489
1896	天津	香港及国外港口		5400	2006	海关两	0.371	0.576
		国内港口		9300	2720	海关两	0.292	0.453
1897	天津	香港及国外港口		4500	2191	海关两	0.487	0.755
		国内港口		153	6992	海关两	45.699	70.834
1898	天津	香港及国外港口		4000	1360	海关两	0.340	0.527
		国内港口		6100	2577	海关两	0.422	0.655
1899	天津	香港及国外港口		7600	3535	海关两	0.465	0.721
		国内港口		18 600	7661	海关两	0.412	0.638

续表

年份	港口	来源地	出口地	数量/斤	价值	货币单位	折算单价	折算美元单价
1899	上海	香港及国外港口		73 500	21 524	海关两	0.293	0.454
		国内港口		700	192	海关两	0.274	0.425
			香港及国外港口	33 200	8106	海关两	0.244	0.378
			国内港口	43 500	13 306	海关两	0.306	0.474
	天津	香港及国外港口		5000	2304	海关两	0.461	0.714
		国内港口		3500	1571	海关两	0.449	0.696
			国内港口	200	80	海关两	0.400	0.620
1900	上海	香港及国外港口		38 900	9815	海关两	0.252	0.391
		国内港口		700	170	海关两	0.243	0.376
			香港及国外港口	19 900	4812	海关两	0.242	0.375
			国内港口	9800	3398	海关两	0.347	0.537
1901	上海	香港及国外港口		32 400	11 674	海关两	0.360	0.558
		国内港口		300	60	海关两	0.200	0.310
			香港及国外港口	24 200	5 475	海关两	0.226	0.351
			国内港口	13 400	4039	海关两	0.301	0.467

续表

年份	港口	来源地	出口地	数量/斤	价值	货币单位	折算单价	折算美元单价
	杭州	国内港口		100	47	海关两	0.470	0.729
	广州	香港及国外港口		17 400	2600	海关两	0.149	0.232
	天津	国内港口		400	169	海关两	0.423	0.655
1902	牛庄	国内港口		9500	2363	海关两	0.249	0.386
	天津	香港及国外港口		2500	1250	海关两	0.500	0.775
		国内港口		16 400	6999	海关两	0.427	0.661
	上海	香港及国外港口		75 300	21 914	海关两	0.291	0.451
		国内港口		500	207	海关两	0.414	0.642
			香港及国外港口	11 100	2565	海关两	0.231	0.358
			国内港口	25 700	8500	海关两	0.331	0.513
	广州	香港及国外港口		100	32	海关两	0.320	0.496

资料来源：根据 1859—1902 年各港口贸易统计数据整理，《中国旧海关史料》第 1～33 册。

从表 6.8 的数据统计中，可以解读出几个重要信息：①普鲁士蓝从 1894 年开始稳定持续进口，北方的贸易集散地主要是天津，南方则是上海和广州；②1860 年普鲁士蓝已有进口，但规模并不大，只有个别港口的零星贸易；③1865—1893 年之间，有一个几乎完全空白的断档期。

Bailey(2012)认为 1827 年之后广州就不再进口普鲁士蓝，并推测这是因为此时中国的普鲁士蓝制造厂已经建立，其产出足够满足国内需要，无需再从国外进口。但事情也许并不是这么简单。实际上，Bailey(2012)文中也引用 Sampson(1882)的材料说，普鲁士蓝在中国的制造厂并未长期运转下去，而是在开办一个时期之后就倒闭了，原先的厂址衰草丛生，"广州工业史上这个有趣的小插曲就此宣告结束"①。

虽然对倒闭的原因语焉不详，但 Sampson 的这一记录很可能并非虚言。从海关贸易统计档案来看，到 19 世纪 60 年代，普鲁士蓝又陆陆续续出现在了进口洋货的清单上，从 1861 年持续到 1865 年。

这一进口贸易可能并不是 19 世纪 60 年代才复兴的，如前文所述，罗伯特·福钧 1848—1851 年间在中国观察到的普鲁士蓝有两种，一种从成分上看是国产货，另外一种就是他所习见的欧洲制造的普鲁士蓝。也就是说，即使在国内工厂还没有倒闭的 1848—1851 年间，中国也没有停止从西方进口普鲁士蓝。

实际上，和 smalt、雄黄、靛蓝以及其他许多颜料一样，进口和国产在很多时候都是并行不悖的两条供应渠道。并不是但凡能够自产的颜料就不需要进口，理由可能有很多，譬如运输成本——对于远离某些颜料国内原产地的沿海地区而言，直接从外国进口可能比从国内购买成本更低；又譬如品质差异——受天然原料成分影响，中国自产的颜料可能不及国外进口的同类颜料品质之优，雄黄就是一例；再譬如产量——由于矿产开采、加工成本等限制，某些颜料的国内生产可能处于供不应求的状态，进口贸易就成为满足市场需求的新途径。对于普鲁士蓝而言，虽然尚无足够材料作出具体分析，但总体而言，以上三种因素都有可能存在。

Bailey(2012)之所以认为普鲁士蓝从 1827 年起停止进口，依据在于，东印度公司的贸易档案里，"1827/1828 贸易季中没有普鲁士蓝的进口记录，此后各年度也都没有"②；但并未说明的是，这个"此后各年度"究竟是多长一段时期。实际上，考虑到整个东印度公司于 1874 年 1 月 1 日正式解散，这个"此后各年度"至多持续到 1873 年。

---

① 原文如下："During recent years the prosperity of this branch of industry in the manufactory referred to, has gradually declined⋯ But modern science as applied to manufacture of dyes seems to have given a death-blow to this imported but jea- lously-guarded industry; the manufacture ceased; the ground on which there used to stand numerousjars of liquid blue, became covered with rank herbage; the buildings fell into ruin⋯and thus this interesting little episode in the industrial history of Canton is brought to a close." 引自 Sampson(1882)。

② 原文："Further research in the East India Company records revealed that by the 1827/1828 trading season, there was indeed no listed import of Prussian blue and the same held true of the following seasons." 见 Bailey(2012)：第 118 页。

　　然而，即使档案记录的空白确实持续到 1873 年，也不意味着"普鲁士蓝不再出口到中国"这一状况持续到 1873 年，因为这仅仅是东印度公司一家的贸易记录。而早在 1834 年，在自由贸易势力的冲击下，东印度公司的对华贸易垄断权已经被英国政府正式取消，更多的散商加入对华贸易行列，他们同样有可能参与普鲁士蓝的贸易竞争。东印度公司不再对华出口普鲁士蓝，或许恰恰是因为其他公司在以更低的价格向中国倾销普鲁士蓝。不止英国散商，其他国家也在参与普鲁士蓝的贸易，例如 1861 年宁波进口的普鲁士蓝就来自美国而非英国。因此，单凭东印度公司的档案来判断普鲁士蓝的在华贸易状况不够全面，可以说有，但很难说无。1827 年之后东印度公司档案里不再出现普鲁士蓝，并不意味着普鲁士蓝进口贸易的彻底断绝。

　　那么如何解释旧海关档案里 1865—1893 年的空白期呢？这是否意味着国产普鲁士蓝在这一时期内有足够的供应量，以至于完全抑制了进口需求？恐怕也不宜轻下如此结论。在 1859—1902 年的旧海关史料里，普鲁士蓝从未出现在任何土货（native produce）清单里，这也从侧面印证了 Sampson（1882）的"小插曲"之说——这段时期内中国国内恐怕并无大规模的普鲁士蓝生产，否则很可能和其他国产颜料染料一样进入沿岸贸易的商品之列。当然，这一时期普鲁士蓝也没有出现在任何出口商品的清单里——说明中国对日本的普鲁士蓝出口贸易也停止了。

　　所以，1865—1893 年这段贸易统计册中的空白，有可能确实对应了普鲁士蓝在清代贸易和应用的一个断档。已知的实物证据也与这一观点相符——迄今尚未发现任何普鲁士蓝在这段时间内的应用实例。即使不能说普鲁士蓝在此期间完全从中国市场上消失，至少也经历了一个应用量和贸易量都少到可以忽略的低潮时期。

6.3.5　本节小结

　　综合以上讨论，可以初步勾勒出普鲁士蓝在清代中国贸易、生产与应用的大致轨迹：

　　普鲁士蓝在 18 世纪六七十年代（乾隆中后期）开始进入中国，最初是由英国东印度公司贩运到广州出售，到 1793 年前后，在中国已经有了相当普遍的应用。

　　大约在 1801 年，广州地区的制茶工人开始用普鲁士蓝给茶叶染色，这种做法一直持续到 1848 年之后。在 1827—1828 年附近，普鲁士蓝可能已经实现了国产化，使得其成本大大降低，致使它在染茶中的应用愈加普遍，范围从广州等沿海口岸扩大到了徽州这样的内陆地区。这一时期，国产的普鲁士蓝也出口到日本。但与此同时，中国人也继续从西洋进口普鲁士蓝。

在清中期或稍晚些时候，普鲁士蓝进入了彩画匠人的视野，被应用于清昌陵等一系列皇家营建工程，用法则往往是和洋青（smalt）混同使用。这种运用并未得到官修则例的认可，很可能是匠人用来降低成本的一种策略。同时，广州外销画画师和其他行业的手工艺人也开始使用这种颜料，但主要是作为一种新补充的色彩，而不是替代原有的蓝色颜料。作为彩绘颜料的普鲁士蓝从沿海口岸迅速传播到内陆，甚至远至西藏地区。

普鲁士蓝的国内生产持续了一段时间之后就逐渐停止了，停产的时间下限可能在 1862 年前后（中国至此停止向日本出口普鲁士蓝），最迟不晚于1882 年（根据 Sampson 的笔记），停产原因尚不得而知。

1861 年起，英美等国又开始向中国出口普鲁士蓝，但贸易规模不大，贸易范围也有限。接下来，1865—1893 年间，中国出现了一段普鲁士蓝贸易和应用的空白期。但从 1894 年起，普鲁士蓝迎来了复兴，中国重新开始从国外大量进口这种颜料，其进口趋于持续和稳定，贸易量比之 19 世纪早期也大为增长。这一时期——也就是光绪年间，普鲁士蓝在中国的贸易和应用达到了一个高峰。当然，需要注意的是，这其中可能有相当大的比例是作为染料（而非颜料）使用的。作为一种蓝色颜料，普鲁士蓝　直没有获得匠人对 smalt 或人造群青那样的重视。无论在清代的建筑彩画、外销画还是其他彩绘工艺美术品中，它始终都只是一种辅助性质的次要颜料。个中原因尚不明确，或许只是因为它的色相始终不够契合清代中晚期工匠的审美趣味。

6.4　危险的绿色：巴黎绿（Emerald green）

巴黎绿也叫祖母绿，后者是在英文文献中使用较普遍的名字，但今天的中国人更习惯使用 Paris green 这个译名，而把"祖母绿"一词留给同名的宝石。

尽管巴黎绿是一种剧毒的颜料（它后来也被用作杀虫剂），但在它问世之时，一般民众对化学制剂的安全性还所知甚少，注意到的只是这种颜料格外艳丽的色泽与良好的耐久力。1822 年，巴黎绿的成分和制备方法一经公开，颜料商立刻纷纷投入生产，使得这种颜料在 19 世纪的欧洲美术界大为流行。在印象派和后印象派画家那里，巴黎绿广受青睐，梵·高的书信和保罗・塞尚的笔记里都曾提及自己对这种颜料的需求，连远赴南太平洋的高更也需要托欧洲的友人和颜料商将巴黎绿寄往塔希提岛[1]。

与巴黎绿相似的有毒绿色颜料还有另一种，叫 Scheele's green[2]，主要成分是亚砷酸铜，其发明比巴黎绿更早，是第一种人工合成的铜砷绿色颜料[3]。但由于相关文献记载极少，西方学者目前也未能确定其发明和应用的时间范围，只知道约在 18 世纪 70 年代已经作为颜料使用[3]。

巴黎绿作为颜料的应用时间相对明确，在欧洲和美国，大约从 19 世纪早期延续到 20 世纪 60 年代（但直到 20 世纪 80 年代还用作杀虫剂）[3]。在中国，巴黎绿则以晚清彩画中的大量运用为人熟知。但是，关于巴黎绿具体何时进入中国，以及当时的中文名称，仍然是有待补充的研究空白。

6.4.1　巴黎绿的中文名称及其变迁

与其他进口颜料一样，巴黎绿的中文名称是需要首先讨论的问题。

最早提及这种颜料中文名称的文献，是 1902 年的中英税则。这份税则的货物清单是按商品用途归类的，其中"染料、色料和颜料（Dyes, Colours and Paints）"的类目下，载有：

Green Emerald　　per Picul.　　1000 HK Tls.

漆绿每百斤一两

这份中英文对照的文本，证实了这种颜料在光绪年间的官方名称——"漆绿"。

但是，"漆绿"并不是专为这种颜料而设的译名，此词早已见于古代文献，如元代陶宗仪《辍耕录》卷十一录《采绘法》："黑绿，用漆绿入螺青合。"[4]从这篇《采绘法》行文体例可以推断，"漆绿"是一种深绿色的颜料，调和螺青之后即得到更深的墨绿色[5]。1902 年中英税则中的"漆绿"，正是借用此词来翻译这种绿色西洋颜料的名称。借用古已有之的名词，作转义或引申，以

---

① 　Joly-Segalen, 1950。转引自 Fitzhugh (1993)：第 224 页。

② 　由于这种颜料在中国的应用未见报道，因此也没有对应的中文规范译名，为免误会，本书中径用其英文名称。

③ 　Inge Fiedler, Michael A Bayard, 1997。转引自 Fitzhugh (1993)：第 225 页。

④ 　《辍耕录》，卷十一。四部丛刊三编本。

⑤ 　《采绘法》此节内容为"调合服饰器用颜色"，其体例相当清晰统一：先列颜色名目，再列调合之用法。例如："绯红，用银朱紫花合"，"绯红"为颜色名，"银朱"和"紫花"为颜料名。又如："月下白，用粉入京墨和"，"月下白"是颜色名，"粉"和"京墨"为颜料名。显然这是一种浅灰色。

意译外来语汇，也是近代中文外来词的造词法之一①，此即其例。这一用法也见于近代海关贸易统计册中，在一些中英文对照的商品清单里，"漆绿"被对应于"Green，Emerald，Schweinfurt or Imitation"②。

但是，这一译名和其他很多临时为之的借词一样，昙花一现，没能在汉语里固定下来。近代海关系统之外的中文文献并未继续使用"漆绿"一词，但也没有将这种绿色颜料称为"巴黎绿"。《矿物颜料》(1935)中将 Emerald green 称为"耶绿"，而将 Scheele's green 称为"砷绿"，并记载了两种颜料的制备方法。《化学集成》第 2 编(1923)中在"铜及其化合物"中提到了亚砷酸铜："或称休列氏青(Scheele's green)，可作绘具。"③但是没有提及巴黎绿。"休列氏青"一词也不见于他书。《工业药品大全》(1922)未提及这两种绿色颜料。可见，在很长一个时期内，这种颜料的中文译名都处在相当多样和混乱的状态。

晚清民国年间，这种颜料很可能是以"洋绿"之名进入彩画作的。根据于非闇对北京彩画匠师刘醒民的采访④，民国年间使用的进口绿色颜料只有"鸡牌洋绿""禅臣洋绿"和"翠绿"三种。可见当时彩画业内仍未使用"巴黎绿"这一名词。再往前追溯到光绪年间，1906 年的《酌定奉天通省粮货价值册》中的颜料类目之下，绿色颜料只有"洋绿"一种，考虑到光绪年间建筑彩画的实际应用状况，这种"洋绿"很有可能就是巴黎绿。

那么，彩画匠师口中的"洋绿"是什么时候变成"巴黎绿"的呢？

实际上，国内最早使用"巴黎绿"这个词的是农业科学文献——当然是将其作为杀虫剂提及的。欧洲人发现巴黎绿可作杀虫之用，大概是 19 世纪 80 年代的事，此时画家们将它用作颜料已有半个多世纪的历史⑤。1902 年的中英税则明确将其作为颜料登记，杀虫剂这一用途传入中国，较其颜料之

---

① 例如"幽默""交通""博士"等词，在古汉语中均已存在，但意义与现代汉语并不相同，是近代借以翻译外来名词概念的结果。
② 例如 1948 年海关中外贸易统计年刊(The Trade of China，1948)卷二，进口货物类编，《中国旧海关史料》第 151 册：第 44 页。
③ 水津嘉之一郎(1923)：第 248 页。
④ 此采访具体时间未详。刘醒民是北京著名彩画匠师，但生卒年月也已失考。这一访谈见于《中国画颜色的研究》，出版于 1955 年；此外，北京文物整理委员会曾聘请"北京彩画界老艺人刘醒民同志"绘制彩画小样，后于 1955 年辑为《中国建筑彩画图集》一书；1958 年的《民间画工史料》一书提及刘醒民时注明"已故"，综合上述信息，推断刘醒民生于清末，民国时期长期从事彩画业，20 世纪 50 年代去世。因此他的访谈应当反映了民国年间(20 世纪 20—40 年代)的彩画颜料应用状况。
⑤ FitzHugh(1993)：第 222 页。

用应当也是更晚的事。

　　作为杀虫剂，"巴黎绿"一词在中文文献中的出现至少可以追溯到 20 世纪 30 年代。目前已知最早一例是 1930 年《农业周报》上刊登的《巴黎绿除虫试验》(图 6.11(a))①。1936 年的《科学画报》的一篇科普蚊虫防治法的文章里，也有一张"用飞机散播巴黎绿"的插图(图 6.11(b))②。这两例行文都未加注英文，也未作特别注解，可见当时"巴黎绿"已经是中文中约定俗成的语词。

　　巴黎绿作为一种除虫剂确实曾在 20 世纪初的中国得到应用，这一点也能从一些有关病虫害防治的专门书籍中得到证实。1934 年出版的《害虫防治法》一书中谈道："巴黎绿为应用最早之杀虫剂……今已鲜用。"③1936 年出版的《农用杀虫杀菌药剂》中，专辟一节"巴黎绿(Pairs green)"④，并记载了巴黎绿的制法。这两本书都是中国人自己撰写的，反映出当时国内相关行业对巴黎绿的认识。

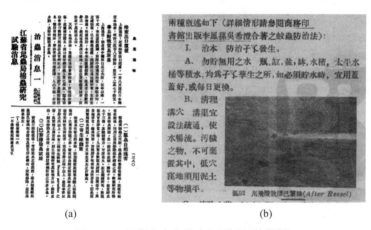

(a)　　　　　　　　　　　　(b)

图 6.11　早期中文文献中"巴黎绿"的用例

(a) 1930 年《农业周报》；(b) 1936 年《科学画报》

　　嗣后，直接由彩画匠师经验形成的彩画做法类著作中，逐渐开始将"巴黎绿"作为颜料名称述及，如杜仙洲(1984)，蒋广全(2005)，何俊寿、王仲杰

　　①　《治虫消息一(江苏省昆虫局特约)：江苏省昆虫局棉虫研究试验消息：(三)巴黎绿除虫试验》，《农业周报》，1930 年，第 51 期：第 23-24 页。

　　②　《为害人愿之昆虫一：蚊(续)》，图 52.用飞机散播巴黎绿。《科学画报》1936 年，第 3 卷，第 15 期：第 584 页。

　　③　吴宏吉等，《害虫防治法》，杭州：浙江昆虫局，1934：第 10 页。

　　④　曹自晏，《农用杀虫杀菌药剂》，上海：黎明书局，1936：第 71-72 页。

(2006),边精一(2007)等。这些作者投身彩画行业的时间始自 1940—1960年。可见这一名称在 20 世纪中期已经渗透到颜料领域。

综合以上讨论,可以将巴黎绿的中文名称变迁作一梳理：巴黎绿作为一种颜料在 19 世纪末传入中国,最早在官方文件里被译为"漆绿",但这一译名并未从此固定,光绪以来,一度出现过"洋绿""砒绿""休列氏青"等多种中文名称,而北京的彩画匠人称其为"洋绿"。20 世纪初,巴黎绿作为杀虫剂的用法也由欧洲传入中国,并被译为"巴黎绿",这一名称最终从农业科学领域扩大开来,传播到其他行业,逐渐成为此种颜料在各个领域的通行称谓。20 世纪 40 年代之后,彩画行业也接受了这一叫法,并将这一称谓沿用至今。

6.4.2　巴黎绿在清代中国的应用

巴黎绿最为人熟知的应用是在建筑彩画中,各种关于清代彩画的研究著作中均有语及,反映出这种材料在清晚期彩画中应用之普遍。此外,在壁画等其他类型彩绘文物中也有不少发现(表 6.9)。

表 6.9　巴黎绿在中国文物中已知的应用案例

年　　代	文　　物	载体类型	检测方法
明代或更晚	西藏哲蚌寺措钦大殿[1]	壁画	Raman,XRD, SEM-EDS
清代或更晚	西藏布达拉宫西经院清代壁画[2]	壁画	PLM
光绪七年(1881)	西安周至胡家堡关帝庙壁画[3]	壁画	XRF,PLM
清晚期	西藏大昭寺转经廊壁画[4]	壁画	Raman, XRF,PLM, SEM-EDS,FTIR
不详	四川广元千佛崖 226 窟壁画[5]	壁画	PLM,Raman
清晚期	故宫贞度门[6]	建筑彩画	Raman
乾隆元年(1736)或更晚	清泰陵方城明楼内庙号碑石碑座彩绘[7]	建筑彩画	PLM,Raman

① 数据来源：成小林等(2015)。
② 数据来源：夏寅(2009)。
③ 数据来源：赵凤燕等(2017)。
④ 数据来源：王乐乐(2014)。
⑤ 数据来源：李蔓等(2014)。
⑥ 数据来源：Cheng,Xiaolin,et al.(2007)。
⑦ 数据来源：本书作者工作(2017)。

续表

年　　代	文　　物	载体类型	检 测 方 法
清代中晚期	山西平遥镇国寺万佛殿①	建筑彩画	PLM,SEM-EDS
清代中晚期	山西平遥镇国寺天王殿②	建筑彩画	PLM,SEM-EDS
清代中晚期	故宫请神亭③	建筑彩画	PLM,SEM-EDS
乾隆五年（1740）或更晚	西安钟楼④	建筑彩画	XRD,XRF
不详	故宫大高玄殿建筑群⑤	建筑彩画	Raman,PLM,SEM-EDS
雍正四年（1726）或更晚	河南武陟嘉应观彩画⑥	建筑彩画	PLM
同治八年（1869）或更晚	故宫武英殿⑦	建筑彩画	Raman,SEM-EDS
不详	西安鼓楼⑧	建筑彩画	XRD,SEM-EDS
清晚期	北京印刷学院印刷史研究室藏道教人物画像⑨	纸本绘画	DRS（漫反射光谱）,Raman,XRF
清代	清代工笔云龙水波纹绘画⑩	纸本绘画	Raman,XRF
清代	鸦片战争博物馆藏通草水彩画⑪	纸本绘画	Raman
1849 年	Winterthur 博物馆藏外销通草画：中国妇女⑫	纸本绘画	XRF
宣统元年（1909）	云南德钦茨中天主教堂⑬	建筑彩绘	Raman,XRD,XRF
清中期	浙东婚床表面彩绘⑭	家具	PLM

① 数据来源：刘畅等（2013）。

② 数据来源：刘梦雨，刘畅（2013）。

③ 数据来源：王丹青（2017）。

④ 数据来源：张亚旭等（2015）。

⑤ 数据来源：雷中宾等（2017）。

⑥ 数据来源：中国文化遗产研究院（2013）。

⑦ 数据来源：Ai Guo Shen, et al.（2006）。

⑧ 数据来源：Mazzeo R（2005）。

⑨ 数据来源：何秋菊（2010）。

⑩ 数据来源：郝生财等（2016）。

⑪ 数据来源：张婵（2019）。

⑫ 数据来源：本书作者工作，2017。此样品仅经 XRF 测试，虽检测出 Cu 和 As 元素，但严格意义上说，不一定能判断是巴黎绿。

⑬ 数据来源：Zhu Tiequan（2013）。

⑭ 数据来源：包媛迪（2013）。

续表

年　　代	文　　物	载体类型	检测方法
不详	Winterthur 博物馆藏中国外销 器物 折扇（1963.0018A）①		XRF
民国早期	四川蒲江飞仙阁摩崖造像第 67、69 龛②	彩塑	Raman,SEM-EDS

资料来源：根据本书作者工作及相关文献整理。

　　从表 6.9 可以看出，巴黎绿在建筑彩画的应用案例数量最多，其次是壁画，在纸本绘画、家具、彩塑等领域也均有发现。这其中能够明确年代的案例均在清代中晚期，但是由于纪年的普遍缺乏和重绘的不确定性，几乎没有能够完全确定时间的案例③，因此目前尚无法为这种颜料在中国的应用划定明确的时间上限。

6.4.3　巴黎绿的进口贸易

　　有关巴黎绿的明确贸易记录出现得很晚，英国东印度公司的对华贸易档案（1635—1834 年）中没有出现这种颜料的踪影，其他清前期对外贸易史料中也未见提及。

　　在近代海关贸易统计资料中，"巴黎绿"（green，Emcrald）④第一次出现在进口洋货的贸易清单里，是在 1894 年的上海，进口量为 81 050 斤，与其他颜料的进口数量相比，是一个相当可观的数目。此后数年，有关这种绿色颜料的记录逐渐出现在更大的地域范围里，在 1899 年的镇江、1900 年的杭州和 1902 年的广州等港口的贸易统计中均有零星记录（详见表 6.10）。

表 6.10　巴黎绿的进口贸易统计：1859—1902 年

年份	港口	来源地	出口地	数量/斤	价值	货币单位	折算单价/海关两每斤
1894	上海	香港及国外港口		81 050	17 223	海关两	0.212
			国内港口	86 958	18 478	海关两	0.212

---

①　数据来源：本书作者工作，2017。同上页⑫，此样品仅经 XRF 测试，不一定能判断是巴黎绿。

②　数据来源：Jin Pu-jun,et al.（2010）。

③　唯一一例确知年代的文物是 Winterthur 博物馆藏外销通草画册（1849），但由于此案例仅使用 XRF 分析，对这一问题下文将有详述。

④　虽然巴黎绿在英文中有许多名称，但海关贸易统计册中只出现过其中两种，"Green，Emerald"和"Schweinfurt Green"。

续表

年份	港口	来源地	出口地	数量/斤	价值	货币单位	折算单价/海关两每斤
1899	镇江	国内港口		3000	750	海关两	0.250
1900	杭州	国内港口		6700	404	海关两	0.060
	上海	国外		83 500	19 580	海关两	0.234
				9000	2070	海关两	0.230
1902	牛庄	国内港口		3800	1111	海关两	0.292
	镇江	国内港口		4900	1176	海关两	0.240
	上海	国外		11 200	26 819	海关两	2.395
	广州	国外		5600	1359	海关两	0.243

资料来源：根据 1859—1902 年各港口贸易统计数据整理，《中国旧海关史料》第 1～33 册。

从价格数据上看，除了一个特异值（1902 年，上海），其他各年度的平均价格是 0.218 海关两每斤，是一个相当低廉的价格。再考虑到其色泽之艳丽，不难理解它为什么迅速被彩画业所接受。

不过，从国外进口绿色颜料的贸易记录并不是从 1894 年开始的，而是早得多。从 1859 年开始，"Paint, Green"的条目就频繁出现在各港口的贸易统计册中，几乎年年不断。除进口之外，也存在复出口和沿岸贸易。1859—1902 年间，这种不明绿色颜料（实际上可能不止一种）的贸易记录多达 92 条，其贸易量也颇可观，例如 1864 年广州港的贸易统计中，"对外贸易"（Foreign Trade）类目下，就有 23 667 斤的"Paint, Green"进口，总价值 7810 美元。在颜料类商品中，算是不小的交易量了。

在能够看到来源地的贸易记录中，"Paint, Green"的进口来源地主要是香港[①]，复出口（re-export）的目的地包括上海、镇江等国内港口。虽然有关来源地的信息很少，其中却有一个地点颇值得注意。1867 年的天津港贸易统计册中，有这样一条记录：

Paint, Green[②] From Passiett[③] and Siberia & Russia, via Kiachta: 8458 catties/677 Tls.

这证明了此种颜料是经由恰克图从俄国进口的。中俄之间颜料贸易尚未为人注意，这条记录为此提供了一则有价值的线索。

① 这并不意味着所有或者大部分这种货物都进口自香港，因为有来源地标注的贸易记录很少，大约只占全部记录的十分之一。

② 原注：Received overland from Kiachta for shipment to the South。

③ Passiett 一词不可解，有可能是拼写错误，因贸易统计册中地名的拼写错误也偶有出现。

不过，上述种种有关"Paint，Green"的记载，并未明确提及这种绿色颜料的具体名称或成分。虽然论者通常将其默认为巴黎绿，但是否存在其他可能性？这是下一节将要讨论的问题。

6.4.4　西洋绿色颜料＝巴黎绿？

虽然巴黎绿通常被认为是晚清时期最常见的西洋进口绿色颜料，但这里特别需要提出一个问题：巴黎绿是晚清建筑彩画中应用的唯一一种进口绿色颜料吗？

回顾前节关于名称的讨论，"洋绿"一词其实指代并不明晰，尚未找到能够明确将其与巴黎绿（或其他具体颜料种类）对应起来的证据。如果考虑到19世纪欧洲绿色合成颜料的状况，"洋绿"一词至少还有一个可能的选项，是scheele's green——亚砷酸铜。这种颜料的发明时间约在18世纪70年，虽然尚未发现其进口到中国的明确证据，但这种可能性并非不存在。

除了scheele's green，含铜砷的绿色颜料也存在其他可能选项。成小林（2015）对云南省丽江市白沙镇大定阁壁画中绿色颜料的拉曼光谱检测证实其为墨绿砷铜矿，这种矿物作为绿色颜料的应用在西方也有零星报道[1]。此外，在大同云冈石窟光绪年间的五华洞和青海塔尔寺九间殿的清代建筑彩画中发现了氯砷钠铜石，虽然有可能是巴黎绿的降解转化产物，但也不能排除人工合成的可能性[1]。也就是说，氯砷钠铜石这种绿色颜料是进口还是国产，是天然矿物还是人工合成，都还是未知之数。

因此，面对清晚期文献中的"洋绿"一词，不宜遽下判断，认为这个词指的就是巴黎绿，甚至不宜认为它特指某一种绿色颜料——实际上"洋绿"很可能是若干种进口绿色颜料的统称，而巴黎绿只是其中一种。

一些古建筑和彩画行业前辈的论述可以证实这一点。例如，杜仙洲[2]（1984）谈及古建筑彩画中使用的颜料时，就分别罗列"洋绿"和"巴黎绿"两个条目：

"［洋绿］以往多采用鸡牌绿，年久不变颜色，以手试之，如捻细砂，用开水沏后，待沉淀而水无色。"[3]

---

[1]　成小林（2015）。

[2]　杜仙洲（1915—2011），古建筑专家，1942年始任北平市工务局文物整理工程处技术员、北平文物整理委员会技士，1949年后仍从事古建筑保护工作。

[3]　杜仙洲（1984）：第287页。

"［巴黎绿］法国产品，色深不鲜艳，目前多用之。"[1]

两个词条的并置，提示了彩画颜料中的进口绿色颜料不止一种。由"洋绿"词条的叙述可知，"鸡牌绿"是洋绿中较具代表性的一种。"鸡牌绿"在各种文献中被普遍认为是一种德国产的绿颜料，但具体成分不明。结合"年久不变颜色"的叙述考虑，似乎不符合 scheele's green 的特征，因为亚砷酸铜很容易接触空气中的含硫物质而变黑。

傅连兴[2]（1986）曾经指出：

"乾隆以后就出现了进口洋绿，再后来几乎视德国鸡牌绿为标准绿色，近卅年来这种颜料已经不进口（据说已不生产），又改用捷克绿，巴黎绿等等，实际上这几种绿色，无论在色调上还是质感上都有很大差异。"[3]

这一说法同样将"鸡牌绿"视为"洋绿"的一种（所谓"乾隆以后"，并不是一个具体时间，不必细究），并且明确了鸡牌绿、捷克绿、巴黎绿这几种进口颜料在色调和质感上有"很大差异"，不可轻易混同。蒋广全（2005）和王时伟（2013）均认为早期的洋绿是德国产的鸡牌绿，后来改为巴黎绿；王时伟（2013）还提到巴黎绿的色彩不如鸡牌绿鲜艳，"略深暗，色泽发蓝"[4]，显然在成分上有所区别。

近年来，一些清晚期建筑彩画案例中也已经发现了巴黎绿之外的绿色颜料。例如对故宫景福宫光绪二十九年（1903）彩画的科学检测发现，在大木、天花、游廊椽子等处取得的绿色颜料样品，经 XRF 检测发现均含有 Cu、As 等元素，拉曼特征峰相似，但并不是巴黎绿，具体成分尚不明确[5]，只是"与鸡牌洋绿比较相似"[6]。这种尚不明确的绿色颜料或许并不是孤例，表 5.1 中报道的巴黎绿应用案例中，有些并没有做 Raman 分析，判断依据主要来自"同时含有 Cu 和 As"的元素特征，实际上也存在误判的可能性。这也提醒了科学分析工作者，对于含铜砷绿色颜料的检测和鉴定必须比以

---

① 杜仙洲（1984）：第 287 页。

② 傅连兴（1933—1998），故宫博物院高级工程师、古建筑专家，长期参与故宫古建维修实践。其看法应视为老一代古建从业者从实践出发的经验之谈。

③ 傅连兴，《有关古建保护工作的几个问题——在山西省古建培训班的发言》。见山西省古建筑保护研究所编《中国古建筑学术讲座文集》，北京：展望出版社，1986。

④ 王时伟等（2015）：第 157 页。

⑤ 根据文中提供的样品拉曼谱图，也可以排除 Scheele's Green。

⑥ 宋路易（2017）：第 106-107 页。按：此研究中使用的颜料名称与通常意义上的名称有别，"鸡牌洋绿"标准样品未说明来源和认定依据，但说明了其成分为醋酸亚砷酸铜，也就是通常称为巴黎绿的颜料；而"巴黎绿"标准样品为"含铜类酞菁颜料"，这种颜料一般被称为"酞菁绿"。

前更加谨慎。

　　综合以上说法，清代中晚期以来，很可能先后有若干种产自欧洲的绿色颜料进口到中国，这些鲜艳的绿色颜料在彩画作中被统称为"洋绿"，巴黎绿（醋酸亚砷酸铜）是其中较晚出而应用较广的一种。除巴黎绿之外的其他几种西洋绿色颜料的成分与进口情况，则是值得研究者在未来工作中加以留意的课题。

6.4.5　本节小结

　　巴黎绿是清晚期到民国年间建筑彩画及其他手工业中常用的绿色颜料。这种颜料从 19 世纪 20 年代开始在欧洲大规模生产，随后通过贸易渠道进入中国。最早的进口时间尚不明确，目前所见最早的海关贸易记录出现在 1894 年，但这种颜料实际传入中国的时间很可能早于此，已知年代最早的应用实例可能是一张 1849 年的外销水彩画。

6.5　从"各作泥腊"到"呀囒米"：胭脂虫红（cochineal）

　　"牙兰米"是 18—19 世纪中文贸易史料中常常出现的一个词汇，又写作"呀囒米"或"芽兰米"。由一些中英双语对照的文献不难得知，"牙兰米"指的是从胭脂虫（cochineal）中提取的红色颜料。在英文中，这种颜料被直接用胭脂虫的名字命名，即 cochineal。在当代，这种颜料通行的中文名称是"胭脂虫红"。

　　Cochineal 一词在英文中指的是以蚧总科（coccoidea）胭脂虫科（Dactylopiidae）昆虫为原料制造的红色颜料[①]。最早使用胭脂虫作为染料的是公元前 700 年的秘鲁帕拉卡斯（Paracas）文化[②]，随着 16 世纪西班牙人征服南美洲，这种红色颜料也被引入欧洲，并且在世界范围内传播开来，到 19 世纪，已经成为一种重要的红色绘画颜料。这是清代中国使用的进口颜料之一。

6.5.1　胭脂虫红进入中国的时间

　　胭脂虫红，或者牙兰米，传入中国的时间至今仍显得扑朔迷离。一则被

---

　　①　Eastaugh N, et al. (2008)：第 124 页。
　　②　Schweppe, Roosen-Runge, 1997。转引自 Eastaugh N, et al. (2008)：第 125 页。

广泛征引的说法是于非闇（1955）提出的，他认为胭脂红于明代万历年间传入中国，传世的曾鲸所绘王时敏肖像画（绘于 1616 年）中就使用了这种红色颜料，但并未解释这种说法的依据，很可能并不是基于科学检测而作出的论断。近年的科学分析检测未能报告任何在中国绘画作品中发现胭脂虫红颜料的实例，这当然是因为针对纸本或绢本绘画的颜料检测工作开展较少，因此对于曾鲸画作中是否的确使用了这种颜料，还很难作出是或否的确切回答。

抛开实物不论，就可征的文献记录而言，中国古代有关胭脂虫红的最早记载，当属康熙皇帝的《几暇格物编》中的"各作泥腊"条目：

西洋大红，出阿末里噶。彼地有虫，树上有虫，俟虫自落，以布盛于树下收之，成大红色虫，名"各作泥腊"。……按今西洋之各作泥腊，大小正如蚁腹，研淘取色，有成大红者，亦有成真紫者。用之设采，鲜艳异于中国之红紫。是即古之紫𬩽无疑①。

《几暇格物编》由康熙的臣子从康熙四十年起陆续编纂，一直到康熙身后还在继续编辑，全书至雍正十年正式刊印，也就是成书于 1701—1722 年间。康熙在书中将 cochineal 称为"各作泥腊"，显然是权宜之下的音译（这一译法此后不再见于其他文献），可见"牙兰米"这个中文译名当时很可能尚未出现。

但是，康熙此书中已经正确地描述了胭脂虫红的性状（鲜艳的大红色或紫红色）、功能（用作颜料）、来源（从虫体中提取）、产地（美洲）②。清早期进入宫廷的西洋传教士画师携来了多种西洋绘画颜料，"西洋大红"即为其中一种，屡见于雍正朝造办处档案。由《几暇格物编》这段文字的叙述口吻推测，当时这种"西洋大红"很可能已经由西洋传教士带入清宫，为康熙所见，这才有了《几暇格物编》中这段记述。

6.5.2　胭脂虫红的中文名称

"牙兰米"这一译名的产生不晚于 19 世纪初。1815—1823 年间出版的《华英字典》，由英国传教士马礼逊编著，是世界上第一部英汉-汉英对照的字典。此字典中收录了"呀嘲米"一词，对应的英文词汇是 cochineal。可

---

①　这里康熙误认为胭脂虫就是紫𬩽，是因二者作为颜料性质相近而导致的误会。紫𬩽和胭脂虫的区别，在 4.2.6 节已有辨析。

②　原文"阿末里噶"，即 America 之音译。

见,至迟到此时,"呀嚩米"这一中文译名已经产生——无论这是马礼逊自出机杼的翻译,还是采用了已经流行的中文名称。由于这一译名并非音译,或许有理由相信,后者的可能性要更大些。作为词典编纂者,马礼逊只是谨慎地选用了"呀嚩"这两个汉字,好让它更像一个正式的外来词汇①。

这一译名在 19 世纪得到了普遍使用,只不过其中的口字旁也像其他外来词一样逐渐消失了。魏源撰于 19 世纪 40 年代的《海国图志》中,多处提到胭脂虫红,使用的都是"牙兰米"一词:"巴拉乖国……其地膏腴。产谷果、草木、大黄、血竭、桂皮、甘蔗、蓝靛、绵花、烟叶、茶、蜜、牙兰米等物。"②除了巴拉圭,在介绍英吉利、美利坚和加拿大土特产时也都提到了牙兰米,这里不再一一引述。同时期的《瀛寰志略》(1849 年)也提到了"牙兰米":"巴拉圭……国虽小而张甚,邻不敢侵。地分二十小部,部名未详。产牙兰米、甘蔗、棉花、蓝靛、烟叶、蜂蜜、大黄、血竭、桂皮,又产土茶,啜之能醉人。"

英国传教士艾约瑟 1869 年出版的《上海方言词汇集》中,也收录了这一词条:"Cochineal,芽兰米。"

而更为重要的一则语料,来自 1880 年出版的《启蒙浅学》。该书由巴色会传教士编写,内容包括各种科学和生活常识,是供客家子弟读书识字的启蒙教材。此书记录了当时最为地道的新界客家方言口语,因此有很高的语言学研究价值。

《启蒙浅学》上卷的内容,是为蒙童讲解草木鸟兽、人体器官、天文地理等基本常识。其中有这样一则:

(三十八)讲论虫个用处

芽兰虫哙结芽兰米,就做得色料俾人染布、画画。……紫铆虫结倒个胶做得火漆。③

(牙兰虫能结牙兰米,能做成色料给人染布、画画。)④

这则材料至少透露出以下几个重要信息:①在 19 世纪末的香港新界,牙兰米(胭脂虫红)是为一般民众熟知的事物,人们对其来源(由牙兰虫也即胭脂虫产出)也有基本的认知;②这个译名在当时已经进入口语词汇,是民间实际使用的语汇,并不是生僻的专业名词;③牙兰虫和紫铆(紫虸)是两

---

① 在早期的中文翻译习惯里,一般用口字旁的汉字翻译外国名词,以示其外来词属性。例如"英咭唎"(English)、"咪唎坚"(America)等。

② 《海国图志》,卷六十八。

③ 《启蒙浅学》上卷。转引自庄初升,黄婷婷(2014)。

④ 释文据庄初升,黄婷婷(2014):第 331 页。

种不同的虫,其产物牙兰米和虫胶漆也是两种性能不同的材料(前者用作颜料,后者用作漆)。在最后这一点上,当时新界客家一般民众的认知显然超过了康熙皇帝。

　　综合上述材料,可知中文里"牙兰米"这个词汇约产生于 18 世纪末 19世纪初,普遍应用于整个 19 世纪。这同时也意味着这种进口颜料在 19 世纪的中国曾经获得过广泛的应用。

6.5.3　胭脂虫红在清代中国的应用

　　关于胭脂虫红作为颜料的具体应用,除了于非闇(1955)提到的曾鲸画作是一个存疑的案例,目前尚未见到其他报道。在 19 世纪的广州外销画里,检测到许多案例中存在有机红色颜料(详见 5.2.2 节及附录 D),限于分析条件,未能对这些红色颜料的具体成分作出进一步确认,这其中很可能存在胭脂虫红。胭脂虫红是否曾经运用在建筑彩画中,目前还缺乏明确的实物证据,但并不排除这种可能①。虽然胭脂虫红价格高昂,但是类比于紫艳青等同样昂贵的颜料,在彩画中作为小色的少量应用是可能存在的。

　　文献方面,值得注意的线索是,《钦定工部续增则例》卷二百三十四开列各种颜色的布料染价:

　　本色西生绢加染

　　大红色每丈银一钱六分

　　桃红色每丈银一钱

　　绿色每丈银三分

　　紫色每丈银二分七厘五毫

　　玉色每丈银三分五厘

　　蓝色每丈银四分五厘八毫

　　石青色每丈银七分

　　元青色每丈银四分七厘五毫

　　明黄色每丈银四分三厘八毫

　　秋香色每丈银四分三厘八毫

　　金黄色每丈银四分

---

　　①　当前针对有机颜料的专门检测较为少见,因此分析对象中即使存在有机颜料,往往也不易检出。

练白每丈银七厘五毫[①]

以上引述的是"本色西生绢"的染价，其他布料的染价与此类似，不再抄录。从染价数额可以看出，大红色的染价（一钱六分）以及桃红色（一钱）比其余颜色要高出 4～8 倍。除红色之外，其余颜色的染价差距并不显著。结合价值则例的记载来看，本土的红色植物质染料红花、苏木等价格均相当低廉[②]，与其他颜色的染料相比，价格水准持平或者更低[③]。相形之下，《钦定工部续增则例》中格外高昂的大红色染价就尤其惹人注目。当时的官用纺织品是否以胭脂虫红作为大红色的专门染料呢？这样的推测或许不无理由。

6.5.4　本节小结

总之，"牙兰米"这一中文词汇在 18—19 世纪传播的普遍状况，证明这种昂贵的进口色料曾在 19 世纪的中国有过相当大范围的应用。由于这一事实鲜为研究者所知，在针对清代彩绘文物检测中也未能加以关注，因此，其应用的具体状况和实例仍然有待未来研究揭示。

6.6　小　　结

在前一章廓清了清代海内外颜料商品的整体贸易背景后，本章着重梳理了几种重要进口颜料的来龙去脉。对每一种颜料，分别结合科学检测案例和文献记载，考述其名称流变、进入中国的时间、在中国的应用范围、生产情况、贸易情况等，为该种颜料的历史研究勾勒出一个大致的轮廓。由于每种颜料需要探讨和解释的问题不尽相同，本章内的各节并未采取完全一致的体例。

这其中尤其重要的是进口颜料的定名问题。一种颜料进入中国，其中文名称大多有一个逐渐固定的过程，厘清这些历史名称的产生和使用时段，是了解这些进口颜料应用状况和传播过程的重要前提。本章以 smalt、人造群青、普鲁士蓝、巴黎绿、胭脂虫红几种颜料为例，初步尝试探讨了其中文名称的流变，并借此揭示其在中国市场上流通和传播的过程。

---

① 《钦定工部续增则例》，卷二百三十四。嘉庆二十四年刊本。
② 乾隆年间苏木价格约为每斤五分，红花为每斤一钱。
③ 例如黄色染料黄栌木，价格每斤二分左右；蓝色染料靛花，约每斤二钱。

第7章 清代营造活动中彩画颜料的流通与使用

> 古者土赋随地所产，不强其所无。……凡合用
> 之物，必于出产之地计直市之。
>
> ——《明会典》，卷一九五

> 颜料库，凡各省解到砵砂、黄丹、沉香、降香、并
> 纸张等项，俱送本库收。
>
> ——雍正朝《大清会典》，卷四十六

> 工部营缮司、虞衡司、都水司、屯田司、料估所，
> 每年办理一应工程，领用过缎疋颜料等项，由制造库
> 自行汇总造册题销。
>
> ——《钦定工部则例》，卷一百七

颜料既是营造活动中的物料，也是中央政府的财政库贮，按清代制度，由工部和户部共同掌管。这些颜料产自全国各地，通过一套完备的采办制度，实现整个国家范围内的有序流转。

第5章中讨论了颜料进出口贸易活动，本章将要叙述的，则是在清代官方营造制度和规范下，颜料流通与使用的全过程。一种颜料，如何从它的产地出发，经过长途运送到达京城；如何完成入库、支领、运输、加工制备等一系列流程；最终又以何种方式，被施用在一座座建筑的斗栱与梁架之上。

7.1 彩画颜料的流通

营建工程所需的物料多种多样，包括木料、石料、砖料、瓦料、灰土等。对于物料的分类，官方文献中并无定法，颜料有时单独列为一大项，有时又归入"杂项"之中。与其他营造物料相比，颜料具有一定特殊性，因为它除了

用于建筑营造，还应用于其他许多手工业工种，因此对颜料的管理制度也往往与其他营造物料并不统一。

虽然已经有一些研究对清代皇家营建工程中的物料管理情况作了探讨①，但都是针对物料管理制度的一般性讨论，讨论范围集中于木料、瓦料等主要物料，关于颜料采买、库贮、运输等管理状况的专门研究尚付阙如。因此，本节通过梳理清代档案史料和则例中的相关记载，尝试还原颜料在清代工程和财政管理制度中的流通过程。

7.1.1　颜料的采买

清代制度上承于明，因此要讨论清代皇家采办颜料的规章制度，就有必要先对明代的相应状况作一考察。

明代，颜料的采办事宜归工部虞衡司掌管。按明代工部规制，"虞部掌天下虞衡山泽之事，凡采捕畋猎及办造军器、颜料、黑窑琉璃砖瓦、纸札、皴铸炉冶之属"②。虞衡司下，专门设有一个负责采办颜料的机构，叫颜料局。这一机构在明初即已设立，《明实录》载，洪武九年，"置颜料、司菜、司牧、巾帽、针工、皮作六局……秩俱正六品，副从六品"③。

颜料局采办颜料，有些是直接采买颜料成品，也有些是采办原料之后自行加工制造。《明会典》载：

"洪武二十六年定：凡合用颜料，专设颜料局掌管。淘洗青绿、将见在甲字库石矿，按月计料支出淘洗，分作等第进纳。若烧造银硃，用水银、黄丹，用黑铅，俱一体按月支料，烧炼完备、逐月差匠进赴甲字库收贮。如果各色物料缺少，定夺奏闻，行移出产去处采取，或给价收买。钞法紫粉所用数多、止用蛤粉苏木染造。时常预为行下本局，多为备办用度。如缺蛤粉、一体收买。"④

可见，一般而言，有机颜料（如苏木、蛤粉）是直接采办成品颜料，而无机颜料（银硃、青绿）则是采办矿石，再由颜料局负责淘洗烧造。

由于颜料及其制备原料仰赖天然物产，因此采买来源也不拘一地，而是"随地所产"，从全国各地根据当地物产状况征用。早在洪武年间，明太祖就指出颜料必须在产地采办的原则："如今营造合用颜料，但是出产去处，便

---

① 参见符娟（2010），朱顺（2009）等。
② 《大明太祖高皇帝实录》，卷一百三十。洪武十三年二月至三月。
③ 《大明太祖高皇帝实录》，卷一百八。洪武九年八月至九月。
④ 《明会典》，卷一百九十五。工部十五。明万历内府刻本。

著有司借倩人夫采取来用。若不系出产去处、著百姓怎么办。"①永乐二十
二年,明成祖专就颜料采办过程中的弊病再次下旨,强调颜料必须在其产地
采办,不得强行征收本地并无出产的颜料:

> "古者土赋随地所产,不强其所无。比年如丹漆石青之类,所司更不究
> 产物之地,一概下郡县徵之。逼迫小民鸠敛金币,诣京师博易输纳。而商贩
> 之徒,乘时射利,物价腾诵数十倍。加不肖官吏,夤缘为奸。计其所费,朝廷
> 得其千百之什一。其馀悉肥下人。今宜切戒此弊。凡合用之物,必于出产
> 之地计直市之。若仍蹈故习,一概科派以毒民者,必诛不宥。"①

这里除了"随地所产"的原则,还谈到了交易价格的问题,提出朝廷征收
的物料,必须在当地按照合理的价格采买,以免商贩和官吏相互勾结,从中
渔利。

"凡颜料非其土产不以征"②,以及"凡合用之物,必于出产之地计直市
之",这两句话,可以视为颜料(以及其他物料)采办的一般原则③。既然要
"计直市之",就需要有一定的价值则例来规范其交易价格。这也就是日后
种种物料价值则例的编修由来。

清代的颜料采办制度,继承了这两项原则,并制定了更为详细的执行条
例和赏罚规则。康熙十四年,议准颜料采办制度如次:

> "额买颜料等项钱粮,各州县三月内解银,知府即行采办,委官于本年十
> 月内押运进京交纳。如州县征银不足,解府迟误,及知府采办稽延,起运违
> 限者,皆降一级,完日开复。该抚限本年二月内估价题报,如该抚估报逾期,
> 布政使司督催不力,完欠囷稽,皆罚俸六月。若本年本色物料岁底不能全完
> 者,督催之巡抚、布政使皆降俸一级,戴罪督催,完日开复。如知府采办稽
> 迟,先给空批,卸罪解官者,降一级调用。"④

也就是说,在这一制度中,颜料的采办由各州县的知府实际负责。其流
程为:先从各州县征银,解运到府,作为采办货款,而后由知府采办,并在当

---

① 《明会典》,卷一百九十五。明万历内府刻本。

② 《续文献通考》,卷五十三。清文渊阁四库全书本。

③ 实际上,在这两条原则之外,民间的承受能力也是需要采办者考虑的另一因素。如朱元璋
所言:"虽是出产处处、也须量著人的气力采办。似这等,百姓也不艰难生受,官民两便。"实际案例
如建文三年(1401)四月,工部为皇家营建工程所需,在山东一带采办颜料,大理卿汤宗特为上奏:
"工部买颜料甚急,乞暂停止。尚书吴中言:颜料皆陵寝殿宇待用之物。上曰:山东之民,祖宗之民
也,艰难如此,祖宗所不忍尔。可以苟急扰之?"由此中止了一切采办任务。

④ 光绪朝《钦定大清会典事例三》,卷一百六十九。户部十八。

年十月内运送到京,由布政使司估价上报。如果不能按期缴纳,或者先用空批隐瞒,相关官员都要降职查办。估价上报时必须遵从实际价格,否则也会受到惩处:"不照时价确估,妄行多开者,承估之布政使司罚俸一年,巡抚罚俸六月。"①同时,为了保证颜料的质量,还规定了质量检查制度,颜料必须先交送上司验看,合格后方许解京:"或采买物料不堪用者,罚俸一年。……如颜料等项,不送上司验看,径自解部者,亦罚俸六月。"①

颜料长途运送,途中易于舞弊,因此采办制度中也有关于颜料在解送途中损失的处理办法:"解送颜料等项,解官中途干没、交纳短少者,照监守自盗律治罪。久追不完者,令该管上司赔足,不得派累小民。若解部稽迟,一月以内免议,一月以外议处解役惩治。"①这就明确了官员在运送颜料进京途中的责任,避免交纳物料时以长途运送的损耗为借口而短缺数量。到清晚期,还规定了解员更换制度,以进一步杜绝营私舞弊的可能性:"凡起解钱粮颜料物件,其解员按批更换,不准长年递委,违者将委解之上司议处。"①

颜料运送到京之后,从崇文门进城,按流程登记验收,验收之后三日内运送到库,并由验者将合格批文投递到户部大使厅:"自抵通后,令该州并该营员弁一体饬催委员赴崇文门查验,限三日将物料运至该库。"②"各省解交纵匹颜料,并饭银等项,由崇文门查明进城日期,登记号簿,限三日内连文批移交户部大使厅查收。……至物料验收之后,该库该司均限以三日给与实收批间。"③也就是说,颜料不仅要经过当地官员验看,进京后还要再次验收,以确保颜料质量合格。

颜料的采办任务,依其产地分配到各省,每年须按照固定时间交纳。交纳期限起初定在每年八月,康熙七年改为十月:"康熙七年题准,各省本色颜料,本年四月领银办买,限十月解部。"④

各省采办颜料的种类,有相对固定的分派,例如山东省负责采办黄丹,云南省负责天青、石黄,广东省负责广靛花,江苏省负责桐油、银朱、明矾、红黄飞金等①。但分派内容也可能调整,例如平铁原先系江西省负责办解,雍

---

① 光绪朝《钦定大清会典事例三》,卷一百八十三。户部三十二。
② 光绪朝《钦定大清会典事例三》,卷一百八十二。户部三十一。
③ 《清宣宗成皇帝实录》,道光十八年八月。
④ 乾隆朝《钦定大清会典则例一》,卷三十八。户部。

正三年改归山西①。需求量大的颜料会同时分派给多个地区，例如银朱，由江西省和江苏省各采办一部分。各省承担的采办数量均有定例，但定例数量也可能根据实际情况增减，如山东布政使司原先的定例是采办黄丹五千斤，后来又增加五千斤，定例数量就变成了一万斤②。

《清会典》记载的颜料采办定例，可以总结整理如表 7.1：

表 7.1　《清会典》中记载的各地颜料采办定例

省　　份	应解颜料（或原料）	数　　量
直隶	黄栌木	2430 斤
山东	黄丹	10 000 斤
山西	平铁	80 498 斤
	好铁	100 000 斤
河南	黑铅	70 683 斤
江苏	乌梅	1000 斤
	明矾	10 000 斤
	黄熟铜	2993 斤
	银朱	11 094 斤
	桐油	17 971 斤
	红飞金	2000 块
	黄飞金	1200 块
安徽	红熟铜	9625 斤
	黄熟铜	2173 斤
	好铁	100 000 斤
	桐油	16 117 斤
	银朱	7740 斤
江西	银朱	7589 斤
	桐油	12 511 斤
	紫草	162 斤
	五倍子	797 斤
福建	红熟铜	8608 斤
	黄熟铜	3127 斤
	黑铅	105 157 斤

---

① "山西布政使司应解平铁八万四百九十八斤旧系江苏办解，雍正三年改归山西。"光绪朝《钦定大清会典事例三》，卷一百八十三。户部三十二。

② 光绪朝《钦定大清会典事例三》，卷一百八十三。户部三十二。

续表

省　　份	应解颜料（或原料）	数　　量
浙江	黄熟铜	1065 斤
	桐油	8329 斤
湖北	黑铅	17 669 斤
湖南	黑铅	17 669 斤
	朱砂	10 斤
广东	广胶	2000 斤
	广靛花	2000 斤
云南	天青	1530 斤
	次天青	66 斤
	石黄	122 斤

资料来源：根据光绪朝《钦定大清会典事例》卷一百八十三中相关内容整理。

表 7.1 反映出两个重要信息，一是清代各种颜料的核心产地；二是清代中央政府每年对于各种颜料的大致需求量。但是，上述定例在执行中也需要视实际情况而有所变通。由于各地运送颜料到京需要耗费较高的运输成本，一旦发现颜料价格与运费之和已经高于京中采办的价格，就会停止外解，转而在京采买①。如果京中颜料价格上涨，在京采办不如在产地购买合算时，"再令出产省份解送"②。可见，颜料的办解规则不是一成不变的，而是会根据产量、运费、物价状况等多种因素适时调整，以确保实施最经济的采办方案。

7.1.2　颜料的贮存

明代内府的物料仓库称为"十库"，即内承运库、甲字库、乙字库、丙字库、丁字库、戊字库、广积库、广惠库、广盈库、赃罚库。各库贮存不同物料，归不同部门掌管，例如广积库属工部，乙字库属兵部，等等。

在这十库当中，甲字库是明代主要的颜料贮存地点，归户部掌管。除了颜料之外，一些与彩画施工相关的其他物料也在甲字库收存："甲字库，职掌银朱、乌梅、靛花、黄丹、绿矾、紫草、黑铅、光粉、槐花、五棓子、阔白、三棱布、苎布、绵布、红花、水银、硼砂、藤黄、蜜陀僧、白芨、栀子之类，皆浙江等处岁供之，以备御用监奏取。"③也有个别颜料收贮在其他仓库，如苏木例归丁

---

① "青粉等三十八项，外省价值并脚价合算，比在京时价转贵，停其外解。"光绪朝《钦定大清会典事例三》，卷一百八十三。户部三十二。

② 光绪朝《钦定大清会典事例三》，卷一百八十三。户部三十二。

③ 《酌中志》，卷十六。海山仙馆丛书本。

字库①。而油作物料如生漆、桐油、鱼胶等，则贮存在丁字库。也就是说，明代的颜料采办和制造事宜由工部负责，制成之后，则收归户部贮存，绝大部分都贮存在甲字库。

和其他库房一样，颜料库的库存要定期清点，以确定是否需要办解及办解多少。《工部厂库须知》中，叙述各库应用物料，往往先列"会有"，再列"召买"。"会有"即当下库存总数，清点之后，才能以此为基础制订召买计划。因此，颜料的贮存制度和采买制度是紧密联系的。

清初继承了明代的内库，称为"西十库"②，并在其基础上建立起一套更为复杂的物料贮存制度。

清代，政府采办的颜料，主要贮存在两个地点：一是户部的颜料库，二是内务府广储司的府库。前者供应一般工程需求，后者则专供内廷营造所需，不敷用时也从户部支取。此外，盛京三陵所用颜料，则收贮存在盛京的户部银库③。清初曾经一度将颜料收贮在工部下设的虞衡清吏司，但后来就归并户部④。至于工部下辖的营缮清吏司，虽然设有皇木厂、木仓和琉璃窑，但只针对木材和琉璃瓦两类物料，并没有贮存颜料的仓库。营缮所需的颜料一律从户部仓库支取。

颜料库是户部三库之一。顺治初年，户部在署后设施，称为"后库"；顺治十三年，分为三库，即银库、缎疋库和颜料库。颜料库也称"颜料纸张库"，是在明代甲子库的基础上建立的。《清通典》载："颜料库在西安门内，即旧甲字库，而承运库分贮纸张，乙字库分贮布麻诸物，以及供用库之承造香蜡者，并属焉。"⑤可见颜料库除了继承甲字库的旧有功能之外，还将旧属承运库和乙字库的纸张、布麻、香蜡等其他物品一并收贮。和甲字库一样，颜料库收贮的也不止成品颜料，还包括制造颜料用的矿石原料："颜料库，各省所输铜、铁、铅、朱砂、黄丹、沈香、降香、黄茶、白蜡、黄蜡、桐油并花梨、紫榆等木，咸入焉。"⑥对于颜料库的库存，清代和明代一样，也规定了例行盘点

①　"丁字库贮铜钱兽皮苏木。"《明会要》，卷五十六。食货四。清光绪十三年永怀堂刻本。

②　"甲、乙等十库，皆贮方物，今所称西十库者是矣。"《左司笔记》，卷十二。清抄本。这一名称后来演变成"西什库"。

③　"盛京户部银库，收贮金银币帛颜料诸物，供用三陵祭祀及东三省盛京吉林黑龙江官兵俸饷并各赏赉之用。"《清文献通考》，卷四十。清文渊阁四库全书本。

④　嘉庆朝《钦定大清会典二》，卷七百十七。工部五十七。

⑤　《清通典》，卷二十四。职官。

⑥　《清文献通考》，卷四十，国用考。清文渊阁四库全书本。

检查制度："颜料库隔二年盘查一次"①。如果发现某种颜料库存足用，则该年可以暂停办解②。

内务府广储司，类似于内廷的"户部"，下设六库，供内廷之需，也称"府库"："凡府库有六，曰银库，曰段库，曰衣库，曰茶库，曰皮库，曰瓷库。"③六库分别贮存特定种类的物料，颜料由其中的茶库负责收贮："茶库，掌茶叶、人参、香纸、颜料、绒线。"④康熙年间内务府总管曾经具折奏报："奏称备购之四万八千十三两银之颜料，因此数年无大工程而未用，仍存广储司库。"⑤可见内廷工程所用颜料是存放在广储司库房的。

内务府营造司，职能类似于内廷的"工部"，因此在清早期一度被称为"内工部"⑥。营造司下也设有六库，分别是木库、铁库、房库、器库、薪库、炭库⑦，此外还有一个"圆明园薪炭房"，因此有时也被称为七库⑧。但是这其中没有存放颜料的仓库。内务府营造所用的颜料，是向内务府广储司领取，如果储备不足，再向户部仓库支取。这可以从乾隆三十九年（1774）的一条则例得到证实："茶库香料、茶叶、各色纸张、颜料、紫檀花梨等木，瓷器库铜锡铅等，如不敷用者移咨户部领取。"⑨

7.1.3　颜料的支取与奏销

明代皇家营造工程需用的颜料，一律向内府甲字库支取：

"凡修建颜料，旧例内外宫殿、公廨房屋该用青绿颜料，俱先行内府甲字等库关支，不足方派各司府。"⑩

清代的工部营造工程所用颜料向户部颜料库支取，内廷营造工程向内务府广储司支取，不足用时也向户部支取。颜料库对于支取颜料的办法有

---

① 光绪朝《钦定大清会典事例三》，卷一百八十三。户部三十二。

② "如库存足用则停解，不足则行取。"出处同①。

③ 乾隆朝《钦定大清会典》，卷八十七。内务府，广储司。

④ 乾隆朝《钦定大清会典则例》，卷一百五十。内务府，广储司。

⑤ 《内务府总管允裪等奏销养心殿等工程银两折》，康熙五十六年十一月二十二日。见《康熙朝满文朱批奏折全译》，北京：中国社会科学出版社，1996：第1268页。

⑥ 嘉庆朝《钦定大清会典事例》，卷八百八十五："营造司，初名惜薪司……顺治十八年，改为内工部……康熙十六年奏准，改为营造司。"又，乾隆朝《钦定大清会典则例》，卷一百六十五："内工部，即今之营造司。"

⑦ 嘉庆朝《钦定大清会典》，卷七十六。

⑧ 张德泽（2001）：第180页。

⑨ 乾隆朝《钦定大清会典则例》，卷一百五十九。

⑩ 《明会典》，卷一百九十五。明万历内府刻本。

详细规定：

"颜料库支发物料，各衙门支领文内，先将承领官姓名注明，由户部签到，发库后，由本库呈明，管理三库堂官签到，令该员先于册档印领画押，亲身赴库给领。"①

这段文字反映出颜料的一般支用流程：首先由衙门出具支领颜料的公文，其中需要注明经办人（承领官）的姓名；公文先由户部签字后，下发到颜料库，由颜料库的管理人员签字，经办人须本人亲自到颜料库领取，并且在档册上画押。可见颜料的支取规程是相当严格的。

如果支取时发现库存不足，也可以临时采办。例如乾隆六年（1741）户部三库事务衙门的题本中就有这样的叙述：

"查臣部颜料库承办各衙门咨取各项物料库内存贮者，照例给发；库内无存者，票令办买卖人事候补行人司行人李世裔、太常寺典簿李世裕采买应用。"②

清代因袭历代的财政奏销制度，财务决算须在每年年终册报请销，且时限、格式都有严格规定③。对颜料的管理，也和其他物料一样纳入奏销制度范围。"凡支放各工所钱粮、颜料，年终汇册，移付屯田司奏销"。后来《钦定工部则例》还规定了颜料的题销制度：

"工部营缮司、虞衡司、都水司、屯田司、料估所，每年办理一应工程领用过缎疋颜料等项，由节慎库汇总造册题销，其制造库每年领用颜料等项，由制造库自行汇总造册题销。"④

盛京的营建工程也同样遵循这一制度，嘉庆五年题准，凡是盛京的陵寝宫殿城垣等工程，"嗣后每年将各工用过颜料，照该处岁修之例，造册题销，年清年款"⑤。

7.2 彩画颜料的制备

制备，是颜料在施工使用前必经的加工环节。从户部或内府支领的颜料，大多数并非成品，而是半成品或者原料，例如青绿矿石、铅、铁、硇砂等。这些物料运到施工现场后，还需要专门派工匠进行加工制备，才能获得施工所需的成品颜料。

---

① 《续文献通考》，卷六十四，国用考二。民国景十通本。
② 乾隆六年五月二十日户部三库事务衙门奏折。见王世襄（2008d）：第1002页。
③ 陈锋（2000）。
④ 《钦定工部则例》，卷一百四十一。清嘉庆二十年刻本。
⑤ 光绪朝《钦定大清会典则例》，卷九百六十二。盛京工部五。

7.2.1　天然矿物颜料的制备

天然矿物颜料的制备，是以天然矿物为原料，经过粉碎、研磨、漂洗、提纯等加工过程，最终得到颗粒大小和纯度都在适合范围内的颜料。今天市售的矿物颜料都是已经制备完成的颜料粉末，可以直接入胶使用，古代的情况与此不同，市面上买来的矿物颜料只是半成品，需要由使用者自行完成最后的制备加工手续，即所谓"淘澄飞跌"——研磨、澄清、去浮色、沉淀。

清代建筑彩画中最常用的青绿两色颜料——石青和石绿，都是天然矿物颜料。石青和石绿的形态依其产地而异，有些呈块状，有些是砂砾状，也有碎裂成片状或粉末状的[1]，同时也往往混有泥土杂质。无论何种形态，都需要经过前述的加工制作才能使用。

这一加工过程在清代匠作则例中称为"擂青绿出色"。"擂"这个动词是制备颜料的专用术语，常见于古代画论，指的是在研钵里用研杵旋转研磨，使颜料变成细粉状。清人费汉源所撰《山水画式》中，就详细记载了"擂花青法"：

"先将靛花筛遍，取去石灰及草，待净，入胶水少许，用朽木槌擂细，如干[2]，擂不转，再入胶水少许，再擂，如此数遍。"[3]

"出色"，即"提取出颜料"之意，俗称"出头"[4]。不同产地矿物"出色"的分量不同，按于非闇（1955）的说法，云南所产的石青可以制取出六成好青，质量较差的石青只能得到三成左右[4]。也就是说，天然石青的成品率在30％～60％之间。

当然，于非闇的经验是指绘画用颜料，建筑彩画用颜料的品质要求不及绘画颜料之严苛，成品率也会稍高。彩画用石青和石绿颜料的成品率，可以参看明代工部的定例：

次青碌石矿一斤，淘造净青碌一十一两四钱三分

暗色碌石矿一斤，淘造净石碌一十两八钱七分六厘[5]

第一条是针对石青和石绿的定例，第二条则是某种暗色石绿矿物的特

---

① 于非闇（1955）。

② 一般论著引用时此字均作"千"，并断作"如千擂不转"，误。经查对原刊本，此字实为"干"字。因此依原刊本重行断句。

③ 费汉源，《山水画式》，卷下。天明九年（1789）和刊本。费汉源是浙江湖州人，乾隆中期游历日本，在日本刊行了他的画论著作。

④ 于非闇（1995）：第68页。

⑤ 《明会典》，卷一百九十五。工部十五。明万历内府刻本。

例。按上述规定推算,彩画用石青和石绿的成品率在 68%～71%之间,比绘画用颜料要高一些。

因此,研究者应当注意到这样一个事实:有关颜料用量的则例和其他文献中,以"大绿""大青"表述的颜料用量,指的是都是原料的重量而非成品的重量,其换算比例大约在 10:7。这和则例中以"净大绿"(指淘洗制备好的石绿颜料成品)表述的颜料用量是不同的概念。

按清代工程的管理,颜料制备也属于画作施工的环节之一,在计算工料时,会专门列入用工计算。工部《工程做法》卷七十三"画作用工"中明确规定:

"每画匠一百工,加擂青碌出色画匠三工"①。

"擂青绿出色画匠",就是负责粉碎、研磨青绿矿物以制成颜料的工匠。此条则例说明,颜料的制备在彩画施工中约占到 3%的工作量②。从后来编修的则例内容看,历代始终继承这一计量方法。《工部现行则例》中的《工部画作则例》,《工部现行用工料则例》中的卷二"画作",对"擂青绿出色画匠"的规定都是如此。

而在《工部现行用工料则例》卷四"斗科画作"中,还有一则小字附注:

"凡斗科烟琢墨彩画哨青做,应天大青,照金琢墨例准给。共用斗科画匠一百工,外加擂青绿出色画匠三工五分。"③

也就是说,斗科彩画制备青绿颜料的用工,比一般彩画的用工量要更大一些。如果以绘制彩画的工量为基准量,制备颜料的工量在一般彩画中占比约为 3%,而在斗科彩画中则提高到 3.5%。其原因大约是斗科彩画绘制更为精细,对颜料制备的要求也就更高。

7.2.2　人工合成颜料的制备

如前文所述,人工合成颜料的采买,并非直接采办成品,而是采买原料之后自行加工制造。明代,工部为了规范物料使用,规定了若干种主要颜料与原材料之间的比例:

黑铅一斤,烧造黄丹一斤五钱三分三厘

水银一斤,烧造银朱一十四两八分、二朱三两五钱二分

---

① 《工程做法》,卷七十三。清雍正刻本。

② 绘制彩画的工量和制备颜料的工量之比为 100:3,准确地说,颜料制备占总施工量的 2.913%。

③ 《工部现行用工料则例》,卷四。清抄本。清华大学图书馆藏。

硇砂一斤,烧造硇砂碌一十五两五钱①

　　这里开列的是几种主要的人工合成颜料:黄丹、银朱和硇砂绿。从明代彩画颜料的实际使用状况来看,这份清单可能并不完整,只是选取了几种用量较大的颜料加以规范。

　　清代,各省办解的颜料中仍然有很大一部分属于原料性质。《钦定大清会典事例》有户部颜料库库藏规定:"凡各省解到铜、铁、铅、锡、朱砂、黄丹……均付库收贮"②,与明代不同的是,黄丹从黑铅烧造变成了直接采买,但颜料库的库藏中,仍有铜、铁、铅、锡等原材料用于加工合成。

　　清代建筑彩画中,用量最大的人工合成颜料是碱式氯化铜颜料。这种颜料的制取过程需要加热煅烧使铜氧化,因此,在多种画作则例中都可以看到有关"煮绿"的记载。最早的一种是雍正年间的《内庭大木石瓦搭土油裱画作现行则例》,记载了"煮绿"的用工和用料:

化胶每一百斤用黑炭一百斤

煮绿每一百斤用木柴五十斤

画匠一百工用化胶煮绿擂青出色画匠十工

　　"化胶煮绿擂青出色画匠"是三个工种的统称:化胶(加热融化胶料)、煮绿(合成绿色颜料)、擂青出色(研磨石青)。这条附注只说明了煮绿需要的燃料(木柴五十斤),而未记载所用的原材料,因而无法直接判断这种绿色颜料是什么。但是结合前后文来看,《内庭大木石瓦搭土油裱画作现行则例》中出现的绿色颜料名目一共只有石绿、石大绿、二绿和锅巴绿四种,而前三种均为天然矿物颜料,因此可以推测,所谓"煮绿"指的是锅巴绿的制备,也即碱式氯化铜③。

　　另外,相似的内容也见于工部系统的画作则例。例如,清晚期《工部画作用工料则例》的末尾,有两行小字单独注明燃料用量:

化胶每一百斤用黑炭

煮绿每一百斤用木炭④

　　按此种则例的格式,这里应当规定黑炭和木炭的具体用量,但原抄本中

---

　　①　《明会典》,卷一百九十五。工部十五。明万历内府刻本。

　　②　嘉庆朝《钦定大清会典事例二》,卷一百五十四。户部二十七。

　　③　碱式氯化铜的制备方法,是将铜板(或铜制器皿)涂醋后加热使其氧化,再从表面刮取收集,得到绿色粉末。有如刮取锅巴,因此得名"锅巴绿"。详见4.3.1节。

　　④　《工部画作用工料则例》,清抄本。见王世襄(2008d)。

这个数字空缺[①]，与前述则例比较可知，旧例中化胶煮绿使用的燃料是木柴，这里改作烧炭，因此数额也需要重行确定。总之，这些记载证明，由彩画匠师在现场通过加热煅烧的方式制备铜绿颜料，是为官修则例所认可的常规做法。但是，则例没有对制备方法作出更具体的说明，其他文献中也没有发现相关记载，因此，要探明其具体合成工艺，还有赖于未来结合科学检测和复原实验的逆向研究。

7.3　彩画颜料的施用

施色，是颜料使用的最后一个环节，即在施工现场将颜料与胶合剂混合，施用于建筑或其他物质载体之上，依靠胶合剂的附着力将颜料颗粒均匀固着在施色表面，形成稳定的颜料层。颜料可以重复叠加施用，例如在地色之上再刷小色，就得到相互叠压的颜料层。

颜料的施用方法可以细分为若干种，最普通的是单色涂刷，较复杂者还有调色、混色和衬色做法，本节将对这些做法逐一叙述。

7.3.1　单色做法

单色施用是最普通的做法，将单一种类的颜料与胶水（清代通常用广胶）调和之后涂刷在基底上。在此之前，彩画纹饰的各个位置需要涂刷的颜色已经用代号做了标注，这一工序称为"号色"[②]，刷色时，只要按照代号在区域内涂刷相应颜色即可。

涂刷大色时，颜料层较厚，厚度可达 $80 \sim 120~\mu m$，如故宫太和殿东四次间内檐额枋彩画的绿色地色（图 7.1(a)），绿色颜料层厚度约为 $120~\mu m$（图 7.1(b)）；故宫养心殿脊枋彩画的青色大色由于颜料颗粒大，颜料层厚度甚至达到 $200~\mu m$ 以上（图 7.2）。

而小色部位的颜料层就相对较薄，通常在 $30 \sim 50~\mu m$，如前述太和殿内檐额枋彩画中的蓝色晕色位置，颜料层厚度约为 $40~\mu m$（图 7.3）；养心殿天花彩画的小色，颜料层厚度在 $30~\mu m$ 左右（图 7.4）。

除了一般的刷色方法之外，还有一种较特殊的颜料施用方法，称为"筛

[①]　类似的情况在抄本则例中并不罕见，原因一般是定例尚未颁行，待确定后填补。

[②]　号色的做法，是按照彩画谱子，在彩画各个部位以简易代号标注该区域的颜色，例如以"六"表示绿色，"七"表示青色，"工"代表红色等。详见边精一（2007）：第 262 页。

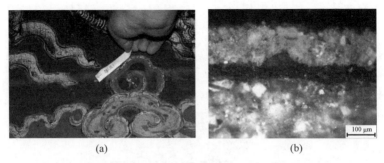

(a)   (b)

图 7.1   故宫太和殿东四次间额枋彩画绿色地色样品的剖面显微照片（见文前彩图）

（a）取样位置；（b）剖面显微照片，可见光下，200×

图片来源：本书作者工作，实验在故宫博物院科技部实验室完成。

(a)   (b)

图 7.2   故宫养心殿正殿脊枋彩画青色大色样品的剖面显微照片

（a）取样位置；（b）剖面显微照片，可见光下，200×

图片来源：本书作者工作，实验在清华大学建筑学院 MSRICA 文保实验室完成。

(a)   (b)

图 7.3   故宫太和殿东四次间额枋彩画蓝色晕色样品的剖面显微照片

（a）取样位置；（b）剖面显微照片，可见光下，200×

图片来源：本书作者工作，实验在故宫博物院科技部实验室完成。

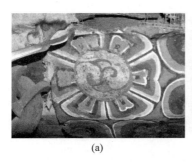
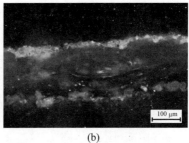

(a)　　　　　　　　　　　(b)

图 7.4　故宫养心殿正殿天花彩画蓝色小色样品的剖面显微照片

(a) 取样位置；(b) 剖面显微照片,可见光下,200×

图片来源：本书作者工作,实验在清华大学建筑学院 MSRICA 文保实验室完成。

扫"。"筛扫"常用于匾额制作,其做法并不事先将颜料调入胶水,而是直接使用干燥的颜料颗粒。具体操作方法是在匾上刷好打底油后,趁其未干,用箩盛颜料洒在匾面上,待其干后即形成均匀的颜料层(图 7.5)[①]。筛扫的做法既可以使用颜料(扫青、扫绿),也可以使用金箔(扫金)。比起刷色,筛扫做法的优点是不会留下笔刷痕迹,颜料层表面更为均匀。

　　实际上,筛扫做法和刷色做法殊途同归,最终都会形成颜料颗粒分散在胶合剂中的颜料层,这是因为颜料颗粒落在打底油表面之后,打底油会在颗粒间缓慢渗透,直至将颜料颗粒包裹其中。如果需要通过实验室分析判断二者的区别,可以使用荧光染色法,利用 RhOB 或 DCF 染色剂鉴定胶合剂是否含有油性成分,因为筛扫做法通常使用光油,而刷色做法一般使用不含油脂的广胶。

图 7.5　故宫宁寿宫花园使用扫青做法的嵌字匾（右图为地色细部）

图片来源：故宫博物院古建部李越提供。

[①]　边精一(2007)：第 54-55 页。

7.3.2　调色做法

　　将两种或两种以上颜料均匀调和以获得新的色相，谓之调色。调色是中国传统建筑彩画工艺中固有的做法，在《营造法式》的彩画作制度中即有记载[1]。《营造法式》在"料例"一节中记载了不少调色的具体配方[2]，可以调配出的色彩多达三十余种。与之对应的是，存世的宋代实物中，山西高平开化寺西壁壁画中即有铅白与铅丹调和得到浅红色，以及石青和铅白调和得到浅蓝色的做法（图 7.6，图 7.7）。

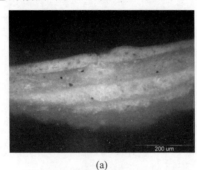
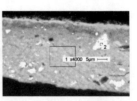

	OK	PbM
7017-1	16.82	83.18
	OK	PbL
7017-2	10.85	89.15

| (a) | | (b) |

图 7.6　山西高平开化寺宋代壁画中铅丹与铅白的调色做法
（a）剖面显微照片，可见光下，100×；（b）SEM-EDS 检测点位 1、2 及检测结果
图片来源：故宫博物院科技部李广华提供。样品为本书作者在开化寺采集。分析检测工作由李广华在故宫博物院完成。

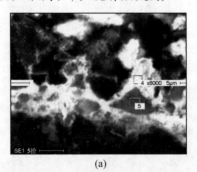

(a)

图 7.7　山西高平开化寺宋代壁画中石青与铅白的调色做法
（a）扫描电镜背散射像；（b）SEM-EDS 谱图
图片来源：故宫博物院科技部李广华提供。样品为本书作者在开化寺采集。分析检测工作由李广华在故宫博物院完成。

---

　　[1]　需要注意的是，《营造法式》中虽有"调色之法"一节，但这里的"调色"，讲的是每种颜料如何研淘人胶，而不是如何调和几种不同颜料。对于后者，《营造法式》中使用的术语是"合色"。
　　[2]　各种色彩调和配比的总结，参见李路珂（2006）。

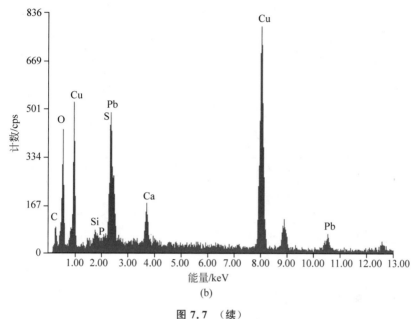

图 7.7　（续）

那么,清式彩画是否沿袭了这些做法呢? 虽然清代文献未能留下有关调色的明确记载,但是,仔细研读清代匠作则例,仍然能够从中找到揭示清代彩画调色做法的文献证据。

约成书于清中期的《圆明园、万寿山、内庭三处汇同则例》,收录有《三处汇同油作现行则例》,其中罗列色油所用颜料,就包括单色和调色两种做法。前者如光黑油用烟子,光绿油用大绿,光靛花油用广靛花;后者如光香色油用彩黄+广靛花,光米色油用彩黄+定粉+银朱,光紫油用片红土+银朱+烟子,光水绿油用大绿+定粉,光金黄油用彩黄+银朱,光粉红油用片红土+银朱+定粉,光蓝粉油用广靛花+定粉,等等①。虽然清代油作与画作已经分化为两个不同工种,但施色原理却是相通的。

画作做法则例中,虽然没有调色的直接记载,只是开列用料清单,通常也很难判断各种颜料的具体用法,但是,在一些较为简单的单色刷饰做法中,不难从所罗列的颜料推知其用途。例如《三处汇同画作现行则例》中的记载:

刷苹果绿每尺用

水胶二钱　白矾二分

① 《三处汇同油作现行则例》,清抄本,收录于《清代匠作则例·贰》(王世襄,2000b)。

定粉二钱　大绿六钱

每六十尺画匠一工①

除去水胶和白矾两种辅料，不难看出，这是一种调色做法，将定粉与大绿以1∶3的比例调和，得到"苹果绿"，也就是一种浅绿色。与之类似的记载还有彩黄与银朱调和得到金黄，广花与定粉调和得到螺青，等等。这些做法可以总结如表7.2。

表7.2　《三处汇同画作则例》中所见调色方法与配比　　单位：两

	土子面	彩黄	银朱	天大青	广花	定粉	大绿	青粉	胭脂	黄丹	香墨	赭石
楠木色	0.5	0.4	0.1									
柏木色		1.0										
螺青					0.3	0.5						
金黄		0.6	0.2									
香色	0.5	0.6										
苹果绿						0.2	0.6					
草绿		0.7						0.3				
水红色						0.5		0.5	0.03			
哨红						0.2		0.5		0.6		
花梨木色									0.02		0.01	0.8

资料来源：根据《三处汇同画作则例》中相关内容整理。

表7.2并不是一份完整的清式彩画调色方法，只是单一则例中透露出的一些零星信息，但也足以见出清代彩画匠人深谙调色之道，能够利用有限的颜料调配出相当丰富的色彩。同时，表7.2也为研究者了解特定颜色名目在清代彩画中的含义提供了线索。当一个颜色名目能够对应于特定颜料，并且有明确质量配比，就能够相对准确地获知其色彩信息，这比望文生义要可靠得多。例如"金黄"一词，顾名思义，使人联想到类似铬黄的明黄色；但从表7.2中可知，它其实略近于橙。又如"香色"一词的所指，历来争讼不休，而这条记载至少证明了在清中期的彩画匠人眼中，香色是一种不太鲜艳的褐黄色，由土子面和彩黄按照5∶6的比例混合而成。在根据则例记载复原已经灭失的彩画实物时，这样的信息是极具价值的。

就实物分析检测所见，清代官式彩画中，最常用的调色配方是将铅白与他色混合，得到明度更高的颜色。这很可能上承自《营造法式》彩画作制度

---

① 《三处汇同油作现行则例》，清抄本，收录于《清代匠作则例·贰》（王世襄，2000b）。

中记载的"合粉"做法。《营造法式》记载的调和色中,有不少都是加入铅粉以提高明度的,例如青黛加入铅粉得到青华(浅蓝色),青黛、槐花(黄色)与铅粉调和得到绿华(浅绿色)[①]。这是由彩画中常用的叠晕做法产生的需求,即同一色相明度逐渐减退直至白色的退晕做法:"自大青至青华,外晕用白。"[②]清式彩画继承了宋式彩画这一设计语汇,只是改称"晕色"或"拶退活"[③],而工艺做法也与宋代一样,以主色调和铅白得到晕色。例如故宫保和殿脊枋彩画中的云纹,从中心到外围为深红色-浅红色-白色退晕,经检测,其中的浅红色即以铅丹加铅白调和而成(图7.8)。

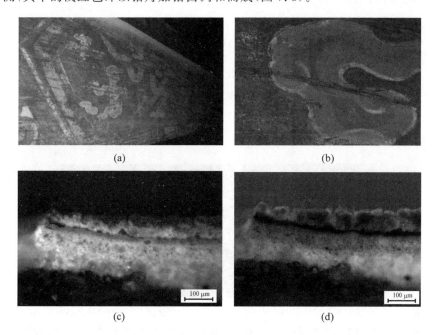

(a)　(b)

(c)　(d)

图7.8　故宫保和殿内檐脊枋彩画中的铅丹与铅白调色做法

(a) 取样位置(脊枋);(b) 取样区域局部色彩;(c) 剖面显微照片,可见光下,100×;
(d) 剖面显微照片,UV光下,100×;(e) 铅丹颜料颗粒,可见光下,630×;
(f) 铅丹颜料颗粒,正交偏光下,630×

图片来源:本书作者工作,实验在故宫博物院科技部实验室完成。

---

① 《营造法式》,卷二十七。清文渊阁四库全书本。
② 《营造法式》,卷十四。清文渊阁四库全书本。
③ 杨红,王时伟(2016):第138页。

(e)　　　　　　　　　　　　　　(f)

图 7.8 　（续）

　　与此同理，绿色颜料也可以加入铅白得到浅绿色，用于绿色退晕。早期彩画用石绿与铅白调和，如故宫钟粹宫早期内檐彩画（图 7.9）；晚期彩画改用巴黎绿，同样能够和铅白调制浅绿，只是由于巴黎绿的颜料颗粒更小，两种颜料混合得更均匀了（图 7.10）。

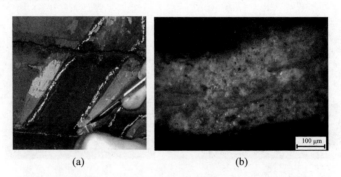

(a)　　　　　　　　　　　　　　(b)

图 7.9 　故宫钟粹宫内檐彩画（西梢间后檐下金檩枋心）中的石绿与铅白调色做法
（a）取样位置（浅绿色区域）；（b）剖面显微照片，可见光下，200×
图片来源：本书作者工作，实验在故宫博物院科技部实验室完成。

　　除了调制浅色作为晕色，调色做法的另一种用途则是调制间色。与青、绿、红等主色相比，间色在清代官式彩画中并不常用，但偶尔也可以见到作为小色使用的例子。例如紫色和浅紫色，就常见于苏式彩画中。故宫长春宫院落东北角游廊中，有一处晚清重缮的苏式彩画，其中的浅紫色就是用人造铁红和人造群青再加上铅白调和而成。在显微镜下，可以看到蓝色和红色的颜料颗粒近乎均匀地分布在白色颜料之中，说明三者经过有意的充分

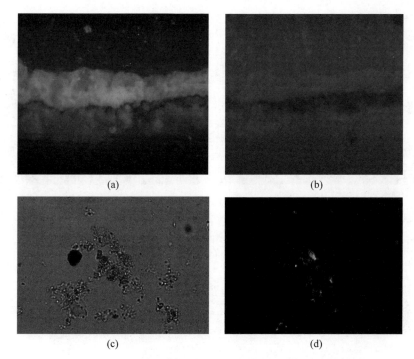

图 7.10　山西平遥镇国寺栱眼壁彩画中的巴黎绿与铅白调色做法

(a) 剖面显微照片,可见光下,100×;(b) 剖面显微照片,UV 光下,100×;(d) 巴黎绿和铅白颜料颗粒,单偏光下,630×;(e) 巴黎绿和铅白颜料颗粒,正交偏光下,630×

图片来源:本书作者工作,实验在故宫博物院科技部实验室完成。

混合(图 7.11(a)～(b));从颜料细微的粒径和均匀的形状不难判断它们均为人造颜料(图 7.11(c)～(e))。

与此类似的是,故宫景福宫前抱厦苏式彩画中也用到了紫色和浅紫色,Raman 检测发现前者用朱砂(或铁红)和人造群青调制,后者则是在此基础上进一步加入铅白[①]。此例与长春宫游廊的苏式彩画做法相同,可以参看。

灰色在彩画中是较为特殊的一种颜色,很少用作大色,平遥镇国寺天王殿内檐彩画是一个罕见的案例(图 7.12(a))。剖面显微照片灰色是黑白两种颜料混合的结果(图 7.12(b)),而偏光显微分析表明两种颜料分别是碳

---

① 宋路易(2017),表 5-4:第 111 页。

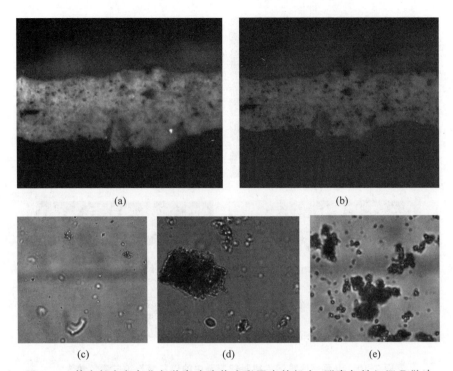

(a)   (b)

(c)   (d)   (e)

图 7.11   故宫长春宫东北角游廊晚清苏式彩画中的铅白、群青与铁红调色做法（见文前彩图）

(a) 剖面显微照片,可见光下,100×;(b) 剖面显微照片,UV 光下,100×;(c) 铅白颜料颗粒,单偏光下,400×;(d) 人造群青颜料颗粒,单偏光下,630×;(e) 铁红颜料颗粒,单偏光下,630×

图片来源：本书作者工作,实验在故宫博物院科技部实验室完成。

黑与白垩(图 7.12(c))。在这一案例中,工匠通过两种颜料的不同配比调制了深灰和浅灰两种颜色。这很可能是彩画工匠在蓝色颜料缺失时因地制宜的处理,反映出地方彩画调色做法的灵活性。

值得注意的是,在对实物样品进行分析检测时,不能仅仅因为检出两种或两种以上不同颜料,就认为它们是调和使用的。两种颜料同时使用,既有可能是调色做法,也有可能分属不同的颜料层,是底色与图案的关系,甚至可能分属两次不同的修缮。要判断调色做法,必须结合样品的剖面显微照片,观察多种颜料颗粒是否来自同一颜料层,且处于较均匀的混合态。

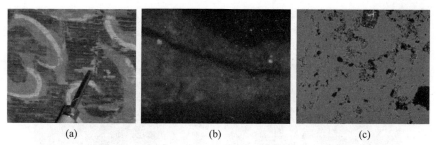

图 7.12　山西平遥镇国寺天王殿内檐彩画中的碳黑与白垩颜料调色做法

(a) 取样位置(深灰色区域)；(b) 剖面显微照片，可见光下，200×；(c) 碳黑和白垩颗粒，单偏光下，400×

图片来源：本书作者工作，实验在故宫博物院科技部实验室完成。

7.3.3　混色做法

混色做法，指的是同种色相的颜料混杂在一起使用的做法。与调色做法的区别在于，调色是用不同颜色相合得到中间色，而混色则是同色相合，并不以调配新的色相为目的。

混色一词不见于清代匠作则例，但则例中的确可以发现这种做法的记载。例如，《三处汇同画作则例》中有一处这样的记载：

筛扫大青每尺用

　　贴金油七钱　广花五钱

　　天大青二两　每十五尺画匠一工[①]

也就是说，筛扫青色要用到广花与天大青两种颜料，那么，两种颜料是混合使用，还是分层使用(例如将广花作为天大青的衬色)呢？

由前文所述的筛扫工艺可知，筛扫所用的颜料是不入胶的，本身是干燥松散的颗粒，要靠未干打底油的黏性将颜料颗粒附着在匾额表面。如果先筛扫一层广花，再筛扫一层天大青，那么天大青无法直接附着在打底油表面，就会脱落。因此，这两种颜料更有可能是事先混合均匀之后使用的。也就是说，最终天大青和靛蓝将形成一个混合的蓝色颜料层。

筛扫天大青的做法，在故宫里有实物保留下来，宁寿宫花园符望阁的挂屏就是一例(图 7.13)。为确定其材料，从圆形和方形两块嵌字挂屏上分别采集蓝色颜料样品进行了分析检测，取样位置如图 7.13 所示。

---

① 见《清代匠作则例·贰》(王世襄，2000b)。

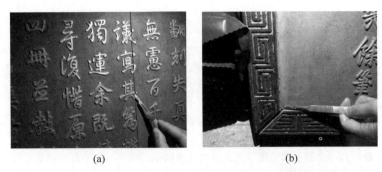

图 7.13　故宫宁寿宫花园符望阁挂屏中的筛扫天大青做法（示取样位置）
(a) 圆形挂屏；(b) 方形挂屏

　　实验室分析显示，挂屏中使用的蓝色颜料有两种：石青和 smalt。其中方形挂屏使用了石青与 smalt 混合的做法（图 7.14），而圆形挂屏仅使用石青一种颜料（图 7.15）。

图 7.14　故宫宁寿宫花园符望阁方形挂屏中石青与 smalt 混合颜料颗粒
(a) 单偏光下，200×；(b) 正交偏光下，200×

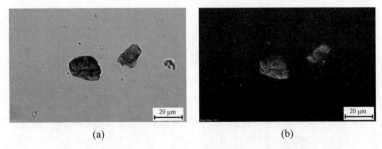

图 7.15　故宫宁寿宫花园符望阁圆形挂屏中的石青颜料颗粒
(a) 单偏光下，200×；(b) 正交偏光下，200×

图片来源：本书作者工作，实验在故宫博物院古建部 CRAFT 文保实验室完成。

石青与 smalt 的混合做法,在建筑彩画中也时常见到。例如故宫长春宫院落中的体元殿内檐彩画(图7.16),以及临溪亭的天花彩画(图7.17)。石青和 smalt 这两种蓝色颜料的色度差异并不明显,二者均为半透明颗粒,色度都在一个较大范围内波动,从浅蓝色到深蓝色不等。因此,这种混合做法的目的很可能并不是调配出一种新的蓝色,而是另有原因。

一种较为可能的推测是降低成本。乾隆六年的户部颜料价值则例显示,洋青(smalt)的核定价格是七钱,而天大青和天二青的价格分别是一两四钱和三两五钱①。无论是天大青还是天二青,其成本都数倍于洋青。因此,在其中适当掺入洋青,就能够极大地降低材料成本,从而获得经济上的回报。这种做法始终没有明确见载于官修匠作则例,很可能是匠人在实践中自行总结出的经验。

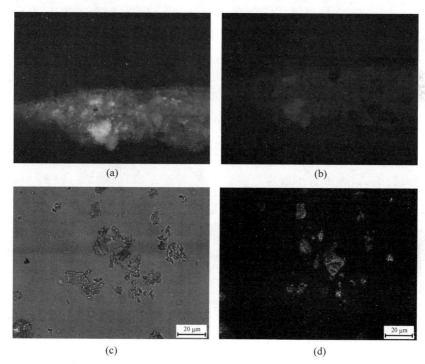

(a)　　　　　　　　　　　　　(b)

(c)　　　　　　　　　　　　　(d)

图7.16　故宫长春宫体元殿内檐脊枋彩画中石青与 smalt 的混色做法

(a) 剖面显微照片,可见光下,100×;(b) 剖面显微照片,UV 光下,100×;(c) 石青与 smalt 颜料颗粒,单偏光下,630×;(c) 石青与 smalt 颜料颗粒,正交偏光下,630×

图片来源:本书作者工作,实验在故宫博物院科技部实验室完成。

① 《户部颜料价值则例》,乾隆六年抄本。见王世襄(2009d):第1002页。

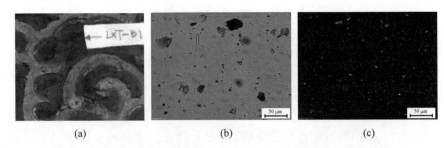

图 7.17　故宫慈宁宫花园临溪亭天花彩画中石青与 smalt 的混色做法

（a）取样位置；（b）石青与 smalt 颜料颗粒,单偏光下,200×；（c）石青与 smalt 颜料颗粒,正交偏光下,200×

图片来源：本书作者工作,实验在故宫博物院古建部 CRAFT 文保实验室完成。

《三处汇同画作则例》中提到的石青与广花（靛蓝）混合的做法,在建筑彩画中也发现了类似的实例。在故宫同道堂明间脊檩和脊枋彩画中,都能发现石青与靛蓝混合的颜料层。从剖面显微照片上可以看到,石青的大颗粒是混合分布在靛蓝颜料当中的,只是由于石青密度大,相对靛蓝而言略向下方沉积（图 7.18,图 7.19）。当然,脊檩彩画样品下层的浅蓝色颜料层则属于靛蓝与铅白的调色做法（图 7.18(b)）。

与之类似的还有石绿与碱式氯化铜混合的做法。故宫长春宫院落同道堂脊枋彩画是一处经过重缮的彩画,剖面上能够看到三个不同时期的绿色颜料层（图 7.20）。其中最早的一个时期（即最下层）使用单一种类的碱式氯化铜,而较晚的两个时期均使用石绿和碱式氯化铜两种颜料混合涂刷。

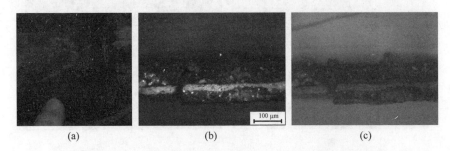

图 7.18　故宫同道堂明间脊檩彩画中的石青与靛蓝混色做法

（a）取样位置；（b）剖面显微照片,可见光下,100×；（c）剖面显微照片,UV 光下,100×；（d）彩画样品中各颜料层的成分

图片来源：本书作者工作,在故宫博物院科技部实验室完成。

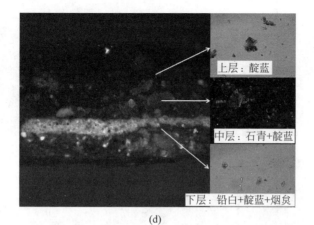

(d)

图 7.18　（续）

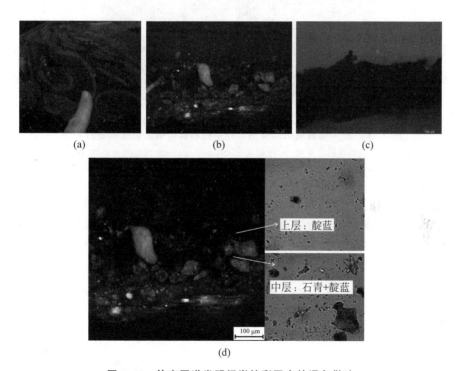

(a)　　　　　　　　　(b)　　　　　　　　　(c)

(d)

图 7.19　故宫同道堂明间脊枋彩画中的混色做法

（a）取样位置；（b）剖面显微照片，可见光下，200×；（c）剖面显微照片，UV 光下，200×；
（d）彩画样品中各颜料层的成分

图片来源：本书作者工作，在故宫博物院科技部实验室完成。

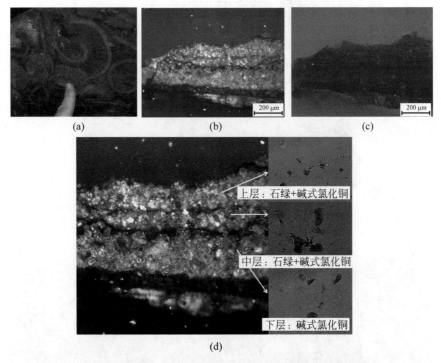

图 7.20　故宫同道堂明间脊枋彩画中的石绿与碱式氯化铜混色做法
（a）取样位置；（b）剖面显微照片，可见光下，200×；（c）剖面显微照片，UV 光下，200×；
（d）彩画样品中各颜料层的成分

图片来源：本书作者工作，在故宫博物院科技部实验室完成。

　　此外，还有青金石与石青混合的做法，见于故宫慈宁宫花园临溪亭天花彩画（图 7.21）。样品取自天花的明镜深蓝地色，因为经过晚期重缮，剖面显微照片上可以看到颜料颗粒形态各异的多个蓝色颜料层（图 7.21（b），图 7.21（c））。针对其中较晚的蓝色颜料层进行了扫描电镜分析[①]，SEM-EDS 能谱分析显示该颜料层的主要组成元素包括 Cu、Na、Al、Si、S、As 等，说明颜料层中同时存在石青和青金石两种颜料。从剖面显微照片（图 7.21（b），图 7.21（c））和扫描电镜背散射像（图 7.21（d））均可观察到两种颜料呈混合状态。青金石颜料的价格比石青高昂得多，而色相近似，由此推测，这很可

_____

①　此前的分析检测工作已经证明，最下方的一层蓝色颜料是 smalt。

能也是一例以降低成本为目的的混色做法。

　　还有一种较少见的做法,是将不同粒径的同种颜料混合使用,例如将石大青与石三青混合。这种做法见于承德普乐寺彩塑,在普乐寺慧力殿愤怒降魔王的蓝色飘带上采集的样品(图 7.22(a)),偏光分析仅发现石青一种颜料(图 7.22(d),图 7.22(e)),而剖面上则能够看到粒径明显不同的两种颜料颗粒混合在一起(图 7.22(b),图 7.22(c))。这种做法目前还没有发现更多实例,值得研究者日后继续关注。

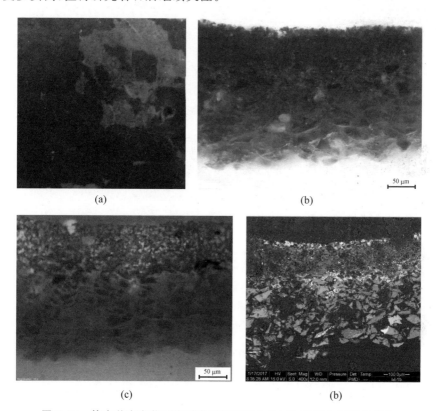

(a)　　　　　　　　　　(b)

(c)　　　　　　　　　　(b)

图 7.21　故宫慈宁宫花园临溪亭天花彩画中的石青与青金石混色做法

(a) 取样位置;(b) 剖面显微照片,可见光下,200×;(c) 剖面显微照片,UV 光下,200×;(d) 剖面样品背散射电子像;(e) SEM-EDS 谱图(区域 1);(f) SEM-EDS 谱图(区域 2)

　　图片来源:本书作者工作,实验在故宫博物院古建部 CRAFT 文保实验室完成。

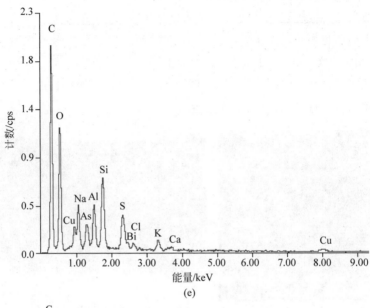

(e)

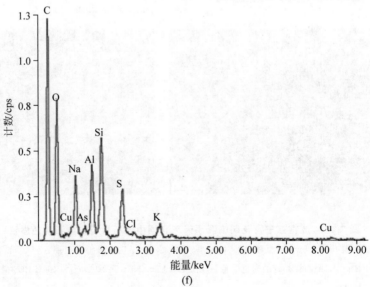

(f)

图 7.21 （续）

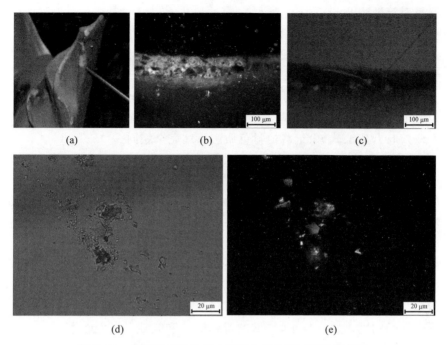

图 7.22 承德普乐寺彩塑中的石大青与石三青混色做法

(a) 取样位置；(b) 剖面显微照片，可见光下，100×；(c) 剖面显微照片，UV 光下，100×；
(d) 石青颜料颗粒，单偏光下，630×；(e) 石青颜料颗粒，正交偏光下，630×

图片来源：本书作者工作，实验在故宫博物院科技部实验室完成。

7.3.4 衬色做法

衬色做法，见载于《营造法式·彩画作制度·总制度》：“彩画之制，先遍衬地，次以草色和粉，分衬所画之物。其衬色上，方布细色或叠晕，或分间剔填。”①也就是说，在正式绘制图案之前，要先施一遍衬色，用来衬托所画之物。

这一原理在各种类型的绘画实践中应用相当普遍。清代即有画论总结：“凡正面用青绿者，其后必以青绿衬之，其色方饱满。”②民间画工总结的染色技法中，也有漳丹打底银朱盖面、二绿打底大绿盖面、石黄打底土

---

① 《营造法式》，卷十四。清文渊阁四库全书本。
② 《芥子园画传》，初集。康熙十八年芥子园刊五色套印本。

黄盖面等做法[①]。

　　清代匠作则例中没有明确出现"衬色"一词，但也有衬色做法的记载。例如《安定东直朝阳等门城墙宇墙马道门楼等工丈尺做法清册》中记载的椽子彩画做法："以上使灰三道糙油衬二绿刷大绿"[②]。

　　"衬二绿刷大绿"这一用语，在多种则例中反复出现，说明这是一种特定的工艺做法。从字面意思来看，这一做法是用二绿作为衬底，其上刷饰大绿，和《营造法式》中记载的衬色做法原理完全相同。

　　科学检测证实了清代建筑彩画中衬色做法的存在。颐和园建筑彩画中发现了以铅丹衬托朱砂的做法[③]，与前文提到的民间画诀相符。相同的做法在陕西彬县大佛寺石窟彩绘中也有发现[④]。油作中也有类似的做法，银朱油之下用粉红油或漳丹油打底，得到的效果比纯用银朱油更鲜艳明亮[⑤]。

　　同样的做法也适用于蓝色颜料。故宫建筑彩画中就发现了以石青衬托青金石的做法。图7.23中的样品取自故宫临溪亭天花彩画的角蝉部位，蓝地凤纹（图7.23(a)），与明镜位置青金石和石青混合的做法不同，这个样品的剖面照片显示，较深的蓝色颜料和较浅的蓝色颜料各自形成一个独立的颜料层，而非彼此混合（图7.23(b)，图7.23(c)）。扫描电镜能谱分析显示，上方颜料层的元素组成（图7.23(e)）和下方颜料层（图7.23(f)）有明显差异：上层的主要成分是青金石，两个颜料层之间未见尘垢，交接处界线模糊，互有渗透，其形态特征更近于同一次修缮中的重复涂刷，而不是两次修缮。也就是说，这里应当是使用石青作为衬色，其上再涂刷青金石，以获得更加鲜明沉稳的色彩效果。

　　衬色的另一种做法，是利用深浅不同的同种颜料，浅色打底，深色罩面，例如头青下衬三青。养心殿正殿明间脊枋彩画就是一个典型案例。其工艺做法可举典型样品1449为例，剖面上明显可见三个层次（图7.24(a)）：最上方是一较厚的颜料层（图中标记为1），颜料颗粒很大，直径达 $50\sim100\ \mu m$，颗粒形态不规则，可见光下呈艳丽的深蓝色，略呈半透明；其下是一个浅蓝

---

①　王树村（1982）：第105页。

②　《安定东直朝阳等门城墙宇墙马道门楼等工丈尺做法清册》，清抄本。见王世襄（2009c）。

③　严静（2010）。

④　樊娟，贺林（1997）。

⑤　边精一（2007）：第32页。

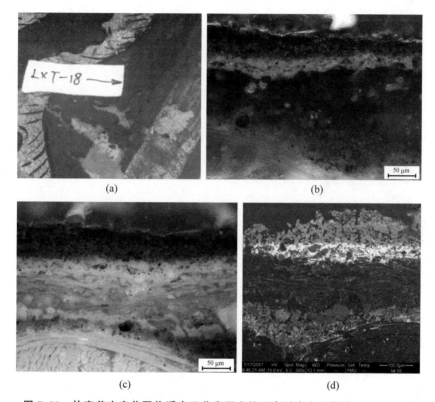

(a)　　　　　　　　　　　(b)

(c)　　　　　　　　　　　(d)

图 7.23　故宫慈宁宫花园临溪亭天花彩画中的石青衬青金石做法

（a）取样位置；（b）剖面显微照片，可见光下，100×；（c）剖面显微照片，UV 光下，
100×；（d）扫描电镜背散射像，500×（示点扫描位置）；（e）SEM-EDS 谱图（区域 1，
主要成分为青金石）；（f）SEM-EDS 谱图（区域 2，主要成分为石青）

　　图片来源：本书作者工作，（b）、（c）在故宫博物院古建部 CRAFT 文保实验室完成，
（d）、（e）、（f）在清华大学摩擦学国家重点实验室完成。

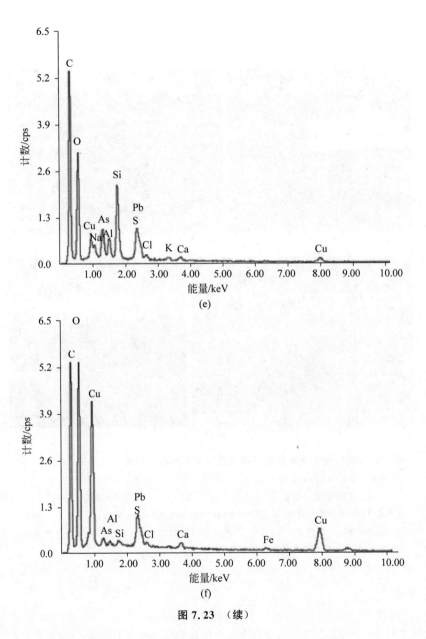

图 7.23 （续）

色颜料层(图中标记为 2),可见光下呈浅蓝色,厚度为 $80\sim100\ \mu m$,颜料颗粒较小,形状不规则;最下方是较厚的米白色地仗层(图中标记为 3)。从显微照片上可以看到,两层蓝色颜料层形态均连续完整,UV 光下两层间未见明显尘垢层。综上,此处脊枋彩画的工艺做法是先在木构件上做一层底灰,其上刷一层浅蓝色衬色,再做一层深蓝色大色(图 7.24(b))。

(a)

1. 深蓝大色

2. 浅蓝衬色

3. 米白色底灰

(b)

图 7.24　故宫养心殿正殿脊枋彩画样品的剖面层次分析

(a) 样品 1449 可见光与 UV 光下对比照片,200×;(b) 样品 1449 剖面层次分析结果

图片来源:本书作者工作,在故宫博物院古建部 CRAFT 文保实验室完成。

　　同样的衬色做法也见于故宫宁寿宫花园养和精舍的蓝色洒金壁纸(图 7.25(a))。样品剖面在显微镜下可见深蓝和浅蓝两个不同颜料层(图 7.25(b)、(c)),前者厚度约 $40\ \mu m$,后者厚度约 $20\ \mu m$。分别刮取两个颜料层的颜料颗粒,在镜下均可观察到石青颜料的典型特征,但粒径有明显差别,深蓝色颜料的粒径在 $30\sim50~\mu m$(图 7.25(d)),浅蓝色颜料的粒径则在 $10\sim20~\mu m$ (图 7.25(e))。这层浅色颜料看似多余,实则对于壁纸最终的呈色不可或缺。仿制试验证明,如果没有这一层衬色,只靠一层 $40~\mu m$ 的石青颜料,就无法取得如此沉稳的色彩效果。

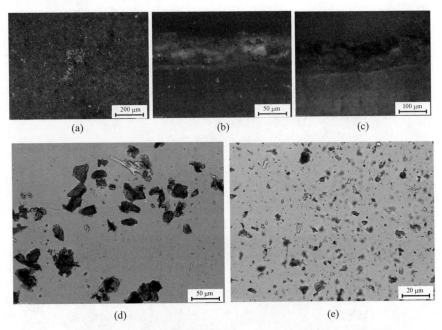

图 7.25　故宫宁寿宫花园养和精舍壁纸中的三青衬大青做法（见文前彩图）

（a）壁纸表面,50×；（b）可见光下剖面,100×；（c）UV 光下剖面,100×；（d）大青颜料颗粒,200×；（e）三青颜料颗粒,500×

图片来源：本书作者工作,在故宫博物院古建部 CRAFT 文保实验室完成。

7.4　小　　结

清代官办营建活动中颜料的流通与使用,大致要经历采办、贮存、支领、制备、施用和奏销几个环节。

颜料由原产地负责采办,按当地市价收购。各省均有份例,每年须按定额办解到京,检验合格后交付户部颜料库收贮。颜料库定期清查库存,不足者令各省办解,库存充足者停解。此外,内务府广储司也有一部分颜料库存,专供内廷工程之需。各工程支领颜料时,须按一定规程申请,由户部签发,专人支取。施工完毕,还须在规定期限内将应用颜料数量种类造册呈报,由相关机构负责奏销,这样才算结束整个流程。

采买来的颜料大部分是半成品,到达施工现场之后,往往还需要经历一个加工制备的环节。天然矿物颜料需要研磨粉碎,淘洗提纯;合成颜料还需要经过煅烧氧化等合成工序。在官修匠作则例中,这些都会作为施工的必要环节,计入彩画作的用工和用料。制备颜料的工作量与颜料用量有一定比例的规定,并由专门的匠师工种负责,如"擂青绿出色画匠"和"化胶煮绿画匠"等。

颜料的施用方式因实际需要而异。最普通的做法是直接入胶刷饰,也有其他更复杂的方式,例如以几种颜料调和得到新的间色,或者混合使用几种颜色相同而成分不同的颜料,以达到降低成本等目的。对于天然矿物颜料,有时还要在施色之前先用颜色相近的颜料做一层衬色,以使颜色更加鲜明。这些施色工艺的基本原理继承自宋代彩画,具体做法则在清式彩画中有所发展变化。遗存彩画实例中,调色、混色和衬色的做法往往见于清代早中期彩画,而在清晚期逐渐退化消失。

第8章 结 论

凡解释一字即是作一部文化史。

———陈寅恪,1936

8.1 清代官式彩画颜料使用状况：历时性综述

在综合考察了清代官式彩画中本土颜料和进口颜料的生产、应用和贸易源流之后,本节将对整个清代时间段内的彩画颜料来源与使用状况作一概括性叙述。

清代官方营建工程所使用的颜料,按照"非其土产不以征"的原则,由各省分别负责采办。各省每年办解的颜料种类和数量均有定例,但也常常根据营造工程的实际需要而调整。清代留存的大量档案与典章制度中,保留了许多有关颜料采办与应用的信息,从中可以看到,各个时期、各个工程中实际使用的彩画颜料种类都不尽相同,并非悉遵官颁则例,而这样的微调也在官方许可的范围之内。表面一成不变的则例与规范,在实际履行当中仍有许多灵活变通余地。

如第5章引言所说,颜料的选择,从来都是经济、文化和技术相互博弈的结果。有清一代,营造技术和做法趋于定型,建筑彩画的用色原则没有发生过根本性变动。在这一状况下,彩画颜料种类的变迁,实际上主要受到经济和贸易因素的影响。不断变动的颜料市价影响着采办者的抉择,也影响到施工成本和最终的营缮效果。因此,总结清代建筑彩画中颜料使用的实际状况,可以结合清朝整体对外贸易状况和贸易史关键节点,将其划分为五个阶段[1]：

---

[1] 这一分期方法参考了岸本美绪(2009)对16世纪末—19世纪中国对外贸易史的分期观点,根据颜料贸易特点对阶段划分作了调整,并补入了19世纪的部分。

第一阶段（1615—1685 年，明末清初）：贸易衰退背景下本土颜料的全盛期

这一阶段是清朝对外贸易的最低潮，先是经历了明清交替的混乱阶段，顺治年间又一度实行海禁，强迫沿海居民内迁，导致这一时期的海外贸易急速衰退。在此期间，各种内外工程所使用的彩画颜料均限于本土出产，外来颜料几乎完全绝迹。这一时期，彩画中主要使用的青绿颜料包括石青、石绿和人造碱式氯化铜，其他色系颜料也均为传统颜料，如银朱、漳丹、藤黄等。这一状况大约延续到 17 世纪 80 年代中期，至康熙二十四年（1685）开放海禁为止。

第二阶段（1685—1750 年，清代早中期）：对外贸易恢复时期，西洋颜料逐步进入中国

随着海禁开放，清朝的对外贸易逐步恢复，尽管还处在一口通商的局面，但西洋颜料已经获得输入途径。最早进入中国的颜料是 smalt，当时称为"洋青"，约在康熙晚期开始应用于建筑彩画，并在雍正时期作为官式彩画颜料正式进入官颁则例，但用量十分有限，还处在边缘地位。同时，胭脂虫红可能也已经进口到中国，但应用状况尚不明确。

总体上说，这一阶段进口颜料虽然已经出现，但种类很少，用量不大，仍然处在相当保守的试用阶段。

第三阶段（1750—1840 年，乾嘉时期）：对外贸易急速增长，进口颜料影响扩大

这一阶段截至 1840 年，也就是贸易史上"清前期"的分界点。这是一个经济和贸易相对繁荣的阶段，随着对外贸易不断增长，进口颜料在种类和数量上有所增加，影响范围也在逐渐扩大。典型例证是洋青用量的快速增长，甚至超过石青，这在一定程度上缓解了石青类矿物颜料采办的紧张状况。约在乾隆后期，普鲁士蓝也进入中国，并在建筑装饰中出现了少量应用实例，但未能像洋青一样进入官方则例。从广州外销画及外销工艺品的情况来看，这一时期，进口颜料在广州及其周边地区的应用很可能相对内陆地区更为活跃。

这一时期，进口彩画颜料的应用规模和影响范围大为发展，但就色系范围而言，仍然局限于蓝色颜料。这主要是由供求关系决定的，因为天然矿物颜料的产量不像合成颜料稳定可控，此时，天然矿物颜料的供应已经明显不敷使用，彩画中的石绿几乎完全被人造碱式氯化铜颜料取代，而蓝色颜料由于没有成熟的人工合成技术，就只能向海外寻求补充。

第四阶段（1840—1860 年，道咸时期）：通商口岸不断增加，进口颜料规模迅速发展

这一阶段从道光二十年（1840）的鸦片战争开始，国门打开，通商口岸增加，同时，由于中国近代海关（China maritime custom）在这一时期建立，贸易扩张的同时，贸易档案记录也趋于规范完整，有关进口颜料的贸易史料也从这一时期开始极大丰富。

从文献和实物两方面的证据来看，这一时期，西洋颜料的对华贸易开始大规模发展，除原有的几种进口颜料之外，新增的品种如巴黎绿、人造群青也在这一时期进入中国市场，并且复出口到其他亚洲国家。

这些进口颜料最初被中国画师使用在外销画和工艺美术品上，但很快就扩展到了更广泛的手工业领域。相当数量的科学检测案例表明，这一时期的建筑彩画越来越多地使用西洋进口颜料，范围也从原先的蓝色颜料扩展到了青绿两大色系。巴黎绿以其相对低廉的成本和优良的着色能力，迅速得到彩画匠师的青睐。尽管这一现象并未反映到官修则例层面，却在实物遗存和贸易记录中得到清晰印证。

第五阶段（1860—1911 年，同光时期）：舶来品的全面胜利

这一阶段从第二次鸦片战争一直延续到清代末期，是近代中国对外贸易规模急剧增长的阶段，通商口岸大量开放，舶来品大举涌入中国。

进口颜料在此时期也以空前的态势冲击中国市场，因其物美价廉，很快取代了传统颜料的地位。到清末，官式建筑彩画中使用的大都是产自欧洲（尤以德国为主）的进口颜料，其色彩范围也进一步扩展，全面涉及青、绿、红、黄各个色系，而本土颜料只有漳丹、红土、黑烟子等几种成本较低者继续应用于彩画营缮。实际上，这一时期，彩画颜料的全面革新并不仅仅发生在以紫禁城为中心的北京地区，也不再像之前那样局限于通商口岸附近，而是扩展到相当大的地域范围，已经科学检测证实的案例至少覆盖了华北地区（山西）、华中地区（河南）、西北地区（陕西）、华南地区（江苏），以及西南地区（西藏、四川、云南）。

需要指出的是，将这一阶段的下限划定在 1911 年，只是作为研究范围的清代分期结束，并不意味着颜料的使用状况在 1911 年发生了显著的变化。实际上，这一状况一直持续到民国年间。迟至 20 世纪三四十年代，中国的工业颜料市场仍然为西洋进口颜料所垄断。

8.2　颜料对建筑彩画及营建活动的影响

颜料之于庞大的建筑实体,似乎是过于琐细的枝节。本书之所以花费大量笔墨,不厌其烦地考证每种颜料的来龙去脉,并非明察秋毫,不见舆薪,而是力求窥斑知豹,意图为营造史研究提供一个新的视角。

既往的建筑史学研究更多地关注"设计-建造"这一自上而下的角度,但当这种研究进展到一定阶段,为了求得更加深入完整的解释,就有必要加入另一个自下而上的考察角度。所谓"自下而上",指的是包括营造材料在内的各种底层因素对建造活动的制约。这些因素看似微小,但由于下游环节距离终点更近,更容易在不特定的程度上对最终效果产生直接影响,因此仍然是整个链条中不可忽视的部分。从物质文化研究的角度来说,材料和建筑的关系,正可以视为物质生产和文化形成之间的互动关系。因此,这一微观视角能够解释的范围,恰恰成为对宏观建筑史学研究的补充。

正如本书引言中已经指出的,建筑物最终呈现的结构、形态与样貌,往往同时受到技术因素、经济因素和文化因素的作用,很难轻言其中何者处在绝对的主导地位。以建筑彩画而言,过往研究几乎都是从文化角度解释其色彩设计规律,但是一个不应忽略的基本事实是:以古典哲学的观点来看,色彩是第二性的,其存在有赖于第一性的实体对感官的激发;而颜料作为构成色彩的实体,则是第一性的。因此,对建筑色彩的讨论,就必须将关于颜料的认知作为基础,而不宜只谈脱离实体的抽象色彩。

颜料如何对建筑彩画发生影响? 一般而言,可以归结为两个层面的作用:

(1)在彩画设计成型之初,颜料已经作为一个隐含的先决条件,参与了建筑主体色调的确定。今天的建筑师可以随心所欲指定装修用色,是因为市场几乎对任何颜色的材料都能实现充足供应;但在颜料来源有限的古代社会,即使奢靡如皇家营造工程,能够支配的物料也是以出产为限度的。本书列举的种种史料证明,当某种颜料采办不足时,解决办法就是另行寻找他种颜料作为替代。因此,颜料的供应,对于建筑的色彩设计——尤其是主体色彩而言,实际上构成了一个容易为人忽略的限制条件。

一个极端的例子是山西平遥镇国寺天王殿的黑灰色彩画:这次乾隆时

期的彩画修缮工程，由于蓝色颜料的匮乏而导致"惜蓝如金"的现象[①]，无论彩画、彩塑还是壁画中，蓝色的使用几乎绝迹，殿内彩画也不得不打破常规，将青绿配色的旋子彩画一律改用黑灰配色。虽然这一案例可以解释为权宜的例外，但是，所谓"常规配色"，在其确立之初，仍然受限于当时的颜料供给。不妨举出另一个更具普遍性的例子：清代官式建筑的墙面通常刷成通体土红色，类似于《营造法式》中规定的"土朱刷饰"，这一原则的形成与其用文化心理解释，不如归结到一个更加实际的原因：能够用于大面积刷饰墙面的颜料，必须同时满足出产量大、成本低廉、物理与化学性质稳定这几个特征。4.1.9 节已经指出，在营造工程中，红土的用量大得惊人，如果将其替换为青色或绿色，则无论任何种类的天然矿物颜料或合成颜料，其产量都难以满足使用需求。因此，建筑主体用色的选择范围比我们通常的想象要有限得多。

（2）在清代官式彩画作为一个体系定型之后，其用色原则和规律虽然已有固定的框架可以遵循，颜料仍然会对彩画个案的最终色彩形态产生微调作用。因此，对于任何建筑个案，或者将任何一个时代、地域范围内的彩画作为考察对象时，都必须将当时当地所用的颜料类型纳入考量。

研究者通常将清代官式彩画视为一个相对封闭定型的系统，系统内部的差异主要是历时性的，也就是说，彩画视觉风格（包括纹样与色彩）的变化主要依据时间维度划分，典型的描述例如"清中期风格"，或者进一步细分为"乾隆时期风格"。但是，如果在这个大的历时性描述框架之下，企图将建筑色彩研究推进到更加深入的层面，就必须注意到，对于任何个案而言，其色彩特征都可以在该框架之下进一步细化。而在这个层面上，材料发挥的影响要远超过审美因素。

如 6.3.1 节所述，清代彩画施工时，是用号色的办法来确定每个区域的具体用色，例如七（青）、六（绿）、工（红）等。从另一个角度说，彩画谱子（及其代表的施工规范）对色彩的规定，至多限定到这一步：只提供宽泛的概念性描述，而非色值。决定具体色值的，在很大程度上就是当时能够供应的物料。虽然从理论上说，每种彩画所使用的具体颜料种类在画作做法则例中也有详细规定，但这些规定在实际工程中很难完全实施[②]。归根结底，一切制度层面、设计层面的考量都只是左右建筑彩画最终效果的一重因素，并且

---

① 刘畅等（2013）：第 256-259 页。

② 这一问题在 7.3 节有详细讨论。

往往只是出发点,而非落脚点。在第 6 章所叙述的整个颜料使用流程中,任何一个环节出现的偏差,都可能左右最终的结果。例如档案所见顺治十年南梅花青不敷应用的例子[①],就可能影响到这一时期的一批官方营建工程。

由于清代彩画颜料种类繁多、性质各异,上述两个层面的影响也往往都是复杂而具体的,很难以某种笼统的趋势概括,例如艺术史研究者所偏爱的"从素朴趋于繁丽"一类描述。这是因为,此类描述所反映的通常是审美与文化心理的演变,这种演变是社会性的,容易形成共同倾向;但材料的变迁本身就受到多重因素影响,很难形成合力,其结果也就不易呈现为单一趋势。试举人造群青为例,这种颜料在同治光绪年间成为最主要的大色颜料,其过于鲜明的色彩效果被认为"怯"。从审美角度说,这很容易被归入某种趋势,认为是清晚期审美趣味衰退所致,反映出清晚期彩画在艺术品位上的庸俗化。但实际上,主导这一变化的并不是审美,而是经济和贸易因素——晚清大规模开放的通商口岸保证了舶来品的充足供应,成本也得以极大降低。然而同样是便宜的舶来品,普鲁士蓝早在乾隆年间就已经传入中国,甚至一度实现国产化,价格水准也与人造群青相当,为什么一百多年间在建筑彩画中却鲜有应用,未能像人造群青那样迅速获得优势地位?这其中又可能存在审美因素的作用。因为普鲁士蓝的颜色不如人造群青鲜艳,是饱和度较低的深蓝色。

那么,这种对高饱和度色彩的追求是不是代表了审美的庸俗化呢?很可能恰好相反。因为这种饱和度很高的蓝紫色,也同样广泛运用于北朝和唐代的敦煌壁画。如果考虑到清代统治者对青金石的崇尚,以青金石为祀天之饰和文官顶戴的制度,以及乾隆时期紫禁城内将青金石用于建筑装饰的案例,对这种色相的推崇,似乎更多地代表了清代早中期较为典雅的趣味[②]。但实际上,人造群青和青金石的成分是完全相同的,这种艳丽的蓝紫色无论在中古时期的中国,还是文艺复兴时期的欧洲,都被视作最高贵的色彩。因此从审美角度来看,群青的回归并非品位堕落,反倒是审美趣味的一次回归。同光年间的彩画匠师(以及其他手工业匠人)终于找到了一种能够恢复传统色彩效果的新颜料,复兴了受物料所限而久已断绝的色彩传统。然而由于晚清时期的美术和工艺全面堕入低谷,连同这种艳丽的蓝色也一并被视为庸俗的典型。由此就不难得出这样的判断:颜料不仅是被选取的

---

① 见 4.1.2 节。
② 张永江(2016)。

对象,某种程度上,也作为一项积极的主导因素参与了色彩设计,并且可能反过来对文化心理层面的审美判断产生影响,亦即物质生产对文化形成的反作用。

关于颜料带来的影响,由于能够明确断代的彩画案例不足①,要将各个案例在横向上贯穿起来,总结出更为明确的规律,还有待数据的长期积累。但是,如果像美术史学者所公认的那样,荷兰人从欧洲带到日本的普鲁士蓝,掀起了一场江户时代浮世绘的"蓝色革命",深刻地影响了这种美术体裁的发展,那么我们也必须承认,这种革命在清代建筑彩画中,也以不为人注意的方式悄然发生过,即使一些痕迹已经永远地灭失。

8.3　匠作则例对清代建筑史研究的意义

梁思成先生把《工程做法》与《营造法式》并称为中国建筑的两部"文法课本"②,研究者对清代则例的看待方式,在很大程度上受到这一观点的影响。但是,这两部齐名的术书之间,仍然存在一个值得注意的区别:《营造法式》在宋代官式建筑实例匮乏的状况下,为研究者提供了不可替代的文献线索,以填补有关宋代营造体系的认知空白③;清代的情况则完全不同,无论是建筑还是其他文物,清代遗留下来的实例数量都远远高于宋代,为研究者提供了极其丰富的实物材料。因此,对清代建筑物质层面上的认知,可以直接从实物方面获取证据,而匠作则例的学术意义主要在于佐证和解读营造工程中有关人的活动,例如工程管理制度、销算方式,以及另一个重要的层面——对清代工匠知识体系的认知。至于有关营造物料和做法的问题,则例的记载虽然也提供了独具价值的文献证据,但研究者在利用这部分材料时,必须对其意义保持清晰认识,不能简单地认为则例记载等同或大致等同于实际情况。

王世襄先生谈及则例,认为能够提供材料与工艺做法方面的准确信息,

---

① 这里指的是彩绘层能够明确断代的案例不足。虽然根据纹样断代的彩画案例很多,但对于彩绘层本身的年代,仍然无法排除后代按照早期纹样过色见新的可能性。例如北京孚王府大殿彩画,从人造群青颜料的使用可以判断是清末重修的结果,但却保持了异常完整的清早期彩画样式。

② 梁思成《中国古代建筑之两部"文法课本"》,《中国营造学社汇刊》,第七卷第二期,1945。

③ 《营造法式》究竟在多大程度上代表了宋代建筑的实际做法,是另一个复杂的话题,在此不作展开。

因而格外值得重视①,这一观点的适用范围却是值得讨论的。王世襄先生在研究中找到了梵华楼珐琅塔及其则例这样的珍贵案例②,借助实物与则例的对照印证,解释了有关珐琅塔工艺做法、用料、用工和造价开支的不少问题。但是,这里仍有两点值得商榷:

第一,珐琅塔的案例具有一定特殊性,其存世则例《照金塔式样成造珐琅塔一座销算底册》是针对做法复杂、成本高昂的器物所单独编纂的底册,二者具有特定的紧密关联。与此不同的是,对于记载建筑做法的则例(包括彩画作)而言,则大多是通用性质的一般规定,与具体工程案例并不存在特定的对应关系。就实际情况来看,即使记录具体工程做法的则例,也往往是以通用规定为模板,照样抄录或稍加改削而来。而通行性质的则例,如2.2.1节中所说,往往是历代传抄,很少变易。从清初到清末,相隔几百年的则例内容可能完全相同,但倘若比较两个时期的实物做法,差异已经相当可观。一方面,营造技术、营造材料和营造需求都在发展变化;另一方面,则例却因循守旧,不断重复。这就造成了二者逐渐脱节的趋势。像珐琅塔那样实物与则例高度对应的情况,在建筑当中尚未发现。

第二,珐琅塔的研究中,由于缺乏针对实物的分析或科学检测数据③,故有关材料和工艺的结论全部来自则例单方面的记载,实际上并未与实物方面的信息印证。虽然这些文字记载的确提供了大量独一无二的信息,但从逻辑上说,其真实性和准确性仍然有待验证。事实上,销算底册作为财务档案,能够反映的最可靠信息是珐琅塔实际耗费的造价;至于能否反映一件器物的实际用料和用工状况,则是有充分理由提出怀疑的。

综上,清代官修匠作则例,对于研究清代工程管理制度和管理思想,是价值极高的一手史料。但是,有关营造做法和营造物料的研究,则不应将匠作则例作为最重要的信息来源。一些既有研究把则例视为相关营造工程的可靠档案记录,这种做法是存在很大风险的。清代官式建筑营造技术并不是一个静止的体系,随着时间推移,营造技术和材料做法都在不断发展。内廷和工部两大则例统初修的雍正年间,是则例与工程实践距离最近的时期,但历代重修则例,均以传抄旧例为主,鲜有更新,无法反映工程实践中发生

---

① 王世襄(1963)。

② 王世襄(1986)。

③ 王世襄进行这项研究时,珐琅塔尚在梵华楼原处,未有条件对其开展科学检测。有关珐琅塔形式的信息也主要依据照片获得。见王世襄(1986)。

的变化,这就导致则例与工程实践之间的差距日益增大。无论是工程做法一类的通用则例,还是做法清册一类的具体工程则例,其内容都未必能够反映则例成书年代的实际做法,尤其是清代中晚期的则例,往往只是照抄早期则例内容而已。在使用这些材料时,必须根据实际情况谨慎判断其与工程实践之间的差距。如果完全依据则例来认识成书时期的营造做法,则无异于刻舟求剑。

简而言之,官修匠作则例的内容,只是"应然",而未必是"实然"。随着时间推移,工程实践中材料、技术的发展变化,与则例历代因袭传抄的编修方式之间的矛盾,导致则例与工程实践呈现越来越脱节的趋势。对待作为营造史史料的匠作则例,研究者必须同时充分认识其意义和局限性,才有可能对这些材料作出恰当的判断与利用。

8.4　结语：颜料的身份

今天的颜料,通常只被视作一种绘画或装饰媒材。这一根植于现代社会的认知,令我们常常容易忽略古代颜料的复杂性。在古代社会中,颜料往往兼具多重身份,就清代彩画颜料而言,它同时作为自然物产、营造材料、财政库贮和贸易品存在,在多个维度上与社会经济活动发生关系,也就意味着它的流通与使用同时受到多重因素的制约。因此,对彩画颜料的认识,也必须经过多重角度的审视,才能理解它在特定社会文化中承担的角色及其意义。

从科技史角度说,颜料是技术文明的表征。无论是矿物颜料、植物颜料,还是人工合成颜料,其提取、制备与加工的过程,都受到技术水平的制约,因此也标识出技术文明的成就。颜料制造是古代化学工业的一个分支,从埃及工匠记录在纸莎草上的着色配方,到清代博山工匠"取彼水晶,和以回青"所得的钴蓝玻璃颜料,都可以纳入广义上的实践科学图景。颜料通常附属于艺术遗产,却为一种文明在特定时期达到的科学技术水准留下了直接证据。

从建筑史角度说,颜料是隐藏在建筑装饰中的指纹信息。对于建筑彩画而言,除了纹饰设计的历时性演进,还有另外一条隐形的脉络值得研究者把握,即绘制材料的变迁。不同时代、地域及不同经济条件下颜料的成分差异和由此导致的微妙色彩区别,在彩画中留下了隐蔽的历史证据,使得研究者能够借助特定的辨识手段,从中破译有关每一次营缮活动的珍贵信息,以实现对营造史更加精准的重构和解读。

从文化史角度说,颜料是文化交流的载体。从古代沿丝绸之路而来的青金石,到 19 世纪末从欧洲漂洋过海进入东亚的人造群青,通过商品交换的渠道,颜料的流通始终与文化交流息息相关。正如季羡林先生在《糖史》一书中所说,蔗糖这样一种微不足道的日用品背后,"隐藏着一部错综复杂的长达千百年的文化交流的历史"①。与此同理,颜料的历史,也是一部世界范围内的文化交流史,只是以另外一种物质载体呈现。

本书仅仅是针对清代彩画颜料展开的一项初步研究,要实现这一课题的研究目的,还有许多工作远未完成。在未来的工作中,值得继续探索的领域至少包括以下几个方向:

其一,针对匠作则例研究中发现的新问题,继续开展与研究相结合的科学检测工作,有针对性地积累文物样品检测数据,以解决颜料名实、产地、应用等各方面仍然存疑的问题。例如密陀僧(PbO)在建筑彩画中的实际应用情况,人造碱式碳酸铜类颜料的制备方法与产物及定名的对应关系,进口颜料胭脂虫红、Scheele's Green 等在清代中国的应用,等等。从另一个角度说,这些问题的解决,同样也会推进对匠作则例文本的释读与研究。

其二,从贸易史料出发,详细还原重要颜料的贸易路线(包括进出口贸易和国内贸易),例如西绿的生产贸易路线(四川—山西—北京),人造群青的复出口贸易路线(欧洲—中国—日本),苏木的复出口贸易路线(东南亚—中国—朝鲜),等等,以进一步探明每种颜料在各个时代和地域的来源、流通方式与成本,这将有助于理解各个营造工程在选择颜料时的考量,从而能够更清晰地辨明该案例中对建筑色彩造成影响的主导因素。

其三,基于长期、大量的案例数据积累,在时间和地域两个轴向上,对清代各类型、各地区建筑彩画中使用的颜料种类作出细化总结,从而对清代彩画营缮材料的使用状况形成更加深入全面的认识,从微观角度揭示建筑彩画的色彩变化规律,也为包括彩画在内的文物彩绘层断代问题提供可靠的标准样数据库。

在物质文化研究的视角下,颜料既是人类文明的造物,也形塑了人类对色彩的认知,进而参与了特定时空中文化的形成。对颜料的研究,关注重点并不是颜料本身的物质面向,而是物质与社会的关联。从这个意义上说,关于清代彩画和颜料,还有视野更为广阔的研究亟待展开。

---

① 季羡林(2009):第 6 页。

参 考 文 献

古籍

[1] 李明仲.营造法式[M].36 卷.武进陶氏刊印本,1925.

[2] 申时行,等.大明会典[M].228 卷.明万历内府刊本.

[3] 何士晋.工部厂库须知[M].12 卷.明万历林如楚刻本.

[4] 大清五朝会典[M].中国第一历史档案馆藏本.

[5] 钦定大清会典则例[M].100 卷.清文渊阁四库全书本.

[6] 大清历朝实录[M].4484 卷.中国第一历史档案馆藏本.

[7] 张廷玉.钦定皇朝文献通考[M].266 卷.清文渊阁四库全书本.

[8] 刘锦藻.清续文献通考[M].400 卷.民国影十通本.

[9] 工程做法[M].74 卷.清雍正刻本.

[10] 钦定工部则例[M].50 卷.乾隆十四年刊本.

[11] 钦定工部续增则例[M].153 卷.嘉庆二十二年刊本.

[12] 迈柱,等.九卿议定物料价值[M].4 卷.乾隆元年武英殿刻本.

[13] 山西省物料价值则例[M].清乾隆抄本.东京大学东洋文化研究所藏.

[14] 允礼,等.内庭工程做法[M].74 卷.清雍正十二年武英殿刊本.

[15] 浙海钞关征收税银则例[M].1 卷.故宫珍本丛刊影印本.

[16] 陶宗仪.南村辍耕录[M].30 卷.陶湘影元本.

[17] 李时珍.本草纲目[M].52 卷.清文渊阁定四库全书本.

[18] 贾思勰.齐民要术[M].10 卷.乾隆御览四库全书荟要本.

[19] 宋应星.天工开物[M].3 卷.喜咏轩丛书本.

[20] 方以智.物理小识[M].12 卷.清光绪宁静堂刻本.

[21] 何秋涛.朔方备乘[M].68 卷.清光绪刻本.

[22] 刘岳云.格物中法[M].6 卷.清同治刘氏家刻本.

[23] 吴暻.左司笔记[M].20 卷.清抄本.

[24] 沈榜.宛署杂记[M].20 卷.日本尊经阁文库本.

[25] 迮朗.绘事琐言[M].8 卷.清嘉庆刻本.

[26] 吕震.宣德鼎彝谱[M].8 卷.喜咏轩丛书本.

[27] 孙廷铨.颜山杂记[M].4 卷.清文渊阁四库全书本.

[28] 王槩.芥子园画传[M].初集.康熙十八年芥子园刊五色套印本.

[29] 邹一桂.小山画谱[M].2卷.清文渊阁四库全书本.

[30] 李斗.扬州画舫录[M].18卷.清乾隆六十年刻本.

[31] 徐珂.清稗类钞[M].1～13册.上海:商务印书馆,1916.

[32] 魏源.海国图志[M].100卷.清咸丰二年刊本.

[33] 梁廷枏撰.粤海关志[M].清道光广东刻本.袁钟仁点校.广州:广东人民出版社,2014.

[34] 平賀国倫.物類品隲[M].6卷.柏原屋清右衛門[ほか],宝暦13(1763).

[35] 藤原明衡.新猿楽記[M].東洋文庫.東京:平凡社,1983.

清代匠作则例及其研究

[36] 中国第一历史档案馆,香港中文大学文物馆.清宫内务府造办处档案总汇[M].北京:人民出版社,2005.

[37] 华觉明.中国科学技术典籍通汇(技术学卷)[M].郑州:河南教育出版社,1994.

[38] 王世襄.清代匠作则例汇编:佛作门神作[M].北京:中国书店,2002.

[39] 王世襄.清代匠作则例汇编:装修作漆作泥金作油作[M].北京:中国书店,2008.

[40] 王世襄.清代匠作则例:壹[M].郑州:大象出版社,2000a.

[41] 王世襄.清代匠作则例:贰[M].郑州:大象出版社,2000b.

[42] 王世襄.清代匠作则例:叁[M].郑州:大象出版社,2009a.

[43] 王世襄.清代匠作则例:肆[M].郑州:大象出版社,2009b.

[44] 王世襄.清代匠作则例:伍[M].郑州:大象出版社,2009c.

[45] 王世襄.清代匠作则例:陆[M].郑州:大象出版社,2009d.

[46] 陶湘.书目丛刊[M].沈阳:辽宁教育出版社,2000.

[47] 张驭寰.宫廷建筑彩画材料则例:营造经典集成4[M].北京:中国建筑工业出版社,2010.

[48] 王璞子.工程做法注释[M].北京:中国建筑工业出版社,1995.

[49] 朱启钤.营造算例印行缘起[J].中国营造学社汇刊,1931,2(1):1.

[50] 王旭.则例沿革稽考[M].北京:中国民主法制出版社,2016.

[51] 王世襄.谈清代的匠作则例[J].文物,1963(7):19-25.

[52] 王世襄.梵华楼珐琅塔和珐琅塔则例[J].故宫博物院院刊,1986(4):61-73.

[53] 宋建昃.关于清代匠作则例[J].古建园林技术,2001,3:40-45,7.

[54] 宋建昃.试析匠作则例的源流、概况和研究// Christine Moll-Murata. et al. Chinese Handictraft Regulations of the Qing Dynasty: Theory and Application [C]. IUDICIUM Verlag GmbH,2005.

[55] 王其亨.清代建筑工程籍本的研究利用[J].中国建筑史论汇刊,2014(2):

147-187.

[56]　刘畅.算房旧藏清代营造则例考查[J].建筑史论文集,2002,2：46-51,290.

[57]　刘畅.样式房旧藏清代营造则例考查[A]//建筑史论文集(第17辑)[G].北京：清华大学出版社,2003.

[58]　刘畅.清代晚期算房高家档案述略[J].建筑史论文集,2000,2：119-124,229-230.

[59]　苏荣誉.清代则例的编纂、内容和功能//Christine Moll-Murata. et al. Chinese Handictraft Regulations of the Qing Dynasty：Theory and Application[C]. Munich：IUDICIUM Verlag GmbH,2005.

[60]　戴吾三.梁思成与清代《工程做法则例》研究//清华大学与中国近现代科技[C].北京：清华大学出版社,2006.

[61]　Welf H Schnell. Typology and structure of the handicraft regulations on the Yuanming Yuan//Christine Moll-Murata, et al. Chinese Handictraft Regulations of the Qing Dynasty：Theory and Application[C]. Munich：IUDICIUM Verlag GmbH,2005.

[62]　Christine Moll-Murata. Maintenance and renovation of the Metropolitan City God Temple and the Peking City Wall during the Qing Dynasty//Christine Moll-Murata,et al. Chinese Handictraft Regulations of the Qing Dynasty：Theory and Application[C]. Munich：IUDICIUM Verlag GmbH,2005.

[63]　刘蔷.清代武英殿刻书之组织运作与技术创新探析：基十匠作则例之考察//Christine Moll-Murata, et al. Chinese Handictraft Regulations of the Qing Dynasty：Theory and Application[C]. Munich：IUDICIUM Verlag GmbH,2005.

[64]　陈朝勇.乾隆朝《物料价值则例》中的物价和工价//Christine Moll-Murata,et al. Chinese Handictraft Regulations of the Qing Dynasty：Theory and Application[C]. Munich：IUDICIUM Verlag GmbH,2005.

[65]　郭黛姮.《圆明园内工则例》评述[J].建筑史,2003,2：128-144,264.

[66]　王其亨.清代建筑工程籍本的研究利用[J].中国建筑史论汇刊.2014(2)：147-187.

[67]　余同元,何伟.清代《匠作则例》之建筑技术标准化及其经济效应[J].明清论丛,2011(00)：411-426.

[68]　王铁男.清代"则例"与"匠作则例"之分析[J].明清论丛,2017(1)：496-507.

[69]　程婧.《物料价值则例》和有关数据的分析[D].北京：清华大学,2004.

[70]　王欢.清代宫苑则例中的装修作制度[D].北京：北京林业大学,2016.

清代宫廷史与宫廷建筑研究

[71]　于倬云.中国宫殿论文集[M].北京：紫禁城出版社,2002.

[72] 单士魁.清代档案丛谈[M].北京：紫禁城出版社,1987.

[73] 祁美琴.清代内务府[M].沈阳：辽宁民族出版社,2009.

[74] 张德泽.清代国家机关考略[M].北京：学苑出版社,2001.

[75] 杜家骥,张振国.清代内务府官制的复杂性及其特点[J].南开学报,2008(4)：68-73.

[76] 张荣.从内务府工程档案看清代紫禁城修缮活动：以养心殿及其他朝仪宫殿为例[D].北京：清华大学,2004.

[77] 于倬云.紫禁城宫殿总说[C]//于倬云.中国宫殿建筑论文集.北京：紫禁城出版社,2002.

[78] 滕德永.清宫黄金的需求与供应[J].故宫学刊,2017(1)：213-224.

[79] 符娟.清朝工程营造中物料管理的法律规制探析[D].苏州：苏州大学,2013.

[80] 朱顺.清代工程营造法初探[D].北京：中国政法大学,2009.

[81] 陈锋.清代前期奏销制度与政策演变[J].历史研究,2000(2)：63-74,190.

[82] 王钟翰.清代则例与政法关系[C]//清史补考.沈阳：辽宁大学出版社,2004：28.

[83] 曹红军.康雍乾三朝中央机构刻印书研究[D].南京：南京师范大学,2006.

[84] 翁连溪.清代内府刻书研究[M].北京：故宫出版社,2013.

[85] 余同元.传统工业行业分化与明清职业分工的发展[C]//明清社会与经济近代转型研究.苏州：苏州大学出版社,2015.

[86] 高换婷,秦国经.清代宫廷建筑的管理制度及有关档案文献研究[J].故宫博物院院刊,2005(5)：293-310,375.

建筑彩画研究

[87] 孙大章.中国古代建筑彩画[M].北京：中国建筑工业出版社,2006.

[88] 孙大章.中国古代建筑史(第五卷)[M].北京：中国建筑工业出版社,2009.

[89] 何俊寿.中国建筑彩画图集[M].天津：天津大学出版社,2006.

[90] 蒋广全.中国清代官式彩画技术[M].北京：中国建筑工业出版社,2005.

[91] 李路珂.营造法式彩画研究[M].南京：东南大学出版社,2011.

[92] 马瑞田.中国古建彩画[M].北京：文物出版社,1996,

[93] 边精一.中国古建筑油漆彩画[M].北京：中国建材工业出版社,2007.

[94] 杨红,王时伟.建筑彩画研究[M].天津：天津大学出版社,2016.

[95] 王璞子.清官式建筑的油饰彩画[J].故宫博物院院刊,1983(4)：64-72.

[96] 段牛斗.清代官式建筑油漆彩画技艺传承研究[D].北京：中央美术学院,2010.

[97] 朱铃.清代早中期北方皇家园林建筑彩画研究[D].北京：北方工业大学,2012.

[98] 李路珂.《营造法式》彩画色彩初探[C]//李砚祖.艺术与科学：卷2.北京：清华大学出版社,2006.

[99] 赵立德,赵梦文.清代古建筑油漆作工艺[M].北京：建筑工业出版社,1999.

[100]　杜仙洲. 中国古建筑修缮技术[M]. 北京：中国建筑工业出版社，1983.

[101]　严静. 中国古建油饰彩画颜料成分分析及制作工艺研究[D]. 西安：西北大学，2010.

[102]　张昕著. 晋系风土建筑彩画研究[M]. 南京：东南大学出版社，2008.

[103]　杨红等. 慈宁宫区建筑彩画年代考略[J]. 故宫博物院院刊，2013(6)：109-126，160.

美术史与考古学研究

[104]　Bernard Watney. English Blue and White Porcelain of the 18th Century[M]. London：Faber & Faber.

[105]　Craig Clunas. Chinese Export Watercolor[M]. Victoria and Albert Museum，1984.

[106]　Carl L Crossman. The Decorative Arts of the China Trade[M]. Suffolk，the Antique Collector's Club Ltd，1991.

[107]　Joly-Segalen Annie. Lettres de Paul Gauguinà Georges-Daniel de Monfreid[J]. Journal de la Société des océanistes，tome 6，1950.

[108]　Screech Timon. The Shogun's painted culture：Fear and creativity in the Japanese states，1760-1829[M]. London：Reaktion Books，2000.

[109]　龚之允. 图像与范式：早期中西绘画交流史：1514—1885[M]. 北京：商务印书馆，2014.

[110]　土树村. 中国民间画诀[M]. 上海：上海人民美术出版社，1982.

[111]　刘辉. 康熙朝洋画家：杰凡尼·热拉蒂尼：兼论康熙对西洋绘画之态度[J]. 故宫博物院院刊，2013(2)：28-42，158.

[112]　金萍. 瞿昙寺壁画的艺术考古研究[D]. 西安：西安美术学院，2012.

[113]　张忠培. 浅谈考古学的局限性[J]. 故宫博物院院刊，1999(2)：67-69.

颜料和颜料史研究

[114]　Feller Robert L. Artists'Pigments：A Handbook of their History and Characterstics[M]. Vol. 1. New York：Oxford University Press，1986.

[115]　Ashok Roy. Artists' Pigments：A Handbook of their History and Characteristics[M]. Vol. 2. New York：Oxford University Press，1993.

[116]　Fitzhugh E. Artist' Pigments：A Handbook of their History and Characteristics[M]. Vol 3. New York：Oxford University Press，1993.

[117]　Berrie B. Artists' Pigments：A Handbook of Their History and Characteristics[M]. Vol. 4. New York：Oxford University Press，2007.

[118]　Bailey K. A note on Prussian blue in nineteenth-century canton studies in conservation[J]. 2012(2)：116-121.

[119]　Berger Gustav A. Conservation of Paintings: Research and Innovations[M]. London: Archetype Books,2000.

[120]　Mora Paolo,Laura Mora,Paul Philippot. Conservation of Wall Paintings[M]. London: Butterworths,1984.

[121]　David Scott. Copper and Bronze in Art: Corrosion,Colorants,Conservation[M]. Getty Conservation Institute,2002.

[122]　Eastaugh N V,Walsh T,Caplin R Siddall. Pigment Compendium,a Dictionary of Historical Pigments[M]. Oxford,GB: Elsevier Butterworth-Heinemann,2008.

[123]　Elisabeth West FitzHugh. Artists' Pigments: A Handbook of Their History and Characteristics[M]. Washington,DC: National Gallery of Art,1997.

[124]　FitzHugh E W,Leona M,Winter J. Studies Using Scientific Methods: Pigments in Later Japanese Paintings[C]. Washington DC: Smithsonian Institution,2003.

[125]　Gettens R,Stout G. Painting Materials: a Short Encyclopedia[M]. New York: Dover Publications,1966.

[126]　Howard H. Pigments of English Medieval Wall Paintings [M]. London: Archetype Publications,2003.

[127]　Hermens E,Ouwerkerk A,Costaras N. Looking Through Paintings: The Study of Painting Techniques and Materials in Support of Art Historical Research [M]. London: Archetype Publications,1998.

[128]　Kirby J. A spectrophotometric method for the identification of lake pigment dyestuffs[J]. National Gallery Technical Bulletin,1977(1): 35-45.

[129]　Kirsh Andrea,Rustin Levenson. Seeing Through Paintings[M]. New Haven: Yale University Press,2000.

[130]　Laurianne Robinet,Marika Spring,Sandrine Pages-Camagna,et al. Investigation of the discoloration of smalt pigment in historic paintings by micro-X-ray absorption spectroscopy at the Co K-Edge[J]. Analytical Chemistry, 2011, 83(13): 5145-5152.

[131]　Leslie Carlyle. The Artists's Assistant: Oil Painting Instruction Manuals and Handbooks in Britain,1800—1900[M]. London: Archetype Books,2017.

[132]　McCrone W. Polarized light microscopy in conservation: a personal perspective [J]. Journal of the American Institute for Conservation,1993,33(2): 101-114.

[133]　Rita Giannini,Ian C Freestone,Andrew J Shortland. European cobalt sources identified in the production of Chinese famille rose porcelain[J]. Journal of Archaeological Science,2017,80: 27-36.

[134]　Robert L Feller. Artists' Pigments: A Handbook of Their History and Characteristics[M]. Washington,DC: National Gallery of Art,1986.

[135] Sampson Theos. Prussian blue[J]. The China Review, or Notes and Queries on the Far East, 1882,11(2): 130.

[136] Screech Timon. The Shogun's Painted Culture: Fear and Creativity in the Japanese States, 1760—1829[M]. London: Reaktion Books, 2000.

[137] Stoner J, Rushfield R. Conservation of Easel Paintings[M]. London: Routledge, 2012.

[138] Smith H D. Hokusai and the blue revolution in Edo prints[C]// John T Carpenter. Hokusai and His Age: Ukiyo-e Painting, Printmaking, and Book Illustration in Late Edo Japan. Amsterdam: Hotei Publishing, 2005: 234-269.

[139] 鶴田榮一. 古典に見る古代の土壌顔料[J]. 色材, 2001, 74(8): 395-400.

[140] 鶴田榮一. 顔料の歷史[J]. 色材, 2002, 75(4): 189-199.

[141] 山崎一雄. 古代顔料の化學的研究[J]. 日本化學雜誌, 1950, 71(6/7): 411-412.

[142] 植本誠一郎. 日本繪画と日本画繪具[J]. 色材, 2002, 75(8): 401-407.

[143] すゝき. 土繪具に就て（一）[J]. 地質學雜誌. 1920, 27(327): 495-501.

[144] すゝき. 土繪具に就て（二）[J]. 地質學雜誌. 1921 28(328): 29-37.

[145] 菲利普·鲍尔. 明亮的泥土：颜料发明史[M]. 何本国, 译. 南京：译林出版社, 2018.

[146] 戴济. 颜料及涂料[M]. 上海：商务印书馆, 1930.

[147] 酒见恒太郎, 等. 最新化学工业大全（第9册）：颜料及沉淀色质[M]. 黄开绳, 等, 译. 上海：商务印书馆, 1936.

[148] 伊凡诺夫. 天然矿物颜料[M]. 北京：地质出版社, 1957.

[149] 袁中一. 无机颜料[J]. 清华周刊, 1927(6): 675.

[150] 万希章. 矿物颜料[M]. 北京：中华学艺出版社, 1936.

[151] 于非闇. 中国画颜色的研究[M]. 北京：朝花美术出版社, 1955.

[152] 于非闇. 中国画颜色的研究[M]. 修订版. 北京：北京联合出版公司, 2013.

[153] 朱骥良, 吴申年. 颜料工艺学[M]. 北京：化学工业出版社, 2002.

[154] 王书杰. 中国传统绘画材料技法[M]. 郑州：河南美术出版社, 2006.

[155] 仇庆年. 传统中国画颜料的研究[M]. 苏州：苏州大学出版社, 2010.

[156] 蒋玄佁. 中国绘画材料史[M]. 上海：上海书画出版社, 1986.

[157] 王雄飞, 俞旅葵. 矿物色使用手册[M]. 北京：人民美术出版社, 2008.

[158] 赵权利. 中国古代绘画技法材料工具史纲[M]. 南宁：广西美术出版社, 2006.

[159] 蒋采蘋. 中国画材料应用技法[M]. 上海：上海人民美术出版社, 1999.

[160] 曹振宇. 中国染料工业史[M]. 北京：中国轻工业出版社, 2009a.

[161] 曹振宇. 中国近代合成染料染色史[M]. 西安：西安地图出版社, 2009b.

[162] 夏寅, 等. 遗彩寻微：中国古代颜料偏光显微分析研究[M]. 北京：科学出版社, 2017.

[163] Lucien van Valen. The Matter of Chinese Painting[J]. 文博,2009,6：191-199.

[164] 王进玉. 敦煌：古代颜料标本宝库[J]. 科学,1990,1：72-73.

[165] 尹继才. 中国古代矿物颜料使用概述[J]. 国外金属矿选矿,1990,1：54-55.

[166] 李亚东. 秦俑彩绘颜料及秦代颜料史考[M]//秦始皇兵马俑博物馆. 秦俑学研究. 西安：陕西人民教育出版社,1996.

[167] 周国信. 什么是颜料[N]. 中国文物报,2013-11-15007.

[168] 周国信. 我国古代颜料漫谈(一)[J]. 涂料工业,1990,4：43-48,5.

[169] 周国信. 我国古代颜料漫谈(二)[J]. 涂料工业,1991,1：30-36,4.

[170] 李之彤. 天然矿物颜料杂谈[J]. 地球,1982,5：7.

[171] 尹继才. 颜料矿物[J]. 中国地质,2000,5：45-47,30.

[172] 王进玉. 敦煌石窟艺术应用颜料的产地之谜[J]. 文物保护与考古科学,2003,3：47-56.

[173] Robert H B ,Csilla F D,Hiroshi S,等. 中国及中亚壁画含铅颜料铅同位素比值分析[J]. 文物保护与考古科学,2000(1)：55-62.

[174] 周国信. 中国钴着色材料的分类和来源[J]. 文物保护与考古科学,2012,24(2)：113-120.

[175] 温睿. 苏麻离青考辨[J]. 故宫博物院院刊,2017(1)：144-153,163.

[176] 惠娜. 中国明清时期蓝色钴玻璃质颜料的分析研究[D]. 西安：西北大学,2015.

[177] 刘畅. 刘梦雨. 清代"洋青"背景下匠作使用普鲁士蓝情况浅析[J]. 中国建筑史论汇刊,2018(16)：137-157.

[178] 纪娟,张家峰. 中国古代几种蓝色颜料的起源及发展历史[J]. 敦煌研究,2011,6：109-114.

[179] 王进玉. 敦煌石窟合成群青颜料的研究[J]. 敦煌研究,2000,1：76-81.

[180] 王进玉. 敦煌、麦积山、炳灵寺石窟青金石颜料的研究[J]. 考古,1996,10：77-92,103-104.

[181] 王进玉. 中国古代对紫铆的开发应用[J]. 中国科技史料,2000(3)：222-227.

[182] 王进玉. "密陀僧"名称源流小考[J]. 甘肃中医,1988(2)：52-53.

[183] 伏修锋,干福熹,马波,等. 青金石产地探源[J]. 自然科学史研究,2006,3：246-254.

[184] 王进玉,郭宏,李军. 敦煌莫高窟青金石颜料的初步研究[J]. 敦煌研究,1995,3：74-86.

[185] 王军虎,宋大康,李军. 莫高窟十六国时期洞窟的颜料使用特征及颜色分布[J]. 敦煌研究,1995(3)：87-99.

[186] 周国信,程怀文. 丝绸之路古颜料考(Ⅲ)[J]. 现代涂料与涂装,1996,2：37-40,27.

[187] 王进玉. 敦煌莫高窟出土蓝色颜料的研究[J]. 考古,1996,3：74-80,102-103.

[188]　王进玉.中国古代彩绘艺术中应用青金石颜料的产地之谜[J].文博,2009,6：396-402.

[189]　王进玉.中国古代青金石颜料的电镜分析[J].文物保护与考古科学,1997(1)：25-32.

[190]　王进玉,李军,唐静娟,等.青海瞿昙寺壁画颜料的研究[J].文物保护与考古科学,1993(2)：23-35.

[191]　刘秉诚.《天工开物》中的"无名异"和"回青"试释[J].自然科学史研究,1982(4)：300-304.

[192]　吴玉芳,张海容,李志英,等.壁画中不同黄色颜料稳定性对比研究[J].忻州师范学院学报,2013,5：20-23,71.

[193]　周国信.中国西北地区古代壁画彩塑中的含铅白色颜料[J].文物保护与考古科学,2012,1：95-103.

[194]　李蔓.铜绿颜料的分析探究[D].西安：西北大学,2013.

[195]　王进玉,王进聪.敦煌石窟铜绿颜料的应用与来源[J].敦煌研究,2002,4：23-28.

[196]　王进玉,王进聪.中国古代朱砂的应用之调查[J].文物保护与考古科学,1999,1：40-45.

[197]　周国信.中国的辰砂及其发展史[J].敦煌研究,2010,2：51-59.

[198]　李蔓,夏寅,王丽琴.偏光显微分析和拉曼光谱分析在彩绘颜料鉴定中的应用[J].光散射学报,2013,3：268-275.

[199]　王继英,魏凌,刘照军.中国古代艺术品常用矿物颜料的拉曼光谱[J].光散射学报,2012,24(1)：86-91.

[200]　刘照军,王继英,韩礼刚,等.中国古代艺术品常用矿物颜料的拉曼光谱(二)[J].光散射学报,2013,2：170-175.

科学与技术史研究

[201]　吴国盛.什么是科学[M].广州：广东人民出版社,2016.

[202]　胡超然.工业药品大全[M].4版.上海：商务印书馆,1922.

[203]　万希章.矿物颜料[M].北京：中华学艺社,1935.

[204]　章鸿钊.古矿录[M].北京：地质出版社,1954.

[205]　章鸿钊.石雅[M].天津：百花文艺出版社,2010.

[206]　李约瑟.中国科学技术史,第五卷,第五分册：炼丹术的发现和发明[M].香港：中华书局,1975.

[207]　宋应星.天工开物[M].潘吉星,译注.上海：上海古籍出版社,2013.

[208]　丘光明.中国古代度量衡[M].天津：天津教育出版社,1991.

[209]　赵匡华,周嘉华.中国科学技术史.化学卷[M].北京：科学出版社,1998.

[210]　水津嘉之一郎.化学集成(第2编):无机化学[M].上海:商务印书馆,1923.

[211]　水津嘉之一郎.化学集成(第5编):制造化学[M].北京:商务印书馆,1929.

[212]　赵匡华.中国化学史近现代卷[M].南宁:广西教育出版社,2003.

[213]　程超寰.本草释名考订[M].北京:中国中医药出版社,2013.

[214]　干福熹,等.中国古代玻璃技术发展史[M].上海:上海科学技术出版社,2016.

[215]　叶喆民.中国古陶瓷浅说[M].北京:轻工业出版社:1982.

[216]　唐锡仁,杨文衡.中国科学技术史:地学卷[M].北京:科学出版社,2000.

[217]　弗朗索瓦·法尔吉斯.矿物与宝石[M].上海:上海科学技术出版社,2016.

[218]　布封.自然史[M].北京:新世界出版社,2015.

[219]　戴安邦,凌鼎钟.群青之制备及性质[J].金陵学报,民国二十六年,第七卷,第二期(理科专号),271-283.

[220]　汪庆正.青花料考[J].文物,1982(8):59-64.

[221]　彭泽益.中国近代手工业史资料(1840—1949)[M].北京:生活·读书·新知三联书店,1957.

[222]　加滕悦三,金冈繁人.如何用花绀蓝制备瓷器的釉下蓝色料[C].陈亦君,译.//中国科学院上海硅酸盐研究所编.中国古陶瓷研究.北京:科学出版社,1987:280-284.

[223]　张维用.《颜山杂记·琉璃》校注[J].玻璃与搪瓷,1996(6):48-52.

[224]　杨伯达.清代玻璃概述[J].故宫博物院院刊,1983(4):3-17,97-99.

[225]　杨伯达.清代玻璃配方化学成分的研究[J].故宫博物院院刊,1990(2):17-26,38.

[226]　童珏,陈大元,陈昌斌.湿法制备银朱的研究[J].湘潭大学自然科学学报,1983(2):84-86.

[227]　韩吉绍.狐刚子及其著作时代考疑[J].自然科学史研究,2013,32(4):538-540.

[228]　赵匡华,吴琅宇.关于中国炼丹术和医药化学中制轻粉、粉霜诸方的实验研究[J].自然科学史研究,1983(3):204-212.

[229]　赵匡华,张清健,郭保章.中国古代的铅化学[J].自然科学史研究,1990(3):248-257.

[230]　宋岘.论大食国药品:无名异[J].中华医史杂志,1994(3):167-171,131.

[231]　赵匡华.狐刚子及其对中国古代化学的卓越贡献[J].自然科学史研究,1984(3):224-235.

[232]　陈尧成,郭演仪,李铧.无名异的探讨[J].文物,1996(6):71-73.

[233]　张明悟.刘岳云的"西学中源"论及其构建的科学知识体系:《格物中法》初探[J].自然科学史研究,2012,31(2):152-166.

[234]　叶霖,刘铁庚.新疆氯铜矿的发现及其意义[J].矿物学报,1997(1):78-81.

[235]　白开寅,韩照信.新疆康古尔塔格金矿床的副氯铜矿发现及其地质意义[J].西

北地质,2007(2)：114-117.

[236] 石铁铮.云南个旧卡房大坪子发现密陀僧、铅黄及铅丹[J].西北地质,1981(3)：88-89.

经济史和贸易史研究

[237] China Maritime Customs. Treaties, Conventions, et al. Between China and Foreign State[M]. Shanghai：The Statistical Department of the Inspectorate General of Customs,1917.

[238] Carl L Crossman. The Decorative Arts of the China Trade[M]. Suffolk：the Antique Collector's Club Ltd,1991.

[239] Hosea Ballou Morse. The Chronicles of the East India Company Trade to China, 1635—1834[M]. Oxford：Clarendon Press,1926.

[240] Hanway J. An Essay on Tea[M]. London：H. Woodfall and C, Henderson, 1757：7-8.

[241] Francis Ross Carpenter. The Old China Trade：Americans in Canton,1784—1843[M]. New York：Coward,McCann & Geoghegan,1976.

[242] 范岱克.广州贸易：中国沿海的生活与事业(1700—1845)[M].江滢河,黄超,译.北京：社会科学文献出版社,2018.

[243] 高寿仙.明代时估制度初探[C]//第十二届明史国际学术研讨会论文集.大连：辽宁师范大学出版社,2009：273-285.

[244] Robert Fortune. A Journey to the Tea Countries of China[M]. London：John Murray,1852.

[245] 中国第二历史档案馆,中国海关总署办公厅.中国旧海关史料(1859—1948)[M].北京：京华出版社,2001.

[246] 陈霞飞.中国海关密档：赫德、金登干函电汇编(1874—1907)[M].第七卷.北京：中华书局,1995.

[247] 姚贤镐.中国近代经济史参考资料丛刊(第五种)：中国近代对外贸易史资料1840—1895[M].北京：中华书局,1962.

[248] 上海社会科学院经济研究所,上海市国际贸易学术委员会.上海对外贸易[M].上海：上海社会科学院出版社,1989.

[249] 彭泽益.中国近代经济史参考资料丛刊(第四种)：中国近代手工业史资料1940—1949[M].北京：生活·读书·新知三联书店,1957.

[250] 戴鞍钢,黄苇.中国地方志经济资料汇编[M].上海：汉语大词典出版社,1999.

[251] 陈真.中国近代工业史资料[M].第四辑.北京：生活·读书·新知三联书店,1961.

[252] 劳费尔.中国伊朗编[M].林筠因,译.北京：商务印书馆,2015.

[253]　谢弗.撒马尔罕的金桃:唐代的外来文明[M].吴玉贵,译.北京:中国社会科学出版社,1995.

[254]　滨下武志.中国近代经济史研究:明末海关财政与通商口岸市场圈[M].南京:江苏人民出版社,2006.

[255]　岸本美绪.清代中国的物价与经济变动[M].北京:社会科学文献出版社,2009.

[256]　松浦章.清代海外贸易史研究[M].李小林,译.天津:天津人民出版社,2016.

[257]　范发迪.清代在华的英国博物学家:科学、帝国与文化遭遇[M].北京:中国人民大学出版社,2011.

[258]　孔佩特.广州十三行:中国外销画中的外商,1700—1900[M].北京:商务印书馆,2014.

[259]　陈高华,陈尚胜.中国海外交通史[M].北京:中国社会科学出版社,2017.

[260]　黄滨.明清广州辐射与外港澳门、内港佛山的形成[C]//广州市人民政府地方志办公室.地方志与广州城市发展研究.广州:广州出版社,2013.

[261]　张存武.清韩宗藩贸易,1637—1894[M].台北:中央研究院近代史研究所专刊(39),2015.

[262]　任万平,郭福祥,韩秉臣.宫廷与异域:17、18世纪的中外物质文化交流[M].厦门:厦门大学出版社,2017.

[263]　王巨新.清代中缅关系[M].北京:社会科学文献出版社,2015.

[264]　王巨新.清代中泰关系[M].北京:中华书局,2018.

[265]　谢必震.明清中琉航海贸易研究[M].北京:海洋出版社,2004.

[266]　谢必震,胡昕.中琉关系史料与研究[M].北京:海洋出版社,2010.

[267]　徐艺圃,中国第一历史档案馆.清代中琉关系档案选编[M].北京:中华书局,1993.

[268]　齐如山.北京三百六十行[M].郑州:中州古籍出版社,2017.

[269]　阿布力克木·阿不都热西提.西域青金石与东西方经济文化交流[D].乌鲁木齐:新疆大学,2003.

[270]　张永江.色相如天:清朝皇室青金石、催生石来源与使用之探讨[C]//澹澹清川.戴逸先生九秩华诞纪念文集.北京:中国人民大学出版社:2016.

[271]　郑炳林.晚唐五代敦煌商业贸易市场研究[J].敦煌学辑刊,2004,1:103-118.

[272]　李华.雷履泰和日升昌票号:清代地方商人研究之一[C]//张维华纪念文集.济南:齐鲁书社,1997:298.

[273]　田茂德.票号在四川的活动[C]//山西财经大学晋商研究院.山西票号研究集.北京:经济管理出版社,2008.

[274]　李金明.清代粤海关的设置与关税征收[J].中国社会经济史研究,1995(4):28-36.

[275]　季羡林.《糖史》自序[M]//糖史.南昌:江西教育出版社,2009:6.

[276] 季羡林.蔗糖在明末清中期中外贸易中的地位：读《东印度公司对华贸易编年史》札记[J].北京大学学报(哲学社会科学版),1995(1)：20-25,127.

[277] 黄启臣.明清广东商帮的形成及其经营方式//明清广东省社会经济研究会编.十四世纪以来广东社会经济的发展[C].广州：广东高等教育出版社,1992.

[278] 丁宁,周正山.梁廷枏与《粤海关志》[J].学术月刊,1986(6)：72-76,71.

[279] 吴亚敏,邵锦华.近代沿岸贸易税述论[J].中国社会经济史研究,1989(2)：57-65.

[280] 关汉华.梁廷枏《粤海关志》文献价值初探[J].图书馆论坛,2009,29(6)：278-281.

[281] 王巨新.清前期粤海关税则考[J].历史教学(下半月刊),2010(5)：12-18.

[282] 李金明.清代粤海关的设置与关税征收[J].中国社会经济史研究,1995(4)：28-36.

[283] 陈恩维.梁廷枏《粤海关志》及其海关史研究[J].史学史研究,2009(3)：73.

[284] 吴松弟,方书生.中国旧海关统计的认知与利用[J].史学月刊,2007(7)：33-42.

[285] 吴松弟,方书生.中国旧海关出版物的书名、内容和流变考证：统计丛书之年刊系统[J].上海海关学院学报,2013,34(1)：1-17.

[286] 吴松弟.中国旧海关出版物评述：以美国哈佛燕京图书馆收藏为中心[J].史学月刊,2011(12)：54-63.

[287] 梁庆欢.《中国旧海关史料(1849—1948)》文本解读[D].厦门：厦门大学,2007.

[288] 刘畅.《中国旧海关史料》中的近代中朝海上贸易：以烟台为中心的考察[C]//复旦大学历史地理研究中心,韩国仁荷大学韩国学研究所.海洋·港口城市·腹地.上海：上海人民出版社,2014：27.

[289] 叶松年.中国近代海关税则史[M].北京：生活·读书·新知三联书店,1991.

[290] 廖大珂.清代中国与越南的贸易[C]//东南亚历史文化研究论集.厦门：厦门大学出版社,2014：438.

[291] 普塔克.15世纪和16世纪初琉球群岛的贸易网络[J].文化杂志,2004,50：1-14.

物质史和文化史研究

[292] 达尼埃尔·罗什.平常事情的历史：消费自传统社会中的诞生[M].北京：百花文艺出版社,2005.

[293] Chandra Mukerjin. From Graven Images：Pattern of Modern Materialism[M]. New York：Columbia University Press,1983.

[294] 王国维.古史新证[M]//古史新证.北京：清华大学出版社,1994.

[295] 高寿仙.明代时估制度初探[C]//第十二届明史国际学术研讨会论文集.大连：辽宁师范大学出版社,2009：273-275.

文献学和目录学研究

[296] 孙殿起.贩书偶记[M].京都：中文出版社,1978.

[297] 中国科学院图书馆.中国科学院图书馆藏中文古籍善本书目[M].北京：科学出版社,1994.

语言学研究

[298] 阿布力克木·阿布都热西提.与青金石有关的突厥语宝石名称考[J].西域研究,2008,3：107-114,134.

[299] 马西尼.现代汉语词汇的形成：十九世纪汉语外来词研究[M].黄河清,译.上海：汉语大词典出版社,1997.

[300] 沈国威.近代中日词汇交流研究：汉字新词的创制、容受与共享[M].北京：中华书局,2010.

[301] 庄初升,黄婷婷.19世纪香港新界的客家方言[M].广州：广东人民出版社,2014.

颜料科学检测分析案例

[302] Ai Guo Shen, et al. Pigment identification of colored drawings from Wuying Hall of the Imperial Palace by micro-Raman spectroscopy and energy dispersive X-ray spectroscopy[J]. Journal of Raman Spectroscopy,2006,37：230-234.

[303] Buti D,Rosi F,Brunetti B G,et al. *In-situ* identification of copper-based green pigments on paintings and manuscripts by reflection FTIR[J]. Analytical and Bioanalytical Chemistry,2013,405：2699.

[304] Francesca Piqué. Scientific Examination of the Sculptural Polychromy of Cave 6 at Yungang[C]//Neville Agnew. Conservation of Ancient Sites on the Silk Road. The Getty Conservation Institute,Los Angeles,1997.

[305] Li Zhimin, et al. A scientific study of the pigments in the wall paintings at Jokhang Monastery in Lhasa,Tibet,China[J]. Heritage Science,2014,2：21.

[306] RoccoMazzeo, et al. Analytical study of traditional decorative materials and techniques used in Ming Dynasty wooden architecture：the case of the Drum Tower in Xi'an,P. R. of China[J]. Journal of Cultural Heritage,2004,5(3)：273-283.

[307] Zhu Tiequan, et al. Spectroscopic characterization of the architectural painting from the Cizhong Catholic Church of Yunnan Province,China[J]. Analytical letters,2013,46：2253-2264.

[308] Jin Pujun, et al. The identification of the pigments used to paint statues of

Feixiange Cliff in China in late 19th century by micro-Raman spectroscopy and scanning electron microscopy/energy dispersive X-ray analysis[J]. Journal of Molecular Structure,2010,983(1/3)：22-26.

[309] 中国文化遗产研究院.中国文化遗产研究院优秀文物保护项目成果集(2011—2013)[M].北京：文物出版社,2015.

[310] 苏珊,雷勇.建筑彩绘分析技术在美国的发展及其在故宫保护中的应用[J].故宫博物院院刊,2018(3)：143-149,163.

[311] 郭瑞.山西民间古建筑油饰彩画制作材料及工艺分析[D].西安：西北大学,2014.

[312] 李越,刘梦雨.慈宁宫花园临溪亭天花彩画材料工艺的科学研究[J].故宫博物院院刊,2018(6)：45-63.

[313] 宋路易.故宫景福宫建筑彩画及颜料构成研究[D].北京：北京工业大学,2017.

[314] 胡可佳,等.陕西安康紫阳北五省会馆壁画颜料分析研究[J].文物保护与考古科学,2013,25(4)：65-72.

[315] 杨红,刘梦雨.故宫东华门内檐彩画的保护修复与分析[J].故宫学刊,2016(1)：221-236.

[316] 王斌,等.清代外销油画《镇海楼》颜料的分析鉴别[J].文物保护与考古科学,2017(2)：82-88.

[317] 王丹青.故宫藏请神亭装饰表面分析及试验性修复[D].北京：清华大学,2017.

[318] 甘清.清末蟠龙邮票印刷材料无损鉴定[D].北京：北京印刷学院,2016.

[319] 马越,雷勇,王时伟.故宫玉粹轩壁纸成分分析与工艺研究[J].故宫博物院院刊,2017(1)：154-159,163.

[320] 胡可佳,白崇斌,马琳燕,等.陕西安康紫阳北五省会馆壁画颜料分析研究[J].文物保护与考古科学,2013,25(4)：65-72.

[321] 刘梦雨,刘畅.平遥镇国寺天王殿外檐斗栱彩画历史信息解读[J].中国建筑史论汇刊,2015(1)：252-265.

[322] 刘梦雨,雷雅仙.平遥镇国寺万佛殿椽头彩画初探[J].建筑史,2012,3：36-54.

[323] 刘畅,廖慧农,李树盛.山西平遥镇国寺万佛殿与天王殿精细测绘报告[M].北京：清华大学出版社,2013.

[324] 刘梦雨.基于显微分析技术的山西陵川南吉祥寺中央殿彩画历史信息解读[C]//中国建筑史学分会2013年会论文集.中国建筑学会建筑史学分会、清华大学建筑学院、东南大学建筑学院、浙江省文物局、宁波市文化广电新闻出版局,2013：16.

[325] 郭宏,黄槐武,谢日万,等.广西富川百柱庙建筑彩绘的保护修复研究[J].文物保护与考古科学.2003,15(4)：31-36.

[326] 杨波,李广华,曲亮,等.清宫彩绘玻璃画初步科学分析研究[J].中国文物科学

研究,2017(3):72-79.

[327] 成小林,杨琴.三种含 Cu、As 绿色颜料的拉曼光谱研究[J].文物保护与考古科学,2015,27(3):84-89.

[328] 何伟俊.常熟彩衣堂彩画蓝色颜料研究[J].文物保护与考古科学,2016,28(3):19-24.

[329] 李蔓,夏寅,于群力,等.四川广元千佛崖石窟绿色颜料分析研究[J].文物保护与考古科学,2014,26(2):22-27.

[330] 王丽琴,严静,樊晓蕾,等.中国北方古建油饰彩画中绿色颜料的光谱分析[J].光谱学与光谱分析,2010,30(2):453-457.

[331] 张亚旭,王丽琴,吴玥,等.西安钟楼建筑彩画样品材质分析[J].文物保护与考古科学,2015,27(4):45-49.

[332] 严静.北京颐和园古建筑上红色颜料的分析研究[J].分析科学学报,2010(6):275-278.

[333] 郝生财,施继龙,王纪刚,等.清代工笔云龙水波纹绘画颜料及技法研究[J].光谱学与光谱分析,2016,36(2):487-490.

[334] 王玉,张晓彤,吴娜.成都武侯祠彩绘泥塑颜料的拉曼光谱分析[J].光散射学报,2015,27(4):355-358.

[335] 雷中宾,吴玉清,张涛,等.故宫大高玄殿古建筑群多层彩画颜料成分研究[J].表面技术,2017,46(2):8-17.

[336] 赵凤燕,冯健,孙满利,等.西安周至胡家堡关帝庙壁画颜料分析研究[J].文博,2017(4):95-100.

[337] 严静.中国古建油饰彩画颜料成分分析及制作工艺研究[D].西安:西北大学,2010.

[338] 樊娟,贺林.陕西彬县大佛寺石窟彩绘历史与现状的科学研究[M]//中国材料研究学会.生物及环境材料 1:生物,仿生及高分子材料.北京:化学工业出版社,1997.

[339] 张婵.清代通草水彩画颜料的原位无损分析[J/OL].光散射学报,2019(1)[2018-11-15].http://kns.cnki.net/kcms/detail/51.1395.o4.20181016.1618.002.html.

[340] 胡可佳,白崇斌,马琳燕,等.陕西安康紫阳北五省会馆壁画颜料分析研究[J].文物保护与考古科学,2013,4:65-72.

[341] 夏寅,王伟锋,刘林西,等.甘肃省天水伏羲庙壁画颜料显微分析[J].文物保护与考古科学,2011,2:18-24.

[342] 于宗仁,赵林毅,李燕飞,等.马蹄寺、天梯山和炳灵寺石窟壁画颜料分析[J].敦煌研究,2005,4:67-70.

[343] 付倩丽,夏寅,王伟锋,等.定边郝滩东汉壁画墓绿色底层颜料分析研究[J].文

物保护与考古科学,2012,1：38-43.

[344] 雷勇,成小林,杨红,等.进口蓝色颜料 smalt 在故宫建福宫彩画中的使用和保存状况研究[J].故宫博物院院刊,2010,4：140-156,163.

[345] 赵国兴.浅析壁画的颜料分类及日常养护：以阿尔寨石窟为例[J].鄂尔多斯文化,2013,2：30-32.

[346] 范宇权,陈兴国,李最雄,等.古代壁画中稀有绿色颜料斜氯铜矿的微区衍射分析[J].兰州大学学报,2004,5：52-55.

[347] 陈青,韦荃.新都龙藏寺壁画使用颜料的研究[J].四川文物,2004,6：87-90.

[348] 于宗仁,孙柏年,范宇权,等.榆林窟元代壁画黄色颜料初步研究[J].敦煌研究,2008,6：46-49,121.

[349] 惠任,刘成,尹申平.陕西旬邑东汉壁画墓黄色颜料研究[C]//中国文物保护技术协会.中国文物保护技术协会第二届学术年会论文集.中国文物保护技术协会,2002：5.

[350] 胡可佳,白崇斌,马琳燕,等.陕西安康紫阳北五省会馆壁画颜料分析研究[J].文物保护与考古科学,2013,4：65-72.

[351] 周国信.敦煌西千佛洞壁画彩塑颜料剖析报告[J].考古,1990,5：467-470,475.

[352] 黄烘,刘乃涛,许瑞梅,等.清代西天梵境金龙和玺彩画的显微分析[J].现代科学仪器,2010(6)：101-104.

[353] 任亚云,等.北京智化寺智化殿壁画保护修复实施中的思考[C]//中国文物保护技术协会第八次学术年会论文集.北京：科学出版社,2015.

[354] 周双林,陈卉丽.从一片大足石刻千手观音表面金箔分析获得的信息[J].电子显微学报,2013,32(1)：90-93.

[355] 王进玉,李军,唐静娟,等.青海瞿昙寺壁画颜料的研究[J].文物保护与考古科学,1993,2：23-35.

[356] 井娟,张媛.章丘元墓壁画颜料分析[J].济南职业学院学报,2012,95(6)：4-6.

[357] 王乐乐,李志敏,张晓彤,等.西藏拉萨大昭寺转经廊壁画制作工艺研究[J].文物保护与考古科学,2014,26(4)：84-92.

[358] 王力丹,郭宏.江孜白居寺吉祥多门塔壁画制作材料与绘画工艺研究[J].中国藏学,2013,4：174-180,205.

[359] Mazzeo R.中国明代木质古建西安鼓楼彩绘的分析研究[J].文物保护与考古科学,2005,17(2)：9-15.

[360] 李志敏,王乐乐,张晓彤,等.便携式 X 射线荧光现场分析壁画颜料适用性研究：以西藏拉萨大昭寺壁画为例[J].中国文物科学研究,2013,4：64-67.

[361] 何秋菊,李涛,施继龙,等.道教人物画像颜料的原位无损分析[J].文物保护与考古科学,2010,22(3)：61-68.

[362] 包嫒迪.清代浙东婚床研究[D].北京：清华大学,2013.

［363］ 刘仁皓.万方安和九咏解读：档案、图样与烫样中的室内空间［D］.北京：清华
大学,2015.

［364］ 符津铭,柏小剑,黄斐,等.佛光寺东大殿彩画制作材料及工艺研究［J］.文物世
界,2015(4)：73-77.

［365］ 何伟俊.江苏省古建筑无地仗层彩绘传统制作工艺研究［J］.东南文化,2009
(5)：101-107.

［366］ 陈东和,陈致甫.《西清续鉴镜匣》的颜料分析［J］.国立台湾博物馆学刊,2014,
67(1).

附　　录

因篇幅所限,无法将附录内容全部付印,故仅附存目,读者可扫描二维码下载查看电子版附录全文内容。

附录 A　与彩画作颜料相关的匠作则例目录

此目录整理统计了与彩画作相关的 51 种则例文献的基本信息,包括题名、年代、版本、藏所、出版情况等,是本书的文献基础资料。

附录 B　清代匠作则例所见建筑彩画颜料名目统计

此表格整理统计了 51 种则例文献(目录见附录 A,含 1 种明代文献)中出现的彩画颜料名目。

表中"文献年代"一栏,指的是文献的成书或刊刻年代,"无年代"表示文献具体年代无法断定,但应当在清代范围之内。

颜料按照色系顺序归并排列,对于无法确知其色彩的颜料(例如"轻粉"),或不属于颜料的物料(例如"刭草"),以及无法判断其属性的物料,则归入"其他"一栏。这些物料在价值类则例中也被列入"颜料"条目下,故列入本表统计。

当一种文献中对同种颜料使用了两种或两种以上名称,其所指显然相同(或高度近似)时,将几种名称并入同一列,用"/"隔开。例如"广花/广靛花""片红土/南片红土"。但对于需要考辨的同物异名和同名异物现象,则保留原文献用语,分别统计,不作归并。

所有括号内注释均为本书作者添加。

附录 C　清代档案史料所见建筑彩画颜料名目统计

此表格整理了涉及彩画施工与颜料的 27 种清代档案史料,提取出其中的颜料名目,并加以分类统计。其体例与附录 B 相同,附录 B 的说明也同样适用于本表。

由于涉及颜料的清代档案史料数量极大,无法全部纳入统计,本附录整理统计的只是其中很小的一部分,时代上偏重清早期,以提供一份可与同时期则例对比的文本。

附录 D　实物分析检测所见清代彩绘颜料统计(1978—2018)

附录 D 汇集了两部分数据:一是本书作者搜集整理的 1978—2018 年间发表在学术期刊和专著中的清代彩绘颜料检测案例;二是本书作者自己工作中得到的实验数据。所有数据的出处,均在倒数第二列"数据来源"中标明。

不同案例采用的分析检测手段不同,可能对数据的精确性和可靠性产生潜在影响,因此对于每项案例,均在表格中标明其采用的分析方法。需要注意的是,一项案例中可能同时采用了多种分析方法,但这不一定表示每个数据都是多种分析方法联合验证所得,也可能是针对不同样品分别采用了不同的分析方法。

表中的"年代"一项,指的是颜料样品的年代,也即文物彩绘层的营缮年代。这一年代信息和文物本体年代信息不一定相同。一些文献已经对彩绘层作出了基于纹饰样式或档案记录的断代。对于未能对样品或彩绘层断代的案例,则仅在此栏中指出其年代上限,例如"清乾隆元年或更晚"。这一上限通常是已知的文物始建年代/本体年代。对于年代信息完全缺失的文物,则只说明能够确定的大致时代,例如"清代"或"明代晚期"。

由于各文献使用的术语不尽统一(例如有些使用通行颜料名,有些使用矿物名),表格中有可能存在同物异名现象。但是,除了纠正明显的错误之外,在整理过程中尽量尊重原始文献中的用词,对各种文献中的用词不作统一。

对于个别存疑或需要进一步解释的数据,在备注栏或括号中予以说明。

附录 E　清代物料价值则例中所见颜料价值统计

清代的物料价值则例修订频繁,各时期则例的物料名目和官定价格都有增减变化,反映出颜料种类以及供求关系的变动。附录 E 选取了不同时期的数种清代物料价值则例,将其中的颜料类价值统一整理成表格,以便直观比较同种颜料在不同时期的价格变动。除此之外,还整理补入了另外两种文献的内容:一是《工部厂库须知》中有关颜料价格的信息,以比较明代与清代的颜料价格；二是《酌定奉天通省粮货价值册》，这是光绪三十二年年颁行的税则，由于现存物料价值则例中缺少有明确纪年的晚清则例，因此补入此种税则，以提供一份晚清时期的颜料价值记录。

各种颜料的价格在原始文献中均以大写汉字数字书写，为简明起见，此表中一律改用阿拉伯数字记录，如"壹钱贰分"，表格中即记为"1 钱 2 分"。"折算银两/斤"一栏为本书作者添加，系将所有价格以同一单位折算为小数，以便直观比较其数值大小。值得注意的是，虽然绝大多数颜料以重量为计价单位，但也有个别颜料以其他单位计量（例如"每张"或"每个"），在此情况下，"折算银两/斤"一栏的数值是无效的。

附录 F　清代彩画作未刊则例补遗

此部分为作者搜集资料过程中所见数种迄今尚未影印刊行的清代彩画作则例，研究者不易得见，因此将其中有关颜料的部分原文照录，以供参考。

除《崇陵工程做法册》外，其余诸种则例均为抄本，有些字迹工整，有些则潦草不易辨识。今抄录为简体通行用字，并将大写汉字数字一律改为小写汉字数字，不再单独出注。分行遵从原书格式。原书中小字旁注、夹注，则放在括号中标明"小字"。此外，原文部分一律用宋体，本书所加注释说明则用楷体，以示区别。

由于抄本则例中俗字异写甚多，虽竭力考辨，多方核查，错讹恐仍难免。个别确实无法辨识的文字，以"□"替代，有疑问的文字则在脚注中加以说明。

F-1 内庭大木石瓦搭土油裱画作现行则例

F-2 工部现行用工料则例

F-3 工部核定则例

F-4 钦定工部续增则例

F-5 崇陵工程做法册

附录 G　工部与内廷画作则例用料对比

为对比工部画作则例与内廷画作则例的工料异同，附录 G 选取四种常见彩画类型，分别统计各种不同则例中的用工用料数据。

表格中以带底色的单元格标示工部系统，无底色单元格标示内廷系统。原文献中各种物料的用量大都以重量计量，如"二两""一钱二分"等，在表格中统一折算为两，并以数字书写，以便比较。例如 2.0 表示二两，0.12 表示一钱二分。个别不以重量为计量单位的物料,则直接在表格中标出单位,如"1 片""3 贴 5 张"等。

"贴"为清代金箔的计量单位,也写作"帖"。

附录 H 清代贸易文献中颜料类商品税则辑录

清代关税税则多为定量税,依商品价值或数量抽税,因此税则中保留了许多商品信息,反映出当时市面上主要流通的商品种类。这里选择数种较重要的税则,将其中的颜料类商品信息辑录汇编,供颜料史研究者参考。

一些税则使用汉字大写数字,为方面阅览,此处一律改为小写。如原税则存在多种文字版本,则各种版本一概照录,以资比较。

H-1 酌定奉天通省粮货价值册

H-2 1858 年中英协定税则

H-3 1902 年中英协定税则

H-4 1844 年中美协定税则

H-5 1844 年中法协定税则

H-6 1858 年中法协定税则

H-7 1903 年厦门内地税关税目

H-8 1903 年重订苏省水卡捐章

H-9 《粤海关志》税则

H-10 常税则例

附录 I 《东印度公司对华贸易编年史(1635—1834)》中颜料贸易信息辑录

Morse. H 所著 *The Chronicles of the East India Company Trade to China* 一书(中译名《东印度公司对华贸易编年史》)以编年体例记录了1635—1834 年间东印度公司对华贸易的主要状况。书中零零散散涉及不少颜料信息,既有东印度公司出口到中国的颜料,也有从中国进口的颜料,反映出当时东西方颜料贸易的活跃状况。

附录 H 辑录了该书中与颜料贸易相关的内容。除颜料外,与颜料有关的商品(如图画等)也一并辑录于此。需要说明的是,书中的贸易清单并未标明任何商品的用途,清单上的商品种类通常多而杂,包括食物、布料、茶叶、香料……也并没有按照商品的功能或其他属性分类,因此难以百分之百地断定这些商品确实是作为颜料或染料进行贸易的,也不排除药用或其他用途的可能。

此书原为英文版，这里的中文翻译参考了广东人民出版社 2016 年 5 月出版的中译本（区宗华译），并与英文版参校，为部分名词加注了英文原文。卷次依照英文版原书分卷。

附录 J 《中国旧海关档案》中进出口颜料贸易信息辑录 (1859—1871)

附录 J 汇辑整理了《中国旧海关档案》贸易统计册（Returns of Trade）1859—1871 年间所有颜料类商品进出口贸易信息，包括商品名称、数量、价格、进出港口等信息。需要注意的是，海关档案中的贸易信息并非全部是国际贸易，也包含了国内港口之间的贸易。

原档案为英文，故依英文照录，所有中文注释均系本书作者添加。

附录 K 几种重要进口颜料的海关贸易数据统计

这是一份针对 5 种主要进口颜料的统计，其数据全部来自《中国旧海关史料》1859—1902 年的贸易统计册（Returns of Trade），按照颜料种类分别辑录，编制成表。

美元与海关两之间的兑换汇率，历年均有变动[①]，为简便起见，表格中一律按照 1868—1902 年间平均汇率折算，1 海关两＝1.55 美元。

K-1 Smalt 进出口贸易数据统计（1859—1902）

K-2 人造群青进出口贸易数据统计（1859—1902）

K-3 普鲁士蓝进出口贸易数据统计（1859—1902）

K-4 胭脂红进出口贸易数据统计（1859—1902）

K-5 巴黎绿进出口贸易数据统计（1894—1902）

附录 L Winterthur 馆藏中国清代外销画的颜料 XRF 分析数据

作者对 Winterthur 博物馆收藏的部分清代外销画进行无损 XRF 分析，以探知其颜料组成元素并推测其颜料种类，此表格汇总了全部分析结果。检测分析工作于 Winterthur 博物馆 SRAL 实验室完成。

---

　　① 历年具体汇率可参见韩庆、刘正江著《中国近代航运发展：晚清篇》一书附录中"清末海关两与各国货币兑换汇率统计"表格，其数据来源为 Hsiao Liang-lin，China's Foreign Trade Statistics，1864—1949，Harvard University Press，1974：第 190-191 页。

后　记

这项研究缘起于一个明媚的春日傍晚。当时正在美国 Winterthur 博物馆访学的我,误打误撞又无比幸运地赶上了 Brian Baade 教授的讲座。整整一个下午,听这位先生眉飞色舞地讲述有关颜料的种种奇异迷人的历史,惊得几乎屏住呼吸。

课后我向他请教关于中国古代颜料的问题,Brian 简单解释过后,又补充道:"很遗憾,关于中国的颜料,因为缺乏样本,我们了解得还不那么多。"

那个傍晚下课后,我走在林阴路上,蓦地想起,本科时曾偶然在图书馆读到过维多利亚·芬利《颜色的故事——调色板的自然史》。印象中那本书文学性有余而技术性不足,并不符合一个理工科读者的期待(那种期待直到多年后读菲利普·鲍尔《明亮的泥土:颜料发明史》时才获得满足),因此我对书中内容过目即忘,却一直记得书前序言出自范景中先生之手,结尾处说:希望有一天能看到中国版《颜色的故事》。

这题目何其有趣——或许不妨一试呢。

当时的野心现在回看已经只余一哂,但我的研究方向却的确因此来了个急转弯,误打误撞地闯进一片陌生天地。也许因为陌生而格外迷人。这陌生而迷人的线索引领我读了许多从没想到自己会读的书,也发现了许多从没想过自己会发现的事。写作博士论文的日子,成了我求学期间最愉快的时光。如今将这论文修订整理成书,仿佛回忆一段恋情的肇始,心头时时涌起当日的快乐。

对于颜料史研究而言,这本书只不过是一个探索性质的开端,距离最终希望重构的历史图景还很遥远。隔了两年回头看时,已经发现许多疏漏与不足。但既然这注定是一项旷日持久的工作,还是决定先将这部不尽成熟的书稿付梓。我的这一点工作,或许能够启发旁人的好奇心;附录中搜集整理的资料与数据,或许能于学界同仁有所助益。若日后有人能够利用这些材料做出更好的研究,则这本书出版的目的也就达到了。

能够在建筑学院开展这项近乎异端的研究,第一个要感谢的,是我的导师刘畅老师。从读硕到读博,数年以来,影响我至深的,除了刘畅老师的治学态度与研究方法，更重要的是他对于学术新知的兴趣与热情——一种纯粹得近乎孩子气的好奇。我自作主张选定的题目，原本不在他的研究领域之内，但他不仅第一时间支持我的选题，而且立刻和我一起深入到这个领域中，乐此不疲地与我一起探讨种种设想，并且想方设法为我的实验工作提供了诸多支持。几年间，每当我在研究中略有所得，他永远第一时间报以毫不吝惜的称许。正是这一切，令我始终保持了对研究的兴趣。我想，一个学生能从导师那里获得的最大财富莫过于此。

这项持续数年的研究工作，在很大程度上有赖于故宫博物院前辈与同仁的支持。论文中的实验数据，大部分是借故宫古建部历次修缮工程之机采集样品，实验工作也大都在故宫的实验室完成。是故宫科技部的雷勇博士引领我进入显微分析这个迷人的领域，对于他的指导，我永远心怀感激。现场取样工作大都有赖于古建部杨红老师的帮助，如果没有她提供机会，我很难接触到许多珍贵的彩画样品。

同时也必须感谢 Winterthur 博物馆和 University of Delaware 的各位师长和研究人员。如前所述，正是 Brian Baade 博士的颜料史课程，促使我决心选择颜料作为博士论文研究题目（虽然他并不知道这件事）。Joyce Stoner 与 Mary McGinn 两位女士耐心而无私地传授我许多绘画保护和颜料分析领域的宝贵经验。Stephenie Auffret 热情地给了我和她一起在家具保护工作室工作的机会，那段经历让我受益良多。在 SRAL 实验室进行检测工作期间，首席科学家 Catherine Matsen 博士慷慨地提供了许多帮助。

Susan Buck 博士数年以来一直关心我的研究进展，予我鼓励，并在显微分析的专业领域提供了不少宝贵的指导。与她共事的那些美好时光里，我的分析检测技能有了很大提升，但更为重要的是，她的工作让我理解了显微分析研究可以做到何等精确、优美、迷人。在一些艰难的日子里，她作为一位远方挚友，给了我许多弥足珍贵的温暖与安慰，对我来说，这和学术上的交流同样意义重大。

清华大学科技史暨古文献研究所的宋建昃老师作为评审参加了我的选题报告会，提出不少有益的建议，并主动将国内不易得见的学术论著借给我参考，其提携后学的热情令我始终感念。

这项研究在资料搜集阶段，受益于清华大学图书馆和 Winterthur Library 丰富的馆藏，以及清华大学图书馆古籍阅览室冯瑞雪老师、Winterthur Library 馆长 Emily Guthrie 与馆员 Jennie Alexander 女士认真负责、不厌其烦的工作。当然，图书馆也为我提供了最宜人的写作环境。读博的最后一年里，"今天去哪个图书馆写论文"是每天一觉睡醒最甜蜜的困惑。老馆阅览室、文科馆、音乐图书馆和美术图书馆，每一处都是我毕业后常常想念的地方。

研究所的老师和同学也给我许多教益。贾珺老师数次拨冗与我讨论论文框架，并且从藏书中慷慨地出借了全套《清代匠作则例》。姜铮同学赴日期间，替我抄录整理了东京大学收藏的山西省《物料价值则例》中相关内容，对这项繁冗的工作，我的谢意无以言表。此外，日文文献的释读也多承姜铮同学指点。

我的父母在这几年中给了我最充分的宽容与支持，使得我能有充裕的时间投入这项研究。父亲还耐心地帮我审读了部分章节的初稿，并提出了有益的意见。

最后，要特别感谢钱大存老师在文献学方面给我的耐心指点，以及在资料查考上的帮助。倘若没有这些帮助，本书可能有相当一部分难以完成。

如果可能的话，我想将这本书献给 Vicki Cassman 女士。愿她在另一个世界拥有长久的安宁。

2022 年大雪
于北京